RECHERCHES

SUR LA

PROBABILITÉ DES JUGEMENTS.

OUVRAGES DU MÊME AUTEUR.

TRAITÉ DE MÉCANIQUE, *seconde édition*, considérablement augmentée ; 2 vol. in-8°, 1833. Prix.. 18 fr.

NOUVELLE THÉORIE DE L'ACTION CAPILLAIRE ; 1 vol. in-4°, 1831. Prix.......

THÉORIE MATHÉMATIQUE DE LA CHALEUR ; 1 vol. in-4°, 1835, et Supplément imprimé en 1837. Prix.. 30 fr.

Le Supplément se vend séparément.. 6 fr.

IMPRIMERIE DE BACHELIER,
Rue du Jardinet, 12.

RECHERCHES

SUR LA

PROBABILITÉ DES JUGEMENTS

EN MATIÈRE CRIMINELLE

ET EN MATIÈRE CIVILE,

PRÉCÉDÉES

DES RÈGLES GÉNÉRALES DU CALCUL DES PROBABILITÉS;

PAR S.-D. POISSON,

Membre de l'Institut et du Bureau des Longitudes de France; des Sociétés Royales de Londres et d'Édimbourg; des Académies de Berlin, de Stockholm, de Saint-Pétersbourg, d'Upsal, de Boston, de Turin, de Naples, etc.; des Sociétés, italienne, astronomique de Londres, Philomatique de Paris, etc.

PARIS,

BACHELIER, IMPRIMEUR-LIBRAIRE

POUR LES MATHÉMATIQUES, LA PHYSIQUE, ETC.

QUAI DES AUGUSTINS, N° 55.

1837

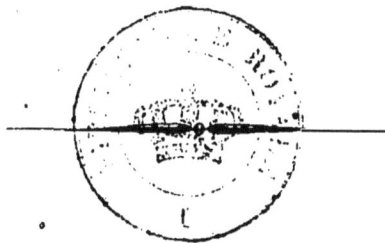

TABLE DES MATIÈRES.

(*) Le nom de l'auteur anglais, cité à la seconde page est mal écrit; il faut lire *Bayes* au lieu de *Blayes*.

(**) Par inadvertance, l'ordre des numéros va de 11 à 13, et il n'y a pas de no 12.

a..

(*) En appliquant, par exemple, cette proposition générale à la *thérapeutique*, il en résulte, ce

---

qui est conforme d'ailleurs au simple bon sens, que si un médicament a été employé avec succès dans un très grand nombre de cas semblables, de sorte que le nombre de cas où il n'a pas réussi soit très petit par rapport au nombre total de ces expériences, il est très probable qu'il réussira encore dans une nouvelle épreuve. La médecine ne serait ni une science, ni un art, si elle n'était pas fondée sur de nombreuses observations, et sur le tact et l'expérience propres du médecin, qui lui font juger de la similitude des cas et apprécier les circonstances exceptionnelles.

(*) Il paraît que ces corps, lors de leur apparition, sont très éloignés de la terre, et à une distance où la densité de l'atmosphère est tout-à-fait insensible; ce qui rend difficile d'attribuer, comme on le fait, leur incandescence à un frottement contre les molécules de l'air. Ne pourrait-on pas supposer que le fluide électrique à l'état neutre, forme une sorte d'atmosphère, qui s'étend beaucoup au-delà de la masse d'air; qui est soumise à l'attraction de la terre, quoique physiquement impondérable; et qui suit, en conséquence, notre globe dans ses mouvements? Dans cette hypothèse, les corps dont il s'agit, et, en général, les *aérholites*, en entrant dans cette atmosphère impondérable, décomposeraient le fluide neutre, par leur action inégale sur les deux électricités, et ce serait en s'électrisant qu'ils s'échaufferaient et deviendraient incandescents.

FIN DE LA TABLE DES MATIÈRES.

FAUTES ESSENTIELLES A CORRIGER.

Dans le préambule, à la ligne 9 de la page 24, il faut mettre : quatre dix-millièmes, au lieu de quatre millièmes; et par suite, à la même page, il faut réduire à 9 et à 7, les nombres 88 et 18, et remplacer, à la ligne 27, les mots : vingt fois aussi grand, par ceux-ci : plus de cinquante fois aussi grand.

A la fin du n° 32, il faut supprimer : Le cas de $m=1$ n'est pas compris dans cette valeur de $\varpi_1 \ldots$; et mettre, au contraire : dans le cas de $m=1$, cette valeur de ϖ_1 se réduit à $\varpi_1 = \frac{1}{2}$, ce qui est évident, *à priori*.

Au commencement du n° 68, il faut mettre : Toutefois, la loi de la série n'étant pas connue, elle peut être du genre; au lieu de : Toutefois, elle est du genre.

A la fin du n° 78, il faut ajouter ces mots : si elle est un nombre entier, et de moins d'une unité, si elle n'en est pas un.

Au bas de la page 254, après : en désignant par m un nombre donné, il faut supprimer : compris entre α et 6.

RECHERCHES

SUR

LA PROBABILITÉ DES JUGEMENTS

EN MATIÈRE CRIMINELLE

ET EN MATIÈRE CIVILE.

Un problème relatif aux jeux de hasard, proposé à un austère janséniste par un homme du monde, a été l'origine du calcul des probabilités. Il avait pour objet de déterminer la proportion suivant laquelle *l'enjeu* doit être partagé entre les joueurs, lorsqu'ils conviennent de ne point achever la partie, et qu'il leur reste à prendre, pour la gagner, des nombres de points inégaux. Pascal en donna le premier la solution, mais pour le cas de deux joueurs seulement; il fut ensuite résolu par Fermat, dans le cas général d'un nombre quelconque de joueurs. Toutefois, les géomètres du XVIIe siècle qui se sont occupés du calcul des probabilités, ne l'ont employé qu'à déterminer les chances de différents jeux de cette époque; et ce n'est que dans le siècle suivant qu'il a pris toute son extension, et qu'il est devenu une des principales branches des mathématiques, soit par le nombre et l'utilité de ses applications, soit par le genre d'analyse auquel il a donné naissance.

Parmi les applications de ce calcul, une des plus importantes est celle qui se rapporte à la probabilité des jugements, ou, en général, des décisions rendues à la pluralité des voix. Condorcet est le premier qui ait essayé de la déterminer. Le livre qu'il a écrit sur ce sujet (*), avait été entrepris du vivant et à la demande du ministre Turgot, qui concevait tout l'avantage que les sciences morales et l'administration publique peuvent retirer du calcul des probabilités, dont les indications sont toujours précieuses, lors même que, faute de données suffisantes de l'observation, il ne peut conduire aux solutions complètes des questions. Cet ouvrage renferme un discours préliminaire fort étendu, où l'auteur expose, sans le secours des formules analytiques, les résultats qu'il a obtenus, et où sont développées avec soin les considérations propres à montrer l'utilité de ce genre de recherches.

Dans son *Traité des probabilités,* Laplace s'est aussi occupé du calcul des chances d'erreur à craindre dans le jugement rendu contre un accusé, à une majorité connue, par un tribunal ou un jury composé d'un nombre de personnes également connu. La solution qu'il a donnée de ce problème, l'un des plus délicats de la théorie des probabilités, est fondée sur le principe qui sert à déterminer les probabilités des causes diverses auxquelles on peut attribuer les faits observés; principe que Bayes a présenté d'abord sous une forme un peu différente, et dont Laplace a fait ensuite le plus heureux usage, dans ses mémoires et dans son traité, pour calculer la probabilité des événements futurs d'après l'observation des événements passés; mais, en ce qui concerne le problème de la probabilité des jugements, il est juste de dire que c'est à Condorcet qu'est due l'idée ingénieuse de faire dépendre la solution, du principe de Bayes, en considérant successivement la culpabilité et l'innocence de l'accusé, comme une cause inconnue du jugement prononcé, qui est alors le fait observé, duquel il s'agit de déduire la probabilité de cette cause. L'exactitude de ce principe se démontre en toute rigueur; son application à la question qui nous occupe, ne peut non plus laisser aucun doute; mais pour cette application, Laplace fait une hypothèse qui n'est point incontestable : il

(*) *Essai sur l'application de l'analyse à la probabilité des décisions rendues à la pluralité des voix.*

suppose que la probabilité qu'un juré ne se trompera pas est susceptible de tous les degrés également possibles, depuis la certitude, représentée par l'unité, jusqu'à l'indifférence, qui répond dans le calcul à la fraction $\frac{1}{2}$, et se rapporte à une égale chance d'erreur et de vérité. L'illustre géomètre fonde son hypothèse sur ce que l'opinion d'un juré a sans doute plus de tendance vers la vérité que vers l'erreur; ce qu'on doit admettre effectivement en général. Mais il existe une infinité de lois différentes de probabilité des erreurs qui satisfont à cette condition, sans qu'on soit obligé de supposer que la chance qu'un juré ne se trompera pas, ne puisse jamais descendre au-dessous de $\frac{1}{2}$, et qu'au-dessus de cette limite, toutes ses valeurs soient également possibles. La supposition particulière de Laplace ne saurait donc être justifiée *à priori*. Soit à raison de cette hypothèse, soit à cause de leurs conséquences, qui m'ont paru inadmissibles, les solutions du problème de la probabilité des jugements que l'on trouve dans le *Traité des probabilités* (*) et dans le *premier supplément* à ce grand ouvrage (**), et qui diffèrent l'une de l'autre, ont toujours laissé beaucoup de doutes dans mon esprit. C'est à l'illustre auteur que je les aurais soumis, si je me fusse occupé de ce problème pendant sa vie : l'autorité de son nom m'en eût fait un devoir, que son amitié, dont je me glorifierai toujours, m'aurait rendu facile à remplir. On concevra sans peine que ce n'est qu'après de longues réflexions, que je me suis décidé à envisager la question sous un autre point de vue; et l'on me permettra d'exposer, avant d'aller plus loin, les principales raisons qui m'ont déterminé à abandonner la dernière solution à laquelle Laplace s'était arrêté, et dont il avait inséré les résultats numériques dans l'*Essai philosophique sur les Probabilités*.

La formule de Laplace, pour exprimer la probabilité de l'erreur d'un jugement, ne dépend que de la majorité à laquelle il a été prononcé, et du nombre total des juges; elle ne renferme rien qui soit relatif à leurs connaissances plus ou moins étendues dans la matière qui leur a été soumise. Il s'ensuivrait donc que la probabilité de l'erreur d'une décision rendue par un jury, à la majorité de sept voix contre cinq, par exemple, serait la même, quelle que fût la classe de per-

---

(*) Page 460. (**) Page 32.

sonnes où les douze jurés auraient été choisis; conséquence qui me paraîtrait déjà suffisante pour qu'on fût fondé à ne point admettre la formule dont elle est déduite.

Cette même formule suppose qu'avant la décision du jury, il n'y avait aucune présomption que l'accusé fût coupable; en sorte que la probabilité plus ou moins grande de sa culpabilité, devrait se conclure uniquement de la décision qui serait rendue contre lui. Mais cela est encore inadmissible : l'accusé, quand il arrive à la cour d'assises, a déjà été l'objet d'un arrêt de prévention et d'un arrêt d'accusation, qui établissent contre lui une probabilité plus grande que $\frac{1}{2}$, qu'il est coupable; et certainement, personne n'hésiterait à parier, à jeu égal, plutôt pour sa culpabilité que pour son innocence. Or, les règles qui servent à remonter de la probabilité d'un événement observé à celle de sa cause, et qui sont la base de la théorie dont nous nous occupons, exigent que l'on ait égard à toute présomption antérieure à l'observation, lorsque l'on ne suppose pas, ou qu'on n'a pas démontré qu'il n'en existe aucune. Une telle présomption étant, au contraire, évidente dans les procédures criminelles, j'ai dû en tenir compte dans la solution du problème; et l'on verra, en effet, qu'en en faisant abstraction, il serait impossible d'accorder les conséquences du calcul avec les résultats constants de l'observation. Cette présomption est semblable à celle qui a lieu en matière civile, lorsque l'un des plaideurs appelle d'un premier jugement devant une cour supérieure : il y paraît avec une présomption contraire à sa cause; et l'on se tromperait gravement, si l'on n'avait pas égard à cette circonstance, en calculant la probabilité de l'erreur à craindre dans l'arrêt définitif.

Enfin, Laplace s'est borné à considérer la probabilité de l'erreur d'un jugement rendu à une majorité connue; cependant le danger que l'accusé court d'être condamné à tort par cette majorité, quand il est traduit devant le jury, ne dépend pas seulement de cette probabilité; il dépend aussi de la chance qu'une telle condamnation sera prononcée. Ainsi, en admettant pour un moment que la probabilité de l'erreur d'un jugement rendu à la majorité de sept voix contre cinq, soit exprimée par une fraction à très peu près égale à $\frac{2}{7}$, comme il résulterait de la formule de Laplace, il faut aussi observer que, d'après l'expérience, le nombre de condamnations par les jurys qui ont eu lieu chaque année en France, à cette majorité, n'est que $\frac{7}{100}$ du nombre total des accusés; le danger pour un accusé d'être mal jugé à la majorité dont il s'agit, aurait donc pour mesure le produit des deux fractions $\frac{2}{7}$ et $\frac{7}{100}$, ou $\frac{1}{50}$; car, dans toutes les choses éventuelles, la crainte d'une perte ou l'espoir d'un gain a pour expression le produit de la valeur de la chose que l'on craint ou que l'on espère, multipliée par la probabilité qu'elle aura lieu. Cette considération réduirait déjà à un sur cinquante la proportion des accusés non coupables qui seraient condamnés annuellement à la plus petite majorité des jurys; ce serait sans doute encore beaucoup trop, si tous ces accusés étaient réellement innocents; mais c'est ici qu'il convient d'expliquer le sens véritable que l'on doit attacher, dans cette théorie, aux mots *coupable* et *innocent*, et que Laplace et Condorcet leur ont effectivement attribué.

On ne saurait jamais arriver à la preuve mathématique de la culpabilité d'un accusé; son aveu même ne peut être regardé que comme une probabilité très approchante de la certitude; le juré le plus éclairé et le plus humain ne prononce donc une condamnation que sur une forte probabilité, souvent moindre, néanmoins, que celle qui résulterait de l'aveu du coupable. Il y a entre lui et le juge en matière civile, une différence essentielle : lorsqu'un juge, après l'examen approfondi d'un procès, n'a pu reconnaître, vu la difficulté de la question, qu'une faible probabilité en faveur de l'une des deux parties, cela suffit pour qu'il condamne la partie adverse; au lieu qu'un juré ne doit prononcer un vote de condamnation que quand, à ses yeux, la probabilité que l'accusé est coupable atteint une certaine limite, et surpasse de beaucoup la probabilité de son innocence. Puisque toute chance d'erreur ne peut être évitée, quoi qu'on fasse, dans les jugements criminels, à quoi doit-elle être réduite, pour assurer à l'innocence la plus grande garantie possible? C'est une question à laquelle il est difficile de répondre d'une manière générale. Selon Condorcet, la chance d'être condamné injustement pourrait être équivalente à celle d'un danger que nous jugeons assez petite pour ne pas même chercher à nous y soustraire dans les habitudes de la vie; car, dit-il, la société a bien le droit, pour sa sûreté, d'exposer un de ses membres à un danger dont la chance lui est, pour ainsi dire, indifférente; mais cette considération est beaucoup trop subtile dans une question aussi grave. Laplace donne une définition, bien plus propre à éclairer la question, de la chance d'erreur qu'on est forcé d'admettre dans les jugements en matière criminelle. Selon lui, cette probabilité doit être telle qu'il y ait plus de danger pour la sûreté publique, à l'acquittement d'un coupable, que de crainte de la condamnation d'un innocent; comme il le dit expressément, c'est cette question, plutôt que la culpabilité même de l'accusé, que chaque juré est appelé à décider, à sa manière, d'après ses lumières et son opinion; en sorte que l'erreur de son vote, soit qu'il condamne, soit qu'il absolve, peut provenir de deux causes différentes : ou de ce qu'il apprécie mal les preuves contraires ou favorables à l'accusé, ou de ce qu'il fixe trop haut ou trop bas la limite de la probabilité nécessaire à la condamnation. Non-seulement cette limite n'est pas la même pour toutes les personnes appelées à juger, mais elle change aussi avec la nature des accusations, et dépend même des circonstances où l'on se trouve : à l'armée, en présence de l'ennemi, et pour un crime d'espionnage, elle sera sans doute beaucoup moins élevée que dans les cas ordinaires. Elle s'abaisse, et le nombre des condamnations augmente, pour un genre de crimes qui devient plus fréquent et plus à craindre pour la société.

Les décisions des jurys se rapportent donc à l'opportunité des condamnations ou des acquittements : on rendrait le langage plus exact en substituant le mot *condamnable*, qui est toute la vérité, au mot *coupable*, qui avait besoin d'explication, et que nous continuerons d'employer pour nous conformer à l'usage. Ainsi, lorsque nous trouverons, que sur un très grand nombre de jugements, il y a une certaine proportion de condamnations erronées, il ne faudra pas entendre que cette proportion soit celle des condamnés innocents; ce sera la proportion des condamnés qui l'ont été à une trop faible probabilité, non pas pour établir qu'il sont plutôt coupables qu'innocents, mais pour que leur condamnation fût nécessaire à la sûreté publique. Déterminer parmi ces condamnés, le nombre de ceux qui réellement n'étaient pas coupables, ce n'est pas l'objet de nos calculs; toutefois il y a lieu de croire que ce nombre est heureusement très peu considérable, du moins en dehors des procès politiques : on en peut juger, dans les cas ordinaires, par le nombre très petit de condamnations prononcées par les jurys, contre lesquelles l'opinion publique se soit élevée; par le petit nombre de graces complètes qui ont été accordées ; et par le nombre, aussi très petit, de cas où les cours d'assises ont usé du droit que la loi leur donne, de casser la condamnation prononcée par un jury, et de renvoyer le prévenu devant d'autres jurés, lorsqu'elles jugent que le débat oral a détruit l'accusation, et que le condamné n'est pas coupable.

Les résultats relatifs aux chances d'erreur des jugements criminels, auxquels Laplace est parvenu, ont paru exorbitants, et en désaccord avec les idées générales; ce qui serait contraire aux paroles de l'auteur, que *la théorie des probabilités n'est, au fond, que le bon sens réduit en calcul.* Ils ont été mal interprétés; et l'on s'est trop hâté d'en conclure que l'analyse mathématique n'est point applicable à ce genre de questions, ni généralement aux choses qu'on appelle morales. C'est un préjugé que j'ai vu à regret partagé par de bons esprits; et, pour le détruire, je crois utile de rappeler ici quelques considérations générales, qui seront propres d'ailleurs, par la comparaison avec d'autres questions où personne ne conteste que l'emploi du calcul soit légitime et nécessaire, à bien faire connaître l'objet du problème que je me suis proposé spécialement dans cet ouvrage.

Les choses de toutes natures sont soumises à une loi universelle qu'on peut appeler *la loi des grands nombres*. Elle consiste en ce que, si l'on observe des nombres très considérables d'événements d'une même nature, dépendants de causes constantes et de causes qui varient irrégulièrement, tantôt dans un sens, tantôt dans l'autre, c'est-à-dire sans que leur variation soit progressive dans aucun sens déterminé, on trouvera, entre ces nombres, des rapports à très peu près constants. Pour chaque nature de choses, ces rapports auront une valeur spéciale dont il s'écarteront de moins en moins, à mesure que la série des événements observés augmentera davantage, et qu'ils atteindraient rigoureusement s'il était possible de prolonger cette série à l'infini. Selon que les amplitudes de variations des causes irrégulières seront plus ou moins grandes, il faudra des nombres aussi plus ou moins grands d'événements pour que leurs rapports parviennent sensiblement à la permanence; l'observation même fera connaître, dans chaque question, si la série des expériences a été suffisamment prolongée; et d'après les nombres des faits constatés, et la grandeur des écarts qui resteront encore entre leurs rapports, le calcul fournira des règles certaines pour déterminer la probabilité que la valeur spéciale vers laquelle ces rapports convergent est comprise entre des limites aussi resserrées qu'on voudra. Si l'on fait de nouvelles expériences, et si l'on trouve que ces mêmes rapports s'écartent notablement de leur valeur finale, déterminée par les observations précédentes, on en pourra conclure que les causes dont les faits observés dépendent, ont éprouvé une variation progressive, ou même quelque changement brusque, dans l'intervalle des deux séries d'expériences. Toutefois, sans le secours du calcul des probabilités, on risquerait beaucoup de se méprendre sur la nécessité de cette conclusion; mais ce calcul ne laisse rien de vague à cet égard, et nous fournit aussi les règles nécessaires pour déterminer la chance d'un changement dans les causes, indiqué par la comparaison des faits observés à différentes époques.

Cette loi des grands nombres s'observe dans les événements que nous attribuons à un aveugle hasard, faute d'en connaître les causes, ou parce qu'elles sont trop compliquées. Ainsi, dans les jeux où les circonstances qui déterminent l'arrivée d'une carte ou d'un dé, varient à l'infini et ne peuvent être soumises à aucun calcul, les différents coups se présentent cependant suivant des rapports constants, lorsque la série des épreuves a été long-temps prolongée. De plus, lorsqu'on aura pu calculer d'après les règles d'un jeu, les probabilités respectives des coups qui peuvent arriver, on vérifiera qu'elles sont égales à ces rapports constants, conformément au théorème connu de Jacques Bernouilli. Mais dans la plupart des questions d'éventualité, la détermination *à priori* des chances des divers événements est impossible, et ce sont, au contraire, les résultats observés qui les font connaître : on ne saurait, par exemple, calculer d'avance la probabilité de la perte d'un vaisseau dans un voyage de long cours; on y supplée donc par la comparaison du nombre des sinistres à celui des voyages : quand celui-ci est très grand, le rapport de l'un à l'autre est à peu près constant, du moins dans chaque mer et pour chaque nation en particulier; sa valeur peut être prise pour la probabilité des sinistres futurs; et c'est sur cette conséquence naturelle de la loi des grands nombres, que sont fondées les assurances maritimes. Si l'assureur n'opérait que sur un nombre peu considérable d'affaires, ce serait un simple pari, qui n'aurait aucune valeur sur laquelle il pût compter; s'il opère sur de très grands nombres, c'est une spéculation dont le succès est à peu près certain.

La même loi régit également les phénomènes qui sont produits par des forces connues, concurremment avec des causes accidentelles dont les effets n'ont aucune régularité. Les élévations et les abaissements successifs de la mer dans les ports et sur les côtes, en offrent un exemple d'une précision remarquable. Malgré les inégalités que les vents produisent, et qui feraient disparaître les lois du phénomène dans des observations isolées ou peu nombreuses; si l'on prend les moyennes d'un grand nombre de marées observées dans un même lieu, on trouve qu'elles sont à très peu près conformes aux lois du *flux* et du *reflux*, résultant des attractions de la lune et du soleil, et les mêmes que si les vents accidentels n'avaient aucune influence : celle que peuvent avoir les vents qui soufflent dans une même direction pendant une partie de l'année, sur les marées de cette époque, n'a point encore été déterminée. Ces moyennes déduites d'observations faites au commencement et à la fin du siècle dernier, ou séparées par un intervalle de cent années, n'ont présenté que de petites différences, que l'on peut attribuer à quelques changements survenus dans les localités.

Pour exemple de la loi que je considère, je citerai encore la longueur de la vie moyenne dans l'espèce humaine. Sur un nombre considérable d'enfants nés en des lieux et à des époques assez rapprochés, il y en aura qui mourront en bas âge, d'autres qui vivront plus longtemps, d'autres qui atteindront les limites de la longévité; or, malgré les vicissitudes de la vie des hommes, qui mettent de si grandes différences entre les âges des mourants, si l'on divise la somme de ces âges par leur nombre supposé très grand, le quotient, ou ce qu'on appelle *la vie moyenne*, sera une quantité indépendante de ce nombre. Sa durée pourra ne pas être la même pour les deux sexes; elle pourra différer dans les différents pays, et à différentes époques, parce qu'elle dépend du climat, et sans doute aussi du bien-être des peuples : elle augmentera si une maladie vient à disparaître, comme la petite-vérole par le bienfait de la vaccine; et, dans tous les cas, le calcul des probabilités nous montrera si les variations reconnues dans cette durée, sont assez grandes et résultent d'un assez grand nombre d'observations, pour qu'il soit nécessaire de les attribuer à quelques changements arrivés dans les causes générales. Le rapport entre les nombres des naissances annuelles masculines et féminines, dans un pays d'une grande étendue, a également une valeur constante, qui ne semble pas dépendre du climat, mais qui, par une singularité dont il ne serait peut-être pas difficile d'assigner une cause vraisemblable, paraît être différente pour les enfants légitimes et pour les enfants nés hors de mariage.

La constitution des corps formés de molécules disjointes que séparent des espaces vides de matière pondérable, offre aussi une application, d'une nature particulière, de la loi des grands nombres. Par un point pris dans l'intérieur d'un corps et suivant une direction déterminée, si l'on tire une ligne droite, la distance de ce point à laquelle elle rencontrera une première molécule, quoique très petite en tous sens, variera néanmoins dans de très grands rapports avec sa direction : elle pourra être dix fois, vingt fois, cent fois.... plus grande dans un sens que dans un autre. Autour de chaque point, la distribution des molécules pourra être très irrégulière, et très différente d'un point à un autre; elle changera même incessamment par l'effet des oscillations intestines des molécules; car un corps en repos n'est autre chose qu'un assemblage de molécules qui exécutent des vibrations continuelles dont les amplitudes sont insensibles, mais comparables aux distances intermoléculaires. Or, si l'on divise chaque portion du volume, de grandeur insensible, par le nombre des molécules qu'elle contient, lequel nombre sera extrêmement grand à raison de leur excessive petitesse, et si l'on extrait la racine cubique du quotient, il en résultera un *intervalle moyen* des molécules, indépendant de l'irrégularité de leur distribution, qui sera constant dans toute l'étendue d'un corps homogène et partout à la même température, abstraction faite de l'inégale compression de ses parties, produite par son propre poids. C'est sur de semblables considérations qu'est fondé le calcul des forces moléculaires et du rayonnement calorifique dans l'intérieur des corps, tel que je l'ai présenté dans d'autres ouvrages.

Ces divers exemples de la loi des grands nombres sont tous pris dans l'ordre des choses physiques; nous pourrions, s'il était nécessaire, les multiplier encore davantage; et il ne sera pas non plus difficile d'en citer d'autres qui appartiennent aux choses de l'ordre moral. Parmi ceux-ci, nous pouvons indiquer les produits constants d'impôts indirects, sinon annuellement, du moins pendant une période de peu d'années consécutives. Tel est, entre autres, le *droit de greffe*, porté dans les recettes annuelles de l'État pour une somme à peu près constante, et qui dépend néanmoins du nombre et de l'importance des procès, c'est-à-dire des intérêts opposés et variables des citoyens, et de leur facilité plus ou moins grande à plaider. Tels sont aussi les produits de la loterie de France, avant qu'elle fût heureusement supprimée, et des jeux de Paris, dont la suppression n'est pas moins désirable. Ces jeux présentent des rapports constants de deux natures distinctes : d'une part, la somme des mises est à peu près la même chaque année, ou pendant chaque période d'un petit nombre d'années; d'un autre côté, le gain du banquier est sensiblement proportionnel à cette somme. Or, cette proportionnalité est un effet naturel du hasard qui amène les coups favorables au banquier, dans une proportion constante et calculable *à priori* d'après les règles du jeu; mais la constance de la somme des mises est un fait qui appartient à l'ordre moral, puisque les sommes jouées dépendent du nombre et de la volonté des joueurs. Il faut bien que ces deux éléments, la proportionnalité du gain et la somme des mises, soient peu variables, sans quoi le fermier des jeux ne pourrait pas évaluer d'avance le prix annuel qu'il s'engage à payer au Gouvernement, d'après les bénéfices que l'on a pu faire dans un bail précédent. L'exposition que je ferai tout à l'heure des données de l'expérience sur lesquelles je me suis appuyé dans la question de la probabilité des jugements, fournira encore des exemples péremptoires de la loi des grands nombres, observée dans les choses de l'ordre moral. On y verra que sous l'empire d'une même législation, le rapport du nombre des condamnations à celui des accusés, dans toute la France, a très peu varié d'une année à une autre; en sorte qu'il a suffi de considérer environ 7000 cas, c'est-à-dire le nombre de jugements prononcés chaque année par les jurys, pour que ce rapport parvînt sensiblement à la permanence; tandis que dans d'autres questions, et par exemple dans celle de la vie moyenne que je viens de citer, un pareil nombre serait bien loin d'être suffisant pour conduire à un résultat constant. On y verra aussi, d'une manière frappante, l'influence des causes générales sur le rapport dont il s'agit, qui a varié toutes les fois que la législation a changé.

On ne peut donc pas douter que la loi des grands nombres ne convienne aux choses morales qui dépendent de la volonté de l'homme, de ses intérêts, de ses lumières et de ses passions, comme à celles de l'ordre physique. Et, en effet, il ne s'agit point ici de la nature des causes, mais bien de la variation de leurs effets isolés et des nombres de cas nécessaires pour que les irrégularités des faits observés se balancent dans les résultats moyens. La grandeur de ces nombres ne saurait être assignée d'avance; elle sera différente dans les diverses questions, et, comme on l'a dit plus haut, d'autant plus considérable, en général, que ces irrégularités auront plus d'amplitude. Mais à cet égard, on ne doit pas croire que les effets de la volonté spontanée, de l'aveuglement des passions, du défaut de lumières, varient sur une plus grande échelle que la vie humaine, depuis l'enfant qui meurt en naissant jusqu'à celui qui deviendra centenaire; qu'ils soient plus difficiles à prévoir que les circonstances qui feront périr un vaisseau dans un long voyage; plus capricieux que le sort qui amène une carte ou un dé. Ce ne sont pas les idées que nous attachons à ces effets et à leurs causes, mais bien le calcul et l'observation qui peuvent seuls fixer les limites probables de leurs variations, dans de très grands nombres d'épreuves.

De ces exemples de toutes natures, il résulte que la loi universelle des grands nombres est déjà pour nous un fait général et incontestable, résultant d'expériences qui ne se démentent jamais. Cette loi étant d'ailleurs la base de toutes les applications du calcul des probabilités, on conçoit maintenant leur indépendance de la nature des questions, et leur parfaite similitude, soit qu'il s'agisse de choses physiques ou de choses morales, pourvu que les données spéciales que le calcul exige, dans chaque problème, nous soient fournies par l'observation. Mais, vu son importance, il était nécessaire de la démontrer directement; c'est ce que j'ai tâché de faire; et je crois y être enfin parvenu, comme on le verra dans la suite de cet ouvrage. Le théorème de Jacques Bernouilli, cité plus haut, coïncide avec cette loi des grands nombres, dans le cas particulier où les chances des événements demeurent constantes pendant la série des épreuves, ainsi que le suppose essentiellement la démonstration de l'auteur, qu'il médita, comme on sait, pendant vingt années. Il était donc insuffisant dans les questions relatives à la répétition des choses morales ou des phénomènes physiques, qui ont, en général, des chances continuellement variables, le plus souvent sans aucune régularité; et pour y suppléer, il a fallu envisager la question d'une manière plus générale et plus complète que l'état de l'analyse mathématique ne le permettait à l'époque de Jacques Bernouilli. Lorsque l'on considère cette constance des rapports qui s'établit et se maintient entre les nombres de fois qu'un événement arrive et les nombres très grands des épreuves, malgré les variations de la chance de cet événement pendant leur durée, on est tenté d'attribuer cette régularité si remarquable à l'action de quelque cause occulte, sans cesse agissante; mais la théorie des probabilités fait voir que la constance de ces rapports est l'état naturel des choses, dans l'ordre physique et dans l'ordre moral, qui se maintient de lui-même sans le secours d'aucune cause étrangère, et qui, au contraire, ne pourrait être empêché ou troublé que par l'intervention d'une semblable cause.

Le gouvernement a publié les *Comptes généraux de l'administration de la justice criminelle*, pour les neuf années écoulées depuis 1825 jusqu'à 1833; c'est dans ce recueil authentique, et présenté avec un soin remarquable, que j'ai puisé tous les documents dont j'ai fait usage. Le nombre des procès jugés annuellement par les cours d'assises du royaume a été d'à peu près 5000, et celui des accusés d'environ 7000. Depuis 1825 jusqu'à 1830 inclusivement, la législation criminelle n'a pas changé, et les condamnations par les jurys ont été prononcées à la majorité d'au moins sept voix contre cinq, sauf l'intervention de la cour dans les cas de cette plus petite majorité. En 1831, cette intervention a été supprimée, et l'on a exigé la majorité d'au moins huit voix contre quatre, ce qui a dû rendre les acquittements plus fréquents. Le rapport de leur nombre à celui des accusés, pendant les six premières années, s'est trouvé égal à 0,39, en négligeant les millièmes : une seule année il s'est abaissé à 0,38, et une autre année, il s'est élevé à 0,40; d'où il résulte que dans cette période, il n'a varié d'une année à une autre, que d'un centième de part et d'autre de sa valeur moyenne. On peut donc prendre 0,39 pour la valeur de ce rapport, et 0,61 pour le rapport du nombre des condamnations à celui des accusés, sous l'empire de la législation antérieure à 1831. A cette même époque, le rapport du nombre des condamnations prononcées à la majorité *minima* de sept voix contre cinq, au nombre total des accusés, a été 0,07, et il a aussi très peu varié d'une année à une autre. En retranchant cette fraction de 0,61, il reste 0,54 pour la proportion des condamnations qui ont eu lieu à plus de sept voix contre cinq; le rapport du nombre des acquittements à celui des accusés aurait donc été 0,46, si l'on eût exigé, pour la condamnation, une majorité d'au moins huit voix contre quatre; or, c'est effectivement ce qui est arrivé pendant l'année 1831, de sorte que la différence entre ce rapport conclu des années précédentes et celui qui a été observé dans celle-ci, est à peine d'un demi-millième.

En 1832, en conservant la même majorité *minima* qu'en 1831, la loi a prescrit la question des *circonstances atténuantes*, entraînant, dans le cas de l'affirmative, une diminution de pénalité; l'effet de cette mesure a dû être de rendre plus faciles les condamnations par les jurys; mais dans quelle proportion? C'est ce que l'expérience seule pouvait nous apprendre, et qu'on ne pouvait pas calculer d'avance, comme l'augmentation du nombre des acquittements, qui avait eu lieu par un changement dans la plus petite majorité. L'expérience a fait voir qu'en 1832, la proportion des acquittements s'est abaissée à 0,41; elle est restée la même, à un millième près, dans l'année 1833, pour laquelle la législation n'a pas changé : le rapport du nombre des condamnations à celui des accusés, avant, pendant et après 1831, a donc été successivement $\frac{61}{100}$, $\frac{54}{100}$, $\frac{59}{100}$, de manière qu'après avoir diminué de 0,7, par l'effet d'une voix de plus exigée dans la majorité, il a augmenté seulement de 0,5, par l'influence de la question des *circonstances atténuantes* sur l'esprit des jurés (*).

(*) Dans le compte de l'administration de la justice criminelle pour l'année 1834,

Pendant ces deux années 1832 et 1833, le nombre des procès politiques, soumis aux cours d'assises, a été considérable; on l'a retranché du nombre total des procès criminels, dans l'évaluation qui a donné 0,41 pour la proportion des acquittements; en y ayant égard, on trouve que cette proportion s'éleverait à 0,43; ce qui montre déjà l'influence du genre des affaires sur le nombre des acquittements prononcés par les jurys. Cette influence est rendue tout-à-fait évidente dans les *Comptes généraux* : les procès criminels y sont classés en deux divisions principales; ceux qui ont pour objet des vols ou autres attentats contre les propriétés; ceux qui se rapportent aux attentats contre les personnes, et dont le nombre est environ le tiers de celui des premiers, ou le quart du nombre total des affaires. Depuis 1825 jusqu'à 1830, le rapport du nombre des acquittements à celui des accusés n'a été que 0,34 dans la première division, et dans la seconde, il s'est élevé à 0,52, c'est-à-dire que

---

que le gouvernement vient de publier, on trouve que pendant cette année, où la législation a été la même que pour les deux années précédentes, le rapport du nombre des condamnés à celui des accusés, s'est élevé à 0,60; de sorte qu'il a seulement excédé d'un centième celui qui avait eu lieu en 1832 et 1833. Le gouvernement de la Belgique, à l'instar de celui de notre pays, a aussi publié le *Compte général de l'administration de la justice criminelle* dans ce royaume. Le jury ayant été rétabli vers le milieu de 1831, et la majorité nécessaire pour la condamnation étant d'au moins sept voix contre cinq, le rapport du nombre des acquittements à celui des accusés a été 0,41, 0,40, 0,39, pour les années 1832, 1833, 1834, et, ce qui est remarquable, sa valeur moyenne 0,40, n'a différé que d'un centième de ce qu'elle était en France à la même majorité. Avant le rétablissement du jury, les tribunaux criminels de la Belgique se composaient de cinq juges; et les condamnations pouvaient être prononcées à la simple majorité de trois voix contre deux : le rapport du nombre des acquittements à celui des accusés, variait aussi très peu d'une année à une autre; mais il s'élèvait seulement à environ 0,17, ou à moins de moitié de celui qui a lieu pour les jugements des jurys. Cette différence de plus du simple au double, entre les proportions des acquittements, ne tient pas seulement aux nombres cinq et douze, des juges et des jurés, ni aux majorités *minima*, trois contre deux et sept contre cinq; elle suppose aussi, comme on le verra dans cet ouvrage, que les juges exigeaient, pour les condamnations, une probabilité notablement moindre que les jurés, quelle que soit, d'ailleurs, la chance d'erreur pour les uns et pour les autres.

le nombre des acquittements a même surpassé de 0,04, celui des condamnations. Les valeurs annuelles de chacun de ces deux rapports ont varié seulement de 0,02, tout au plus, de part et d'autre de ces fractions 0,34 et 0,52. Il faut aussi remarquer que le nombre des condamnations prononcées à la majorité *minima* de sept voix contre cinq, n'a été que 0,05 du nombre des accusés de crimes contre les propriétés, et qu'il s'est élevé à 0,11, dans le cas des accusés de crimes contre les personnes; en sorte que non-seulement les condamnations ont été proportionnellement plus nombreuses dans le premier cas que dans le second, mais elles ont aussi eu lieu, en général, à de plus fortes majorités. Ces différences peuvent tenir en partie à une moindre sévérité des jurés, quand il s'agit des attentats contre les personnes, que dans le cas des attentats contre les propriétés, qu'ils jugent sans doute plus dangereux pour la société, parce que ces crimes sont les plus fréquents. Mais une manière différente de juger dans les deux cas, ne suffirait pas pour produire la grande inégalité dans la proportion des acquittements que l'expérience a fait connaître; et le calcul montre qu'elle provient aussi d'une plus grande présomption de la culpabilité, résultant de l'information antérieure au jugement, à l'égard des accusés de vols que relativement aux autres accusés.

Les *Comptes généraux* mettent aussi en évidence d'autres rapports que les grands nombres ont rendus à peu près invariables, mais dont je n'ai point eu à faire usage. Ainsi, par exemple, depuis 1826, époque où l'on a commencé à indiquer le sexe des prévenus, jusqu'à 1833, le rapport du nombre des femmes mises en jugement au nombre total des accusés, a été annuellement 0,18 à peu près : une seule fois il s'est élevé à près de 0,20, et une seule fois il est descendu à 0,16. Il est constamment plus grand dans les affaires de vols que dans le cas des attentats contre les personnes; la proportion des acquittements est aussi plus considérable pour les femmes que pour les hommes, et s'élevait pour elles à près de 0,43, lorsque sa valeur n'était que 0,39 pour les accusés des deux sexes.

Mais la constance de ces diverses proportions, qui s'observe chaque année dans la France entière, n'a plus lieu lorsque l'on considère les cours d'assises isolément. La proportion des acquittements varie notablement d'une année à une autre, pour un même département et sous une même législation ; ce qui montre que dans le ressort d'une cour d'assises, le nombre annuel des procès criminels n'est point assez grand pour que les irrégularités des votes des jurés se balancent, et que le rapport du nombre des acquittements à celui des accusés parvienne à la permanence. Ce rapport varie encore plus d'un département à un autre, et le nombre des procès dans chaque ressort de cour d'assises n'est pas non plus assez considérable pour qu'on puisse décider, avec une probabilité suffisante, quelles sont les parties de la France où les jurys ont plus ou moins de tendance à la sévérité. Il n'y a guère que le département de la Seine où les procès criminels sont assez nombreux pour que le rapport qui s'observe entre les nombres des acquittements et des accusés ne soit pas très variable, et puisse être comparé à celui qui a lieu dans la France entière. Le nombre des individus traduits chaque année devant la cour d'assises de Paris est d'environ 800, ou à peu près le neuvième du nombre correspondant pour tout le royaume. Depuis 1825 jusqu'à 1830, la proportion des acquittements a varié entre 0,33 et 0,40, et sa valeur moyenne n'a été que 0,35, tandis qu'elle s'élevait à 0,39, ou à 0,04 de plus, pour la France entière. Quant au rapport du nombre des condamnations prononcées à la majorité *minima* de sept voix contre cinq, au nombre des accusés, il a aussi été un peu moindre pour Paris, et s'est seulement élevé à 0,065, au lieu de 0,07 qu'il était pour toute la France, sans distinction de l'espèce de crimes.

Telles sont les données que l'expérience a fournies jusqu'à présent sur les jugements des cours d'assises. Maintenant, l'objet précis de la théorie est de calculer, pour des jurys composés d'un nombre déterminé de personnes, jugeant à une majorité aussi déterminée, et pour un très grand nombre d'affaires, la proportion des acquittements et des condamnations qui aura lieu très probablement, et la chance d'erreur d'un jugement pris au hasard parmi ceux qui ont été ou qui seront rendus par ces jurys. Déterminer la chance d'erreur d'un jugement de condamnation ou d'acquittement prononcé dans un procès connu et isolé, serait impossible selon moi, à moins de fonder le calcul sur des suppositions tout-à-fait précaires, qui conduiraient à des résultats très différents, et, à peu près, à ceux que l'on voudrait, suivant ces hypothèses que l'on aurait adoptées. Mais pour la garantie de la société, et celle que l'on doit aux accusés, ce n'est pas cette chance relative à un jugement particulier qu'il importe le plus de connaître; c'est celle qui se rapporte à l'ensemble des procès soumis aux cours d'assises dans une ou plusieurs années, et qui se conclut de l'observation et du calcul. La probabilité de l'erreur d'un jugement quelconque de condamnation, multipliée par la chance qu'il aura lieu, est la mesure véritable du danger auquel la société expose les accusés non coupables; le produit de la chance d'erreur d'un acquittement, et de la probabilité qu'il sera prononcé, mesure de même le danger que court la société elle-même, et qu'elle doit également connaître, puisque c'est la grandeur de ce danger qui peut seule justifier l'éventualité d'une injuste condamnation. Dans cette importante question d'humanité et d'ordre public, rien ne pourrait remplacer les formules analytiques qui expriment ces diverses probabilités. Sans leur secours, s'il s'agissait de changer le nombre des jurés, ou de comparer deux pays où il fût différent, comment saurait-on qu'un jury composé de douze personnes, et jugeant à la majorité de huit voix au moins contre quatre, offre plus ou moins de garantie aux accusés et à la société qu'un autre jury composé de neuf personnes, par exemple, pris sur la même liste qu'auparavant, et jugeant à telle ou telle majorité? Comment déciderait-on si la combinaison qui existait en France avant 1831, d'une majorité d'au moins sept voix contre cinq, avec l'intervention des juges dans le cas du *minimum*, est plus avantageuse ou moins favorable que celle qui a lieu aujourd'hui, de la même majorité avec l'influence de la question des *circonstances atténuantes?* ce qu'au reste on ne peut pas savoir, quant à présent, faute des données de l'observation relatives à l'époque actuelle.

Les formules dont on vient de définir l'objet, et que l'on trouvera dans cet ouvrage, ont été déduites, sans aucune hypothèse, des lois générales et connues du calcul des probabilités. Elles renferment deux quantités spéciales qui dépendent de l'état moral du pays, du mode de procédure criminelle en usage, et de l'habileté des magistrats chargés de la diriger. L'une exprime la probabilité qu'un juré pris au hasard sur la liste du ressort d'une cour d'assises, ne se trompera pas dans son vote; l'autre est la probabilité, avant l'ouverture des débats, que l'accusé soit coupable. Ce sont les deux éléments essentiels de la question des jugements criminels; leurs valeurs numériques doivent être conclues des données de l'expérience, de même que les constantes contenues dans les formules de l'astronomie, sont déduites de l'observation; et la solution entière du problème que l'on s'est proposé dans ces recherches exigeait le concours de la théorie et de l'expérience. Les données de l'observation dont j'ai fait usage, au nombre de deux, comme celui des éléments à déterminer, sont le nombre de condamnés à la majorité d'au moins sept voix contre cinq, et dans ce nombre celui des condamnés à cette majorité *minima*, divisés l'un et l'autre par le nombre total des accusés. Ces rapports étant très différents pour les crimes contre les personnes et pour les attentats contre les propriétés, j'ai considéré ces deux cas séparément. Ils ne sont pas non plus les mêmes dans tous les départements; mais la nécessité de les déduire de très grands nombres, m'a forcé de réunir, pour chacun des deux genres de crimes, les jugements de toutes les cours d'assises du royaume; les valeurs que j'en ai ensuite conclues pour les deux éléments dont il s'agit, ne sont donc qu'approchées, et supposent que ces éléments ne varient pas beaucoup d'un département à un autre. Mais la loi nouvelle en rétablissant la majorité d'au moins sept voix contre cinq, suffisante pour la condamnation, a prescrit aux jurys de faire connaître si elle a été prononcée à cette plus petite majorité; on connaîtra donc, par la suite, dans chaque département, des nombres de condamnations, soit à la majorité *minima*, soit à une majorité quelconque, assez considérables pour servir à la détermination de nos deux éléments; et l'on saura de cette manière, si la chance d'erreur des jurés varie notablement avec les localités. Déjà, pour le département de la Seine isolément, le calcul montre que cette chance est un peu moindre que pour le reste de la France.

Voici actuellement les principaux résultats numériques que l'on trouvera dans cet ouvrage, et dont il m'a paru utile de présenter ici un résumé.

Avant 1831, et pour la France entière, la probabilité qu'un juré ne se tromperait pas dans son vote était un peu supérieure à $\frac{2}{3}$, dans le cas des crimes contre les personnes, et à très peu près égale à $\frac{13}{17}$ dans le cas des crimes contre les propriétés. Sans distinction de l'espèce de crimes, cette chance était très peu inférieure à $\frac{3}{4}$, toujours pour tout le royaume, et un peu supérieure à cette fraction pour le département de la Seine en particulier. En même temps, l'autre élément des jugements criminels, c'est-à-dire la probabilité avant le jugement, de la culpabilité de l'accusé, ne surpassait pas beaucoup $\frac{1}{2}$ et se trouvait comprise entre 0,53 et 0,54, pour la France entière et dans le cas des crimes contre les personnes : elle surpassait un peu $\frac{2}{3}$, dans le cas des crimes contre les propriétés; sans distinction de l'espèce de crimes, elle était à peu près égale à 0,64, et s'élevait à environ 0,68 dans le ressort de la cour d'assises de Paris. En retranchant de l'unité ces diverses fractions, on aura les probabilités qui leur correspondent de l'erreur d'un juré et de l'erreur de l'accusation. On peut remarquer que la probabilité antérieure au jugement, de la culpabilité de l'accusé, surpasse toujours le rapport du nombre des condamnations à celui des accusés; ainsi, par exemple, dans le cas où cette probabilité était la plus petite et excédait $\frac{1}{2}$ de trois ou quatre centièmes seulement, ce rapport, comme on l'a dit plus haut, était au-dessous de $\frac{1}{2}$ d'environ deux centièmes. Ce résultat est général; et les formules de probabilités font voir qu'il a toujours lieu, quelles que soient l'habileté des magistrats, la chance de l'erreur d'un juré, la majorité exigée pour la condamnation. Il faut aussi observer que cette probabilité antérieure au jugement, de la culpabilité des accusés, exprime seulement la probabilité qu'ils sont condamnables par les jurys, d'après leur manière de juger, c'est-à-dire d'après le degré inconnu de probabilité qu'ils exigent pour la condamnation, et qu'elle est sans doute inférieure à la probabilité qu'un accusé soit réellement coupable, résultant de l'information préliminaire. Personne, en effet, n'hésiterait à parier beaucoup plus d'un contre un, par exemple, qu'un individu est coupable, quand il est traduit à la cour d'assises pour un crime contre les personnes, quoique la probabilité antérieure au jugement, que l'on a trouvée pour ce genre de crimes, surpasse fort peu la fraction $\frac{1}{2}$.

En 1831, la majorité suffisante pour la condamnation a seule été changée, et les deux éléments que nous considérons ont dû rester les mêmes. Dans les années suivantes, la question des *circonstances atténuantes* a sans doute influé sur les valeurs de ces éléments ; mais connaissant seulement, pour 1832 et 1833, le rapport du nombre total des condamnations à celui des accusés, cette donnée ne suffit pas à la détermination de nos deux éléments, et nous ignorons si, à cette époque, la chance qu'un juré ne se trompait pas, était devenue plus grande ou moindre qu'auparavant : nous ne pourrions le savoir qu'en faisant sur l'autre élément une hypothèse qui risquerait de s'écarter beaucoup de la vérité. Nous ignorons également si cette chance de ne pas se tromper ne changera pas encore sous la législation actuelle, à raison du vote secret (*) imposé aux jurés. Quand elle aura pu être déterminée, ainsi que la chance de la culpabilité résultant de l'information antérieure au jugement, au moyen d'un nombre suffisant d'observations futures, on connaîtra aussi, en répétant ces calculs à des époques plus ou moins éloignées, si ces deux éléments varient en France progressivement dans un sens ou dans un autre; ce qui fournira un important document sur l'état moral de notre pays.

Malgré une plus grande expérience des procès criminels que les

---

(*) Les jurés ne pouvant plus revenir sur leurs décisions, dès qu'elles auront été prises au scrutin secret, il y a un cas singulier qui pourra se présenter quelquefois, et qu'il est bon de signaler. Deux individus que j'appellerai Pierre et Paul, sont accusés d'un vol; à la question si Pierre est coupable de ce vol, quatre jurés répondent *oui*, trois autres *oui*, les cinq autres *non* : l'accusé est déclaré coupable à la majorité de sept voix contre cinq; à la question, si Paul est coupable du même vol, les quatre premiers jurés répondent *oui*, les trois autres qui avaient dit *oui* contre Pierre disent *non* contre Paul, les cinq derniers répondent *oui*; Pierre est donc déclaré coupable à la majorité de neuf voix contre trois. On pose ensuite la question, si le vol a été commis par *plusieurs*, qui entraîne, dans le cas de l'affirmative, une plus forte pénalité. Conséquemment à leurs votes précédents, les quatre premiers jurés répondent *oui*, et les huit autres qui ont jugé, ou Pierre ou Paul innocent, répondent *non*. La décision du jury, sans qu'il y ait aucune contradiction dans les votes des jurés, est donc que les deux accusés sont coupables du vol, et en même temps que ce vol n'a pas été commis par *plusieurs*.

juges ont sans doute, leur chance de ne pas se tromper dans leur vote paraît cependant peu différente de celle des jurés. En effet, le cas où la majorité du jury, pour la condamnation, ne s'est formé qu'à sept voix contre cinq s'est présenté 1911 fois dans la France entière, depuis 1826 jusqu'à 1830; les cours d'assises, composées alors de cinq juges, et appelées, dans ce cas, à intervenir, se sont réunies 314 fois à la minorité du jury; or, le calcul montre qu'elles auraient dû s'y joindre environ 282 fois, en supposant la probabilité de ne pas se tromper égale pour les juges et pour les jurés; et quoique ces deux nombres 314 et 282 ne soient pas assez considérables pour qu'on puisse décider, avec une très grande probabilité, à quel point cette hypothèse s'écarte de la vérité, leur peu de différence est une raison de penser qu'il doit aussi en exister très peu entre les chances d'erreur des juges et des jurés; en sorte que pour les jurés, cette chance ne provient pas, comme on pourrait le croire, de leur défaut d'habitude.

Toutes choses d'ailleurs égales, il est évident que la proportion des condamnations diminuerait à mesure que l'on exigerait du jury une plus grande majorité. S'il fallait, comme en Angleterre, l'unanimité des douze jurés, soit pour condamner, soit pour absoudre, et que l'on prît pour les valeurs des deux éléments de la justice criminelle, celles qui se rapportent à la France entière, sans distinction de l'espèce des crimes, la probabilité d'une condamnation différerait peu d'un cinquantième, et celle d'un acquittement serait à peu près moitié moindre; ce qui rendrait les décisions très difficiles, à moins qu'il n'y eût le plus souvent une sorte d'arrangement entre les jurés, et qu'une partie d'entre eux ne fît le sacrifice de son opinion. On voit même que sans cela, les acquittements unanimes seraient plus difficiles et plus rares que les condamnations, dans le rapport de deux à un. Ce ne serait que dans un nombre de 22 affaires prises au hasard, que l'on pourrait parier un contre un, qu'il y aurait un jugement de condamnation ou d'acquittement, prononcé à l'unanimité (*).

Après le jugement, la probabilité que l'accusé soit coupable est

(*) D'après des documents publiés en Angleterre, et qui paraissent dignes de foi, le nombre des individus traduits annuellement devant les jurys s'est continuellement accru dans ces derniers temps, et le rapport du nombre des condamnations à

beaucoup plus grande ou beaucoup moindre qu'auparavant, selon que l'accusé a été condamné ou acquitté ; les formules de cet ouvrage en donnent la valeur, dès que les deux éléments qu'elles renferment ont été déterminés par l'observation, et d'après la majorité à laquelle le jugement a été prononcé. Si la majorité nécessaire pour la con-

---

celui des accusés, a aussi augmenté d'une manière progressive(1). Voici des résultats extraits de ces documents, et que l'on pourra comparer à ce qui a lieu dans notre pays. Les nombres suivants se rapportent seulement à l'Angleterre et au pays de Galles. Ils répondent à trois périodes de chacune sept années, finissant en 1818, 1825, 1832.

	NOMBRE des accusés.	NOMBRE des condamnés.	RAPPORT du second nombre au 1er.	CONDAMNÉS à mort.	EXÉCUTÉS.	CONDAMNÉS à un emprisonnement de deux ans ou au-dessous.
1re période,	64538	41054	0,636...	5802	636	27168
2e	93718	63418	0,677...	7770	579	42713
3e	127910	90240	0,705...	9729	414	58757

Pendant la période de sept années qui a fini en 1817, le nombre des accusés ne s'était pas élevé tout-à-fait à 35000, et la proportion des condamnations avait été un peu au-dessous de 0,60. Dans la seule année 1832, la dernière de ces périodes, le nombre des accusés est parvenu à 20829, dont 14947, ou à peu près les trois quarts, ont été condamnés. J'ignore si ce nombre a augmenté ou diminué dans les années suivantes. La proportion des peines les plus faibles est peu différente en Angleterre et en France. On voit par le tableau ci-dessus qu'en Angleterre, le nombre des peines d'emprisonnement est à peu près les deux tiers du nombre total des condamnations ; pendant les années 1832 et 1833, le premier nombre a surpassé en France la moitié du second. Ce tableau montre, en outre, que dans la dernière période septenaire, où il a été le plus petit, le nombre des sentences de mort exécutées, s'est élevé, terme moyen, à 60 chaque année ; maintenant, il est moitié moindre en France, et ne dépasse pas 30 annuellement.

(*) *Tables of the revenue, population, etc., of the united kingdom; compiled from official returns; by* G. R. Porter. Part II.

damnation est celle d'au moins huit voix contre quatre, la probabilité qu'un condamné est coupable surpasse un peu la fraction 0,98, dans le cas des crimes contre les personnes, et la fraction 0,998, dans le cas des crimes contre les propriétés; ce qui réduit à un peu moins de deux centièmes et de deux millièmes, les chances d'erreur d'une condamnation prononcée dans l'un et l'autre cas. En ayant égard à la probabilité de n'être point acquitté, il s'ensuit que la chance d'une condamnation erronée est à peu près un cent cinquantième pour un accusé de crime contre les personnes, et seulement quatre millièmes pour un accusé de crime contre les propriétés. On trouve, en même temps, à très peu près 0,72 et 0,82 pour les probabilités de l'innocence d'un accusé dans ces deux cas, lorsqu'il a été acquitté; et en tenant compte de la probabilité de n'être pas condamné, on trouve aussi, pour la chance qu'un accusé coupable sera acquitté, à peu près 0,18 dans le premier cas, et 0,07 dans le second; en sorte que sur un très grand nombre d'individus acquittés, il y en a plus d'un sixième, d'une part, et environ un quatorzième de l'autre part qui auraient dû être condamnés.

Dans les sept années écoulées depuis 1825 jusqu'à 1831, le nombre des condamnés à cette majorité d'au moins huit voix contre quatre dans la France entière, a été de près de 6000 pour des crimes contre les personnes, et d'environ 22,000 pour des crimes contre les propriétés; d'après les chances d'une condamnation erronée, que l'on vient de citer, il y a donc lieu de croire qu'environ 40 et 88 de ces individus n'étaient pas coupables; ce qui ferait 18 annuellement. En même temps, le nombre des individus acquittés et coupables a dû être vingt fois aussi grand, ou égal à environ 360 chaque année, sur le nombre total des accusés qui n'ont pas été condamnés. Mais on ne doit pas perdre de vue le sens que nous attachons à ce mot *coupable*, qui a été expliqué plus haut, et duquel il résulte que le nombre 18 n'est qu'une limite supérieure de celui des condamnés réellement innocents, tandis que 360 est, au contraire, une limite inférieure du nombre des individus acquittés quoiqu'ils ne fussent point innocents. Ces résultats du calcul, loin de nuire au respect que l'on doit à la chose jugée, et de diminuer la confiance dans les décisions des jurys, sont propres, au contraire, à empêcher toute espèce d'exagération de l'erreur à craindre dans les condamnations. A la vérité, ils ne sont pas de nature à pouvoir se vérifier par l'expérience; mais ces résultats ont cela de commun avec beaucoup d'autres applications des mathématiques, qui ne sont pas non plus susceptibles de vérification, et dont la certitude repose uniquement, comme ici, sur la rigueur des démonstrations, et sur l'exactitude des données de l'observation.

Dans les années qui ont précédé 1831, et pour la France entière, la probabilité de l'erreur d'une condamnation prononcée à la majorité *minima* de sept voix contre cinq était à très peu près 0,16 ou 0,04, selon qu'il s'agissait d'un crime contre les personnes ou d'un crime contre les propriétés; sans distinction de l'espèce de crime, elle avait pour valeur 0,06. D'après la formule de Laplace, cette chance d'erreur serait la même dans tous les cas, et à peu près quintuple de 0,06. Mais il faut, en outre, observer que l'intervention de la cour étant alors nécessaire, dans le cas de la plus petite majorité, cette chance d'erreur 0,06 se trouvait réduite à un peu moins d'un centième, si les juges confirmaient la décision des jurés; en sorte que sur 1597 condamnations qui ont eu lieu de cette manière, dans les cinq années écoulées depuis 1826 jusqu'à 1830, on peut croire qu'environ 15 ou 16 étaient erronées, en ce sens que les accusés n'étaient pas condamnables, mais non pas qu'ils fussent innocents.

Le caractère distinctif de cette nouvelle théorie de la probabilité des jugements criminels étant donc de déterminer d'abord, d'après les données de l'observation dans un très grand nombre d'affaires de même nature, la chance d'erreur du vote des juges, et celle de la culpabilité des accusés avant l'ouverture des débats, elle doit convenir à toutes les espèces nombreuses de jugements : à ceux de la police correctionnelle, de la justice militaire, de la justice en matière civile, pourvu que l'on ait, dans chaque espèce, les données suffisantes pour la détermination de ces deux éléments. Elle doit aussi s'appliquer aux jugements qui ont été rendus en très grand nombre par des tribunaux extraordinaires, pendant les temps malheureux de la révolution; mais, à cet égard, il est nécessaire d'entrer dans quelques explications, afin qu'il ne reste aucun doute sur la généralité et l'exactitude de la théorie. La difficulté que ce cas d'exception présente n'a point échappé à des personnes qui voulaient bien écouter avec intérêt les résultats de mon travail.

Un accusé peut être condamné, ou parce qu'il est coupable, et que les juges ne se trompent pas, ou parce qu'il est innocent, et que les juges se trompent. Le rapport du nombre des condamnations à celui des accusés ne varie pas lorsque la probabilité, avant le jugement, que l'accusé soit coupable, et celle que chaque juge ne se trompe pas dans son vote, se changent l'une et l'autre dans leurs compléments à l'unité. Il demeure le même, par exemple, quand ces deux probabilités sont $\frac{2}{3}$ et $\frac{3}{4}$, et quand elles ne sont que $\frac{1}{3}$ et $\frac{1}{4}$. Il a aussi une même valeur, lorsqu'elles diffèrent toutes deux très peu de la certitude, ou de l'unité, et lorsqu'elles sont toutes deux presque nulles; et dans ces cas extrêmes, le nombre des condamnations s'écarte très peu du nombre des accusations. Par cette raison, les équations qu'il faut résoudre pour déterminer ces probabilités sont toujours susceptibles de deux racines réelles et inverses l'une de l'autre. Toutefois, chacune de ces deux solutions a un caractère qui la distingue : en adoptant l'une, la probabilité qu'un condamné est coupable, sera plus grande que celle de son innocence; le contraire aura lieu en adoptant l'autre. Dans les cas ordinaires, c'est donc la première solution qu'on doit choisir; car il ne serait pas raisonnable de supposer que les tribunaux fussent généralement injustes, ou qu'ils jugeassent le plus souvent au rebours du bon sens. Mais il n'en est plus de même quand les jugements sont prononcés sous l'influence des passions; ce n'est plus la racine raisonnable des équations, c'est l'autre solution qu'il faut employer, et qui donne aux condamnations une si grande probabilité d'injustice. La grande proportion des jugements de condamnation, prononcés par les tribunaux révolutionnaires, n'est donc pas une preuve suffisante de la culpabilité légale des accusés; et nous ne pouvons nullement conclure de cette proportion, celle des condamnés qui étaient coupables ou non coupables, selon les lois de cette époque, que ces tribunaux étaient chargés d'appliquer. Il faut toujours faire attention que, dans cette théorie, l'iniquité du juge et la passion de l'accusateur sont considérées comme des chances d'erreurs, aussi bien qu'une trop grande pitié ou un excès d'indulgence, et que le calcul est établi sur le résultat des votes, quels que soient les motifs qui les ont dictés.

Dans les tribunaux de police correctionnelle, le rapport du nombre des condamnés à celui des accusés a été compris entre 0,86 et 0,85, d'après la moyenne de neuf années consécutives et pour la France entière; mais cette donnée ne suffit pas pour déterminer la probabilité, avant le jugement, de la culpabilité de l'accusé, et la probabilité qu'un juge de ces tribunaux ne se trompera pas dans son vote. En supposant les jugements prononcés par trois juges, ce qui paraît avoir lieu généralement, il faudrait aussi savoir suivant quelle proportion les condamnations ont eu lieu à l'unanimité, ou à la simple majorité de deux voix contre une; proportion qui ne nous est pas donnée par l'observation, et à laquelle on ne pourrait suppléer que par quelque hypothèse gratuite.

On manque aussi des deux données nécessaires pour déterminer, dans le cas des tribunaux militaires, les valeurs spéciales des deux éléments contenus dans les formules de probabilités. Les conseils de guerre se composent de sept juges; les condamnations ne peuvent être prononcées qu'à la majorité d'au moins cinq voix contre deux; on évalue leur nombre total aux deux tiers de celui des accusés; mais on ignore la proportion de celles qui ont lieu, soit à l'unanimité, soit à une simple majorité; et faute de cette donnée de l'observation, on ne peut pas comparer, avec précision, la justice militaire à celle des cours d'assises, sous le rapport de la chance d'erreur des jugements de condamnation et d'acquittement; ce qu'il serait cependant très intéressant de pouvoir faire.

Lorsqu'il s'agit de jugements en matière civile, les formules de probabilités, au lieu de deux quantités spéciales, n'en contiennent plus qu'une, celle qui exprime la chance qu'un juge ne se trompera pas dans son vote. Les jugements des tribunaux de première instance sont rendus par trois juges, en général, selon le renseignement qui m'a été donné; mais on ne connaît pas le rapport du nombre de cas où ils prononcent à l'unanimité, au nombre de cas où ils ne décident qu'à la simple majorité de deux voix contre une; ce qui rend impossible de déterminer directement la chance d'erreur de leurs votes. Pour les jugements dont il est fait appel devant les cours royales, on peut calculer cette chance, en comparant le nombre de ceux qui sont confirmés au nombre de ceux qui ne le sont pas, et supposant que cette chance d'erreur soit la même pour les juges des deux tribunaux successifs. Quoique cette hypothèse s'écarte peut-être beaucoup de la vérité, je l'ai admise cependant, afin de pouvoir donner un exemple du calcul de l'erreur à craindre dans les jugements civils. La vérité ou le bon droit résulterait de la décision, nécessairement unanime, de juges qui n'auraient aucune chance de se tromper; dans chaque affaire ce *bon droit absolu* est une chose inconnue : néanmoins, on entend par des votes et des jugements erronés, ceux qui lui sont contraires; et la question consiste à déterminer leurs probabilités, et par conséquent, les proportions suivant lesquelles ils auraient lieu, à très peu près et très probablement, dans des nombres de cas suffisamment grands.

On trouve dans le *Compte général de l'administration de la justice civile*, publié par le gouvernement, le nombre des jugements de première instance qui ont été confirmés par les cours royales, et celui des jugements qu'elles ont cassés, pendant les trois derniers mois de 1831, et les années 1832 et 1833. Le rapport du premier de ces deux nombres à leur somme, est à très peu près égal à 0,68, pour la France entière; il n'a pas varié d'une année à une autre d'un 70e de sa valeur; en sorte que malgré la diversité des affaires qui ont dû se présenter, et, sans doute aussi, l'inégale instruction des magistrats de tout le royaume, il a suffi cependant d'environ 8000 arrêts prononcés annuellement, pour que le rapport dont il s'agit atteignît presque une valeur constante; ce qui présente encore un exemple bien remarquable de la loi universelle des grands nombres. Dans le ressort de la cour royale de Paris, ce rapport a été sensiblement plus grand et s'est élevé à environ 0,76.

En employant la valeur relative à la France entière, et prenant le nombre sept pour celui des conseillers de chaque cour royale, qui prononcent les arrêts d'appel en matière civile, on trouve un peu plus de 0,68, pour la probabilité qu'un de ces conseillers, ou l'un des juges de première instance, pris au hasard dans tout le royaume, ne se trompera ou ne s'est pas trompé, en opinant dans une affaire, prise aussi au hasard, parmi celles qui sont soumises annuellement aux deux degrés de juridictions. Il est possible, d'ailleurs, que cette probabilité soit différente dans les affaires jugées en première instance et dont les parties n'ont point appelé. D'après cette fraction 0,68, on trouve, en négligeant les millièmes, 0,76, pour la probabilité de la bonté d'un jugement de première instance; 0,95, pour celle de la bonté d'un arrêt de cour d'appel, quand il est conforme au jugement de première instance; 0,64, pour cette probabilité, lorsque l'arrêt est contraire au jugement; enfin, 0,75, pour la probabilité qu'un arrêt de cour royale, dont on ignore s'il est conforme ou contraire au jugement de première instance, sera confirmé par une seconde cour royale, jugeant sur les mêmes données que la première. Les probabilités qu'un tribunal de première instance et une première cour d'appel, jugeront tous les deux bien, le tribunal mal et la cour bien, celles-ci mal et le tribunal bien, tous les deux mal, auront respectivement pour valeur approchées, les fractions 0,649; 0,203; 0,113; 0,035, dont la somme est l'unité.

Les questions relatives à la probabilité des jugements, dont on vient d'exposer les principes et de faire connaître les résultats, se trouveront dans le cinquième et dernier chapitre de cet ouvrage. Les quatre premiers renferment les règles et les formules générales du calcul des probabilités; ce qui dispensera de les aller chercher ailleurs, et a permis de traiter quelques autres questions étrangères à l'objet spécial de ces recherches, mais que l'application du calcul des probabilités était propre à éclairer. On y trouvera aussi la solution d'un problème, qui montre comment la majorité d'une assemblée élective peut changer après une nouvelle élection, du tout au tout, ou dans un bien plus grand rapport que celle des électeurs, distribués en colléges électoraux, et qui élisent à la simple majorité dans chaque collége.

CHAPITRE PREMIER.

Règles générales des probabilités.

(1). La *probabilité* d'un événement est la raison que nous avons de croire qu'il aura ou qu'il a eu lieu.

Quoiqu'il s'agisse, dans un cas, d'un fait accompli, et dans l'autre, d'une chose éventuelle; pour nous, la probabilité est cependant la même, lorsque tout est d'ailleurs égal dans ces deux cas, en eux-mêmes si différents. Une boule va être tirée d'une urne contenant des nombres de boules blanches et de boules noires qui me sont connus, ou bien, elle a été tirée de cette urne et l'on m'a caché sa couleur; j'ai évidemment la même raison de croire que cette boule est blanche dans le premier cas, ou qu'elle sera blanche dans le second.

La probabilité dépendant des connaissances que nous avons sur un événement, elle peut être inégale pour un même événement et pour diverses personnes. Ainsi, dans l'exemple qu'on vient de citer, si une personne sait seulement que l'urne renferme des boules blanches et des boules noires, et si une autre personne sait, en outre, que les blanches y sont en plus grande proportion que les noires, cette seconde personne aura plus de raison que la première, de croire à l'arrivée d'une boule blanche, ou, autrement dit, l'arrivée d'une boule blanche aura une plus grande probabilité pour la seconde personne que pour la première.

De là viennent les jugements quelquefois contraires que portent deux personnes sur un même événement, lorsqu'elles ont des connaissances différentes en ce qui le concerne. Si A et B désignent ces deux personnes, et que A sache tout ce qui est connu de B, et quelque chose de plus, A portera le jugement le plus éclairé, et c'est son opinion qu'il sera raisonnable d'adopter, quand on devra choisir entre les jugements contraires de

A et de B, quoique cette opinion puisse être fondée sur une probabilité moindre que celle qui a motivé l'opinion de B, c'est-à-dire, quoique A ait moins de raison de croire à sa propre opinion, que B à la sienne.

Dans le langage ordinaire, les mots *chance* et probabilité sont à peu près synonymes. Le plus souvent nous emploierons indifféremment l'un et l'autre; mais lorsqu'il sera nécessaire de mettre une différence entre leurs acceptions, on rapportera, dans cet ouvrage, le mot chance aux événements en eux-mêmes et indépendamment de la connaissance que nous en avons, et l'on conservera au mot probabilité sa définition précédente. Ainsi, un événement aura, par sa nature, une chance plus ou moins grande, connue ou inconnue; et sa probabilité sera relative à nos connaissances, en ce qui le concerne.

Par exemple, au jeu de *croix* et *pile*, la chance de l'arrivée de *croix* et celle de l'arrivée de *pile*, résultent de la constitution de la pièce que l'on projette; on peut regarder comme physiquement impossible que l'une de ces chances soit égale à l'autre; cependant, si la constitution du projectile nous est inconnue, et si nous ne l'avons pas déjà soumis à des épreuves, la probabilité de l'arrivée de *croix* est, pour nous, absolument la même que celle de l'arrivée de *pile* : nous n'avons, en effet, aucune raison de croire plutôt à l'un qu'à l'autre de ces deux événements. Il n'en est plus de même, quand la pièce a été projetée plusieurs fois : la chance propre à chaque face ne change pas pendant les épreuves; mais, pour quelqu'un qui en connaît le résultat, la probabilité de l'arrivée future de *croix* ou de *pile*, varie avec les nombres de fois que ces deux faces se sont déjà présentées.

(2). La mesure de la probabilité d'un événement, est le rapport du nombre de cas favorables à cet événement, au nombre total de cas favorables ou contraires, et tous également possibles, ou qui ont tous une même chance.

Cette proposition signifie que quand ce rapport est égal pour deux événements, nous avons la même raison de croire à l'arrivée de l'un et à celle de l'autre, et que quand il est différent, nous avons plus de raison de croire à l'arrivée de l'événement pour lequel il est le plus grand.

Supposons, par exemple, qu'une urne A renferme quatre boules blanches et six boules noires, et qu'une autre urne B contienne dix boules blanches et quinze boules noires; les nombres de cas favorables à l'arrivée d'une boule blanche et celui de tous les cas possibles, seront quatre et dix pour la première urne, dix et vingt-cinq pour la seconde; et le rapport du premier nombre au second étant $\frac{2}{5}$, c'est-à-dire, égal pour les deux urnes, il s'agit d'abord de prouver qu'il y a la même probabilité d'extraire une boule blanche de l'une ou de l'autre; en sorte que si nous avions un intérêt quelconque à l'arrivée d'une boule blanche, nous n'aurions absolument aucune raison de mettre la main plutôt dans l'urne A que dans l'urne B.

En effet, on peut concevoir les vingt-cinq boules que contient l'urne B, partagées en cinq groupes dont chacun soit composé de deux boules blanches et trois noires, et qui seront disposés d'une manière quelconque dans l'intérieur de cette urne. Afin de les distinguer entre eux, on peut aussi donner le n° 1 aux boules de l'un des groupes, le n° 2 à celles d'un autre groupe, etc.

Pour extraire une boule blanche ou noire, de B, la main devra se porter au hasard sur l'un de ces cinq groupes; mais puisqu'ils sont tous semblables, quant aux nombres de boules des deux couleurs qu'ils renferment, il s'ensuit qu'au lieu de choisir au hasard le groupe sur lequel la main se portera, on peut le choisir à volonté, et supposer, pour fixer les idées, que ce soit le groupe des boules n° 1, sans rien changer à la chance d'extraire une boule blanche de l'urne B; or, cela revient évidemment à extraire d'abord de B toutes les boules n° 1, et à les mettre dans une autre urne C, d'où l'on tirera ensuite une boule au hasard; la probabilité d'amener une boule blanche est donc indépendante du nombre de groupes qui étaient renfermés dans B, et la même que s'il y en avait un seul au lieu de cinq. En partageant les dix boules contenues dans l'urne A, en deux groupes de deux blanches et trois noires, on verra aussi que la probabilité d'en extraire une boule blanche est la même que si cette urne ne renfermait qu'un seul de ces deux groupes. Donc la probabilité d'extraire une boule blanche soit de A, soit de B, est la même que pour une troisième urne C, qui contiendrait deux boules blanches et trois noires, et, par conséquent, la même pour A et pour B; ce qu'il s'agissait d'abord de prouver.

Maintenant, je suppose qu'une urne A contienne quatre boules blan-

blanches et trois noires, et qu'une urne B renferme trois boules blanches et deux noires; de sorte que le rapport du nombre de cas favorables à l'arrivée d'une boule blanche, au nombre total des cas également possibles, soit $\frac{4}{7}$ pour A et $\frac{3}{5}$ pour B. La seconde fraction excédant la première de $\frac{1}{35}$, il y aura plus de raison de croire qu'une boule blanche sortira de B que de A. En effet, en réduisant ces deux fractions au même dénominateur, elles deviennent $\frac{20}{35}$ et $\frac{21}{35}$; or, d'après ce qu'on vient de prouver, la probabilité de l'arrivée d'une boule blanche sera la même pour A et pour une urne C qui contiendrait 35 boules, dont 20 blanches et 15 noires; elle sera aussi la même pour B, et pour une urne D qui renfermerait 35 boules, dont 21 blanches et 14 noires; mais ces urnes C et D contenant l'une et l'autre un même nombre de boules, et D renfermant plus de boules blanches que C, il y a évidemment plus de raison de croire que l'on extraira une boule blanche de D que de C; donc aussi, l'arrivée d'une boule blanche est plus probable pour B que pour A; ce qui achève de démontrer la proposition énoncée au commencement de ce numéro.

De cette mesure de la probabilité, il semble résulter que cette fraction doit toujours être une quantité commensurable; mais si le nombre de tous les cas possibles et celui des cas favorables à un événement, sont infinis, la probabilité ou le rapport du second nombre au premier, pourra être une quantité incommensurable. Supposons, par exemple que s soit l'étendue d'une surface plane, et σ celle d'une portion déterminée de ce plan; si l'on projette une pièce circulaire, dont le centre puisse également retomber sur tous les points de s, il est évident que la probabilité qu'il retombera sur un point de σ, sera le rapport de σ à s, dont les grandeurs peuvent être incommensurables.

(3). Dans les deux parties de la démonstration précédente, on a pris pour exemple des nombres déterminés de boules; mais il est aisé de voir que le raisonnement est général et indépendant de ces nombres particuliers. On a aussi supposé que l'événement dont on considérait la probabilité, était l'extraction d'une boule blanche, tirée d'une urne qui contient des boules blanches et des boules noires, de manière que le nombre de boules blanches représente celui des cas favorables à l'événement, et le nombre de boules noires, celui des cas contraires. Pour rendre les raisonnements plus faciles à saisir, on peut, en effet, substituer toujours une pareille hypothèse à chaque question d'éventualité relative à des choses de toute autre nature. Si donc, E est un événement d'une espèce quelconque; que l'on représente par a le nombre de cas favorables à son arrivée, par b celui des cas contraires, et par p la probabilité de E, la mesure ou la valeur numérique de cette dernière quantité, sera, d'après ce qu'on vient de démontrer,

$$p = \frac{a}{a+b}.$$

En même temps, si F est l'événement contraire à E, de sorte que, de ces deux événements, un seul doive nécessairement arriver, comme l'extraction d'une boule blanche ou celle d'une boule noire, dans les exemples précédents; et si l'on désigne par q la probabilité de F, on aura aussi

$$q = \frac{b}{a+b},$$

puisque les cas contraires à E, dont le nombre est b, sont les cas favorables à F. Il en résulte

$$p + q = 1,$$

c'est-à-dire, que la somme des probabilités de deux événements contraires, tels qu'on vient de les définir, est toujours égale à l'unité.

Lorsque nous n'avons pas plus de raison de croire à l'arrivée de E qu'à celle de F, leurs probabilités sont égales, et l'on a conséquemment $p = q = \frac{1}{2}$. C'est ce qui a lieu dans le cas d'une pièce que l'on projette pour la première fois, et dont la constitution physique nous est inconnue; E étant alors l'arrivée de l'une des deux faces, et F celle de la face opposée. Au lieu d'un événement qui doit arriver ou ne pas arriver, E peut être une chose quelconque dont il s'agit de savoir si elle est vraie ou fausse : a est alors le nombre de cas où nous la croyons vraie, et b le nombre de cas où nous la jugeons fausse; p exprime la probabilité de la vérité de E, et q celle de sa fausseté.

En évaluant dans chaque exemple, soit d'éventualité, soit de doute et de critique, les nombres de cas favorables ou contraires à E et F, si l'on a la certitude que ces nombres soient effectivement a et b, les fractions p et q seront les chances de E et F; si cette évaluation résulte seulement des connaissances que nous avons sur ces deux choses, p et q ne sont que leurs probabilités, et pourront différer, comme nous l'avons expliqué, de leurs chances inconnues : il faudra toujours que tous ces cas favorables ou contraires, soient également possibles, soit en eux-mêmes, soit d'après ce que nous en savons.

(4). La *certitude* est considérée, dans la théorie des chances, comme un cas particulier de la probabilité : c'est le cas où un événement n'a aucune chance contraire; elle est représentée dans le calcul par l'unité, tandis qu'une probabilité quelconque est exprimée par une fraction moindre que un, la parfaite *perplexité* de notre esprit entre deux choses contraires, par $\frac{1}{2}$, et l'*impossibilité* par zéro. Cette notion de la certitude nous suffit; nous n'avons pas besoin de la définir en elle-même, et d'une manière absolue; ce qui serait d'ailleurs impossible; car la certitude absolue est au nombre de ces choses que l'on ne définit pas, et dont on peut seulement donner des exemples. Parmi les choses que l'on appelle *certaines*, il y en a en très petit nombre, qui le sont rigoureusement, telles que notre propre existence; quelques axiomes, non-seulement certains, mais évidents; des propositions, comme les théorèmes de la géométrie, par exemple, dont on démontre la vérité, ou dont on prouve que le contraire est impossible. Les choses non contraires aux lois générales de la nature, qui nous sont attestées par de nombreux témoignages, et celles qui sont confirmées par une expérience journalière, n'ont cependant qu'une très forte probabilité, assez grande pour qu'on n'ait pas besoin de la distinguer de la certitude complète, soit dans les usages de la vie, soit même dans les sciences physiques et dans les sciences historiques.

Le calcul des probabilités a pour objet de déterminer dans chaque question d'éventualité ou de doute, le rapport du nombre des cas favorables à l'arrivée d'un événement, ou à la vérité d'une chose, au nombre de tous les cas possibles; de sorte que nous puissions connaître, d'une manière précise, d'après la grandeur de cette fraction plus ou moins approchante de l'unité, la raison que nous avons de croire que cette chose soit vraie, ou que cet événement a eu ou aura lieu, et que nous puissions aussi, sans aucune illusion, comparer cette raison de croire, dans deux questions de nature toute différente. Il est fondé sur un petit nombre de règles que nous allons exposer, et qui se démontrent en toute rigueur, comme on vient d'en voir un exemple, relativement à la proposition du n° 2. Ses principes doivent être regardés comme un supplément nécessaire de la logique, puisqu'il y a un si grand nombre de questions où l'art de raisonner ne saurait nous conduire à une entière certitude. Aucune autre partie des mathématiques n'est susceptible d'applications plus nombreuses et plus immédiatement utiles. On verra, dans le second chapitre de cet ouvrage, qu'elles s'étendent à des questions abstraites et controversées de la philosophie générale, dont elles donnent une solution claire et incontestable.

(5). Si p et p' sont les probabilités de deux événements E et E', indépendants l'un de l'autre, la probabilité de leur concours ou d'un événement composé de ces deux-là, aura pour valeur le produit pp'.

En effet, je suppose que l'événement E soit l'extraction d'une boule blanche, d'une urne A qui contient un nombre c de boules, savoir, a boules blanches et $c-a$ boules noires, et que E' soit l'extraction d'une boule blanche, d'une autre urne A' contenant c' boules, dont a' blanches et $c'-a'$ noires. D'après ce qui précède, on aura

$$p=\frac{a}{c},\quad p'=\frac{a'}{c'},$$

pour les probabilités de E et E'. L'événement composé sera l'arrivée de deux boules blanches, l'une extraite de A, l'autre de A'. Or, si l'on tire au hasard une boule de chacune de ces deux urnes, toutes les boules de A pourront arriver avec toutes celles de A'; ce qui donnera un nombre cc' de cas également possibles. Dans ce nombre total, les cas favorables à l'événement composé résulteront des combinaisons de toutes les boules blanches de A avec toutes les boules blanches de A'; le nombre de ces cas favorables sera donc le produit aa'. Par conséquent, la probabilité de l'événement composé aura pour valeur (n° 2) le rapport de aa' à cc', ou, ce qui est la même chose, le produit des deux fractions p et p'.

On verra de même que si p, p', p'', etc., sont les probabilités d'un nombre quelconque d'événements E, E', E'', etc., indépendants les uns des autres, la probabilité de leur concours, ou d'un événement composé de tous ceux-là, sera le produit $pp'p''$ etc. Cette proposition générale peut aussi se déduire du cas particulier d'un événement composé de deux autres; car, si le produit de p et p', ou pp', est la probabilité du concours de E et E', celle du concours de cet événement composé et de E'' sera de même le produit de pp' et de p'', ou $pp'p''$, celle du concours de ce second événement composé et de E''' sera le produit de $pp'p''$ et de p''', ou $pp'p''p'''$, et ainsi de suite.

Toutes les fractions p, p', p'', etc., étant moindres que l'unité, du moins quand aucun des événements E, E', E'', etc., n'est certain, il s'ensuit que la probabilité de l'événement composé est aussi moindre que celle de chacun des événements dont il dépend. Elle s'affaiblit de plus en plus à mesure que leur nombre augmente; généralement, elle tend vers zéro, et serait tout-à-fait nulle ou infiniment petite, si ce nombre devenait infini : il n'y a d'exception que quand la série infinie des probabilités p, p', p'', etc., se compose de termes qui approchent indéfiniment de l'unité ou de la certitude; leur produit, dans ce cas, a pour valeur une quantité de grandeur finie, moindre que l'unité. Si, par exemple, on désigne par α une quantité positive, plus petite que l'unité, ou tout au plus égale à un, et que l'on prenne

$$p = \alpha, \quad p' = 1 - \alpha^2, \quad p'' = 1 - \frac{\alpha^2}{4}, \quad p''' = 1 - \frac{\alpha^2}{9}, \text{ etc.},$$

pour les valeurs de p, p', p'', etc.; leur produit, ou la probabilité de l'événement composé, sera égal, d'après une formule connue, à $\frac{1}{\pi}\sin\alpha\pi$, en désignant, à l'ordinaire, par π le rapport de la circonférence au diamètre.

(6). Voici un problème relatif à la probabilité d'un événement composé, dont nous donnerons la solution pour exemple de la règle précédente.

Je suppose que l'on ait à retrancher l'un de l'autre deux nombres pris au hasard; on demande la probabilité que la soustraction totale s'effectuera sans qu'on ait besoin d'augmenter le chiffre supérieur dans aucune des soustractions partielles.

Les chiffres supérieur et inférieur qui se correspondent pouvant avoir chacun dix valeurs différentes, depuis zéro jusqu'à 9, il s'ensuit qu'il y aura cent cas distincts et également possibles dans chaque soustraction partielle. Pour qu'elle se fasse sans augmentation du chiffre supérieur, il faudra que celui-ci surpasse le chiffre inférieur, ou qu'il lui soit égal. Or, cela aura lieu dans 55 des 100 cas possibles, savoir, dans un seul cas quand le chiffre supérieur sera zéro, dans deux cas quand il sera l'unité, ... dans dix cas lorsqu'il sera le chiffre 9; ce qui forme une progression arithmétique de 10 termes, dont la somme est $\frac{1}{2}\, 10(1+10)$, ou 55. La probabilité relative à chaque soustraction partielle sera donc le rapport de 55 à 100; par conséquent, la probabilité que les soustractions partielles s'effectueront toutes à la fois sans augmenter le chiffre supérieur, aura $(0{,}55)^i$ pour valeur, en désignant par i leur nombre, ou celui des chiffres supérieurs ou inférieurs.

S'il s'agit, par exemple, de retrancher l'une de l'autre les parties décimales des logarithmes pris dans les tables de Callet, on aura

$$i = 7, \quad (0{,}55)^i = 0{,}0152243\ldots;$$

c'est-à-dire une probabilité comprise entre $\frac{1}{66}$ et $\frac{1}{65}$.

On obtiendrait également $(0{,}55)^i$ pour la probabilité d'ajouter l'un à l'autre deux nombres de i chiffres, sans qu'aucune des additions partielles donne une unité à retenir.

(7). Si E, E′, E″, etc., sont les arrivées successives d'un même événement E, et que leur nombre soit m, le produit $pp'p''$ etc. se changera dans la puissance p^m qui exprimera, par conséquent, la probabilité que E arrivera m fois dans un pareil nombre d'épreuves, pendant lesquelles la probabilité de cet événement demeurera constante et égale à p. De même, E et F étant les deux événements contraires dont les probabilités sont p et q, de sorte qu'on ait $p+q=1$ (n° 3); si ces chances demeurent constantes pendant un nombre $m+n$ d'épreuves, le produit $p^m q^n$ sera la probabilité que E arrivera m fois et F les n autres fois, dans un ordre déterminé; ce qui se déduira de la règle du n° 5, en supposant le nombre des événements E, E′, E‴, etc., égal à $m+n$, et prenant E pour m d'entre eux et F pour les n autres. L'ordre dans lequel ces événements E et F devront se succéder n'influe pas sur cette probabilité $p^m q^n$, de l'événement composé : elle est la même pour que E arrive dans les m premières épreuves, et F dans les n

dernières, ou *vice versa;* ou bien encore, lorsque ces événements devront être mêlés, d'une manière déterminée. Mais si l'ordre que doivent suivre E et F n'est pas donné, et qu'on veuille seulement que dans un nombre $m+n$ d'épreuves, E arrive m fois et F arrive n fois, dans un ordre quelconque, il est évident que la probabilité de cet autre événement composé surpassera celle qui répond à chaque ordre déterminé; elle sera, en effet, un multiple de $p^m q^n$, dont on donnera plus loin l'expression générale.

Lorsque les chances de E et F sont égales, on a $p=q=\frac{1}{2}$; et si l'on fait $m+n=\mu$, la probabilité de l'arrivée, dans un ordre déterminé, de E un nombre m de fois, et F un nombre n de fois, deviendra $(\frac{1}{2})^\mu$; en sorte que non-seulement elle ne dépendra pas de l'ordre de ces arrivées, mais elle sera aussi indépendante de leur proportion, et ne dépendra plus que du nombre total μ des épreuves. Ce cas est celui d'une urne contenant des nombres égaux de boules blanches et de boules noires, dans laquelle on fait μ tirages successifs, en remettant à chaque fois dans l'urne la boule qui en est sortie. La probabilité d'amener μ boules blanches est égale à celle d'amener m boules blanches et n boules noires dans un ordre déterminé. Quand μ est un nombre considérable, elles sont l'une et l'autre très petites, mais non pas moindres l'une que l'autre. Avant que les tirages aient commencé, on n'aurait eu ni plus ni moins de raison pour croire, soit à l'arrivée d'une suite de boules de la même couleur, soit à l'arrivée d'un pareil nombre de boules, les unes blanches et les autres noires, dans un ordre que quelqu'un eût assigné arbitrairement. Cependant, si nous voyons sortir successivement de l'urne, par exemple, trente boules d'une même couleur, et que nous soyons bien certains que les boules blanches et les boules noires y sont constamment en nombres égaux; ou bien si nous voyons arriver tout autre événement qui présente quelque chose de symétrique, tel que la sortie de trente boules alternativement blanches et noires, celle de quinze boules blanches suivies de quinze boules noires, nous sommes portés à croire que ces événements réguliers ne sont pas l'effet du hasard, et que la personne qui a tiré les trente boules connaissait la couleur de chacune d'elles, et les a choisies dans une vue particulière. Dans de pareils cas, l'intervention d'une cause autre que le hasard a effectivement une probabilité très approchante de la certitude, ainsi qu'on le verra par la suite.

(8). La puissance q^n est la probabilité que l'événement F arrivera n fois de suite, sans interruption; en la retranchant de l'unité, on aura donc la probabilité de l'événement contraire, c'est-à-dire, la probabilité que dans n épreuves consécutives, l'événement E arrivera au moins une fois; par conséquent, si l'on désigne par r la probabilité de cet événement composé, et qu'on mette $1-p$ au lieu de q, il en résultera

$$r = 1 - (1-p)^n.$$

En égalant à $\frac{1}{2}$ cette valeur de r, on déterminera le nombre d'épreuves nécessaire pour qu'il y ait la même raison de croire que E arrivera ou qu'il n'arrivera pas, ou autrement dit, pour qu'il y ait un contre un à parier que E arrivera au moins une fois. On aura alors

$$(1-p)^n = \frac{1}{2}, \qquad n = -\frac{\log 2}{\log(1-p)}.$$

Si E est, par exemple, l'arrivée d'un *six*, ou celle d'une autre face déterminée, quand on projette un *dé* à six faces, on aura

$$p = \frac{1}{6}, \qquad n = 3,8018\ldots;$$

en sorte qu'il y aura de l'avantage à parier que *six* arrivera au moins une fois en quatre coups, et du désavantage à parier qu'il arriverait en trois coups. Si l'on projette deux dés à la fois, et que E soit l'arrivée du *double-six*, on aura

$$p = \frac{1}{36}, \qquad n = 24,614\ldots;$$

ce qui montre que l'avantage sera pour le joueur qui pariera d'amener un *double-six* en vingt-cinq coups, et le désavantage pour celui qui parierait de l'amener en vingt-quatre coups.

L'expression générale de r nous fait voir que quelque faible que soit la chance p d'un événement E, pourvu qu'elle ne soit pas tout-à-fait nulle, on peut toujours prendre le nombre n des épreuves, assez grand pour que la probabilité que E arrivera au moins une fois, approche aussi près qu'on voudra de la certitude; car quelque peu différente de l'unité que soit la fraction $1-p$, on peut toujours prendre l'exposant n assez grand pour que la puissance $(1-p)^n$ tombe au-dessous d'une fraction donnée. C'est en cela que consiste la différence essentielle entre une chose absolument impossible et un événement E dont la chance p est extrêmement petite : la chose impossible, n'arrivera jamais, et l'événement aussi peu probable qu'on voudra, arrivera toujours, très probablement, dans une série d'épreuves assez longtemps prolongée.

Par la formule du binome, on a

$$(1-p)^n = 1 + np + \frac{n.n-1}{1.2}p^2 + \frac{n.n-1.n-2}{1.2.3.}p^3 + \text{etc.};$$

si n est un très grand nombre, et qu'on remplace $n-1$, $n-2$, etc., par n, on aura, à très peu près,

$$(1-p)^n = 1 + np + \frac{n^2p^2}{1.2} + \frac{n^3p^3}{1.2.3} + \text{etc.};$$

série qui est le développement de e^{-np}, en désignant par e la base des logarithmes népériens; il en résultera donc

$$r = 1 - e^{-np},$$

pour la valeur approchée de r. Dans le cas de $p = \frac{1}{n}$, cette valeur sera le rapport de $e-1$ à e. Par conséquent, si la chance d'un événement E est l'unité divisée par un très grand nombre n, il suffira d'un pareil nombre n d'épreuves pour qu'il y ait une probabilité $\frac{e-1}{e}$, ou à peu près égale à $\frac{2}{3}$, que E arrivera au moins une fois.

(9). Lorsque deux événements E et E_1, ne sont point indépendants, c'est-à-dire, lorsque l'arrivée de l'un influe sur la chance de l'autre, la probabilité de l'événement composé de E et E_1 est égale à un produit pp_1 dans lequel p représente la probabilité de l'événement E qui doit arriver le premier, et p_1 exprime la probabilité que E étant d'abord arrivé, E_1 arrivera ensuite.

Ainsi, a et b désignant les nombres de boules blanches et de boules noires contenues dans une urne A, et c leur somme $a+b$; si E est l'arrivée d'une boule blanche à une première épreuve, et E_1 celle d'une boule blanche à un second tirage, sans qu'on ait remis la boule sortie au premier, on aura d'abord

$$p = \frac{a}{c};$$

mais au second tirage, le nombre total des boules sera réduit à $c-1$, et celui des boules blanches à $a-1$, on aura donc

$$p_1 = \frac{a-1}{c-1},$$

pour la probabilité de la sortie d'une nouvelle boule blanche; et, par conséquent,

$$pp_1 = \frac{a.a-1}{c.c-1},$$

pour celle de l'extraction de deux boules blanches.

Par la même règle, on trouvera

$$pp_1 = \frac{ab}{c.c-1},$$

pour la probabilité de l'extraction d'une boule blanche et d'une boule noire, dans un ordre déterminé, et sans remettre dans l'urne la boule sortie au premier tirage.

Généralement, si l'on fait $m+n$ tirages successifs sans remettre dans A les boules sorties, et que l'on désigne par ϖ la probabilité d'amener, dans un ordre déterminé, m boules blanches et n boules noires, on aura

$$\varpi = \frac{a.a-1.a-2....a-m+1.b.b-1.b-2....b-n+1}{c.c-1.c-2....c-m-n+1};$$

quel que soit cet ordre déterminé. En effet, si dans les $m'+n'$ premiers tirages, il est sorti m' boules blanches et n' boules noires, le nombre $c-m'-n'$ des boules restantes, se composera de $a-m'$ blanches et $b-n'$ noires; les probabilités d'amener, soit une boule blanche, soit une boule noire, dans un nouveau tirage, seront donc

$$\frac{a-m'}{c-m'-n'}, \qquad \frac{b-n'}{c-m'-n'};$$

or, en prenant successivement dans ces deux fractions, tous les nombres depuis zéro jusqu'à $m-1$ pour m', et depuis zéro jusqu'à $n-1$ pour n', le produit des $m+n$ quantités qu'on obtiendra de cette manière, devra évidemment former la valeur de ϖ; ce qui coïncidera avec la formule que l'on vient d'écrire.

Si l'on remettait à chaque fois dans A la boule blanche ou noire qui en est sortie, les chances d'une boule blanche et d'une boule noire demeureraient constantes et égales à $\frac{a}{c}$ et $\frac{b}{c}$, pendant toutes les épreuves, et la probabilité d'amener m boules blanches et n boules noires, dans un ordre déterminé, serait le produit de $\left(\frac{a}{c}\right)^m$ et $\left(\frac{b}{c}\right)^n$, ou $\frac{a^m b^n}{c^{m+n}}$. C'est à quoi se réduit effectivement l'expression de ϖ, quand les nombres a et b sont extrêmement grands, et peuvent être considérés comme infinis, par rapport à m et n, ce qui rend invariables les chances d'une boule blanche et d'une boule noire, pendant toute la durée des épreuves.

En faisant $n=0$ dans la valeur de ϖ, il en résulte

$$\varpi=\frac{a.a-1.a-2...a-m+1}{c.c-1.c-2...c-m+1},$$

pour la probabilité de l'extraction de m boules blanches sans interruption. Au lieu d'une urne A, si l'on avait, par exemple un jeu composé de seize cartes rouges et autant de cartes noires, et si l'on demandait la probabilité d'en tirer les seize cartes rouges en seize tirages, on ferait

$$a=16, \qquad c=32, \qquad m=16,$$

et il en résulterait

$$\varpi=\frac{1.2.3.....15.16}{17.18.19...31.32},$$

ou bien, en réduisant

$$\varpi=\frac{1}{601080390};$$

quantité, comme on voit, un peu au-dessous d'un six-cent millionième. Il faudrait, en conséquence, essayer un peu plus de six-cent millions de fois pour qu'il y eût une probabilité égale à $\frac{2}{3}$, ou à peu près deux à parier contre un, que les seize cartes rouges sortiraient au moins une fois sans interruption.

(10). Si un événement E peut avoir lieu de plusieurs manières distinctes et indépendantes entre elles; que d'une première manière, la probabilité de son arrivée soit p_1; que d'une seconde manière, elle soit p_2; etc., la probabilité complète sera la somme de toutes ces probabilités partielles, de sorte qu'en la désignant par p, on aura

$$p = p_1 + p_2 + p_3 + \text{etc.}$$

Supposons, pour fixer les idées, que l'on ait un nombre donné i d'urnes A, contenant des boules blanches et des boules noires, et que le nombre total de boules et le nombre de boules blanches soient c_1 et a_1 dans une première urne, c_2 et a_2 dans une seconde, etc. Supposons aussi que E soit l'extraction d'une boule blanche, en mettant la main au hasard dans l'une de ces urnes. Cet événement pourra alors arriver de i manières différentes, puisque i est le nombre d'urnes d'où la boule blanche pourra sortir. La probabilité que la main se portera sur l'une de ces urnes sera la même pour toutes et égale à $\frac{1}{i}$; la chance d'extraire une boule blanche sera $\frac{a_1}{c_1}$, $\frac{a_2}{c_2}$, $\frac{a_3}{c_3}$, etc., selon l'urne sur laquelle la main se portera effectivement; d'après la règle du n° 5, les probabilités p_1, p_2, p_3, etc., des diverses manières dont E pourra arriver, seront donc

$$p_1 = \frac{1}{i}\,\frac{a_1}{c_1}, \quad p_2 = \frac{1}{i}\,\frac{a_2}{c_2}, \quad p_3 = \frac{1}{i}\,\frac{a_3}{c_3}, \text{ etc.};$$

et il s'agira de prouver que la probabilité complète p de l'extraction d'une boule blanche, de l'une ou de l'autre de toutes les urnes A, aura pour valeur

$$p = \frac{1}{i}\left(\frac{a_1}{c_1} + \frac{a_2}{c_2} + \frac{a_3}{c_3} + \text{etc.}\right).$$

La démonstration de cette règle est fondée sur un lemme qui sera également utile dans d'autres occasions.

Concevons un nombre quelconque i d'urnes C, contenant des boules blanches et des boules noires en proportions diverses, mais dont le nombre total soit le même et représenté par μ pour chacune de ces urnes; la probabilité d'extraire de leur ensemble une boule blanche ne changera pas si l'on réunit les $i\mu$ boules qu'elles contiennent dans une seule urne B. En effet, elles y formeront des groupes disposés d'une manière quelconque, dont chacun contiendra les boules provenant d'une même urne C, et qui seront tous composés d'un même nombre μ de boules, ce qui suffit pour que la chance d'y porter la main soit la même pour tous ces groupes, et égale à $\frac{1}{i}$, comme quand chaque groupe était renfermé dans une urne C. La chance de tirer une boule blanche du groupe où la main se portera n'aura pas non plus changé; par conséquent, la probabilité d'extraire une boule blanche sera la même pour l'urne B et pour le système des urnes C. Cette conclusion n'aurait plus lieu, si les nombres de boules que les urnes C renferment étaient inégaux; quels qu'ils soient, la chance que la main se portera sur l'une des urnes sera la même, et égale à $\frac{1}{i}$; mais quand toutes les boules auront été réunies dans l'urne B, les groupes qu'elles y formeront contenant des nombres inégaux de boules, la chance que la main s'y portera ne sera pas égale pour tous ces groupes : elle est évidemment plus grande pour ceux qui seront formés d'un plus grand nombre de boules.

Cela posé, réduisons toutes les fractions $\frac{a_1}{c_1}$, $\frac{a_2}{c_2}$, $\frac{a_3}{c_3}$, etc., à un même dénominateur, que nous désignerons par μ. Soient alors α_1, α_2, α_3, etc., leurs numérateurs, de sorte qu'on ait

$$\frac{a_1}{c_1} = \frac{\alpha_1}{\mu}, \quad \frac{a_2}{c_2} = \frac{\alpha_2}{\mu}, \quad \frac{a_3}{c_3} = \frac{\alpha_3}{\mu}, \text{ etc.}$$

La chance d'extraire une boule blanche de chacune des urnes A, et par conséquent de l'ensemble de ces urnes, ne changera pas si l'on remplace chacun des nombres c_1, c_2, c_3, etc., de boules blanches ou noires, par le même nombre μ, et les nombres a_1, a_2, a_3, etc., de boules blanches, par α_1, α_2, α_3, etc. La probabilité de l'extraction d'une boule blanche ne changera pas non plus, si l'on réunit ensuite toutes ces boules dans une même urne C. Or, cette urne contenant alors un nombre total $i\mu$ de boules, parmi lesquelles il y aura un nombre $\alpha_1 + \alpha_2 + \alpha_3 +$ etc., de boules blanches, cette probabilité sera le rapport du second nombre au premier, ou, ce qui est la même chose,

$$\frac{1}{i}\left(\frac{\alpha_1}{\mu}+\frac{\alpha_2}{\mu}+\frac{\alpha_3}{\mu}+\text{etc.}\right);$$

quantité qui coïncide, en vertu des équations précédentes, avec la valeur de p qu'il s'agissait de démontrer.

(11). Pour appliquer cette règle à des exemples, supposons d'abord qu'il soit à la connaissance d'une personne qu'une boule a été extraite, ou d'une urne A contenant cinq boules blanches et une boule noire, ou d'une urne B renfermant trois boules blanches et quatre boules noires, et qu'elle n'ait aucune raison de croire que cette boule soit sortie plutôt de l'une que de l'autre des deux urnes. Pour cette personne, la probabilité ϖ que la boule extraite est une boule blanche sera

$$\varpi=\frac{1}{2}\cdot\frac{5}{6}+\frac{1}{2}\cdot\frac{3}{7}=\frac{53}{84};$$

car pour elle, cet événement a pu arriver de deux manières différentes, et les probabilités p_1 et p_2 qui s'y rapportent sont

$$p_1=\frac{1}{2}\cdot\frac{5}{6},\quad p_2=\frac{1}{2}\cdot\frac{3}{7}.$$

Pour une autre personne, qui sait que la boule extraite est sortie de B, la probabilité p qu'elle est noire a pour valeur

$$p=\frac{4}{7}=\frac{48}{84}.$$

Les fractions $\frac{53}{84}$ et $\frac{48}{84}$ surpassant $\frac{1}{2}$, la première personne doit penser que la boule extraite est blanche, et la seconde qu'elle est noire. Entre ces deux opinions contraires, c'est la dernière que nous devons adopter, parce que la seconde personne est plus instruite que la première en ce qui concerne l'événement dont il s'agit; et cependant la probabilité $\frac{48}{84}$, sur laquelle cette seconde personne appuie son opinion, est moindre que la probabilité $\frac{53}{84}$, sur laquelle l'autre personne appuyait la sienne. C'est un exemple fort simple, et qu'on pourra aisément multiplier, de ce qui a été dit précédemment (n° 1), sur les jugements contraires portés dans une même question par des personnes différemment instruites.

Supposons encore que nous sachions qu'une urne A renferme un nombre donné n de boules blanches et de boules noires, dans une proportion qui nous est absolument inconnue. Nous pourrons faire sur cette proportion, $n+1$ hypothèses différentes et également possibles, qui seront autant de manières distinctes dont l'extraction d'une boule blanche pourra avoir lieu. Ces hypothèses seront n boules blanches, $n-1$ boules blanches et une noire, $n-2$ boules blanches et deux noires, ... n boules noires; toutes ces suppositions étant également possibles, la probabilité de chacune d'elles sera $\frac{1}{n+1}$; par conséquent, les probabilités partielles de l'extraction d'une boule blanche, dans ces diverses hypothèses, auront pour valeurs

$$p_1 = \frac{1}{n+1} \cdot \frac{n}{n}, \quad p_2 = \frac{1}{n+1} \cdot \frac{n-1}{n}, \quad p_3 = \frac{1}{n+1} \cdot \frac{n-2}{n}, \text{ etc.}$$

et la probabilité complète ϖ de cet événement sera

$$\varpi = \frac{1}{n+1}\left(\frac{n}{n} + \frac{n-1}{n} + \frac{n-2}{n} + \ldots + \frac{n-n}{n}\right);$$

quantité qui se réduit à $\frac{1}{2}$, comme cela devait être, puisque nous n'avons aucune raison de croire à l'arrivée d'une boule blanche plutôt qu'à celle d'une boule noire.

Mais si nous savons que dans l'urne A, le nombre des boules blanches est certainement plus grand que celui des boules noires, la valeur de ϖ surpassera $\frac{1}{2}$; et pour la déterminer, il faudra distinguer les deux cas de n impair et de n pair. Si l'on désigne par i un nombre entier quelconque et qu'on ait $n = 2i + 1$, on ne pourra faire que $i+1$ hypothèses différentes et également possibles, savoir, $2i+1$ boules blanches, $2i$ boules blanches et une noire,... $i+1$ boules blanches et i boules noires; et dans ce premier cas, la valeur complète de ϖ sera

$$\varpi = \frac{1}{i+1}\left(\frac{2i+1}{2i+1} + \frac{2i}{2i+1} + \frac{2i-1}{2i+1} + \ldots + \frac{i+1}{2i+1}\right);$$

quantité qui se réduit à

$$\varpi = \frac{1}{2} \cdot \frac{3i+2}{2i+1}.$$

Elle est l'unité, comme cela doit être, pour $i = 0$; elle s'approche indéfiniment de $\frac{3}{4}$, en diminuant toujours, à mesure que i augmente de plus en plus. Dans le cas de $n = 2i + 2$, on peut aussi faire $i + 1$ hypothèses également possibles : on peut supposer que A renferme $2i + 2$ boules blanches, $2i + 1$ boules blanches et une boule noire, ... $i + 2$ boules blanches et i boules noires. Il en résulte

$$\varpi = \frac{1}{i+1}\left(\frac{2i+2}{2i+2} + \frac{2i+1}{2i+2} + \frac{2i}{2i+2} + \ldots + \frac{i+2}{2i+2}\right),$$

ou, ce qui est la même chose,

$$\varpi = \frac{1}{2} \cdot \frac{3i+4}{2i+2},$$

pour la valeur complète de ϖ. Comme la précédente, elle est $\varpi = 1$ et $\varpi = \frac{3}{4}$, pour les valeurs extrêmes $i = 0$ et $i = \infty$. Pour tout autre nombre entier i, elle excède la précédente d'une fraction $\frac{i}{4(i+1)(2i+1)}$, dont le *maximum* est $\frac{1}{24}$ et répond à $i = 1$.

Une urne A contenant un nombre total c de boules, dont a boules blanches, concevons que ces boules soient partagées dans son intérieur, en groupes tels que le premier renferme c_1 boules dont a_1 blanches, le deuxième c_2 boules dont a_2 blanches, etc., de sorte que l'on ait

$$c_1 + c_2 + c_3 + \text{etc.} = c,$$
$$a_1 + a_2 + a_3 + \text{etc.} = a.$$

Soit p la probabilité d'extraire une boule blanche de cette urne; elle devra être égale à $\frac{a}{c}$; ce qui fournira simplement une vérification de la règle du numéro précédent. Une boule blanche pourra sortir du premier groupe; et pour cela, la chance sera le produit de la probabilité $\frac{c_1}{c}$ que la main se portera sur ce groupe, et de la chance $\frac{a_1}{a}$ qu'elle en extraira une boule blanche. Il en sera de même à l'égard de tous les autres groupes; d'où l'on conclura

$$p = \frac{c_1}{c} \cdot \frac{a_1}{c_1} + \frac{c_2}{c} \cdot \frac{a_2}{c_2} + \frac{c_3}{c} \cdot \frac{a_3}{c_3} + \text{etc.},$$

pour la valeur complète de p; laquelle se réduit effectivement à $\frac{a}{c}$, en vertu de la seconde des deux équations précédentes. Mais si l'on place tous ces groupes dans des urnes différentes A_1, A_2, A_3, etc., la chance d'en extraire ensuite une boule blanche, ne sera plus $\frac{a}{c}$, si ce n'est dans le cas où tous les nombres c_1, c_2, c_3, etc., seront égaux : généralement, elle dépendra de la manière dont les boules blanches et noires de A se trouveront distribuées entre A_1, A_2, A_3, etc.; et nous ne pourrons la calculer que quand cette distribution nous sera connue. Cependant, pour quelqu'un qui ne la connaît pas, la raison de croire à l'arrivée d'une boule blanche, en tirant au hasard dans l'ensemble des urnes A_1, A_2, A_3, etc., est évidemment la même que celle de croire à la sortie d'une pareille boule, extraite de A; par conséquent, la probabilité de cette sortie, distincte de sa chance propre, sera, pour cette personne, égale à $\frac{a}{c}$. Je suppose, par exemple, que A renferme deux boules blanches et une boule noire, et que l'on ait mis deux boules dans A_1 et la troisième dans A_2. Pour cette personne, il y aura trois distributions également possibles des trois boules de A entre A_1 et A_2, savoir : les deux blanches dans A_1, et la boule noire dans A_2; une boule blanche et la noire dans A_1, et l'autre boule blanche dans A_2; cette seconde boule blanche et la boule noire dans A_1, et la première boule blanche dans A_2. Dans ces trois cas, les probabilités d'extraire une boule blanche de l'une ou l'autre des urnes A_1 et A_2, seront

$$\tfrac{1}{2}(1 + 0), \quad \tfrac{1}{2}(\tfrac{1}{2} + 1), \quad \tfrac{1}{2}(\tfrac{1}{2} + 1);$$

en prenant leur somme et la divisant par trois, on aura donc $\frac{2}{3}$ pour la probabilité complète de cette extraction, comme pour celle d'une boule blanche, de l'urne A.

Considérons enfin un système d'urnes D_1, D_2, D_3, etc., dont la première renferme un nombre c_1 de boules parmi lesquelles a_1 boules blanches, la deuxième un nombre c_2 de boules dont a_2 boules blanches, etc.; et supposons que par une raison quelconque, il n'y ait pas la même chance pour toutes ces urnes, que la main s'y portera pour en extraire une boule blanche ou noire. Désignons alors par k_1 la probabilité qu'elle se portera sur l'urne D_1, par k_2 la probabilité qu'elle se portera sur l'urne D_2, etc. Par la règle du n° 5, la probabilité d'extraire une boule blanche de la première urne sera $k_1 \frac{a_1}{c_1}$, de la seconde $k_2 \frac{a_2}{c_2}$, etc.; ces produits exprimeront donc les probabilités partielles p_1, p_2, p_3, etc., relatives aux diverses manières dont l'extraction d'une boule blanche pourra avoir lieu; par conséquent, la probabilité complète ϖ de cet événement aura pour valeur

$$\varpi = \frac{k_1 a_1}{c_1} + \frac{k_2 a_2}{c_2} + \frac{k_3 a_3}{c_3} + \text{etc.}$$

La considération d'un système d'urnes A_1, A_2, A_3, etc., pour lesquelles les probabilités k_1, k_2, k_3, etc., sont égales entre elles, a suffi à la démonstration de la règle du numéro précédent dans toute sa généralité; et cette règle étant ainsi démontrée, son application à d'autres urnes D_1, D_2, D_3, etc., pour lesquelles les chances k_1, k_2, k_3, etc., ont des valeurs quelconques, conduit ensuite, comme on voit, à l'expression de ϖ qui se rapporte à ce cas général.

(13). Maintenant, soient E et F deux événements contraires, ou qui s'excluent mutuellement, et dont l'un des deux doit toujours arriver. Désignons par p et q leurs probabilités respectives, de sorte qu'on ait (n° 3)

$$p + q = 1.$$

Supposons que chacun de ces événements puisse avoir lieu de diverses manières, dont nous représenterons les probabilités par p_1, p_2, p_3, etc., relativement à E, et par q_1, q_2, q_3, etc., par rapport à F. En appliquant successivement la règle précédente à E et à F, nous aurons

$$p = p_1 + p_2 + p_3 + \text{etc.},$$
$$q = q_1 + q_2 + q_3 + \text{etc.},$$

et, par conséquent,

$$p_1 + p_2 + p_3 + \text{etc.} + q_1 + q_2 + q_3 + \text{etc.} = 1.$$

Dans une question quelconque d'éventualité, les termes du premier membre de cette équation sont les probabilités des diverses combinaisons favorables ou contraires à l'arrivée de E; cette équation exprime donc que leur somme doit toujours être égale à l'unité ou à la certitude; ce qui doit être, en effet, si l'on a épuisé toutes les combinaisons possibles.

En vertu de cette même équation, l'expression de p peut être mise sous la forme

$$p = \frac{lp_1 + lp_2 + lp_3 + \text{etc.}}{lp_1 + lp_2 + lp_3 + \text{etc.} + lq_1 + lq_2 + lq_3 + \text{etc.}};$$

l étant une quantité que l'on prendra à volonté. Les termes de cette fraction seront proportionnels aux chances p_1, p_2, etc., q_1, q_2, etc., des cas favorables ou contraires à l'arrivée de E. Or, si l'on suppose que parmi les termes du numérateur, il y en ait un nombre a' qui soient égaux entre eux et représentés par α', un nombre a'' égaux entre eux et exprimés par α'', etc.; si l'on suppose de même que parmi les termes du dénominateur, il y ait un nombre c' de termes égaux dont la valeur commune soit γ', un nombre c'' d'autres termes égaux dont γ'' soit la valeur commune, etc., l'expression de p deviendra

$$p = \frac{\alpha' a' + \alpha'' a'' + \alpha''' a''' + \text{etc.}}{\gamma' c' + \gamma'' c'' + \gamma''' c''' + \text{etc.}}.$$

Donc, lorsque tous les cas favorables ou contraires à un événement E, n'auront pas une même chance, on obtiendra la probabilité de E, en multipliant les nombres de cas également probables, par des quantités proportionnelles à leurs probabilités respectives, et divisant ensuite la somme de ces produits relatifs à tous les cas favorables, par la somme de ces mêmes produits relatifs à tous les cas possibles. Cette règle est plus générale, et souvent plus commode à appliquer, que celle du n° 2, en ce qu'elle n'exige pas que l'on ait réduit à une égalité de chance, tous les cas favorables ou contraires, d'où dépend, dans chaque question, l'arrivée d'un événement dont on veut connaître la probabilité.

(14). Les règles des n°s 5 et 10 suffisent pour obtenir les formules relatives à la répétition, dans une série d'épreuves, d'un événement dont les chances sont connues, soit qu'elles demeurent constantes, soit qu'elles varient pendant les épreuves.

Appelons toujours E et F les événements contraires, d'une nature quelconque, dont l'un des deux aura lieu à chaque épreuve. Supposons, en premier lieu, que leurs probabilités soient constantes et données; et représentons, dans chaque épreuve, par p la chance de E et par q celle de F. Désignons aussi par μ le nombre total des épreuves, par m le nombre de fois que E arrivera, par n le nombre de fois que F aura lieu. Nous aurons

$$p + q = 1, \quad m + n = \mu.$$

La probabilité que ces m et n arrivées de E et F auront lieu dans un ordre déterminé, est indépendante de cet ordre particulier, et égale à $p^m q^n$ (n° 7); par conséquent, si l'on appelle Π la probabilité qu'elles auront lieu dans un ordre quelconque, et K le nombre de manières différentes, dont m événements E et n événements F peuvent se succéder dans un nombre μ d'épreuves, on aura, d'après la règle du n° 10,

$$\Pi = \mathrm{K} p^m q^n.$$

Pour déterminer K, je suppose d'abord que les μ événements qui doivent avoir lieu soient tous différents, et je les désigne par les lettres A, B, C, D, etc. Ce nombre K sera alors celui des *permutations* que l'on peut faire subir à μ lettres disposées comme les facteurs d'un produit; or, il aura pour valeur

$$1.2.3\ldots\overline{\mu - 1}.\mu;$$

car si on le représente par K' pour $\mu - 1$ lettres, et qu'on ajoute ensuite une lettre de plus, celle-ci pouvant occuper μ places distinctes dans chacune des permutations de $\mu - 1$ lettres, il en résultera μK' pour le nombre de permutations de μ lettres; et comme ce nombre est l'unité quand $\mu = 1$, il s'ensuit qu'il sera successivement 1.2, 1.2.3, 1.2.3.4, etc., pour $\mu = 2, = 3, = 4$, etc. Maintenant, si un nombre m des lettres A, B, C, D, etc, représentent un même événement E, celles de leurs permutations qui ne diffèrent que par les places de E seront aussi les mêmes; ce qui réduira le nombre des permutations distinctes, au produit précédent, divisé par le nombre de permutations dont ces m lettres E sont susceptibles, et qui est

$$1.2.3\ldots m.$$

Si les $\mu - m$ ou n autres lettres représentent aussi un même événement F, il faudra également diviser ce produit par le nombre de permutations de ces n lettres F, ou par

$$1.2.3\ldots n.$$

Par conséquent, le nombre de permutations distinctes que l'on peut faire avec m événements E et n événements F, c'est-à-dire la valeur de K qu'il s'agissait d'obtenir, sera

$$K = \frac{1.2.3\ldots\mu}{1.2.3\ldots m.1.2.3\ldots n}.$$

A cause de $\mu = m + n$, cette quantité K est symétrique par rapport à m et à n; mais on peut aussi l'écrire sous ces deux autres formes :

$$K = \frac{\mu\,\mu - 1.\mu - 2\ldots\mu - m + 1}{1.2.3\ldots m},$$

$$K = \frac{\mu.\mu - 1.\mu - 2\ldots\mu - n + 1}{1.2.3\ldots n},$$

qui montrent que la probabilité Π, ou le produit Kp^mq^m, est le terme du rang $m + 1$ dans le développement de $(p + q)^\mu$ ordonné suivant les puissances croissantes de p, ou le terme du rang $n + 1$ dans ce développement ordonné suivant les puissances croissantes de q.

On conclut de là que dans le cas que nous examinons, où les chances p et q des deux événements contraires E et F sont constantes, celles de tous les événements composés qui peuvent arriver dans un nombre μ d'épreuves ont pour expressions, les différents termes de la formule du binome $p + q$ élevé à la puissance μ.

Le nombre de ces événements est $\mu + 1$. Ils sont inégalement probables, soit à cause de la multiplicité des combinaisons qui peut les amener et qui est exprimée, pour chacun d'eux, par le nombre K, soit à raison de l'inégalité des chances p et q. Dans le cas de $p = q$, l'événement le plus probable est celui qui répond à $m = n$, lorsque μ

est un nombre pair, et l'un des deux qui répondent à $m - n = \pm 1$, quand μ est un nombre impair.

(15). Soit P la probabilité que E arrivera au moins m fois dans le nombre μ d'épreuves. Cet événement composé pourra avoir lieu de $m + 1$ manières différentes, savoir, lorsque E arrivera les nombres de fois μ, $\mu - 1$, $\mu - 2$,... et enfin $\mu - n$ ou m; les probabilités relatives à ces $m + 1$ manières se déduiront de l'expression précédente de Π, en mettant successivement μ et zéro, $\mu - 1$ et 1, $\mu - 2$, et 2,... jusqu'à m et n, au lieu de ces deux derniers nombres; d'après la règle du n° 10, la valeur complète de P sera donc la somme de ces $n + 1$ probabilités partielles; et, par conséquent, on aura

$$P = p^\mu + \mu p^{\mu-1} q + \frac{\mu.\mu - 1}{1.2} p^{\mu-1} q^2 + \ldots$$
$$\ldots + \frac{\mu.\mu - 1.\mu - 2\ldots\mu - n + 1}{1.2.3\ldots n} p^m q^n;$$

de sorte que P sera la somme des $n + 1$ premiers termes du développement de $(p + q)^\mu$, ordonné suivant les puissances croissantes de q.

Pour $m = 0$, ou $n = \mu$, on aura

$$P = (p + q)^\mu = 1;$$

ce qui doit être, en effet, puisqu'alors l'événement composé comprenant toutes les combinaisons de E et F qui peuvent arriver, sa probabilité P doit être la certitude. Pour $m = 1$, cet événement est le contraire de l'arrivée de F à toutes les épreuves; et, effectivement, la valeur de P est, dans ce cas, le développement entier de $(p + q)^\mu$, moins son dernier terme q^μ; ce qui s'accorde avec la valeur de r du n° 8.

Si μ est un nombre impair $2i + 1$, et si l'on demande la probabilité que E arrivera plus souvent que F, on la déduira de l'expression générale de P, en y faisant $m = i + 1$ et $n = i$. Si μ est un nombre pair $2i$, on obtiendra la probabilité que E arrivera au moins autant de fois que F, en faisant $m = n = i$, dans cette même expression.

(16). On déduit aussi de cette formule la solution du premier problème de probabilité que l'on ait résolu, que nous avons indiqué au commencement de cet ouvrage, et qui est connu sous le nom de *problème des partis*. Deux joueurs A et B jouent ensemble à un jeu quelconque, où l'un des deux doit gagner un point à chaque coup; p est la probabilité de A, q celle de B, pour gagner ce point; il reste à A un nombre a et à B un nombre b de points à prendre pour gagner la partie. On demande la probabilité α que ce sera A qui gagnera, ou la probabilité β que ce sera B. L'un de ces deux événements contraires devant nécessairement arriver, la somme $\alpha + \beta$ sera l'unité, et l'on aura seulement α à déterminer.

Observons d'abord que la partie sera terminée en un nombre de coups qui ne saurait excéder $a + b - 1$; car dans ce nombre de coups, il arrivera nécessairement que A aura gagné au moins un nombre a de points, ou que B en aura gagné au moins un nombre b. De plus, sans rien changer à leurs chances respectives de gagner la partie, les deux joueurs peuvent convenir de jouer ce nombre $a + b - 1$ de coups; car dans cette série de coups, un seul joueur pourra prendre le nombre de points dont il a besoin : selon que A aura pris a points avant que B en ait pris b, ou que B en aura pris un nombre b avant que A en ait pris a, ce sera A ou B qui aura gagné la partie, quelque chose qui arrive ensuite. Pour déterminer les chances α et β, nous pouvons donc supposer qu'il sera toujours joué le nombre $a + b - 1$ de coups. Alors α sera la probabilité que sur ce nombre d'épreuves, un événement E dont la chance est p à chaque épreuve, arrivera au moins un nombre de fois a; par conséquent, sa valeur se déduira de l'expression précédente de P, en y faisant

$$\mu = a + b - 1, \quad m = a, \quad n = b - 1.$$

Si l'on a, par exemple,

$$p = \frac{2}{3}, \quad q = \frac{1}{3}, a = 4, \quad b = 2,$$

on trouvera

$$\alpha = \frac{112}{243}, \quad \beta = \frac{131}{243};$$

et β surpassant α, il s'ensuit qu'un joueur A dont l'habileté est double de celle de B, ou qui a une chance double de gagner chaque point, ne peut néanmoins parier, sans désavantage, de gagner quatre points avant que B en ait pris deux.

Si les deux joueurs conviennent de se retirer sans achever la partie, on verra plus loin que ce qui reviendra à A sera l'*enjeu* multiplié par la chance α de gagner, et à B le produit de l'enjeu et de la chance $\mathcal{C}$, c'est-à-dire qu'ils devront partager l'enjeu proportionnellement aux fractions α et $\mathcal{C}$.

(17). Au lieu de deux événements E et F, supposons qu'il y en a un plus grand nombre, trois, par exemple, que nous désignerons par E, F, G, et dont un seul devra arriver à chaque épreuve. Soient p, q, r, leurs probabilités constantes, et μ le nombre des épreuves. Par une extension facile de la méthode du n° 14, on trouvera

$$\frac{1.2.3\ldots\mu.p^m q^n r^o}{1.2.3\ldots m.1.2.3\ldots n.1.2.3\ldots o},$$

pour la probabilité que le premier des événements E, F, G, arrivera m fois, le second n fois, le troisième o fois. On aura, en même temps,

$$p+q+r=1, \quad m+n+o=\mu;$$

et la probabilité dont il s'agit sera le terme général du développement du trinome $p+q+r$ élevé à la puissance μ.

Ce cas est celui d'une urne qui renfermerait des boules de trois couleurs différentes, dans les proportions marquées par les fractions p, q, r, et où les événements E, F, G, seraient les extractions de ces trois sortes de boules, en remettant à chaque fois dans l'urne la boule qui en est sortie.

En prenant dans le développement de $(p+q+r)^\mu$, la somme des termes qui renferment une puissance de p, égale ou supérieure à m, on aura la probabilité que E arrivera au moins un nombre m de fois dans un nombre μ d'épreuves. Quel que soit le nombre des événements E, F, G, etc., parmi lesquels un seul arrivera à chaque épreuve, on peut aussi déduire immédiatement cette probabilité, de l'expression précédente de P. En effet, représentons toujours par p, q, r, etc., les chances constantes de E, F, G, etc.; à chaque épreuve, l'arrivée de l'un ou l'autre des événements E, F, G, etc., peut être considérée comme un événement composé, que j'appellerai F'; en désignant par q' sa probabilité, on aura

$$q' = q + r + \text{etc.}, \quad p + q' = 1;$$

E et F' seront alors deux événements contraires, dont un seul aura lieu à chaque épreuve; par conséquent, la probabilité que E arrivera au moins m fois, dans une série de μ épreuves, s'obtiendra en mettant q' au lieu de q dans l'expression de P.

Pour donner un exemple de cette règle fondée sur le développement de la puissance d'un polynome, je suppose qu'une urne A renferme un nombre m de boules portant les n°s 1, 2, 3,... m; on tire μ fois de suite une boule de cette urne, en y remettant à chaque fois la boule sortie; la chance, à chaque tirage, de l'arrivée d'une boule portant un numéro déterminé, est la même pour toutes les boules, constante pendant les épreuves, et égale à $\frac{1}{m}$; cela étant, désignons par n_1, n_2, n_3,... n_m, des nombres donnés qui peuvent être zéro, égaux, inégaux, pourvu qu'on ait toujours

$$n_1 + n_2 + n_3 \ldots + n_m = \mu;$$

et soit U la probabilité qu'on amènera, dans un ordre quelconque, n_1 fois le n° 1, n_2 fois le n° 2,... n_m fois le n° m : si l'on fait

$$(t_1 + t_2 + t_3 \ldots + t_m)^\mu = \theta,$$

et que l'on développe θ suivant les puissances et les produits des indéterminées t_1, t_2, t_3,... t_m, la valeur de U sera le terme de ce développement, contenant le produit $t_1^{n_1} t_2^{n_2} t_3^{n_3} \ldots t_m^{n_m}$, dans lequel on fera toutes ces indéterminées égales à $\frac{1}{m}$. En représentant par N le coefficient numérique de ce produit, nous aurons donc

$$U = \frac{1}{m^\mu} N;$$

N étant un nombre entier, qui dépendra de μ et des nombres n_1, n_2, n_3,.... n_m, savoir,

$$N = \frac{1.2.3\ldots\mu}{1.2.3\ldots n_1 . 1.2.3\ldots n_2 \ldots 1.2.3\ldots n_m},$$

où l'on prendra l'unité pour le produit $1.2.3\ldots n_1$, quand n_1 sera zéro, et de même pour chacun des produits semblables.

Cela posé, soit s la somme des numéros sortis dans les μ tirages, on aura

$$s = n_1 + 2n_2 + 3n_3 + \ldots + mn_m.$$

Par conséquent, si s est un nombre donné; que l'on prenne successivement pour $n_1, n_2, n_3, \ldots n_m$, tous les nombres entiers ou zéro qui satisfont à cette équation et dont la somme est égale à μ; et que l'on désigne par N′, N″, N‴, etc., les valeurs correspondantes de N, et par V la somme de celles de U, il en résultera

$$V = \frac{1}{m^\mu}(N' + N'' + N''' + \text{etc.}),$$

pour la probabilité d'avoir, dans un nombre μ de tirages, une somme de numéros donnée et égale à s.

On calculera plus aisément la valeur de V en changeant dans θ les indéterminées $t_1, t_2, t_3, \ldots t_m$, dans les puissances $t, t^2, t^3 \ldots t^m$, d'une même quantité t : si l'on désigne par T ce que θ deviendra, on aura

$$T = (t + t^2 + t^3 + \ldots + t^m)^\mu;$$

et il est aisé de voir que la somme N′+N″+N‴+etc. ne sera autre chose que le coefficient numérique de t^s dans le développement de T; par conséquent, si l'on représente ce coefficient par M_s, il en résultera

$$V = \frac{1}{m^\mu} M_s.$$

Ce coefficient M_s dépendra des nombres donnés μ, m, s, et s'obtiendra facilement dans chaque exemple.

Au lieu d'une seule urne V, on peut supposer qu'on ait un nombre μ d'urnes $A_1, A_2, A_3, \ldots A_\mu$, dont chacune contienne m boules numérotées $1, 2, 3, \ldots m$, et tirer en même temps une boule de chacune de ces urnes. On peut aussi remplacer ces urnes par un pareil nombre de *dés* : s'il s'agit de *dés* ordinaires, à six faces, portant les n°s 1, 2, 3, 4, 5, 6, on aura $m = 6$, et V exprimera la probabilité qu'en projetant simultanément un nombre μ de *dés*, on amènera une somme de numéros égale à s. Soit, par exemple, $\mu = 3$, et conséquemment

$$T = t^3(1 + t + t^2 + t^3 + t^4 + t^5)^3, \quad V = \frac{1}{6^3} M_s.$$

Le développement de T se composera de seize termes; les coefficients des termes également éloignés des extrêmes, tels que M_3 et M_{18}, M_4 et M_{17}, ... M_{10} et M_{11}, seront égaux; la somme de tous les coefficients aura pour valeur celle de T qui répond à $t = 1$, ou 6^3; la somme des huit premiers coefficients M_3, M_4..., M_{10}, sera égale à $\frac{1}{2} 6^3$, ainsi que la somme des huit derniers M_{11}, M_{12}... M_{18}; d'où l'on conclut qu'en projetant trois *dés* à la fois, la probabilité d'amener 10 ou un nombre moindre est $\frac{1}{2}$, comme celle d'amener 11 ou un nombre plus grand; en sorte qu'on peut parier à jeu égal, ou un contre un, que la somme des trois numéros qui arriveront passera ou ne passera pas le nombre dix. C'est sur ce résultat qu'est fondé le jeu qu'on appelle le *passe-dix*. Sans le secours d'aucun calcul, on s'assure aisément de l'égalité de chance de chacun des deux joueurs, en observant que chaque couple de faces opposées d'un même *dé*, porte les numéros dont la somme est sept, tels que un et six, deux et cinq, trois et quatre. Il s'ensuit alors, que quand les trois *dés* tombent sur le *tapis*, la somme des trois numéros supérieurs, jointe à celle des trois numéros inférieurs, forme toujours le nombre 21; par conséquent, si la première somme est au-dessus de dix, la seconde sera au-dessous et réciproquement. Les deux joueurs sont donc dans le même cas que si l'un pariait que ce sont les numéros supérieurs qui passeront dix, et l'autre que ce sont les numéros inférieurs. Or, il est évident que les chances de ces deux événements seront égales; car quels que soient les trois numéros qui arriveront au-dessus et ceux qui arriveront au-dessous, l'événement contraire, c'est-à-dire l'arrivée de ceux-ci au-dessus et de ceux-là au-dessous, sera également possible. Mais pour connaître les chances des diverses valeurs de s, depuis $s = 3$ jusqu'à $s = 18$, il est nécessaire de recourir au développement de T. On trouve, en l'effectuant

$$M_3 = M_{18} = 1, \quad M_4 = M_{17} = 3, \quad M_5 = M_{16} = 6, \quad M_6 = M_{15} = 10,$$
$$M_7 = M_{14} = 15, \quad M_8 = M_{13} = 21, \quad M_9 = M_{12} = 25, \quad M_{10} = M_{11} = 27,$$

pour les nombres des combinaisons de trois numéros qui peuvent amener les sommes 3 ou 18, 4 ou 17,...10 ou 11 : en les divisant par 6^3 ou 216, on aura les chances de ces diverses sommes.

(18). Lorsque la chance de l'événement E varie pendant la durée des épreuves, la probabilité de sa répétition un nombre de fois donné, dépend de la loi de cette variation. Supposons, comme dans le n° 9, que E soit l'extraction d'une boule blanche, tirée d'une urne A qui contient des boules de cette couleur et des boules noires, et dans laquelle on ne remet pas la boule sortie à chaque tirage. Soient a et b les nombres de boules blanches et de boules noires que A renfermait avant les épreuves, μ le nombre des tirages, et ϖ la probabilité qu'il sortira m boules blanches et n boules noires, dans un ordre déterminé; la valeur de ϖ sera donnée par la formule du numéro cité; et cette valeur étant indépendante de l'ordre suivant lequel les boules des deux couleurs se succéderont, si nous désignons par Π la probabilité qu'elles arriveront dans un ordre quelconque, nous aurons

$$\Pi = K\varpi;$$

K étant le même nombre que dans le n° 14, et en faisant toujours

$$m + n = \mu, \quad a + b = c.$$

Faisons aussi

$$a - m = a', \quad b - n = b', \quad c - \mu = a' + b' = c';$$

en sorte que a', b', c', soient ce que deviennent, après les tirages, les nombres de boules des deux couleurs et leur somme, qui étaient primitivement a, b, c. En ayant égard aux expressions de K et de ϖ, celle de Π pourra s'écrire ainsi

$$\Pi = \frac{1.2.3\ldots\mu.1.2.3\ldots a.1.2.3\ldots b.1.2.3\ldots c'}{1.2.3\ldots m.1.2.3\ldots n.1.2.3\ldots a'.1.2.3\ldots b'.1.2.3\ldots c};$$

ce qui permettra d'étendre facilement cette expression au cas où A renfermerait des boules de trois ou d'un plus grand nombre de couleurs différentes.

En supprimant des facteurs communs au numérateur et au dénominateur, cette formule devient plus simplement (*)

$$\Pi = \frac{\mu.\mu-1.\mu-2\ldots\mu-n+1}{1.2.3\ldots n} \cdot \frac{a.a-1.a-2\ldots a-m+1.b.b-1.b-2\ldots b-n+1}{c.c-1.c-2\ldots c-\mu+1}.$$

La probabilité que sur le nombre μ de tirages il sortira de A au moins m boules blanches, sera la somme des $n+1$ valeurs de Π que l'on

---

(*) Après les μ tirages qui ont amené m boules blanches et n noires, la chance d'amener une blanche dans un nouveau tirage, dépend de ces nombres m et n, et est égale à $\frac{a'}{c'}$. Mais pour une personne qui saurait seulement qu'on a tiré de l'urne un nombre μ de boules, et qui ignorerait la proportion des blanches et des noires qui en sont sorties, la probabilité de l'arrivée d'une boule blanche, dans un nouveau tirage, serait très différente de cette chance $\frac{a'}{c'}$; et d'après une note que vient de m'adresser M. Émile Mondésir, ancien élève de l'École Polytechnique, la probabilité dont il s'agit est indépendante des nombres m et n, et égale à $\frac{a}{c}$ comme avant les tirages.

Pour vérifier cette proposition sur un exemple, supposons qu'on ait

$$a=4, \quad b=3, \quad c=7, \quad \mu=2, \quad c'=5.$$

Relativement aux nombres m et n, il y aura trois cas possibles, mais inégalement probables, savoir $m=2$ et $n=0$, $m=1$ et $n=1$, $m=0$ et $n=2$. Les probabilités de ces trois cas différents, déduites de l'expression de Π, seront respectivement $\frac{2}{7}$, $\frac{4}{7}$, $\frac{1}{7}$; dans ces mêmes cas, les chances de l'arrivée d'une blanche dans un tirage subséquent, auront pour valeurs $\frac{2}{5}$, $\frac{3}{5}$, $\frac{4}{5}$; d'après les règles des nos 5 et 10, la probabilité complète de l'extraction d'une boule blanche, sera donc la somme des produits de $\frac{2}{7}$ et $\frac{2}{5}$, $\frac{4}{7}$ et $\frac{3}{5}$, $\frac{1}{7}$ et $\frac{4}{5}$; laquelle somme est effectivement égale à $\frac{4}{7}$, ou à $\frac{a}{c}$. Je renverrai, pour la démonstration générale, à la note de M. Mondésir, qu'il se propose d'insérer dans le journal de M. Liouville.

La proposition est évidente quand on a $a=b$; car dans ce cas, pour une personne qui ne connaît pas les boules extraites de l'urne, il n'y a pas plus de raison de croire, après comme avant cette extraction, à l'arrivée d'une boule blanche qu'à

obtient, en mettant successivement au lieu de m et n dans cette dernière formule, μ et zéro, $\mu-1$ et 1, $\mu-2$ et 2, ... $\mu-n$ et n. En désignant cette probabilité par P, nous aurons, de cette manière,

$$\begin{aligned}
\mathrm{P}.c.c-1.c-2 \ldots c-\mu+1 = {} & a.a-1.a-2\ldots a-\mu+1\\
& + \mu b.a.a-1.a-2\ldots a-\mu+2\\
& + \frac{\mu.\mu-1}{1.2}.b.b-1.a.a-1.a-2\ldots a-\mu+3\\
& + \frac{\mu.\mu-1.\mu-2}{1.2.3}.b.b-1.b-2.a.a-1.a-2\ldots a-\mu+4\\
& \ldots\ldots\ldots\ldots\ldots\ldots\ldots\ldots\\
& \ldots\ldots\ldots\ldots\ldots\ldots\ldots\ldots\\
& + \frac{\mu.\mu-1.\mu-2\ldots\mu-n+1}{1.2.3\ldots n}.b.b-1\ldots b-n+1.a.a-1\ldots a-m+1.
\end{aligned}$$

Dans le cas de $m=0$ et $n=\mu$, on devra avoir $\mathrm{P}=1$; on en conclut donc

$$\begin{aligned}
c.c-1.c-2\ldots c-\mu+1 = {} & a.a-1.a-2\ldots a-\mu+1\\
& + \mu.b.a.a-1.a-2\ldots a-\mu+2\\
& + \frac{\mu.\mu-1}{1.2}.b.b-1.a.a-1.a-2\ldots a-\mu+3\\
& + \frac{\mu.\mu-1.\mu-2}{1.2.3}.b.b-1.b-2.a.a-1.a-2\ldots a-\mu+4\\
& \ldots\ldots\ldots\ldots\ldots\ldots\ldots\ldots\\
& \ldots\ldots\ldots\ldots\ldots\ldots\ldots\ldots\\
& + \mu.b.b-1.b-2\ldots b-\mu+2.a\\
& + b.b-1.b-2\ldots b-\mu+1;
\end{aligned}$$

---

celle d'une boule noire; et par conséquent, la probabilité d'amener une boule blanche, reste toujours égale à $\frac{1}{2}$. On peut aussi remarquer que cette proposition s'accorde, dans le cas où les nombres a et b sont infinis, avec une autre qui sera démontrée dans la suite de cet ouvrage, et suivant laquelle il est certain que les nombres m et n seront entre eux comme a et b; alors, on est donc assuré que les nombres a' et b', des boules restantes dans l'urne sont encore entre eux comme a et b; en sorte que la chance et la probabilité de l'arrivée d'une nouvelle boule blanche, ne sont plus distinctes l'une de l'autre, et ont pour valeur le rapport $\frac{a'}{c'}$ égal à $\frac{a}{c}$.

ce qui coïncide avec une formule connue et analogue à celle du binome. Dans cette formule et dans toutes celles de ce genre, chaque quantité telle que $a.a-1.a-2...a-m+1$; est un produit de m facteurs pour lequel on doit prendre l'unité quand $m=0$: d'où il résulte que cette formule ne convient pas au cas de $\mu=0$; exception qui a lieu également pour la formule du binome appliquée à la puissance zéro.

(19). Au lieu de faire μ tirages successifs sans remettre les boules sorties de A, il est évident que la probabilité d'amener m boules blanches et n boules noires serait encore la même, si l'on tirait en une seule fois $m+n$ ou μ boules de cette urne. C'est effectivement ce qu'on peut vérifier de la manière suivante.

Je désigne généralement par G_μ le nombre de groupes composés chacun de μ boules, que l'on peut former avec les c boules contenues dans A. On aura

$$G_\mu=\frac{c.c-1.c-2...c-\mu+1}{1.2.3...\mu}.$$

En effet, pour former tous ces groupes au moyen de ceux de $\mu-1$ boules, il faudra combiner chacun de ceux-ci avec les $c-\mu+1$ boules qu'il ne contient pas; ce qui donnerait un nombre $(c-\mu+1)G_{\mu-1}$ de groupes de μ boules; mais comme il y a un nombre μ de groupes de $\mu-1$ boules qui donnent un même groupe de μ boules; on devra diviser ce produit $(c-\mu+1)G_{\mu-1}$ par μ pour avoir le nombre de groupes différents, composés de μ boules. On aura donc

$$G_\mu=\frac{c-\mu+1}{\mu}G_{\mu-1};$$

or, pour $\mu=1$, on a évidemment $G_1=c$; si donc on fait successivement $\mu=2, =3, =4$, etc., il en résultera

$$G_2=\frac{c-1}{2}.G_1=\frac{c.c-1}{1.2},$$

$$G_3=\frac{c-2}{3}.G_2=\frac{c.c-1.c-2}{1.2.3},$$

$$G_4=\frac{c-3}{4}.G_3=\frac{c.c-1.c-2.c-3}{1.2.3.4},$$

. . . .

et enfin l'expression de G_μ qu'il s'agissait de démontrer.

En représentant ce que devient G_m par G'_m, lorsqu'on y change c et μ en a et m, et part G''_n, quand on y fait le changement de c et μ en b et n, nous aurons de même

$$G'_m = \frac{a.a-1.a-2\ldots a-m+1}{1.2.3\ldots m},$$

$$G''_n = \frac{b.b-1.b-2\ldots b-n+1}{1.2.3\ldots n}.$$

Le produit de G'_m et G''_n sera le nombre de groupes de $m+n$ ou μ boules que l'on peut former avec les $a+b$ ou c boules contenues dans A, et dont chacun renfermera m boules blanches et n boules noires; la probabilité d'amener un de ces groupes en tirant à la fois μ boules de l'urne A, est d'ailleurs égale à leur nombre divisé par celui de tous les groupes de μ boules que A renferme, c'est-à-dire à ce produit $G'_m G''_n$, divisé par G_μ; en la désignant par Π, on aura donc

$$\Pi = \frac{G'_m G''_n}{G_\mu};$$

ce qui coïncide avec la valeur de Π du numéro précédent. L'expression de P du même numéro est aussi la probabilité d'amener au moins m boules blanches en tirant à la fois μ boules de l'urne A.

(20). Dans l'exemple de ce n° 18, la chance de l'événement E variait pendant les épreuves, parce qu'à chaque nouvelle épreuve, elle dépendait des nombres de fois que E et l'événement contraire F avaient eu lieu précédemment; mais il y a d'autres questions dans lesquelles ces deux événements, d'une nature quelconque, ont des chances propres, indépendantes à chaque épreuve, de ce qui est arrivé jusque là, et qui varient d'une épreuve à une autre.

Généralement, dans une série de μ épreuves que l'on va faire ou qui ont eu lieu, soient p_1 et q_1 les chances de E et F à la première épreuve, p_2 et q_2 à la seconde.... p_μ et q_μ à la dernière, de sorte qu'on ait

$$p_1+q_1=1,\ p_2+q_2=1, \ldots p_\mu+q_\mu=1.$$

Pour obtenir la probabilité que E arrivera ou est arrivé un nombre m de fois et F un nombre n ou $\mu - m$, dans un ordre quelconque, je désigne par P_m le produit d'un nombre m des fractions $p_1, p_2, p_3, \ldots p_\mu$, et par Q_n celui d'un nombre n des fractions $q_1, q_2, q_3, \ldots q_\mu$, qui n'entrent dans aucune des équations précédentes, avec l'une des fractions comprises dans P_m, de manière que si P_m renferme la fraction quelconque p_i, la fraction correspondante q_i n'entrera pas dans Q_n, et que si P_m ne contient pas p_i, la fraction q_i entrera dans Q_n. Je multiplie ensuite ces deux produits P_m et Q_n l'un par l'autre, puis je fais la somme de toutes les quantités possibles P_mQ_n, ainsi formées, et dont le nombre sera celui que l'on a désigné par K dans le n° 14 : cette somme exprimera la probabilité demandée.

On peut énoncer cette règle d'une autre manière qui nous sera utile dans la suite.

Soient u et v deux quantités indéterminées; faisons

$$R = (up_1 + vq_1)(up_2 + vq_2)(up_3 + vq_3)\ldots(up_\mu + vq_\mu),$$

de manière que R exprime un produit de μ ou $m+n$ facteurs. Si l'on effectue ce produit, on aura un polynome de $\mu + 1$ termes, ordonné suivant les puissances de u et de v. Or, le coefficient de $u^m v^n$ dans ce polynome sera la probabilité que nous considérons, de l'arrivée m fois de E et n fois de F, dans un ordre quelconque. Prenons, par exemple, $m = 3$. Nous aurons

$$R = u^3 p_1p_2p_3 + u^2v\,(p_1p_2q_3 + p_1p_3q_2 + p_2p_3q_1) \\ + uv^2\,(p_1q_2q_3 + p_2q_1q_3 + p_3q_1q_2) + v^3 q_1q_2q_3.$$

Le coefficient de u^3 est évidemment la probabilité de l'arrivée de trois fois E; le coefficient de u^2v est celle de l'arrivée de deux fois E et une fois F, ce qui peut avoir lieu parce que E arrive aux deux premières épreuves et F à la dernière, F à la seconde épreuve et E aux deux autres, F à la première épreuve et E aux deux dernières; le coefficient de uv^2 exprime de même la probabilité de l'arrivée de deux fois F et d'une fois E; enfin, celui de v^3 est évidemment la probabilité de l'arrivée de trois fois F.

Si à chaque épreuve, E peut avoir lieu de plusieurs manières également possibles, on prendra pour la chance de E à cette épreuve, conformément à la règle du n° 10, la somme des probabilités respectives de ces diverses manières, divisée par leur nombre. En retranchant de l'unité cette chance moyenne de E, on aura celle de F ; et c'est d'après ces deux chances moyennes à chaque épreuve, que l'on devra calculer la probabilité que E et F arriveront m et n fois dans $m+n$ épreuves, ou celle de tout autre événement composé de E et F. Quoique les chances partielles de E et F varient en nombre et en grandeur, d'une épreuve à une autre; si leurs chances moyennes demeurent constantes, les probabilités des événements composés suivront les mêmes lois que dans le cas des chances invariables.

(21). Une des applications les plus fréquentes du calcul des probabilités a pour objet de déterminer les avantages ou les désavantages attachés aux choses éventuelles, d'après le gain ou la perte qu'elles doivent produire, et les chances de leurs arrivées. Elle est fondée sur la règle suivante.

Supposons que l'un des événements E, F, G, H, etc., en nombre quelconque, doive avoir lieu; et désignons leurs probabilités par p, q, r, s, etc., de sorte qu'on ait

$$p+q+r+s+\text{etc.}=1.$$

Supposons aussi qu'un gain g soit attaché à l'arrivée de E pour une première personne, à celle de F pour une deuxième personne, etc.; si toutes ces personnes conviennent de partager g avant que le sort ait décidé, ou bien, si elles y sont obligées par des raisons quelconques, ce gain devra être partagé entre elles proportionnellement à leurs probabilités respectives de gagner, c'est-à-dire, que gp devra être la part de la première personne, gq celle de la seconde, etc.

En effet, soit m le nombre de tous les cas également possibles, et parmi ces cas, soient a, b, c, d, etc., les nombres de ceux qui sont favorables à E, F, G, H, etc., de manière qu'on ait

$$a+b+c+d+\text{etc.}=m,$$

et ensuite

$$p=\frac{a}{m},\ q=\frac{a}{m},\ r=\frac{c}{m},\ s=\frac{d}{m},\ \text{etc.}$$

S'il y avait un nombre m de personnes dont chacune dût gagner par l'arrivée de l'un des m cas possibles, il est évident qu'il faudrait diviser g également entre elles toutes, et que $\frac{1}{m}g$ serait la part de chacune ; or, la personne dont p est la probabilité de gagner, ou qui a pour elle un nombre a de cas possibles, devra aussi réunir un pareil nombre de ces parts égales ; sa part entière devra donc être $\frac{a}{m}g$, ou pg ; et de même celles des autres personnes seront qg, rg, sg, etc.

Dans les jeux déjà commencés, cette règle fera connaître ce qui reviendrait à chaque joueur d'après sa probabilité d'achever de gagner la partie, si l'on convenait de se séparer avant de la terminer. On en conclut aussi que la mise de chaque joueur avant que la partie commence doit être proportionnelle à sa chance de la gagner ; car si, au lieu de jouer, on convenait de se séparer, chaque joueur devrait retirer sa mise ; et, d'après la règle précédente, ce qui lui reviendrait devrait aussi être égal à la somme des mises, multipliée par la probabilité de gagner la partie entière. Cette probabilité, dans les jeux de pur hasard, dépend des règles du jeu, et peut se calculer *à priori*, quand elles ne sont pas très compliquées. Dans les jeux où le succès dépend de l'habileté de chaque joueur, sa probabilité de gagner est fondée ordinairement sur sa réputation, et ne pourrait être déterminée, avec quelque exactitude, que par une longue expérience.

Les probabilités de deux événements contraires E et F étant p et q, de sorte qu'on ait $p+q=1$, si A parie une somme α pour l'arrivée de E, et B une somme β pour celle de F, il faudra pour que les paris soient égaux, que ces sommes α et β soient entre elles comme p et q, ou qu'on ait

$$p\beta = q\alpha.$$

Mais on ne doit pas oublier que ces probabilités p et q sont, en général, différentes des chances propres de E et F, et dépendent des connaissances que A et B peuvent avoir en ce qui concerne ces événements. Si ces probabilités sont fondées sur les mêmes connaissances pour A et pour B, le pari est équitable, quoiqu'il puisse favoriser beaucoup l'une de ces deux personnes aux dépens de l'autre. Si elles n'ont pas les mêmes données sur les événements E et F, la proportion des sommes

α et β n'est plus celle des probabilités que A et B supposaient à ces événements, et il n'y a plus moyen de la régler équitablement.

(22). On calculera sans peine, au moyen des formules du n° 19, les diverses chances de la loterie de France, heureusement supprimée par une loi récente. En les comparant aux multiples des mises que la loterie payait pour les billets gagnants, on verra que ces multiples étaient beaucoup au-dessous de ceux qu'elle aurait dû payer pour que le jeu fût égal, et qu'il en résultait pour la loterie, aux dépens des joueurs, un avantage exorbitant que la loi aurait puni comme illicite, dans une spéculation particulière.

Soient, en général, n le nombre de numéros dont une loterie est composée, m celui des numéros qui sortent à chaque tirage, l le nombre de ceux qui sont portés sur le billet qu'un joueur a choisi, et λ la probabilité que ces derniers numéros sortiront. Les nombres de groupes de l numéros qu'on peut former, soit avec les n numéros de la loterie, soit avec les m numéros qui sortent à chaque tirage, seront, d'après les formules du numéro cité,

$$\frac{n.n-1.n-2\ldots n-l+1}{1.2.3\ldots l}, \qquad \frac{m.m-1.m-2\ldots m-l+1}{1.2.3\ldots l};$$

et la probabilité λ aura pour valeur le rapport du second nombre au premier, c'est-à-dire,

$$\lambda = \frac{m.m-1.m-2\ldots m-l+1}{n.n-1.n-2\ldots n-l+1}.$$

En prenant pour unité, la mise du joueur, celle de la loterie devra être le rapport de $1-\lambda$ à λ; et en cas de gain, la loterie devra aussi rendre au joueur la mise qu'il a payée d'avance; si l'on appelle μ le multiple de cette mise que la loterie devra payer au gagnant, on aura donc

$$\mu = \frac{1-\lambda}{\lambda} + 1 = \frac{1}{\lambda}.$$

Soit aussi x le nombre de tirages nécessaire pour que l'on puisse parier un contre un, que les numéros portés au billet du joueur sortiront au moins une fois; on aura, d'après la règle du n° 8,

$$(1-\lambda)^x = \tfrac{1}{2};$$

et quand la probabilité λ sera une très petite fraction, il en résultera, à très peu près,

$$x = \frac{1}{\lambda}(0{,}69315),$$

en prenant 0,69315 pour le logarithme népérien du nombre x.

Dans la loterie de France, on avait

$$n = 90, \qquad m = 5.$$

Pour un *terne*, il fallait prendre $l = 3$; d'où il résultait

$$\lambda = \frac{5.4.3}{90.89.88}, \qquad \mu = 11748, \qquad x = 8143{,}13\ldots$$

La loterie aurait donc dû payer au gagnant, pour que le jeu fût égal, 11748 fois sa mise : elle lui payait seulement 5500 fois, c'est-à-dire, moins de moitié. La disproportion était encore plus grande dans le cas du *quaterne* et du *quine;* elle était moindre pour l'*ambe* et l'*extrait*. Il y avait de l'avantage à parier un contre un, qu'un *terne* donné sortirait au moins une fois en 8144 tirages, et du désavantage à parier aussi un contre un, qu'il sortirait en 8143 épreuves. Relativement à un numéro désigné d'avance, on aurait

$$\left(1-\frac{1}{18}\right)^x = \tfrac{1}{2}, \qquad x = \frac{\log.2}{\log.18 - \log.17} = 12{,}137\ldots;$$

il y avait donc désavantage à parier un contre un que ce numéro sortirait au moins une fois en 12 tirages, et il aurait fallu 13 tirages, pour qu'il fût avantageux de parier un contre un que ce numéro sortirait. Il y avait aussi un contre un à parier que les 90 numéros sortiraient au moins une fois en 85 ou 84 tirages (*).

Parmi les joueurs, les uns choisissaient des numéros parce qu'ils n'é-

(*) *Théorie analytique des probabilités ;* page 198.

taient pas sortis depuis long-temps, d'autres choisissaient, au contraire, ceux qui sortaient le plus souvent. Ces deux préférences étaient également mal fondées : quoique, par exemple, il y eût une probabilité très approchante de la certitude et égale à $1-\left(\frac{17}{18}\right)^{100}$, ou à peu près 0,997, qu'un numéro déterminé sortirait au moins une fois dans 100 tirages successifs; si cependant, il ne fût pas sorti dans les 88 premiers, la probabilité de sa sortie dans les 12 derniers aurait toujours été à peu près $\frac{1}{2}$, comme pour tout autre numéro déterminé. Quant aux numéros dont la sortie avait été plus fréquente que celle des autres, cette circonstance ne devait être considérée que comme un effet du hasard, compatible avec l'égalité évidente de chance de tous les numéros à chaque tirage. A tous les jeux de hasard où les chances égales ou inégales sont connues d'une manière certaine, les événements passés n'ont aucune influence sur la probabilité des événements futurs, et toutes les combinaisons que les joueurs imaginent ne peuvent augmenter le gain ni diminuer la perte, qui résultent de ces chances d'après la règle du numéro précédent.

Dans les jeux publics de Paris, l'avantage du banquier à chaque coup est peu considérable : au jeu de *trente-et-quarante* par exemple, il est un peu au-dessous de onze millièmes de chaque mise (*); mais à raison de la rapidité de ces jeux et du grand nombre de coups qui se jouent en peu d'heures, il en résulte pour le banquier des bénéfices assurés, à peu près constants chaque année, et sur lesquels il peut payer annuellement cinq à six millions à l'administration publique, qui lui en concède le monopole. Ils sont encore plus préjudiciables que la loterie ne pouvait l'être ; car l'argent qu'on y joue dans la capitale seulement s'élève chaque année à plusieurs centaines de millions, et surpasse de beaucoup celui que l'on mettait à la loterie dans la France entière. Ce n'est pas ici le lieu de discuter les raisons que l'on a coutume de donner pour la conservation des jeux publics; je n'ai jamais pu les trouver bonnes; et il devrait suffire que ces jeux fussent la cause de beaucoup de

(*) Voyez sur les chances de ce jeu, le mémoire que j'ai inséré dans le journal de M. Gergonne ; tome XVI, n° 6; décembre 1825.

malheurs et peut-être de crimes, pour que l'administration les interdît au lieu de partager les bénéfices qu'ils procurent, avec les hommes auxquels elle en vend le privilége (*).

(23). Le produit d'un gain et de la probabilité de l'obtenir est ce qu'on appelle l'*espérance mathématique* de chaque personne intéressée dans une spéculation quelconque. Si ce gain est 60,000 fr., par exemple, et que $\frac{1}{3}$ soit la chance de l'événement auquel il est attaché, la personne qui devra recevoir cette somme éventuellement, pourra considérer le tiers de 60,000 fr., comme un bien qu'elle possède, et que l'on devrait comprendre dans l'inventaire de sa fortune actuelle.

En général, si quelqu'un doit gagner une somme g à l'arrivée d'un événement E, une somme g' à l'arrivée d'un autre événement E', etc., et que les chances de ces événements soient p, p', p'', etc., son espérance mathématique aura pour valeur la somme $gp + g'p' + g''p'' +$ etc. Lorsqu'une ou plusieurs des quantités g, g', g'', etc., exprimeront des pertes que cette personne aura à craindre, on leur donnera le signe $-$ dans cette somme, en conservant le signe $+$ à celles qui sont des gains éventuels. Selon que la valeur totale de l'espérance sera positive ou négative, elle représentera une augmentation ou une diminution du surplus de la fortune, et devra être comprise actuellement parmi les créances ou les dettes, si l'on ne veut pas attendre l'issue des événements. Il est bien entendu que quand les gains ou pertes ne devront avoir lieu qu'à des époques éloignées de celle que l'on considère, il faudra les *escompter* pour les convertir en valeurs actuelles, indépendamment de leur éventualité. Si g ne doit être payé, à la personne dont on évalue la fortune, que dans un nombre n d'années, g' dans un nombre n', etc., ces quantités valent aujourd'hui g, g', g'', etc., divisées respectivement par les puissances n, n', n'', etc., de $1 + \theta$, en désignant par θ le taux de l'intérêt annuel. Par conséquent, si l'on appelle ε la partie de cette fortune qui résulte de l'es-

(*) Ce numéro de mon ouvrage était écrit avant que la dernière loi de finance eût heureusement prohibé les jeux de hasard à partir du 1er janvier 1838.

pérance mathématique de cette personne, on aura

$$\varepsilon = \frac{gp}{(1+\theta)^n} + \frac{g'p'}{(1+\theta)^{n'}} + \frac{g''p''}{(1+\theta)^{n''}} + \text{etc.}$$

Pour se charger des gains et pertes que les événements amèneront, ε est la somme qu'une autre personne devrait payer aujourd'hui à celle-là, ou recevoir d'elle, selon que cette quantité ε est positive ou négative.

Le calcul des rentes viagères sur une ou plusieurs têtes, des assurances sur la vie, des pensions, est fondé sur cette formule et sur les *tables de mortalité*, ainsi qu'on peut le voir dans les ouvrages qui traitent spécialement de ces questions.

(24). Comme l'avantage qu'un gain procure à quelqu'un dépend de l'état de sa fortune, on a distingué cet avantage relatif, de l'espérance mathématique, et on l'a nommé *espérance morale*. Lorsqu'il est une quantité infiniment petite, on prend son rapport à la fortune actuelle de la personne, pour la mesure de l'espérance morale, qui peut d'ailleurs être positive ou négative, selon qu'il s'agit d'une augmentation ou d'une diminution éventuelle de cette fortune. Par le calcul intégral, on déduit ensuite de cette mesure des conséquences qui s'accordent avec les règles que la prudence indique sur la manière dont chacun doit diriger ses spéculations. On a aussi trouvé, dans les résultats de ce calcul, des raisons de ne pas jouer, même à jeu égal, qui ne sont peut-être pas les meilleures que l'on puisse donner. L'argument sans réponse contre le jeu, quand il a cessé d'être un simple amusement, c'est qu'il ne crée pas de valeurs, et que les joueurs qui gagnent ne peuvent trouver leur avantage que dans le malheur et quelquefois la ruine de ceux qui perdent. Le commerce est aussi un jeu, en ce sens que le succès des spéculations les plus prudentes, n'a jamais qu'une forte probabilité, et qu'il reste toujours des chances de perte que l'habileté et la prévoyance peuvent seulement atténuer; mais il augmente la valeur des choses par leur transport d'un lieu dans un autre; et c'est dans cet accroissement de valeur que le commerçant trouve son bénéfice, en procurant aussi un avantage aux consommateurs.

(25). La règle du n° 21, quelque simple et naturelle qu'elle soit, donne lieu cependant à une difficulté dont on s'est autrefois beaucoup occupé.

Deux personnes A et B jouent à *croix* et *pile;* les conditions du jeu sont : 1°. que la partie se terminera lorsque *croix* arrivera; 2°. que B donnera à A deux francs si *croix* arrive au premier coup, quatre francs s'il arrive au deuxième coup,... et généralement 2^n francs si *croix* arrive au $n^{ième}$ coup; 3°. que la partie sera nulle si *croix* n'arrive pas dans les m premiers coups, limitation sans laquelle la partie pourrait être interminable. On suppose que la pièce n'a aucune tendance à retomber plutôt sur une face que sur l'autre, de sorte qu'à chaque coup, la chance d'amener *croix* soit $\frac{1}{2}$ comme celle d'amener *pile*. Il s'ensuit que $\frac{1}{2^n}$ sera la probabilité que *croix* arrivera au $n^{ième}$ coup sans qu'il ait paru auparavant; car, pour cela, il faudra qu'on amène *pile* $n-1$ fois de suite, ce qui a $\frac{1}{2^{n-1}}$ pour probabilité; et que l'on amène *croix* au coup suivant, autre événement dont la probabilité est $\frac{1}{2}$. Par conséquent, la probabilité que *croix* arrivera au $n^{ième}$ coup pour la première fois, aura le produit de $\frac{1}{2^{n-1}}$ et de $\frac{1}{2}$, ou $\frac{1}{2^n}$ pour valeur. Dans ce cas, A recevra 2^n francs; ce qui donne un franc pour la valeur correspondante de son espérance mathématique; et comme elle est la même pour chacun des m coups dont la partie peut se composer, il s'ensuit que la valeur entière de l'espérance mathématique de A sera un franc répété m fois. Pour que le jeu fût égal, A devrait donc donner m francs à B, c'est-à-dire mille francs, un million de francs, si la partie pouvait durer jusqu'à mille coups, un million de coups, et même une somme infinie, si elle pouvait se prolonger indéfiniment. Cependant, il n'y a personne qui exposât une somme un peu considérable, mille francs par exemple, à un pareil jeu. Ici la règle de l'espérance mathématique paraît donc en défaut; et c'est pour lever la difficulté que nous signalons, que l'on a imaginé la règle de l'espérance morale et sa mesure. Mais on doit remarquer que cette difficulté tient à ce que, dans les conditions du jeu, on a fait abstraction de la possibilité pour B, de payer toutes les sommes que les chances du jeu pourront valoir à A.

Quelle que grande qu'on la suppose, la fortune de B est nécessairement limitée; si donc on la désigne par un nombre b de francs, A ne pourra jamais recevoir une somme plus grande que b; ce qui diminue, dans un très grand rapport, son espérance mathématique.

En effet, on aura toujours

$$b = 2^{\beta}(1 + h);$$

β étant un nombre entier, et h une quantité positive et plus petite que l'unité. Si l'on a $\beta > m$, ou seulement $\beta = m$, B pourra payer toutes les sommes qui échoiront à A; mais dans le cas de $\beta < m$, B ne pourra plus les payer, lorsque *croix* arrivera pour la première fois au-delà des β premiers coups. L'espérance mathématique de A sera donc β pour ces premiers coups; mais au-delà, c'est-à-dire pour les $m - \beta$ coups suivants, elle se réduira à la somme constante b ou $2^{\beta}(1 + h)$, multipliée par leurs probabilités respectives, depuis $\frac{1}{2^{\beta+1}}$ jusqu'à $\frac{1}{2^m}$. En désignant donc par ε la valeur complète de l'espérance mathématique de A, ou ce qu'il doit donner à B pour que le jeu soit égal, on aura

$$\varepsilon = \beta + \tfrac{1}{2}(1 + h)\left(1 + \tfrac{1}{2} + \tfrac{1}{4} + \ldots + \tfrac{1}{2^{m-\beta-1}}\right),$$

ou, ce qui est la même chose,

$$\varepsilon = \beta + (1 + h)\left(1 - \tfrac{1}{2^{m-\beta}}\right);$$

quantité qui n'est plus croissante avec m, et qui est, au contraire, à très peu près indépendante de ce nombre, et se réduit sensiblement à

$$\varepsilon = \beta + 1 + h,$$

quand il est très grand. Or, la fortune de B ne peut jamais être assez grande pour que β cesse d'être un nombre peu considérable; et, conséquemment, A ne doit exposer au jeu dont il s'agit, qu'une somme peu considérable, comprise entre $\beta + 1$ et $\beta + 2$. Si l'on suppose que B soit un banquier qui possède cent millions de francs, on trouvera 26 pour la plus grande puissance de 2 comprise dans b, c'est-à-dire pour le nombre $\mathcal{E}$; en sorte que A aurait réellement du désavantage à parier 28 francs ou plus, contre le propriétaire de cette fortune colossale.

La règle de l'espérance morale, appliquée à cette question (*), conduit à une fixation différente de la somme que A peut jouer, et que l'on trouve alors dépendante de la fortune de A et non de celle de B; mais il me semble qu'à ce jeu, c'est la possibilité d'être payé intégralement par B, qui doit limiter la somme que A doit lui donner avant que le jeu commence.

(26). Je terminerai ce chapitre par quelques remarques sur l'influence d'une chance favorable à un événement, sans qu'on sache lequel, et qui augmente toujours, comme on va le voir, la probabilité de la similitude des événements dans une série d'épreuves.

Au jeu de *croix* et *pile*, par exemple, il *y* a toujours lieu de croire que la pièce, d'après sa constitution physique, a une tendance un peu plus grande à tomber plutôt sur une face que sur l'autre; mais on ignore *à priori*, si c'est *croix* ou *pile* dont l'arrivée est favorisée par cette circonstance; or, cela n'empêche pas qu'elle n'augmente la probabilité que ce sera la même face qui arrivera plusieurs fois de suite.

Pour le faire voir, désignons par $\frac{1}{2}(1+\delta)$ la chance relative à la face que la constitution de la pièce favorise, et, conséquemment, par $\frac{1}{2}(1-\delta)$ celle de l'arrivée de l'autre face; de sorte que δ soit une petite fraction positive dont la valeur est inconnue, et de sorte aussi que l'on ne sache pas laquelle de ces deux chances inégales appartient à *croix* ou à *pile*. Si l'on doit jouer un seul coup, on n'aura aucune raison de croire que la face choisie par l'un des joueurs soit la plus ou la moins favorisée; la probabilité de son arrivée sera donc $\frac{1}{2}$, comme si δ était zéro. Mais si l'on doit jouer deux coups, il y aura de l'avantage à parier pour la similitude des deux faces qui arriveront. En effet, quatre combinaisons pourront avoir lieu : deux pour la similitude, *croix croix* et *pile-pile;* deux pour la dissimilitude, *croix-pile* et *pile-croix*. Les chances des deux premières seront les carrés de $\frac{1}{2}(1+\delta)$ et $\frac{1}{2}(1-\delta)$; la probabilité que l'une de ces combinaisons aura lieu sera donc, d'après la règle du n° 10, la somme de ces carrés, ou

(*) *Théorie analytique des probabilités ;* page 439.

$\frac{1}{2}(1+\delta^2)$. Les chances des deux autres combinaisons seront égales entre elles, et exprimées chacune par le produit de $\frac{1}{2}(1+\delta)$ et $\frac{1}{2}(1-\delta)$; leur somme, ou la probabilité de la dissimilitude, aura donc $\frac{1}{2}(1-\delta^2)$ pour valeur; laquelle est moindre que celle de la similitude, dans le rapport de la différence $1-\delta^2$ à la somme $1+\delta^2$, ou de $1-\frac{2\delta^2}{1+\delta^2}$ à l'unité. Si A parie un franc pour la similitude, et que B parie contre, il faudra, pour rendre le jeu égal, que B parie un franc diminué de la fraction $\frac{2\delta^2}{1+\delta^2}$, c'est-à-dire à peu près 98 centimes, si l'on avait $\delta=\frac{1}{10}$, par exemple.

Lorsque la pièce devra être projetée trois fois de suite, huit combinaisons différentes pourront avoir lieu : trois fois *croix* et trois fois *pile* seront celles de la similitude; les six autres lui seront contraires, savoir, trois composées de deux fois *croix* et une fois *pile*, et trois composées de deux fois *pile* et une fois *croix*. En supposant qu'on eût exactement $\delta=0$, les chances de ces huit combinaisons seraient égales entre elles, et, par conséquent, A pariant toujours pour la similitude, sa mise devrait être le tiers de celle de B. Mais δ n'étant sans doute pas zéro, cette proportion des mises donnerait à A un avantage encore plus grand que dans le cas de deux projections successives. En effet, la probabilité de la similitude sera la somme des cubes de $\frac{1}{2}(1+\delta)$ et $\frac{1}{2}(1-\delta)$, qui se réduit à $\frac{1}{4}(1+3\delta^2)$; en la retranchant de l'unité, on aura immédiatement celle de la dissimilitude ou de l'événement contraire, qui aura ainsi $\frac{3}{4}(1-\delta^2)$ pour valeur; laquelle est moindre que le triple de la précédente, dans le rapport de $1-\delta^2$ à $1+3\delta^2$ ou de $1-\frac{4\delta^2}{1+3\delta^2}$ à l'unité, c'est-à-dire dans un rapport plus désavantageux que celui de $1-\frac{2\delta^2}{1+\delta^2}$ à l'unité. On étendra sans difficulté ce raisonnement à plus de trois épreuves, et si l'on veut, à d'autres jeux où il y ait plus de deux événements possibles, dont les chances inconnues peuvent être inégales.

Quand deux personnes jouent ensemble, à un jeu où l'habileté peut quelque chose sur le résultat, il n'est pas vraisemblable qu'elles soient également habiles; et cela étant, sans connaître la personne qui joue le mieux, il faut parier que ce sera un même joueur qui gagnera les deux premières parties. Mais lors même que l'on connaîtra le joueur le plus habile, on n'aura pas toujours de l'avantage à parier que ce sera lui qui gagnera ces deux parties; car, sur quatre combinaisons qui pourront arriver, on en aurait alors trois contre soi et une seule favorable; et quoique celle-ci fût la plus probable, sa chance pourrait ne pas balancer celles des trois autres ensemble.

En général, soit p la probabilité connue d'un événement E de nature quelconque, et q celle de l'événement contraire F, de sorte qu'on ait $p+q=1$. Supposons, en outre, qu'une cause quelconque puisse augmenter la chance de l'un de ces deux événements, sans qu'on sache lequel, et diminuer en même temps celle de l'autre, d'une fraction inconnue α. Désignons par ϖ la probabilité que sur un nombre m d'épreuves, ce sera le même événement, E ou F, qui arrivera constamment. Si E est l'événement favorisé par la chance inconnue, la probabilité de la similitude de m événements successifs, sera, d'après la règle du n° 10,

$$(p+\alpha)^m+(q-\alpha)^m;$$

car elle pourra avoir lieu de deux manières différentes, c'est-à-dire, selon que E ou F arrivera à toutes les épreuves. Si, au contraire, c'est F qui est l'événement favorisé, la probabilité de la similitude de m événements successifs aura pour expression

$$(p-\alpha)^m+(q+\alpha)^m.$$

Or, puisque l'on ignore quel est celui des deux événements E et F dont la chance est augmentée ou diminuée, ces deux valeurs différentes de la probabilité qui répond à la similitude, sont pour nous également possibles; la probabilité de chacune d'elles est donc $\frac{1}{2}$; et, toujours par la règle du n° 10, la somme de ces deux valeurs multipliées par $\frac{1}{2}$, est la probabilité totale de la similitude. Par conséquent, on a

$$\varpi=\tfrac{1}{2}(p+\alpha)^m+\tfrac{1}{2}(q-\alpha)^m+\tfrac{1}{2}(p-\alpha)^m+\tfrac{1}{2}(q+\alpha)^m,$$

ou, ce qui est la même chose,

$$\varpi=\mathrm{P}+\mathrm{Q},$$

en faisant, pour abréger,

$$P = p^m + \frac{m.m-1}{1.2} p^{m-2}\alpha^2 + \frac{m.m-1.m-2.m-3}{1.2.3.4} p^{m-4}\alpha^4 + \text{etc.},$$

$$Q = q^m + \frac{m.m-1}{1.2} q^{m-2}\alpha^2 + \frac{m.m-1.m-2.m-3}{1.2.3.4.} q^{m-4}\alpha^4 + \text{etc.}$$

Si la chance ambiguë n'existait pas, c'est-à-dire, si l'on avait $\alpha = 0$, la probabilité de la similitude serait simplement $p^m + q^m$; toute cause qui accroît la chance de l'un des deux événements contraires E et F, sans qu'on sache lequel, augmente donc aussi la probabilité de la similitude des événements dans une série d'épreuves, puisqu'elle rend la valeur de ϖ évidemment plus grande que $p^m + q^m$.

CHAPITRE II.

Suite des règles générales; probabilités des causes et des événements futurs, déduites de l'observation des événements passés.

(27). Dans le chapitre précédent, les règles que nous avons considérées supposaient données les chances de certains événements, et avaient pour objet d'en déduire les probabilités d'autres événements composés des premiers. Dans celui-ci, on exposera les règles qui servent à calculer les probabilités des causes, d'après les événements observés, et, par suite, celles des événements futurs. Mais auparavant, il convient d'expliquer le sens précis que nous donnerons à ce mot *cause*, et qui n'est pas le même que celui qu'il a dans le langage ordinaire.

Quand on dit communément qu'une chose est la *cause* d'une autre, on attribue à la première le *pouvoir* de produire nécessairement la seconde, sans vouloir toutefois, exprimer par-là que l'on connaisse la nature de cette puissance, et comment elle s'exerce. Nous reviendrons à la fin de ce chapitre sur cette notion de la *causalité*. Il nous suffit, quant à présent, de dire que le mot *cause* a, dans le calcul des probabilités, une signification plus étendue : on y considère une *cause* C, relative à un événement quelconque E, comme étant la chose qui donne à l'arrivée de E, la chance déterminée qui lui est propre; dans l'acception ordinaire du mot, C serait la cause de cette chance, et non de l'événement même; et quand E arrive effectivement, c'est par le concours de C avec d'autres causes ou circonstances qui n'influent pas sur la chance propre de cet événement. Si p est cette chance, connue ou inconnue, et distincte en général de la probabilité, C donne en même temps la chance $1-p$ à l'événement contraire F : dans le cas de $p=1$, la chose C produit nécessairement l'événement E, et en est la cause proprement dite; dans le cas de $p=0$, elle est celle de F.

L'ensemble des causes qui concourent à la production d'un événement sans influer sur la grandeur de sa chance, c'est-à-dire, sur le rapport du nombre de cas favorables à son arrivée au nombre total des cas possibles, est ce qu'on doit entendre par le *hasard.* Ainsi, par exemple, aux jeux de *dés*, l'événement qui arrive à chaque coup, est la conséquence du nombre des faces, des irrégularités de formes et de densité que le *dé* peut présenter, et des agitations nombreuses qu'on lui fait subir dans le *cornet.* Or, ces agitations sont des causes qui n'influent nullement sur la chance de l'arrivée d'une face déterminée : elles ont pour objet de faire disparaître l'influence de la position du *dé* dans le *cornet* avant ces mouvements, dans la crainte que cette position initiale ne soit connue de l'un des joueurs ; et quand ce but est atteint, la chance relative à l'arrivée de chaque face, ne dépend plus que du nombre des faces, et des défauts du *dé* qui peuvent rendre les chances inégales pour les faces différentes. On dira qu'une chose est faite au hasard, lorsqu'elle est exécutée sans rien changer aux chances respectives des divers événements qui peuvent arriver. Une urne renfermant des boules blanches et des boules noires, on en tirera une boule au hasard, si l'on ne regarde pas leur disposition dans l'intérieur de l'urne avant d'y porter la main : en supposant toutes les boules d'un même diamètre, la chance d'amener une boule blanche ne pourra évidemment dépendre que du nombre de boules blanches et du nombre de boules noires; et l'on démontre qu'elle est égale au rapport du premier de ces deux nombres à leur somme.

La cause C peut être une chose physique ou une chose morale : au jeu de *croix* et *pile*, c'est la constitution physique de la pièce qui donne une chance généralement peu différente de $\frac{1}{2}$ à l'arrivée de *croix* ou à celle de *pile*; dans un jugement criminel, la chance de la vérité ou de l'erreur du vote de chaque juré est déterminée par sa moralité, en comprenant, dans cette cause, sa capacité et sa conscience. Quelquefois la cause C résulte du concours d'une chose morale et d'une chose physique; par exemple, dans chaque espèce de mesures ou d'observations, la chance d'une erreur de grandeur donnée, dépend de l'habileté de l'observateur et de la construction, plus ou moins parfaite, de l'instrument dont il fait usage. Mais, dans tous les cas, les diverses causes des événements sont considérées, dans le calcul des probabilités, indépendamment de leurs nature particulière et sous le seul rapport de la grandeur des chances qu'elles produisent; et c'est pour cela que ce calcul s'applique également aux choses morales et aux choses physiques. Toutefois, dans la plupart des questions, la chance que détermine une cause donnée C n'est pas connue *à priori*, et la cause même d'un événement ou de sa chance est quelquefois inconnue : si la chance est constante, on la détermine, comme on le verra par la suite, au moyen d'une série d'épreuves suffisamment prolongée; mais dans le vote d'un juré, par exemple, la chance d'erreur varie d'un juré à un autre, et sans doute, pour un même juré, dans les différentes affaires; et la répétition des épreuves, pour chaque juré et chaque espèce d'affaires, étant impossible, ce n'est pas la chance d'erreur propre à un juré que l'on peut déduire de l'observation, mais bien, comme on le verra par la suite, une certaine probabilité, relative à l'ensemble des jurés de tout le ressort d'une cour d'assises, et qu'il lui suffira de connaître pour la solution des problèmes qui sont l'objet spécial de cet ouvrage.

Il y a souvent plusieurs causes différentes qui peuvent amener, en se combinant avec le hasard, un événement donné E ou l'événement contraire F; avant que l'un ou l'autre de ces deux événements ait eu lieu, chacune de ces causes a une certaine probabilité, qui change après que E ou F a été observé; or, en supposant connue la chance que chacune des causes possibles donnerait, si elle était certaine, à l'arrivée de E ou de F, nous allons déterminer d'abord les probabilités de toutes ces causes après l'observation, et ensuite la probabilité de tout autre événement futur, dépendant des mêmes causes que E et F.

(28). Soit donc E un événement observé. On suppose que son arrivée peut être attribuée à un nombre m de causes distinctes, que ces m causes sont les seules possibles, qu'elles s'excluent mutuellement, et qu'avant l'observation, elles étaient toutes également probables. L'arrivée de E a rendu ces causes hypothétiques inégalement probables; il s'agit de déterminer la probabilité de chacune d'elles, résultante de l'observation; ce qu'on fera au moyen du théorème suivant.

La probabilité de chacune des causes possibles d'un événement observé est égale à celle que cette cause donnerait à l'événement, si elle était certaine, divisée par la somme des probabilités de cet événement qui résulteraient pareillement de toutes les causes auquel on peut l'attribuer.

Ainsi, appelons

$$C_1,\ C_2,\ C_3, \ldots C_n, \ldots C_m,$$

les m causes possibles de l'événement E; soient

$$p_1,\ p_2,\ p_3, \ldots p_n, \ldots p_m,$$

les probabilités connues de son arrivée, relatives à ces diverses causes; de manière que p_n exprime la probabilité de E qui aurait lieu si la cause C_n était unique, ou, ce qui est la même chose, si elle était certaine, ce qui exclurait toutes les autres. Désignons ensuite par

$$\varpi_1,\ \varpi_2,\ \varpi_3, \ldots \varpi_n, \ldots \varpi_m,$$

les probabilités inconnues de ces mêmes causes; en sorte que ϖ_n soit la probabilité de la cause C_n, ou, autrement dit, la probabilité que c'est à cette cause qu'est due l'arrivée de E. Il s'agira de prouver qu'on doit avoir

$$\varpi_n = \frac{p_n}{p_1 + p_2 + p_3 + \ldots + p_n + \ldots + p_m}.$$

Or, quel que soit l'événement E, on peut l'assimiler, pour fixer les idées, à l'arrivée d'une boule blanche, extraite d'une urne qui contenait des boules de cette couleur et des boules noires. On supposera, pour cette assimilation, qu'il y avait un nombre m de semblables urnes

$$A_1,\ A_2,\ A_3, \ldots A_n, \ldots A_m,$$

dont la boule blanche a pu sortir, et telles que dans l'urne quelconque A_n, le rapport du nombre de boules blanches au nombre total de boules, soit égal à la fraction p_n. Chacune de ces urnes sur lesquelles la main a pu se porter au hasard pour en extraire la boule blanche, représente une des causes de son arrivée; l'urne A_n répond à la cause C_n; et la question consiste à déterminer la probabilité que la boule blanche est sortie de A_n.

Pour cela, supposons que l'on réduise les fractions p_1, p_2, p_3, etc., au même dénominateur, et que l'on ait ensuite

$$p_1 = \frac{\alpha_1}{\mu},\quad p_2 = \frac{\alpha_2}{\mu}, \ldots p_n = \frac{\alpha_n}{\mu}, \ldots p_m = \frac{\alpha_m}{\mu};$$

μ et les numérateurs α_1, α_2, etc., étant des nombres entiers. On ne changera rien à la chance de tirer une boule blanche de l'urne A_n, en y remplaçant les boules qu'elle contient, par un nombre α_n de boules blanches et un nombre μ de boules, tant blanches que noires; et de même pour toutes les autres urnes. Le nombre total des boules étant actuellement le même dans toutes ces urnes, il résulte du lemme du n° 10, que si on les réunit dans une même urne A, et que l'on donne le n° 1 à celles qui proviennent de A_1, le n° 2 aux boules provenant de A_2, etc., la probabilité ϖ_n qu'une boule blanche extraite de l'ensemble de ces urnes A_1, A_2, A_3, etc., provient de A_n, est la même que la probabilité qu'une boule blanche sortie de A, portera le n° n; laquelle a pour valeur le rapport de α_n à la somme des m quantités α_1, α_2, α_3, etc., puisque cette somme est le nombre total des boules blanches qui seront contenues dans A, et que dans cette somme, il y en aura un nombre α_n qui portera le n° n. On aura donc aussi

$$\varpi_n = \frac{\alpha_n}{\alpha_1 + \alpha_2 + \alpha_3 + \ldots + \alpha_n \ldots + \alpha_m};$$

quantité qui coïncide, en vertu des équations précédentes, avec l'expression de ϖ_n qu'il s'agissait de démontrer.

(29). En calculant les probabilités de plusieurs événements successifs, il faut non-seulement tenir compte de l'influence que peut avoir l'arrivée de l'un d'eux sur la chance de celui qui le suit (n° 9); mais on doit aussi quelquefois avoir égard, dans l'évaluation de cette chance, aux probabilités des diverses causes de l'événement précédent, ou des différentes manières dont il a pu avoir lieu. C'est ce qu'on verra, par exemple, dans le problème suivant.

Je suppose qu'on ait un nombre m d'urnes A, B, C, D, etc., contenant des boules blanches et des boules noires, et que les chances d'extraire une boule blanche soient a, de l'urne A, b de B, c de C, etc. On tire au hasard une première boule de l'une de ces urnes, puis une seconde boule de l'une des urnes d'où la première n'est pas sortie, puis une troisième de l'une des urnes d'où les deux premières ne sont pas sorties, etc., c'est-à-dire, qu'après chaque tirage, on supprime l'urne d'où la boule a été extraite. On demande la probabilité d'amener, de cette manière, un nombre n de boules blanches, dans un pareil nombre de tirages; n étant moindre que m ou égal à m.

Faisons, pour abréger,

$$\begin{aligned}
&a+b+c+d+\text{etc.}=s_1,\\
&ab+ac+ad+bc+bd+cd+\text{etc.}=s_2,\\
&abc+abd+bcd+\text{etc.}=s_3,\\
&abcd+\text{etc.}=s_4,\\
&\text{etc.};
\end{aligned}$$

de sorte que s_1 soit la somme des fractions a, b, c, d, etc., que s_2 représente la somme de leurs produits deux à deux dont le nombre est $\frac{m.\overline{m-1}}{1.2}$, que s_3 désigne la somme de leurs produits trois à trois dont le nombre est $\frac{m.\overline{m-1}.\overline{m-2}}{1.2.3}$, etc. La probabilité d'amener une boule blanche au premier tirage, sera $\frac{1}{m}s_1$. Si la boule blanche ou noire, extraite à ce tirage, est sortie de A, la probabilité d'amener une boule blanche au second tirage aura $\frac{1}{m-1}(s_1-a)$ pour valeur; cette probabilité sera $\frac{1}{m-1}(s_1-b)$, si la première boule est sortie de B; elle sera $\frac{1}{m-1}(s_1-c)$, si la première boule a été extraite de C; et ainsi de suite. De là et des règles des n°s 9 et 10, on conclut

$$\frac{\alpha(s_1-a)}{m-1}+\frac{6(s_1-b)}{m-1}+\frac{\gamma(s_1-c)}{m-1}+\text{etc.},$$

pour la probabilité complète de l'arrivée d'une boule blanche au second tirage; α étant la probabilité que la boule extraite au premier est sortie de A, 6 la probabilité qu'elle est sortie de B, γ qu'elle est sortie de C, etc. Or, ces probabilités α, 6, γ, etc., ne sont point égales entre elles (*) : d'après ce qu'on a vu dans le numéro précédent, on a

$$\alpha=\frac{a}{s_1},\quad 6=\frac{b}{s_1},\quad \gamma=\frac{c}{s_1},\ \text{etc.};$$

(*) Faute d'avoir eu égard à cette circonstance, la solution de ce problème qui se trouve dans le n° 17 de mon mémoire sur la *proportion des naissances des deux sexes*, est inexacte, et j'en ai déduit une fausse conséquence.

on a aussi, identiquement,

$$a(s_1-a)+b(s_1-b)+c(s_1-c)+\text{etc.}=2s_2;$$

la probabilité d'amener une boule blanche au second tirage deviendra donc $\frac{2s_2}{(m-1)s_1}$. De même, la probabilité d'amener une boule blanche au troisième tirage sera $\frac{1}{m-2}(s_1-a-b)$, si les deux boules blanches ou noires, extraites dans les deux premiers tirages, sont sorties de A et B; cette probabilité sera $\frac{1}{m-2}(s_1-a-c)$, si ces deux boules ont été extraites de A et C; et ainsi de suite. Donc la probabilité d'amener une boule blanche au troisième tirage, aura pour valeur complète

$$\frac{g(s_1-a-b)}{m-2}+\frac{h(s_1-a-c)}{m-2}+\frac{k(s_1-b-c)}{m-2}+\text{etc};$$

g, h, k, etc., désignant les probabilités que les boules extraites dans les deux premiers tirages sont sorties de A et B, de A et C, de B et C, etc.; lesquelles probabilités sont, d'après le numéro précédent,

$$g=\frac{ab}{s_2},\quad h=\frac{ac}{s_2},\quad k=\frac{bc}{s_2},\ \text{etc.};$$

et comme on a identiquement

$$ab(s_1-a-b)+ac(s_1-a-c)+bc(s_1-b-c)+\text{etc.}=3s_3,$$

la probabilité de l'arrivée d'une boule blanche au troisième tirage deviendra $\frac{3s_3}{(m-3)s_2}$.

On continuera sans difficulté ce raisonnement autant qu'on voudra. Il en résultera

$$\frac{s_1}{m},\quad \frac{2s_2}{(m-1)s_1},\quad \frac{3s_3}{(m-2)s_2}\cdots\frac{ns_n}{(m-n+1)s_{n-1}},$$

pour les probabilités d'amener des boules blanches à chacun des n premiers tirages; la probabilité demandée sera donc le produit de ces n

fractions (n° 5), qui se réduit à $\frac{1}{\mu} s_n$, en faisant

$$\mu = \frac{m(m-1)(m-2)\ldots(m-n+1)}{1.2.3\ldots n},$$

de sorte que μ soit le nombre des produits n à n des m lettres a, b, c, d, etc., desquels s_n est la somme.

On vérifie cette valeur $\frac{1}{\mu} s_n$, en observant que chacun de ces produits est la probabilité de tirer n boules blanches de n urnes déterminées, prises parmi A, B, C, D, etc., et que, par conséquent, la somme de tous ces produits divisée par leur nombre est la probabilité d'extraire n boules blanches de n de ces urnes, prises au hasard; laquelle probabilité est évidemment la même que celle qu'il s'agissait d'obtenir. Dans le cas de $n = m$, on a $\mu = 1$, et cette probabilité est s_m, ce qui résulte immédiatement de la règle du n° 5.

(30). Maintenant, soit E' un autre événement, différent de E, mais dépendant des mêmes causes que l'on a désignées par C_1, C_2, C_3, etc. Représentons par

$$p'_1,\ p'_2, \ldots p'_n, \ldots p'_m,$$

les chances de E' relatives à ces diverses causes, de sorte que p'_n soit la probabilité donnée que E' arriverait si la cause C_n était certaine; cette cause étant seulement probable, et sa probabilité ayant été représentée par ϖ_n, l'arrivée de E' en vertu de cette cause, sera un événement composé dont la chance aura pour expression le produit de ces deux probabilités (n° 5). De plus, la probabilité complète de E' sera la somme des chances relatives aux m manières différentes dont cet événement peut avoir lieu (n° 10), c'est-à-dire, la somme des valeurs de $p'_n\, \varpi_n$ qui se rapportent aux m causes possibles C_1, C_2, C_3, etc., de E et de E'. En désignant par ϖ' cette probabilité complète de E', nous aurons donc

$$\varpi' = p'_1\varpi_1 + p'_2\varpi_2 + \ldots + p'_n\, \varpi_n + \ldots + p'_m\varpi_m,$$

ou bien, en mettant pour ϖ_1, ϖ_2, etc., leurs valeurs,

$$\varpi' = \frac{p_1p'_1 + p_2p'_2 + \ldots + p_np'_n + \ldots + p_mp'_m}{p_1 + p_2 + \ldots + p_n + \ldots + p_m}.$$

Telle est la formule qui sert à calculer la probabilité des événements futurs, d'après l'observation des événements passés. On parvient aussi à la même expression, sans l'intermédiaire des causes communes à E et E', en les considérant comme deux événements composés qui dépendent d'un même événement simple; les raisonnements qui nous y ont conduits, s'appliqueraient également à cette autre manière d'envisager la question; mais on peut, si l'on veut, la faire rentrer immédiatement dans la précédente.

En effet, si E et E' sont deux événements composés d'un même événement G, et que G soit susceptible de différentes chances

$$g_1, g_2, \ldots g_n, \ldots g_m,$$

toutes également probables avant que l'événement E ait été observé, on pourra les considérer comme autant de causes distinctes de E et de E'; en prenant donc g_n pour la cause que l'on a appelée précédemment C_n, la probabilité de g_n sera la valeur de ϖ_n que nous avons trouvée, c'est-à-dire que ϖ_n sera la probabilité que la chance de G est égale à g_n : l'expression précédente de ϖ' sera ensuite la probabilité de l'arrivée de E', résultante de m valeurs possibles de la chance de G. Dans cette formule, p_n et p'_n exprimeront les probabilités données des arrivées de E et E', si g_n était certainement la chance de G.

(31). On ne doit pas confondre cette détermination de la probabilité de E', d'après l'observation de E, avec une influence quelconque de l'arrivée des événements passés sur celle des événements futurs, qu'il serait absurde de supposer. Si je suis sûr, par exemple, qu'une urne A renferme trois boules blanches et une boule noire, il est certain pour moi que la chance de l'extraction d'une boule blanche est $\frac{3}{4}$; par conséquent, si E' est la sortie de deux boules blanches tirées de A, en y remettant la première boule qui sera extraite, la chance de E' sera le carré de $\frac{3}{4}$ ou $\frac{9}{16}$, quel que soit l'événement E que j'aurai pu observer; et en supposant que E soit la sortie d'un certain nombre de boules blanches, et d'un certain nombre de boules noires, extraites successivement de A et remises à chaque fois dans cette urne, je devrai toujours, sans avoir égard à la proportion de ces deux nombres, parier 9 contre 7 pour l'arrivé de E'. Mais lorsque la chance de l'événement simple G ne m'est pas connue, et que je sais seulement qu'elle n'est susceptible que de certaines valeurs, l'observation de E me fait connaître la probabilité de chacune d'elles, d'où je conclus ensuite la probabilité de E'. Cette observation augmente ou diminue la raison que j'avais de croire à l'arrivée de E', sans influer aucunement sur cet événement futur, ou sur la chance qui lui est propre; de telle sorte que pour quelqu'un qui aurait observé un autre événement E_1, dépendant du même événement simple G, la raison de croire à l'arrivée de E' pourrait être beaucoup plus forte ou beaucoup moindre que pour moi; ce qui ne changerait rien à la chance propre de E'.

Relativement à ce cas de deux personnes, dont l'une a observé un événement E, et l'autre un événement E_1, composés tous les deux d'un même événement G, il ne faut pas oublier que si E_1 comprend E et quelque chose de plus, l'opinion de la seconde personne sur l'arrivée d'un nouvel événement E', dépendant aussi de G, sera plus éclairée que celle de la première personne, et devra être adoptée préférablement (n° 1). En supposant que l'observation de E_1 ait conduit à une probabilité k de l'événement futur E', et celle de E à une probabilité h du même événement, la seconde personne, sera plus fondée à parier k contre $1-k$ que la première h contre $1-h$, pour l'arrivée de E'; quelles que soient d'ailleurs les fractions h et k, plus grandes ou moindres que $\frac{1}{2}$, et la différence $h-k$, positive ou négative.

(52). Il est bon, avant d'aller plus loin, de donner quelques exemples simples de l'usage des expressions précédentes de ϖ_n et ϖ', que nous mettrons d'abord sous la forme abrégée :

$$\varpi_n = \frac{p_n}{\Sigma p_n}, \qquad \varpi' = \frac{\Sigma p_n p'_n}{\Sigma p_n};$$

la caractéristique Σ indiquant une somme qui s'étend aux m valeurs de l'indice n, depuis $n=1$ jusqu'à $n=m$.

On sait qu'une urne B renferme m boules blanches ou noires; on en a tiré une blanche; et l'on demande la probabilité qu'elle contenait un nombre n de boules de cette couleur.

Nous pouvons faire sur les nombres de boules blanches que l'urne contenait, m hypothèses différentes qui consistent à supposer successivement qu'elle renfermait m boules blanches, $m-1$ boules blanches et une noire, $m-2$ boules blanches et deux noires,... une boule blanche et $m-1$ noires. Toutes ces hypothèses étant également possibles et s'excluant mutuellement, on peut les prendre pour les m causes C_1, C_2, C_3, etc., de l'événement E, qui est ici l'extraction d'une boule blanche, sortie de B. Or, dans la supposition que parmi les m boules contenues dans B, il y avait n boules blanches, la probabilité de cette extraction serait le rapport de n à m, on a donc

$$p_n = \frac{n}{m};$$

d'où l'on conclut

$$\Sigma p_n = \frac{1}{2}(m+1),$$

et, par conséquent,

$$\varpi_n = \frac{2n}{m(m+1)},$$

pour la probabilité que B contenait effectivement n boules blanches. Elle ne peut être $\frac{1}{2}$ que quand on a $m = n = 3$. En général, la probabilité que B ne contienne que des boules blanches, ou qu'on ait $n = m$, après qu'on en a vu sortir une boule de cette couleur, aura $\frac{2}{m+1}$ pour valeur.

Si E′ est l'extraction d'une nouvelle boule blanche de B, sa probabilité ϖ' sera différente, selon que la boule blanche déjà sortie aura été ou n'aura pas été remise dans cette urne.

Dans le premier cas, on aura

$$p'_n = p_n = \frac{n}{m}, \quad \Sigma p_n p'_n = \frac{1}{m^2}\Sigma n^2;$$

mais on a, comme on sait,

$$\Sigma \frac{n(n+1)}{1.2} = \frac{m(m+1)(m+2)}{1.2.3}, \quad \Sigma n = \frac{m(m+1)}{1.2};$$

d'où l'on déduit

$$\Sigma n^2 = 2\Sigma \frac{n(n+1)}{1.2} - \Sigma n = \frac{m(m+1)(2m+1)}{1.2.3},$$

et, en conséquence,

$$\varpi' = \frac{2m+1}{3m}.$$

Dans le second cas, le nombre de boules blanches et le nombre total de boules que B renferme, étant diminués d'une unité à la seconde épreuve, on aura

$$p'_n = \frac{n-1}{m-1}, \quad \Sigma p_n p'_n = \frac{1}{m(m-1)} \Sigma n(n-1);$$

on aura toujours

$$p_n = \frac{n}{m}, \quad \Sigma p_n = \frac{1}{2}(m+1),$$

et à cause de

$$\Sigma \frac{n(n-1)}{1.2} = \frac{(m-1)m(m+1)}{1.2.3},$$

on en conclura

$$\varpi' = \frac{2}{3}.$$

La probabilité d'extraire une boule blanche d'une urne, d'où il est déjà sorti une boule de cette couleur que l'on n'y a pas remise, est donc indépendante du nombre m de boules blanches ou noires que l'urne renfermait, et toujours égale à $\frac{2}{3}$. La valeur de ϖ' relative au premier cas se réduit aussi à cette fraction $\frac{2}{3}$, comme cela devait être, lorsque m est un nombre très grand et qu'on le considère comme infini.

Sur un nombre quelconque m de boules blanches ou noires que B renfermait primitivement, si l'on savait qu'il en a été extrait $m-1$ boules blanches, il y aurait la probabilité $\frac{m}{m+1}$, que la boule restante est aussi blanche. On ne pourrait faire alors que deux hypothèses C, et C_2, savoir : la supposition C_1 que les m boules étaient blanches, et la supposition C_2 qu'il y avait une seule boule noire. Dans la première hypothèse, la probabilité de l'événement observé est la certitude; dans la seconde, cette probabilité, c'est-à-dire la chance d'extraire de B les $m - 1$ boules blanches est la même que celle d'y laisser la boule noire; et comme, *à priori*, la boule restante peut être également chacune des m boules contenues dans B, la probabilité que c'est la boule noire a $\frac{1}{m}$ pour valeur. On a donc

$$p_1 = 1, \quad p_2 = \frac{1}{m};$$

d'où il résulte

$$\varpi_1 = \frac{p_1}{p_1 + p_2} = \frac{m}{m+1},$$

pour la probabilité de la première hypothèse, ou, ce qui est la même chose, pour la probabilité que la boule restante dans l'urne soit blanche comme toutes celles qui en ont été extraites. Le cas de $m = 1$ n'est pas compris dans cette valeur de ϖ_1, non plus que dans la seconde des deux valeurs précédentes de ϖ'.

(33). Voici encore une application immédiate des formules précédentes, dans laquelle on ne connaît pas le nombre total de boules blanches ou noires que l'urne B renferme; on sait seulement, par exemple, que ce nombre ne peut pas excéder trois. L'événement observé E est la sortie de x boules blanches, dans une série de n tirages où l'on a remis à chaque fois dans B, la boule blanche ou noire qui en était sortie. Si x n'est ni zéro, ni égal à n, on ne pourra faire sur les boules contenues dans B que trois hypothèses, savoir : l'hypothèse C_1 d'une boule blanche et d'une noire, C_2 de deux boules blanches et d'une noire, C_3 de deux boules noires et d'une blanche. Les probabilités de E qui répondent à ces trois causes distinctes, seront

$$p_1 = (\tfrac{1}{2})^x (\tfrac{1}{2})^{n-x}, \quad p_2 = (\tfrac{2}{3})^x (\tfrac{1}{3})^{n-x}, \quad p_3 = (\tfrac{1}{3})^x (\tfrac{2}{3})^{n-x},$$

ou, ce qui est la même chose,

$$p_1 = \frac{1}{2^n}, \quad p_2 = \frac{2^x}{3^n}, \quad p_3 = \frac{2^{n-x}}{3^n};$$

en faisant pour abréger,

$$3^n + 2^{n+x} + 2^{2n-x} = \mu,$$

on aura donc

$$\varpi_1 = \frac{3^n}{\mu}, \quad \varpi_2 = \frac{2^{n+x}}{\mu}, \quad \varpi_3 = \frac{2^{2n-x}}{\mu},$$

pour les probabilités de C_1, C_2, C_3. En prenant pour l'événement futur E', l'extraction d'une nouvelle boule blanche, les probabilités de E' relatives à ces trois hypothèses seront

$$p'_1 = \tfrac{1}{2}, \quad p'_2 = \tfrac{2}{3}, \quad p'_3 = \tfrac{1}{3};$$

par conséquent, sa probabilité complète ϖ' aura pour valeur

$$\varpi' = \frac{\frac{1}{2}.3^n + \frac{2}{3}.2^{n+x} + \frac{1}{3}.2^{2n-x}}{3^n + 2^{n+x} + 2^{2n-x}}.$$

Dans le cas de $n = 2x$, on aura

$$\varpi_1 = \frac{9^x}{9^x + 2.8^x},$$

$$\varpi_2 = \varpi_3 = \frac{8^x}{9^x + 2.8^x},$$

$$\varpi' = \frac{\frac{1}{2}.9^x + 8^x}{9^x + 2.8^x} = \tfrac{1}{2}.$$

La valeur de ϖ' est $\frac{1}{2}$, comme cela devait être; car les boules blanches et noires étant sorties en même nombre de B, il n'y a pas de raison pour croire plutôt à l'arrivée d'une boule blanche qu'à celle d'une boule noire dans un nouveau tirage. Néanmoins, il faudra que 9^x surpasse le double de 8^x, ou que x soit plus grand que cinq, pour que l'on puisse parier plus d'un contre un, que le nombre de boules blanches est le même que celui des boules noires dans B, ou que cette urne renferme une boule blanche et une boule noire. La probabilité ϖ_1 de cette hypothèse diffère très peu de la certitude, lorsque x est un très grand nombre.

Si i est un nombre entier, et qu'on ait $x = 2i$ et $n = 3i$, il en résultera

$$\varpi' = \frac{\frac{1}{2}(27)^i + \frac{2}{3}(32)^i + \frac{1}{3}(16)^i}{(27)^i + (32)^i + (16)^i};$$

quantité qui différera très peu de $\frac{2}{3}$, lorsque i sera très grand. En même temps, la probabilité ϖ_2 que B renferme deux boules blanches et une boule noire, différera aussi très peu de la certitude.

Supposons encore que l'on ait $n = 3x$. La valeur correspondante de ϖ' deviendra

$$\varpi' = \frac{\frac{1}{2}(27)^x + \frac{2}{3}(16)^x + \frac{1}{3}(32)^x}{(27)^x + (16)^x + (32)^x};$$

lorsque x sera très grand, elle se réduira à très peu près à $\frac{1}{3}$, et la probabilité ϖ_3 que B renfermera une boule blanche et deux boules noires, sera aussi à très peu près la certitude.

Dans les trois cas où le nombre de tirages a été supposé très grand, on voit que la probabilité ϖ' de l'arrivée d'une nouvelle boule blanche a eu pour valeur très approchée, le rapport du nombre des boules blanches sorties de B au nombre total des épreuves, et que, dans chaque cas, ce rapport a aussi été, avec une probabilité très approchante de la certitude, celui du nombre de boules blanches au nombre total de boules contenues dans B, c'est-à-dire la chance propre de l'extraction d'une boule blanche de cette urne. On verra effectivement, dans la suite, que quand un événement, d'une nature quelconque, a été observé un certain nombre de fois, dans un très grand nombre d'épreuves, le rapport du premier nombre au second est la valeur très probable et très approchée de la chance connue ou inconnue de cet événement. Dans l'exemple que nous considérons, cette chance ne pouvant être que $\frac{1}{2}$, $\frac{2}{3}$, $\frac{1}{3}$, il s'ensuit que les valeurs $\frac{x}{n} = \frac{1}{2}, = \frac{2}{3}, = \frac{1}{3}$, sont aussi les seules qu'on doive supposer, avec vraisemblance, quand x et n sont de très grands nombres.

(34). Nous avons supposé, dans ce qui précède, qu'avant l'arrivée de E toutes les causes C_1, C_2, C_3, etc., auxquelles on peut attribuer cet événement étaient également possibles; mais si l'on avait *à priori* quelque raison de croire plutôt à l'existence de l'une de ces causes qu'à celle d'une autre, il serait nécessaire d'avoir égard à cette inégalité des chances de C_1, C_2, C_3, etc., antérieures à l'observation, dans l'évaluation des probabilités que ces diverses causes ont acquises après l'arrivée de E. Cette nécessité est un point important de la théorie des probabilités, surtout dans la question relative aux jugements des tribunaux, ainsi qu'on l'a expliqué dans le préambule de cet ouvrage. La démonstration du n° 28 est d'ailleurs facile à étendre au cas général où les causes de E avaient, antérieurement à l'observation, des probabilités quelconques dont les valeurs sont données.

En effet, comme dans ce numéro, remplaçons l'événément E par l'extraction d'une boule blanche qui a pu sortir de l'une des urnes A_1, A_2, A_3, etc., et supposons d'abord que la sortie de chacune d'elles a été également possible pour toutes. La probabilité qu'elle est sortie de l'urne A_n sera $\frac{p_n}{\Sigma p_n}$, en désignant toujours par p_n le rapport du nombre de boules blanches au nombre total de boules contenues dans A_n, et étendant la somme Σ à toutes les urnes A_1, A_2, A_3, etc. Pour d'autres urnes $A_{n'}$, $A_{n''}$, etc., comprises parmi celles-là, cette probabilité sera de même $\frac{p_{n'}}{\Sigma p_n}$, $\frac{p_{n''}}{\Sigma p_n}$, etc.; d'après la règle du n° 10, la probabilité que la boule blanche est sortie de l'une des urnes A_n, $A_{n'}$, $A_{n''}$, etc., sera la somme

$$\frac{p_n}{\Sigma p_n} + \frac{p_{n'}}{\Sigma p_n} + \frac{p_{n''}}{\Sigma p_n} + \text{etc.},$$

qui se réduira à l'une de ces fractions multipliée par leur nombre, lorsque les quantités p_n, $p_{n'}$, $p_{n''}$, etc., seront égales entre elles.

Cela étant, concevons que les urnes A_1, A_2, A_3, etc., se composent d'un nombre a_1 d'urnes A_1 dans chacune desquelles p_1 soit le rapport de la quantité de boules blanches à celle des boules blanches ou noires, d'un nombre a_2 d'urnes A_2 dans lesquelles ce rapport soit p_2.... et enfin d'un nombre a_i d'urnes A_i où ce même rapport soit p_i; de manière que i exprime le nombre de ces groupes d'urnes semblables, et qu'en appelant s le nombre de toutes les urnes, nous ayons

$$s = a_1 + a_2 + a_3 + \ldots + a_i.$$

La somme Σp_n étendue à toutes les urnes pourra être remplacée par celle-ci $\Sigma a_n p_n$ qui s'étendra à tous les groupes, ou à toutes les valeurs de l'indice n, depuis $n=1$ jusqu'à $n=i$. Si donc les urnes A_n, $A_{n'}$, $A_{n''}$, etc,, forment un des groupes et sont en nombre a_n, la probabilité que la boule blanche extraite de l'une des s urnes, soit sortie de ce groupe, aura pour valeur le rapport $\frac{p_n}{\Sigma a_n p_n}$, multiplié par a_n; en sorte qu'en la désignant par ϖ_n, nous aurons

$$\varpi_n = \frac{a_n p_n}{\Sigma a_n p_n}.$$

Mais avant l'observation, la probabilité que la boule blanche ou noire qui serait extraite, sortirait de ce même groupe, était évidemment $\frac{a_n}{s}$; en la représentant par q_n, on aura donc

$$q_n = \frac{a_n}{s}, \qquad a_n = s q_n;$$

et si l'on substitue cette valeur de a_n dans celle de ϖ_n, et que l'on supprime le facteur s qui sera commun au numérateur et au dénominateur, il en résultera

$$\varpi_n = \frac{q_n p_n}{\Sigma q_n p_n}.$$

Cela posé, les différents groupes d'urnes que nous venons de considérer, représentent toutes les causes possibles C_1, C_2, C_3, etc., de l'événement E, dont le nombre est i, et qui étaient inégalement probables *à priori*. La fraction q_n exprime la probabilité, avant l'observation, que l'événement qui arriverait serait dû à la cause C_n; après l'observation, ϖ_n exprime la probabilité que l'événement E qui a eu lieu, a été produit par cette même cause; et comme les causes C_1, C_2, C_3, etc., s'excluent mutuellement, q_n et ϖ_n sont les probabilités, antérieure et postérieure à l'observation, de l'existence de cette cause. L'expression de ϖ_n montre donc que la probabilité de chacune des causes possibles d'un événement observé, est égale au produit de la probabilité q_n de cette cause avant l'observation et de la probabilité p_n qu'elle donnerait à cet événement, si elle était certaine, divisé par la somme $\Sigma q_n p_n$ des produits semblables, qui se rapportent à toutes les causes auxquelles l'événement peut être attribué.

La probabilité ϖ' de l'événement futur E' qui dépend des mêmes causes que E, aura, comme plus haut, $\Sigma\varpi_n p'_n$ pour valeur, en employant dans cette somme l'expression de ϖ_n que l'on vient de déterminer; ce qui donne

$$\varpi' = \frac{\Sigma q_n p_n p'_n}{\Sigma q_n p_n}.$$

Supposons que E' soit aussi observé après E. Soit E'' un troisième événement dépendant toujours des mêmes causes; et désignons par p''_n, la chance que la cause C_n, si elle était certaine, donnerait à l'arrivée future de E''. La probabilité de cette cause était ϖ_n après l'observation de E et avant celle de E'; par la règle précédente, elle est devenue $\frac{\varpi_n p'_n}{\Sigma\varpi_n p'_n}$, après l'observation de E'; en mettant dans sa valeur celle de ϖ_n, elle devient $\frac{q_n p_n p'_n}{\Sigma q_n p_n p'_n}$; et en la multipliant par p''_n, on aura la probabilité de l'arrivée de E'', en vertu de la cause C_n. Par conséquent, si nous désignons par ϖ'' la probabilité complète de cette arrivée, nous aurons

$$\varpi'' = \frac{\Sigma q_n p_n p'_n p''_n}{\Sigma q_n p_n p'_n};$$

expression qui se déduit aussi de celle de ϖ', par la substitution de p''_n au lieu de p'_n et de $p_n p'_n$ à la place de p_n. Et, en effet, relativement à la cause C_n, ce produit $p_n p'_n$ est la chance de l'événement observé, c'est-à-dire, de la succession des événements E et E'.

(35). Pour donner un exemple très simple de la règle précédente, qui pourra servir à en vérifier l'exactitude et la nécessité, je suppose que l'on trouve sur une table deux cartes dont les couleurs sont inconnues, et qu'en en retournant une, on observe qu'elle est rouge. On ne pourra faire que deux hypothèses sur les couleurs de ces cartes : qu'elles sont toutes deux rouges, ou que l'une est rouge et l'autre noire. Si l'on ignore absolument d'où ces cartes proviennent, ces deux causes hypothétiques de l'événement observé seront également probables *à priori*; et après l'observation, la probabilité de la première hypothèse aura $\frac{2}{3}$ pour valeur, comme on l'a vu dans un des exemples du n° 32; en sorte que l'on pourrait parier deux contre un, que la carte non-retournée est rouge comme la carte retournée. Mais il n'en sera plus de même, si l'on sait, par exemple, que les deux cartes ont été prises au hasard dans un jeu de *piquet*, composé de seize cartes rouges et d'autant de cartes noires. Avant l'observation, on aura (n° 18)

$$q_1 = \frac{16.15}{32.31}, \qquad q_2 = 2.\frac{16.16}{32.31},$$

pour les probabilités de la première et de la seconde hypothèse; on a, en même temps,

$$p_1 = 1, \qquad p_2 = \tfrac{1}{2};$$

d'ou l'on déduit

$$\varpi_1 = \frac{q_1 p_1}{q_1 p_1 + q_2 p_2} = \frac{15}{31},$$

pour la probabilité de la première hypothèse, après l'observation; de manière qu'au lieu de deux contre un, il y a, au contraire, moins de un contre un, et seulement 15 contre 16 à parier que la carte inconnue est rouge comme celle qui a été retournée. Cette valeur de ϖ_1 se vérifie immédiatement; car il est évident que la question est la même que si, après avoir tiré une carte rouge du jeu entier, on demandait la probabilité de tirer encore une carte rouge des 31 cartes restantes et qui n'en contiennent plus que 15 de cette couleur.

En général, si l'on a un tas de m cartes dont a rouges et b noires, que l'on y prenne au hasard un nombre n de cartes, et qu'en retournant un nombre $n-1$ de celles-ci, ou en trouve a' rouges et b' noires, on obtiendra, par la règle précédente,

$$\varpi_1 = \frac{a-a'}{m-n+1}, \qquad \varpi_2 = \frac{b-b'}{m-n+1},$$

pour la probabilité ϖ_1 que la $n^{ième}$ carte est rouge, et pour la probabilité ϖ_2 qu'elle est noire. Cette valeur de ϖ_1 est aussi, comme cela devait être, la probabilité de tirer une carte rouge du tas primitif, réduit à $m-n+1$ cartes, dont $a-a'$ rouges, par l'extraction de a' rouges et b' noires. La valeur de ϖ_2 se vérifie de même; à cause de $a+b=m$ et $a'+b'=n-1$, on a d'ailleurs $\varpi_1+\varpi_2=1$.

(36). La conséquence générale de la règle du n° 34, est que si deux événements E et E' dépendent d'une même cause, la probabilité de l'événement futur E' ne résultera pas seulement de l'événement observé E : on devra avoir égard dans son évaluation aux connaissances antérieures à l'observation que l'on pouvait avoir sur ce qui concerne la cause commune de E et E'; de telle sorte que la probabilité de E' pourra être différente pour deux personnes qui auront observé le même événement E, mais qui avaient auparavant des données différentes sur la question.

De même, dans les questions de doute ou de critique auxquelles s'applique aussi le calcul des probabilités (n° 3); lorsqu'il s'agira de savoir si un fait attesté par un témoin est vrai ou faux, on devra tenir compte, non-seulement de la chance d'erreur du témoin, mais encore de nos connaissances antérieures à son témoignage.

Ainsi, en représentant par p la probabilité que le témoin ne nous trompe pas, involontairement ou à dessein, et par q la probabilité de la vérité du fait avant qu'il fût attesté par le témoin, sa probabilité après le témoignage dépendra de p et q, et se déterminera de la manière suivante.

L'événement observé est ici l'attestation d'un fait qui n'est point incontestable. Dans la supposition qu'il est vrai, le témoin ne nous trompe pas, et p est, par conséquent, la probabilité de l'événement. Sa probabilité est $1-p$ dans l'hypothèse que le fait est faux, puisqu'alors le témoin nous trompe. Avant le témoignage, q était la probabilité de la première hypothèse et $1-q$ celle de la seconde. En appelant r la probabilité de la première hypothèse, ou de la vérité du fait, après le témoignage qui l'atteste, on aura donc, par la règle du n° 34,

$$r=\frac{pq}{pq+(1-p)(1-q)}.$$

On tire de là

$$r - q = \frac{q(1-q)(2p-1)}{pq + (1-p)(1-q)};$$

ce qui montre que la différence $r-q$ est de même signe que $p-\frac{1}{2}$; d'où il résulte que le témoignage augmente ou diminue la probabilité de la vérité du fait, qui avait lieu auparavant, selon qu'on suppose $p > \frac{1}{2}$ ou $p < \frac{1}{2}$: la différence est nulle et le témoignage ne change rien à la probabilité antérieure, dans le cas de $p = \frac{1}{2}$, où il y a un contre un à parier que le témoin dit ou ne dit pas la vérité. Lorsque, *à priori*, on n'a aucune raison de croire plutôt à la vérité qu'à la fausseté du fait que le témoin atteste, la probabilité q est $\frac{1}{2}$; il s'ensuit $r = p$; et, dans ce cas, la probabilité que le fait est vrai, ne dépend plus que de la véracité et des lumières du témoin.

On ne peut pas supposer que l'une des deux quantités p et q soit l'unité et l'autre zéro; mais si p approche beaucoup de la certitude et que q approche encore plus de l'impossibilité, de manière que le rapport de q à $1-p$ soit une très petite fraction, la probabilité r sera aussi très petite, et à peu près égale à ce rapport. C'est le cas d'un fait contraire aux lois générales de la nature, et attesté par un témoin auquel on accorderait, sans cette opposition, un grand degré de confiance. Ces lois générales sont pour nous le résultat de longues séries d'expériences; ce qui leur donne, sinon une certitude absolue, du moins une très forte probabilité, encore augmentée par l'harmonie qu'elles présentent, et qu'aucun témoignage ne saurait balancer. Si donc le fait attesté est contraire à ces lois, la probabilité qu'il n'est point inexact sera à très peu près nulle avant le témoignage; et en supposant même le témoin de bonne foi, il suffira qu'il ne soit point infaillible pour que sa chance d'erreur $1-p$ soit extrêmement grande par rapport à cette probabité antérieure q, et que la probabilité r, après le témoignage, puisse encore être considérée comme insensible. En pareil cas, il serait raisonnable de rejeter notre propre témoignage, et de penser que nous sommes trompés par nos sens qui nous présenteraient comme vrai, quelque chose de contraire aux lois de la nature.

(37). Supposons que le fait dont nous venons de considérer la probabilité, soit aussi attesté par un second témoin; désignons par p' la probabilité que ce témoin ne nous trompe pas, et par r' la probabilité de la vérité du fait, résultante du double témoignage; en observant que la probabilité de la vérité de ce fait était déjà r, indépendamment de la seconde attestation, on en conclura que l'expression de r' doit se déduire de celle de r, par le changement de p et q, en p' et r; ce qui donne

$$r' = \frac{p'r}{p'r + (1 - p')(1 - r)},$$

ou bien, en mettant pour r et $1 - r$ leurs valeurs,

$$r' = \frac{qpp'}{qpp' + (1 - q)(1 - p)(1 - p')}.$$

Si le second témoin atteste la fausseté du fait dont la vérité a été affirmée par le premier, on remarquera qu'indépendamment du second témoignage, la probabilité que le fait est faux avait déjà $1 - r$ pour valeur, en désignant donc par $r_{\prime}$ la probabilité de la fausseté du fait, résultante des deux attestations contraires, l'expression de $r_{\prime}$ devra se déduire de celle de r du numéro précédent, par le changement de p et q, en p' et $1 - r$, et de cette manière, on aura

$$r_{\prime} = \frac{p'(1 - r)}{p'(1 - r) + r(1 - p')},$$

ou, ce qui est la même chose,

$$r_{\prime} = \frac{p'(1 - p)(1 - q)}{p'(1 - p)(1 - q) + qp(1 - p')}.$$

Dans le cas de $p = p'$, cette valeur de $r_{\prime}$ se réduit à $1 - q$; et, en effet, les deux témoignages contraires et de même poids se détruisent, et la probabilité de la fausseté du fait doit demeurer la même qu'auparavant.

On déterminera de même, sans difficulté, la probabilité qu'un fait est vrai ou faux, lorsqu'il est attesté par des témoins et nié par d'autres, en nombre quelconque. Si le fait est attesté par tous les témoins à la fois, l'expression de la probabilité qu'il est vrai prendra la forme suivante.

Soit toujours, antérieurement à tous les témoignages, q la probabilité que le fait est vrai; désignons par y_x ce que devient cette probabilité après que le fait a été attesté par un nombre quelconque x de témoins; y_{x-1} sera cette même probabilité, quand le fait est attesté seulement par un nombre $x-1$ de témoins; et si l'on représente par p avec un nombre $x-1$ d'accents, c'est-à-dire par $p^{(x-1)}$, la probabilité que le témoin qui n'est pas compris dans ceux-ci, ne nous trompe pas, lorsqu'il atteste aussi la vérité du fait, l'expression de y_x se déduira de celle de r du numéro précédent, en y mettant $p^{(x-1)}$ et y_{x-1} au lieu de p et q, de sorte que l'on aura

$$y_x = \frac{p^{(x-1)}y_{x-1}}{p^{(x-1)}y_{x-1} + (1 - p^{(x-1)})(1 - y_{x-1})}.$$

La valeur de y_0 sera la probabilité primitive q; et si l'on fait successivement $x = 1, = 2, = 3$, etc., on déduira de cette formule

$$y_1 = \frac{pq}{pq + (1-p)(1-q)}, \quad y_2 = \frac{p'q_1}{p'y_1 + (1-p')(q - y_1)}, \text{ etc.};$$

d'où l'on conclura la valeur de y_2 par l'élimination de y_1, celle de y_3 par l'élimination de y_2, et ainsi de suite. Mais, si l'on fait, pour abréger,

$$\frac{1 - p^{(x-1)}}{p^{(x-1)}} = \rho_x,$$

l'équation précédente, aux différences finies du premier ordre, se changera en celle-ci :

$$y_x = \frac{y_{x-1}}{y_{x-1} + \rho_x(1 - y_{x-1})},$$

dont l'intégrale complète est

$$y_x = \frac{c}{c + (1-c)\,\rho_1\rho_2\rho_3 \ldots \rho_x},$$

en désignant par c la constance arbitraire. En mettant $x-1$ au lieu de x dans cette expression de y_x, on en déduit effectivement

$$y_{x-1} = \frac{c}{c + (1-c)\,\rho_1\rho_2\rho_3 \ldots \rho_{x-1}},$$

$$1-y_{x-1}=\frac{(1-c)\,\rho_1\rho_2\rho_3\ldots\rho_{x-1}}{c+(1-c)\,\rho_1\rho_2\rho_3\ldots\rho_{x-1}};$$

et ces valeurs jointes à celle de y_x rendent identique l'équation donnée. On déterminera la constante c au moyen d'une valeur particulière de y_x, et, si l'on veut, au moyen de celle qui répond à $x=0$; en prenant alors l'unité pour le produit $\rho_1\rho_2\rho_3\ldots\rho_x$, de x facteur, il en résultera $y_0=q=c$; et, pour un nombre quelconque x de témoins, nous aurons ensuite

$$y_x=\frac{q}{q+(1-q)\,\rho_1\rho_2\rho_3\ldots\rho_x}.$$

Relativement au témoin qui répond à l'indice quelconque i, la quantité ρ_i est le rapport de la probabilité qu'il nous trompe à la probabilité qu'il ne nous trompe pas, de sorte qu'on a $\rho_i>1$ ou $\rho_i<1$, selon que la première probabilité est supérieure ou inférieure à la seconde et $\rho_i=1$ quand elles sont égales. Si le nombre des témoins est très grand et considéré comme infini, et que ρ_i surpasse l'unité pour tous les témoins, la probabilité y_x de la vérité du fait qu'ils attestent sera zéro à une exception près; et au contraire, dans ce cas de x infini, cette probabilité sera l'unité ou la certitude, aussi à une exception près, lorsque ρ_i sera moindre que l'unité pour tous les témoins. L'exception aura lieu, quand les quantités ρ_1, ρ_2, ρ_3, etc., décroîtront ou croîtront continuellement, mais en s'approchant indéfiniment de l'unité. Prenons, par exemple, pour leur terme général,

$$\rho_i=1-\frac{4g^2}{(2i-1)^2\pi^2};$$

π désignant le rapport de la circonférence au diamètre, et g une constante donnée qui ne surpassera pas l'unité, afin qu'aucune des quantités ρ_1, ρ_2, ρ_3, etc., ne soit négative. Par une formule connue, leur produit sera égal à $\cos g$; on aura donc

$$y_\infty=\frac{q}{q+(1-q)\cos g};$$

quantité qui différera beaucoup de l'unité, quand g différera de même de $\frac{1}{2}\pi$. Si l'on fait $g = h\sqrt{-1}$, la nouvelle constante h pourra être plus petite ou plus grande que l'unité. En désignant par e la base des logarithmes népériens, il en résultera

$$y_\infty = \frac{2q}{2q + (1-q)(e^h + e^{-h})};$$

et si h ne surpasse pas l'unité, ou seulement si h n'est pas un très grand nombre, cette probabilité y_∞ ne sera pas très petite. Toutefois, il sera facile de s'assurer que la première valeur de y_∞, sera toujours supérieure à la probabilité q antérieure aux témoignages, et la seconde toujours inférieure.

Ces formules supposent que tous les témoignages soient directs; nous examinerons tout à l'heure le cas ou un seul est direct, et tous les autres sont traditionnels.

(38). Quand un témoin ne se borne point à dire qu'une chose soit vraie ou fausse, mais qu'il atteste l'arrivée d'un événement, dans un cas où il y en avait plusieurs qui fussent possibles; l'événement qu'il peut annoncer, quand il se trompe ou qu'il veut tromper, n'est point unique, et doit être seulement un de ceux qui n'ont point eu ou qu'il ne croit point avoir eu lieu; or, cette circonstance influe, comme on va le voir, sur la probabilité de l'événement après le témoignage, indépendamment de celle qu'il avait auparavant.

Je suppose, pour fixer les idées, qu'une urne A renferme un nombre μ de boules, dont a_1 portent le n° 1, a_2 le n° 2,... a_m le n° m, de sorte qu'on ait

$$\mu = a_1 + a_2 + a_3 \ldots + a_m,$$

et que m soit le nombre de numéros différents que cette urne renferme; si une boule en est sortie, on pourra aussi faire m hypothèses différentes C_1, C_2, C_3,... C_m, sur le numéro de cette boule; leurs probabilités avant aucun témoignage, étant désignées par q_1, q_2, q_3,... q_m, on aura

$$q_1 = \frac{a_1}{\mu}, \quad q_2 = \frac{a_2}{\mu}, \ldots q_m = \frac{a_m}{\mu};$$

et si un témoin annonce que la boule sortie de A porte le n° n, les probabilités de ces hypothèses prendront les valeurs $\varpi_1, \varpi_2, \varpi_3, \ldots \varpi_m$, qu'il s'agira de déterminer par la règle du n° 34. Ici l'événement observé sera l'annonce, par le témoin, de la sortie du n° n; chacune des hypothèses donnera une certaine probabilité à cet événement, dont il faudra d'abord former l'expression; on représentera par $p_1, p_2, p_3, \ldots p_m$, ses probabilités résultantes des m hypothèses; et d'après ces diverses notations, C_i, q_i, ϖ_i, p_i, répondront à la sortie d'un numéro quelconque i, et, en particulier, C_n, q_n, ϖ_n, p_n, à la sortie du n° n annoncé par le témoin.

Je désigne par u la probabilité que ce témoin ne se trompe pas, et par v la probabilité qu'il ne veut pas tromper; $1-u$ sera la probabilité qu'il se trompe, et $1-v$ qu'il veut tromper. Dans la $n^{ième}$ hypothèse, c'est-à-dire, dans la supposition que n est réellement le numéro extrait de A, le témoin annoncera la sortie de ce numéro, s'il ne trompe pas et s'il ne veut pas tromper, combinaison dont la probabilité est uv par la règle du n° 5. S'il se trompe, il croira que la boule sortie de A porte un numéro quelconque n' différent de n; et en même temps, s'il veut tromper, il annoncera un numéro différent de n', ou pris parmi les $m-1$ autres numéros; la chance qui en résultera pour le n° n' d'être précisément celui que le témoin annoncera, sera donc $\frac{1}{m-1}$, en admettant, toutefois, que le témoin n'ait aucune prédilection pour un numéro plutôt que pour un autre; par conséquent, d'après la règle citée, la probabilité que ce numéro sera annoncé par un témoin qui se trompe et qui veut tromper, aura pour valeur le produit des trois fractions $1-u$, $1-v$, $\frac{1}{m-1}$. Soit que le témoin se trompe et ne veuille pas tromper, soit qu'il ne se trompe pas et veuille tromper, le témoin n'annoncera pas la sortie du n° n; car, dans le premier cas, il voudra annoncer le numéro qu'il croira sorti et qui ne sera pas le n° n, et, dans le second, il saura que ce numéro est sorti et ne voudra pas l'annoncer. De toute cette discussion et d'après la règle du n° 10, on conclut

$$p_n = uv + \frac{(1-u)(1-v)}{m-1},$$

pour la probabilité complète que l'hypothèse C_n, si elle était certaine, donnerait à l'événement observé.

Dans l'hypothèse C_i, correspondante à la sortie d'un n° i différent de n, le témoin n'annoncera pas le n° n, s'il ne se trompe pas et ne veut pas tromper. S'il ne se trompe pas et qu'il veuille tromper, il saura que le n° i est sorti, mais il annoncera la sortie de l'un des $m-1$ autres numéros; et la chance pour que ce soit le n° n, sera $\frac{1}{m-1}$; d'où il résulte $\frac{u(1-v)}{m-1}$ pour la probabilité que ce n° n sera effectivement annoncé par le témoin. S'il se trompe et qu'il ne veuille pas tromper, cette probabilité sera égale à $\frac{v(1-u)}{m-1}$; car le témoin pourra croire que le numéro sorti est un des $m-1$ numéros différents de i; il annoncera celui qu'il croira sorti; et $\frac{1}{m-1}$ sera la chance pour que n soit ce numéro. Enfin, si le témoin se trompe et qu'il veuille tromper, il faudra d'abord qu'il croie sorti de A, un des $m-1$ numéros différents de celui qu'il annonce; $\frac{1}{m-1}$ sera donc la probabilité qu'il croira sorti un numéro déterminé n'; cette fraction exprimera aussi la probabilité qu'il annoncera le n° n, parmi les $m-1$ numéros différents de n'; on aura donc $\frac{1}{(m-1)^2}$ pour la probabilité que le témoin croira sorti le n° n' et qu'il annoncera la sortie de n. La chance qui en résultera pour ce n° n d'être annoncé sera, par conséquent, la fraction $\frac{1}{(m-1)^2}$ multipliée par le nombre des numéros tels que n', que le témoin a pu croire sortis de A; lequel nombre est seulement $m-2$, puisque le témoin qui se trompe et qui veut tromper, ne peut croire sorti ni le n° i qui l'est réellement, ni le n° n qu'il annonce. D'un autre côté, la probabilité de cette double erreur est le produit $(1-u)(1-v)$; la probabilité que le n° n sera effectivement annoncé par ce témoin, aura donc pour valeur le produit $(1-u)(1-v)$ multiplié par la chance $\frac{m-2}{(m-1)^2}$. Je réunis les probabilités de cette annonce dans les trois cas distincts où elle peut avoir lieu; il en résulte

$$p_i = \frac{u(1-v)}{m-1} + \frac{v(1-u)}{m-1} + \frac{(m-2)(1-u)(1-v)}{(m-1)^2},$$

pour la probabilité complète de l'événement observé, dans une des $m-1$ hypothèses contraires à la vérité de cet événement. Cette valeur de p_i est d'ailleurs liée à celle de p_n par l'équation

$$p_n + (m-1)p_i = 1,$$

résultante de ce que la somme des probabilités que le témoin annoncera la sortie du n° n, correspondante aux m hypothèses C_1, C_2, C_3, ... C_m, doit être égale à l'unité.

Maintenant, par la règle du n° 34, nous aurons

$$\varpi_n = \frac{q_n p_n}{q_n p_n + \Sigma q_i p_i}, \qquad \varpi_i = \frac{q' p_i}{q_u p_u + \Sigma q_i p_i};$$

les sommes Σ s'étendant à toutes les valeurs de l'indice i, depuis $i=1$ jusqu'à $i=m$, excepté $i=n$. Et comme la quantité p_i est indépendante de i, et que la somme des valeurs de q_i, moins celle qui répond à $i=n$, est $\frac{\mu - a_n}{\mu}$, l'expression de ϖ_n deviendra

$$\varpi_n = \frac{[(m-1)uv + (1-u)(1-v)](m-1)a_n}{[(m-1)uv+(1-u)(1-v)](m-1)a_n + [(m-1)(1-v)u + (m-1)(1-u)v + (m-2)(1-u)(1-v)](\mu - a_n)},$$

après qu'on y aura substitué les valeurs de p_n, q_n, p_i, q_i, et multiplié son numérateur et son dénominateur par $\mu(m-1)^2$. Ce sera donc la probabilité que le numéro n annoncé par le témoin est réellement sorti de A; la probabilité qu'il ne l'est pas aura $1-\varpi_n$ pour valeur; et, en particulier, celle de la sortie d'un tout autre numéro déterminé i se déduira de l'expression de $1-\varpi_n$, en la multipliant par le rapport de $q_i p_i$ à $\Sigma q_i p_i$, ou de a_i à $\mu - a_n$; en sorte que l'on aura

$$\varpi_i = \frac{(1-\varpi_n)a_i}{\mu - a_n}.$$

On doit remarquer que pour obtenir ces résultats, nous avons admis que quand le témoin se trompe ou qu'il veut tromper, le numéro qu'il annonce est déterminé par le hasard seulement, et non par quelque cause particulière. Il n'en serait pas de même, lorsqu'il veut tromper, s'il avait une raison quelconque pour faire croire à l'arrivée d'un numéro plutôt qu'à celle d'un autre, ni quand il se trompe, si son erreur était produite, par exemple, par la ressemblance du numéro qu'il croit sorti et qu'il annonce, avec le numéro réellement extrait de A. Ces circonstances difficiles à apprécier et dont nous avons fait abstraction pourraient influer beaucoup sur la probabilité de la sortie du numéro annoncé par le témoin.

Au lieu de boules portant un nombre m de numéros différents, l'urne A pourrait contenir des boules d'un pareil nombre de couleurs diverses. Si elle renferme seulement des boules blanches et des boules noires, les premières en nombre a et les secondes en nombre $\mu - a$, et que la sortie d'une boule blanche soit annoncée par le témoin, on fera $m = 2$ et $a_n = a$, dans l'expression de ϖ_n; en désignant par r, ce qu'elle devient alors, on aura

$$r = \frac{[uv + (1-u)(1-v)]a}{[uv + (1-u)(1-v)]a + [(1-v)u + (1-u)v](\mu - a)},$$

pour la probabilité qu'il est effectivement sorti une boule blanche de A.

On peut assimiler à ce cas particulier, celui d'un fait vrai ou faux, attesté par un témoin : on prendra pour ce fait l'extraction de la boule blanche; r sera la probabilité qu'il est vrai; et son expression devra coïncider avec celle du n° 36. Nous aurons d'abord

$$p = uv + (1-u)(1-v),$$

pour la probabilité que le témoin ne nous trompe pas; car cela peut avoir lieu parce qu'il ne se trompe pas et ne veut pas tromper, ou bien aussi parce qu'il se trompe et veut tromper, c'est-à-dire parce que entre les deux seules choses possibles, l'extraction d'une boule blanche et celle d'une boule noire, représentant la vérité et la fausseté du fait attesté, le témoin croit le contraire de ce qui est, ou dit le contraire de ce qu'il croit. La probabilité qu'il nous trompe sera, en même temps,

$$1 - p = (1-v)u + (1-u)v;$$

ce qui se déduit de la valeur de p, ou s'obtient directement en observant que le témoin peut nous tromper, soit qu'il ne se trompe pas et veuille tromper, soit qu'il se trompe et ne veuille pas tromper. On aura encore

$$q = \frac{a}{\mu}, \quad 1 - q = \frac{\mu - a}{\mu},$$

pour les probabilités avant le témoignage, de la vérité et de la fausseté du fait que le témoin atteste. Ces diverses valeurs rendent, en effet, l'expression de r du n° 36 identique avec celle que l'on vient d'écrire.

Quand l'urne A ne renferme qu'une seule boule portant chaque numéro, depuis le n° 1 jusqu'au n° m, on a $a_n = 1$ et $\mu = m$; ce qui simplifie beaucoup l'expression générale de ϖ_n, et la réduit à

$$\varpi_n = uv + \frac{(1-u)(1-v)}{m-1}.$$

Cette probabilité que le n° n annoncé par le témoin est réellement sorti de l'urne A, ne diffère pas, dans ce cas, de celle qui a été désignée plus haut par p_n, c'est-à-dire de la probabilité que le témoin annoncera le n° n, dans la supposition de la sortie de ce numéro. Elle diminue à mesure que le nombre m des numéros contenus dans l'urne devient plus grand, et serait égale à la probabilité que le témoin ne se trompe ni ne veut tromper, si ce nombre pouvait devenir infini.

(39). Il resterait à considérer le cas général où il existe plusieurs témoins dont les uns ont une connaissance directe du fait qu'ils attestent, et les autres le connaissent seulement par tradition; mais pour ne pas donner une trop grande étendue à cette digression sur la probabilité des témoignages, nous nous bornerons à résoudre une question particulière de cette espèce.

Nous appellerons $T, T_1, T_2, \ldots T_{x-1}, T_x$, les témoins dont le nombre sera $x+1$. Comme dans le problème précédent, une boule a été extraite de l'urne A, son numéro est à la connaissance directe de T, chacun des autres témoins tient de celui qui le précède que cette boule portait le n° n; en sorte que ce fait est transmis du premier témoin T au dernier T_x, et de celui-ci à nous, par une chaîne traditionnelle, non interrompue. Le témoin T_x étant donc le seul que nous ayons entendu, l'événement observé, dans cette question, est l'attestation, par ce témoin, qu'il tient de T_{x-1} que le n° n est sorti de A; et il s'agit de déterminer la probabilité que ce numéro soit effectivement celui qui a été extrait de cette urne.

Soient y_x la probabilité de l'événement observé, dans l'hypothèse C_n de la sortie du n° n de A, et y'_x, dans l'hypothèse C_i de l'extraction d'un autre n° i. En désignant toujours par a_n et a_x les nombres de boules n° n et n° i contenus dans A, et par μ le nombre total de boules que cette urne renferme, la fraction $\frac{a_n}{\mu}$ sera, *à priori*, la chance de la sortie du n° n, et $\frac{a_i}{\mu}$ celle de la sortie du n° i. Par la règle du n° 34, nous aurons

$$\varpi_n = \frac{a_n y_x}{a_n y_x + \Sigma a_i y'_x},$$

pour la probabilité de l'hypothèse C_n; la somme Σ s'étendant à tous les indices i, depuis $i = 1$ jusqu'à $i = m$, excepté $i = n$. On verra tout à l'heure que l'expression de y'_x est indépendante de i; et la somme des valeurs de a_i, excepté a_n, étant $\mu - a_n$, cette valeur de ϖ_n est la même chose que

$$\varpi_n = \frac{a_n y_x}{a_n y_x + (\mu - a_n) y'_x}.$$

On en déduira la probabilité ϖ_i de toute autre hypothèse C_i, en multipliant $1 - \varpi_n$ par le rapport de a_i à $\mu - a_n$.

Le problème se réduit donc à la détermination des inconnues y_x et y'_x en fonctions de x. Pour cela, je représente par k_x la probabilité que le témoin T_x ne nous trompe pas, de sorte que $1 - k_x$ soit la probabilité qu'il nous trompe, involontairement ou à dessein. Le témoin T_x annoncera la sortie du n° n de A, s'il ne nous trompe pas et que T_{x-1} ait aussi annoncé l'extraction de ce n°; combinaison dont la probabilité est le produit $k_x y_{x-1}$, dans l'hypothèse C_n, en observant que y_{x-1} exprime à l'égard de T_{x-1}, ce que y_x représente relativement à T_x. Il pourra encore annoncer la sortie du n° n, s'il nous trompe, et qu'en même temps T_{x-1} ait annoncé celle d'un autre numéro; dans l'hypothèse C_n, la probabilité de cette combinaison est le produit $(1 - k_x)(1 - y_{x-1})$; mais la chance que n sera le numéro qu'annoncera T_x

parmi les $m-1$ numéros qu'il ne croit pas annoncés par T_{x-1}, étant seulement $\frac{1}{m-1}$, cette considération réduira à $\frac{(1-k_x)(1-y_{x-1})}{m-1}$ la probabilité de l'annonce du n° n. Enfin, le témoin T_x n'annoncera pas la sortie de ce numéro, soit quand il nous trompera et que T_{x-1} l'aura annoncé, soit quand il ne nous trompera pas et que T_{x-1} aura annoncé la sortie d'un autre numéro. Nous aurons donc

$$y_x = k_x y_{x-1} + \frac{(1-k_x)(1-y_{x-1})}{m-1},$$

pour la probabilité complète de l'événement observé, dans l'hypothèse C_n. On trouvera de même

$$y'_x = k_x y'_{x-1} + \frac{(1-k_x)(1-y'_{x-1})}{m-1},$$

pour cette probabilité dans toute autre hypothèse C_i; en sorte que les deux inconnues y_x et y'_x dépendront d'une même équation aux différences finies du premier ordre, et ne différeront l'une de l'autre que par la constante arbitraire.

En considérant y_x et désignant cette constante par c, l'intégrale complète de l'équation donnée sera

$$y_x = \frac{1}{m} + \frac{c(mk_1-1)(mk_2-1)\ldots(mk_{x-1}-1)(mk_x-1)}{(m-1)^x};$$

car en y mettant $x-1$ au lieu de x, on en déduit

$$y_{x-1} = \frac{1}{m} + \frac{c(mk_1-1)(mk_2-1)\ldots(mk_{x-1}-1)}{(m-1)^{x-1}},$$

$$1-y_{x-1} = \frac{m-1}{m} - \frac{c(mk_1-1)(mk_2-1)\ldots(mk_{x-1}-1)}{(m-1)^{x-1}};$$

et ces valeurs jointes à celle de y_x rendent identique l'équation donnée. Pour déterminer la constante c, je fais $x=0$ dans l'intégrale, et j'observe que la probabilité y_x qui se rapporte au témoin direct T, doit être celle que l'on a désignée par p_n dans le numéro précédent. En prenant, dans ce cas de $x=0$, l'unité pour le produit des facteurs que l'intégrale renferme, on aura donc

$$p_n = \frac{1}{m} + c, \quad c = \frac{mp_n - 1}{m}.$$

Pour une valeur quelconque de x, on aura donc ensuite

$$y_x = \frac{1}{m}[1 + (mp_n - 1)X],$$

où l'on a fait, pour abréger,

$$\frac{(mk_1 - 1)(mk_2 - 1)\ldots(mk_x - 1)}{(m-1)^x} = X.$$

En observant que la probabilité y'_x relative au témoin direct T, dans une hypothèse quelconque C_i différente de C_n, doit aussi être celle que l'on a exprimée par p_i dans le numéro précédent, nous aurons de même

$$y'_x = \frac{1}{m}[1 + (mp_i - 1)X];$$

quantité indépendante de i, puisque p_i ne dépend pas de ce nombre.

Je substitue ces valeurs dans celle de ϖ_n; il en résulte

$$\varpi_n = \frac{[1 + (mp_n - 1)X]a_n}{[1 + (mp_n - 1)X]a_n + [1 + (mp_i - 1)X](\mu - a_n)},$$

pour la probabilité que le n° n annoncé par le dernier témoin T_x est réellement sorti de l'urne A ; ce qu'il s'agissait de déterminer.

Le produit représenté par X peut être remplacé par celui-ci :

$$X = h_1 h_2 h_3 \ldots h_x,$$

en faisant, pour abréger,

$$k_x - \frac{(1 - k_x)}{m - 1} = h_x.$$

Le nombre m étant toujours plus grand que un, et k_x désignant une fraction positive qui ne peut pas surpasser l'unité, il s'ensuit que chacun des facteurs de X pourra être positif ou négatif, sans sortir jamais des limites ± 1. Lorsque le nombre x des facteurs sera très grand, ce produit sera insensible ; et tout-à-fait nul, si ce nombre était infini, en exceptant toutefois les cas particuliers où les facteurs h_1, h_2, h_3, etc., formeront une série de fractions continuellement convergentes vers l'unité. Cela étant, si l'on néglige dans l'expression de ϖ_n, les termes qui contiennent X, elle se réduira à $\frac{a_n}{\mu}$; d'où il résulte qu'en général, la probabilité d'un événement qui nous est transmis par une chaîne traditionnelle d'un très grand nombre de témoins, ne diffère pas sensiblement de la chance propre de cet événement, ou indépendante du témoignage; tandis que l'attestation d'un grand nombre de témoins directs d'un événement rend sa probabilité très approchante de la certitude, lorsqu'il y a pour chacun de ces témoins plus d'un contre un à parier qu'il ne nous trompe pas (n° 37).

Dans le cas particulier où l'urne A ne contient qu'une seule boule de chaque numéro, et où l'on a, en conséquence, $a_n = 1$ et $\mu = m$, la valeur de ϖ_n se réduit à

$$\varpi_n = \frac{1}{m}[1 + (mp_n - 1)X],$$

en vertu de l'équation du numéro précédent

$$p_n + (m-1)p_l = 1.$$

Cette probabilité coïncide donc alors avec y_x, c'est-à-dire, avec la probabilité de l'annonce du n° n par le témoin T_x, dans l'hypothèse C_n que ce numéro est réellement celui qui a été extrait de A. Mais on ne pouvait pas, comme dans la solution que Laplace a donnée de ce problème (*), prendre *à priori* l'une pour l'autre, ces deux probabilités y_x et ϖ_n, qui ne sont d'ailleurs identiques que quand le rapport de $\mu - a_n$ à a_n est égal à celui de $m - 1$ à l'unité.

(40). On peut, si l'on veut, exprimer chacune des quantités k_1, k_2, k_3, etc., au moyen du nombre m et des probabilités que le témoin auquel elle se rapporte, ne se trompe pas et ne veut pas tromper. J'appellerai $u_{x'}$ la probabilité que le témoin quelconque $T_{x'}$ appartenant à la chaîne traditionnelle, ne s'est pas trompé, et $v_{x'}$ la probabilité

(*) *Théorie analytique des probabilités;* page 457.

qu'il n'a pas voulu tromper. Si ces deux circonstances ont concouru, le témoin n'aura pas trompé; il aura pu aussi ne pas tromper, s'il s'est trompé et qu'il ait voulu tromper; mais dans ce second cas, $\frac{1}{m-1}$ est la chance qu'il aura annoncé le n° n, parmi les $m-1$ numéros qu'il ne croyait pas sortis de A; et ces deux cas étant les seuls où il n'aura pas trompé, en annonçant ce numéro, la valeur complète de $k_{x'}$ sera

$$k_{x'} = u_{x'}v_{x'} + \frac{(1-u_{x'})(1-v_{x'})}{m-1}:$$

pour $x'=0$, elle coïncide avec la valeur de p_n du numéro précédent, en prenant u_1 et v_1 pour les quantités u et v que celle-ci renferme.

Cette quantité $k_{x'}$ est la probabilité qu'on doit attacher au témoignage de $T_{x'}$, ou la valeur de ce témoignage, considéré en lui-même, c'est-à-dire, la raison qu'on a de croire à la sortie d'un n° n, d'une urne A, qui peut contenir un nombre m d'espèces de numéros différents, lorsque l'on sait seulement que cette sortie est attestée par un témoin $T_{x'}$ pour lequel $u_{x'}$ et $v_{x'}$ sont les probabilités qu'il ne se trompe pas et qu'il ne veut pas tromper. Si l'on est certain que $T_{x'}$ se trompe et veut tromper, on aura $u_{x'}=0$ et $v_{x'}=0$, et la probabilité $k_{x'}$ que le n° n est sorti, résultante de son témoignage, sera néanmoins égale à $\frac{1}{m-1}$. Ce sera la certitude, dans le cas de $m=2$; et, en effet, le témoin annonçant celui des deux numéros qu'il ne croit pas sorti, et croyant sorti le numéro qui ne l'est pas, se trouvera avoir annoncé nécessairement la vérité. Dans le cas de $m=3$, il y aura un contre un à parier pour la sortie de celui des trois numéros que le témoin aura annoncé; ce qu'on vérifiera aisément par l'énumération de toutes les combinaisons possibles; et l'on vérifiera de même la valeur $\frac{1}{m-1}$ de la probabilité $k_{x'}$ relative à un nombre quelconque m.

On ne doit pas confondre le cas d'un témoin qui se trompe et veut certainement tromper, avec celui où la chaîne traditionnelle est interrompue, de manière que le témoin $T_{x'-1}$ qui précède $T_{x'}$ n'existe pas. Il est certain qu'alors le témoin $T_{x'}$ veut tromper, puisqu'il suppose l'existence de $T_{x'-1}$; on a donc $v_{x'}=0$; mais la probabilité que $T_{x'}$ ne se trompe pas, n'est point nulle : ce témoin n'ayant, dans ce cas, aucune notion sur l'événement arrivé, la probabilité qu'il annonce le numéro réellement sorti, est $\frac{1}{m}$; par la même raison, c'est aussi la valeur de son témoignage; et en effet, si l'on fait $u_{x'} = \frac{1}{m}$ et $v_{x'} = 0$, dans la formule précédente, il vient $k_{x'} = \frac{1}{m}$. Cette valeur de $k_{x'}$ rend nul le facteur $h_{x'}$ de X, et réduit, par conséquent, la probabilité ϖ_n de la sortie du n° n à $\frac{a_n}{\mu}$, c'est-à-dire, à la chance propre de cet événement, comme cela doit être évidemment.

(41). Au moyen de la règle relative à la probabilité des causes, nous pouvons actuellement compléter ce qui a été dit à la fin du n° 7, sur la tendance de notre esprit à ne pas douter que certains événements n'aient une cause spéciale, indépendante du hasard.

Lorsque nous avons observé un événement qui avait en lui-même une très faible probabilité ; s'il présente quelque symétrie, ou quelque autre chose de remarquable, nous sommes naturellement portés à penser qu'il n'est pas l'effet du hasard, ou plus généralement de la cause unique qui lui donnerait cette faible chance, mais qu'il est dû à une cause plus puissante, telle que la volonté de quelqu'un qui aurait eu un but particulier en le produisant. Si, par exemple, nous trouvons sur une table, en caractères d'imprimerie, les 26 lettres de l'alphabet, rangées dans l'ordre naturel a, b, c, ... x, y, z, nous ne faisons aucun doute que quelqu'un ne les ait ainsi disposées par un acte de sa volonté ; cependant cet arrangement n'est pas en lui-même plus improbable que tout autre qui ne nous présenterait rien de remarquable, et que pour cette raison nous n'hésiterions pas à attribuer au seul hasard. Si ces 26 lettres devaient être tirées successivement et au hasard, d'une urne où elles seraient renfermées, il y aurait la même chance qu'elles arriveraient dans l'ordre naturel, ou dans un ordre déterminé d'avance, comme celui-ci b, p, w,... q, a, t, que je choisis arbitrairement : cette chance serait aussi petite, mais pas moindre, pour le premier arrangement que pour le second. De même, si une urne renferme, en nombres égaux, des boules blanches et des boules noires, et qu'on en doive extraire successivement 30 boules, en y remettant à chaque fois la boule extraite, la probabilité que ces 30 boules seront blanches, aura pour valeur la 30ᵉ puissance de $\frac{1}{2}$, c'est-à-dire, à peu près l'unité divisée par un milliard. Mais la probabilité de la sortie de 30 boules, les unes blanches et les autres noires, dans tel ordre et dans telle proportion que l'on voudra assigner d'avance, ne sera ni plus grande ni plus petite que celle de l'extraction de 30 boules blanches; et il y aura également environ un milliard à parier contre un que cet autre arrangement déterminé n'arrivera pas. Cependant, si nous voyons sortir de l'urne 30 fois de suite une boule blanche, nous ne pourrons pas croire que cet événement soit dû au hasard, tandis que nous lui attribuerons sans difficulté l'arrivée de 30 boules qui ne nous offrira rien de régulier et de remarquable.

Ce que nous appelons *hasard* (nᵒ 27), produit, pour ainsi dire, avec la même facilité, un événement que nous trouvons remarquable et celui qui ne l'est pas. Les événements de la première espèce sont beaucoup plus rares que ceux de la seconde, lorsque tous les événements également possibles sont très nombreux. Pour cette raison, l'arrivée des premiers frappe d'avantage notre esprit; ce qui nous porte à leur chercher une cause spéciale. L'existence de cette cause est, en effet, très probable; mais sa grande probabilité ne résulte pas de la rareté des événements remarquables : elle est fondée sur un autre principe auquel nous allons appliquer les règles précédemment démontrées.

(42). Appelons E_1, E_2, E_3, etc., les événements remarquables qui peuvent avoir lieu, et F_1, F_2, F_3, etc., les événements non remarquables. Lorsqu'il s'agira, par exemple, de 30 boules extraites d'une urne qui contient des nombres égaux de boules blanches et de boules noires, les événements E_1, E_2, E_3, etc., seront l'arrivée de 30 boules de la même couleur, celle de 30 boules alternativement blanches et noires, celle de 15 boules d'une couleur suivies de 15 boules de l'autre couleur, etc. Dans le cas d'une trentaine de caractères d'imprimerie, rangés à la suite l'un de l'autre, les événements E_1, E_2, E_3, etc., seront ceux où ces lettres se trouveront disposées, soit dans l'ordre alphabétique, soit dans l'ordre inverse, ou bien ceux où elles formeront une phrase de la langue française, ou d'une autre langue. Dans tous les cas, désignons par m leur nombre, et par n celui des autres événements F_1,

F_2, F_3, etc.; supposons qu'ils soient tous également possibles, lorsqu'ils sont dus uniquement au hasard; de sorte qu'en représentant alors par p la probabilité de chacun d'eux, on ait

$$p = \frac{1}{m+n},$$

aussi bien quand il appartient à la première série, que quand il fait partie de la seconde. Il n'en sera plus de même, si ces événements doivent être produits par une cause particulière C, indépendante de la probabilité p, et qui sera, pour fixer les idées, la volonté d'une personne et le choix qu'elle fera de l'un d'entre eux. Nous admettrons que ce choix sera déterminé par les diverses circonstances qui rendent remarquable une partie des événements possibles. Ainsi, il y aura une certaine probabilité p_1, que le choix de cette personne se portera sur E_1, une autre probabilité p_2 qu'il se portera sur E_2, etc.; il n'y aura aucune probabilité qu'il doive se porter sur un des événements F_1, F_2, F_3, etc.; et ces divers événements étant les seuls possibles, il faudra qu'on ait

$$p_1 + p_2 + p_3 + \text{etc.} = 1.$$

Si les probabilités p_1, p_2, p_3, etc., sont toutes égales, leur valeur commune sera $\frac{1}{m}$, et, par conséquent, très grande relativement à p, quand le nombre total $m+n$ des cas possibles sera très grand en lui-même et par rapport au nombre m des cas remarquables. Généralement, ces probabilités pourront être fort inégales; nous n'avons aucun moyen de les connaître; mais il nous suffira qu'elles soient très grandes eu égard à la probabilité p; ce qui ne peut manquer d'avoir lieu, lorsque celle-ci est extrêmement petite, ou le nombre $m+n$ excessivement grand, comme dans les exemples qu'on vient de citer.

Tel est le principe dont nous partirons pour déterminer la probabilité de la cause C, d'après l'observation de l'un des événements E_1, E_2, E_3, etc., F_1, F_2, F_3, etc., ou, du moins, pour faire voir qu'elle est très grande, quand l'événement observé appartient à la première série.

Supposons que E_1 soit cet événement. On pourra faire deux hypothèses, la première qu'il est dû à la cause C, la seconde qu'il est le résultat du hasard. Si la première hypothèse était certaine, p_1 serait la probabilité de l'arrivée de E_1; si c'était la seconde qui le fût, cette probabilité aurait p pour valeur; en appelant donc r la probabilité de la première hypothèse après l'observation, et regardant les deux hypothèses comme également probables *à priori*, nous aurons, par la règle du n° 28,

$$r = \frac{p_1}{p_1 + p}.$$

Or, il suffit que la probabilité p_1 soit très grande eu égard à la très petite chance p, pour que cette valeur de r diffère très peu de l'unité ou de la certitude. Dans l'un des exemples précédents, où le nombre des événements possibles surpassait un milliard, et où p était au-dessous de l'unité divisée par mille millions; si l'on suppose que 1000 soit le nombre des événements assez remarquables pour déterminer une personne à choisir l'un d'entre eux, et si l'on prend l'unité divisée par ce nombre pour la valeur de p_1, celle de r diffèrera de l'unité, de moins d'un millionième, et de beaucoup moins encore, si, comme on peut le croire, la probabilité p_1 est au-dessus d'un millième. Lors donc que l'un de ces événements remarquables, aura été observé, par exemple, l'extraction de 30 boules d'une même couleur, tirées d'une urne qui contient, en égale proportion, des boules de deux couleurs différentes, on devra l'attribuer, sans aucun scrupule, comme on le fait naturellement, à la volonté de quelqu'un, ou à toute autre cause spéciale, et ne pas le considérer comme un simple effet du hasard.

Toutefois, la probabilité r de la cause C serait beaucoup diminuée, si avant l'observation, son existence et sa non-existence n'étaient pas également possibles, comme le suppose la formule précédente, et que ce soit sa non-existence qui fût primitivement la plus probable. C'est ce qui aura lieu dans l'exemple qu'on vient de citer, lorsqu'on aura pris, avant le tirage, beaucoup de précautions pour soustraire l'extraction des boules à l'influence d'aucune volonté. En ayant égard à cette circonstance, antérieure à l'observation, la règle du n° 34 rendra sensible la diminution de la valeur de r. Cette probabilité sera aussi augmentée ou diminuée, quelquefois dans de très grands rapports, quand tous les événements E_1, E_2, E_3, etc., F_1, F_2, F_3, etc., ne seront point également possibles : augmentée, si la chance propre de chaque événement est plus petite pour ceux de la première série que pour les événements de la seconde série ; diminuée, dans le cas contraire.

L'harmonie que nous observons dans la nature n'est sans doute pas l'effet du hasard ; mais par un examen attentif et long-temps prolongé, on est parvenu, pour un très grand nombre de phénomènes, à en découvrir les causes physiques qui donnent à leur arrivée, sinon une certitude absolue, du moins une probabilité très approchante de l'unité. En les regardant comme des choses E_1, E_2, E_3, etc., qui présentent des circonstances remarquables, ce serait le cas où ces choses ont par elles-mêmes une assez forte probabilité, pour rendre très improbable et tout-à-fait inutile à considérer, l'intervention de la cause que nous avons appelée C. Quant aux phénomènes physiques, dont les causes nous sont encore inconnues, il est raisonnable de les attribuer à des causes analogues à celles que nous connaissons, et soumises aux mêmes lois. Leur nombre diminue au reste de jour en jour, par le progrès des sciences : aujourd'hui, par exemple, nous savons ce qui produit la foudre, et comment les planètes sont retenues dans leurs orbites, connaissances que n'avaient pas nos prédécesseurs ; et ceux qui viendront après nous, connaîtront les causes d'autres phénomènes, actuellement inconnus.

(43). Lorsque le nombre de causes distinctes auxquelles on peut attribuer un événement observé E est infini, leurs probabilités, soit avant, soit après l'arrivée de E, deviennent infiniment petites, et les sommes Σ contenues dans les formules des nos 32 et 34, se changent en des intégrales définies.

Pour effectuer cette transformation, supposons que l'événement observé E soit l'extraction d'une boule blanche, d'une urne A qui contenait une infinité de boules blanches ou noires. On pourra faire sur le rapport inconnu du nombre de boules blanches au nombre total des boules, une infinité d'hypothèses que l'on prendra pour autant de causes distinctes de l'arrivée de E, et exclusives les unes des autres. Désignons ce rapport par x, de sorte que x soit une quantité susceptible de toutes les valeurs croissantes par degrés infiniment petits, et comprises depuis x infiniment petit, qui répond au cas où la boule extraite serait la seule boule blanche que A renfermait, jusqu'à $x=1$, qui répond à l'autre cas extrême où cette urne ne contiendrait que des boules blanches.

Représentons aussi par X la probabilité que ce rapport, si sa valeur x était certaine, donnerait à l'arrivée de E, de manière que X soit, dans chaque question, une fonction connue de x. En considérant donc cette valeur comme une des causes possibles de E, il s'agira de déterminer la probabilité infiniment petite de x, soit quand toutes ces causes sont également probables avant l'observation, soit quand elles ont, *à priori*, des chances différentes.

Dans le premier cas, la probabilité demandée se déduira de la quantité ϖ_n du n° 28, en y supposant m infini, et y mettant pour p_1, p_2, p_3, etc., les valeurs de x relatives à toutes celles de X.

En faisant d'abord usage du signe Σ, comme dans le n° 32, et appelant ϖ la probabilité de x, nous aurons donc

$$\varpi = \frac{X}{\Sigma X}.$$

Mais, d'après le théorème fondamental des intégrales définies, on aura aussi

$$\Sigma X dx = \int_0^1 X dx;$$

par conséquent, si l'on suppose constante la différentielle dx, et qu'on multiplie par dx les deux termes de la fraction précédente, il en résultera

$$\varpi = \frac{X dx}{\int_0^1 X dx}.$$

En même temps, si l'on désigne par X′ la probabilité correspondante à x, d'un événement futur E′ qui dépend des mêmes causes que E, et par ϖ' la probabilité complète de l'arrivée de E′, on aura, d'après la règle du n° 30,

$$\varpi' = \Sigma X' \varpi,$$

ou, ce qui est la même chose,

$$\varpi' = \frac{\int_0^1 XX'dx}{\int_0^1 Xdx},$$

en substituant pour ϖ sa valeur précédente, et changeant la somme Σ en une intégrale. La quantité X' sera dans chaque exemple une fonction donnée de x.

Dans le cas où les diverses valeurs de x seront inégalement probables avant l'observation de E, on désignera par Ydx la probabilité infiniment petite et antérieure à cette observation, de la chance x de E; et en mettant Ydx au lieu de q_n dans les formules du n° 34, on en conclura

$$\varpi = \frac{XYdx}{\int_0^1 XYdx},$$

pour la probabilité de cette chance x après l'arrivée de E, et

$$\varpi' = \frac{\int_0^1 XX'Ydx}{\int_0^1 XYdx},$$

pour la probabilité de l'arrivée future de E'.

(44). Si l'on est certain, *à priori*, que la valeur de x ne peut pas s'étendre depuis $x = 0$ jusqu'à $x = 1$, et qu'elle doit être comprise entre des limites données, on prendra ces limites pour celles des intégrales définies que ces formules renferment, ou bien, si l'on veut conserver leurs limites zéro et l'unité, on supposera que Y soit une fonction discontinue de x, qui sera nulle en dehors des limites données de cette variable. Soit que x soit susceptible de toutes les valeurs depuis zéro jusqu'à l'unité, soit que cette variable doive être renfermée entre des limites données; si l'on appelle λ la probabilité que sa valeur inconnue est effectivement comprise, d'après l'événement observé E, entre d'autres limites plus resserrées que les premières, λ sera la somme des valeurs de ϖ relatives à celles de x qui sont contenues entre ces autres limites; en sorte qu'en désignant celles-ci par α et β, on aura

$$\lambda = \frac{\int_\alpha^\beta XYdx}{\int_0^1 XYdx}.$$

Dans un calcul d'approximation, on pourra employer cette formule, lorsque le nombre de causes auxquelles l'événement E peut être attribué, au lieu d'être infini, sera seulement très considérable. Supposons, par exemple, que E soit la sortie de n boules blanches, tirées successivement et sans interruption, d'une urne B qui contient un très grand nombre de boules, tant blanches que noires, et dans laquelle, on remet à chaque fois la boule qui en a été extraite. La probabilité X de E, correspondante à un rapport x du nombre de boules blanches au nombre total de boules contenues dans B, sera la puissance n de ce rapport. Si l'on demande la probabilité que le nombre de boules blanches qu'elle renferme excède celui des boules noires, on prendra $\alpha = \frac{1}{2}$ et $\beta = 1$, dans l'expression de cette probabilité λ. Si, de plus, toutes les valeurs possibles de x étaient également probables avant les tirages, Y ne variera pas avec x, et disparaîtra, en conséquence, de cette expression. On aura donc

$$X = x^n, \quad \int_0^1 Xdx = \frac{1}{n+1}, \quad \int_{\frac{1}{2}}^1 Xdx = \frac{1}{n+1}\left(1 - \frac{1}{2^{n+1}}\right),$$

et, par conséquent,

$$\lambda = 1 - \frac{1}{2^{n+1}},$$

avec d'autant plus d'exactitude que B contiendra un plus grand nombre de boules noires ou blanches. Avant les tirages, il y avait un contre un à parier que le nombre des blanches excédait celui des noires; il suffira qu'en tirant une boule de B, elle soit blanche pour qu'on ait $\lambda = \frac{3}{4}$, ou qu'il y ait trois à parier contre un pour la supériorité du nombre de boules de cette couleur; et quand on aura tiré de B un nombre un peu considérable de boules blanches, sans en amener de noires, la probabilité λ que les blanches y sont en plus grand nombre que les noires, approchera beaucoup de la certitude.

(45). Ainsi que je l'ai déjà dit (n° 30), on peut considérer E et E′ comme des événements composés d'un même événement simple G, et liés l'un à l'autre par leur dépendance commune de cet événement.

La chance de G est inconnue; la probabilité qu'elle a x pour valeur est Ydx avant l'arrivée de E, et ϖ après cette arrivée; et comme cette chance a certainement une des valeurs comprises depuis $x=0$ jusqu'à $x=1$, il faut que la somme des valeurs correspondantes de Ydx soit l'unité, comme cela a déjà lieu pour la somme des valeurs de ϖ. La fonction donnée Y de x, quelle qu'elle soit d'ailleurs, continue ou discontinue, devra donc toujours satisfaire à la condition

$$\int Ydx = 1.$$

D'après la règle de l'espérance mathématique (n° 23), appliquée à la chance de G, on devra prendre pour sa valeur, avant l'observation de E, la somme de toutes ses valeurs possibles, multipliées par leurs probabilités respectives, c'est-à-dire, la somme de tous les produits de x et de Ydx, depuis $x=0$ jusqu'à $x=1$. En désignant par γ, cette chance de G, ou, plus exactement, ce qu'on doit prendre pour sa valeur inconnue, avant que E ait été observé, on aura donc

$$\gamma = \int_0^1 xYdx;$$

et l'on peut remarquer que si l'on considère x et Y comme l'abscisse et l'ordonnée d'une courbe plane, et si l'on observe que l'aire entière de cette courbe, ou l'intégrale $\int Ydx$ est l'unité, γ sera l'abscisse du centre de gravité de cette même aire. C'est d'après cette valeur de γ prise pour la chance de G, que l'on devrait parier pour une première arrivée de cet événement, mais non pas pour plusieurs arrivées successives; car selon que G aura eu lieu ou n'aura pas eu lieu dans une première épreuve, la probabilité de son arrivée sera augmentée ou diminuée dans les épreuves suivantes.

Si, par exemple, toutes les valeurs de x sont également probables *à priori*, la quantité Y devra être indépendante de x; d'après les deux équations précédentes, on aura donc

$$Y = 1, \qquad \gamma = \tfrac{1}{2};$$

et, en effet, nous n'avons alors aucune raison de croire, dans une première épreuve, à l'arrivée de G plutôt qu'à celle de l'événement contraire. Mais si l'on prend pour chacun des événements E et E′ l'événement simple G, auquel cas on aura,

$$X = x, \quad X' = x,$$

il en résultera

$$\varpi' = \frac{\int_0^1 XX'dx}{\int_0^1 Xdx} = \frac{2}{3},$$

pour la probabilité que G étant arrivé une première fois, arrivera encore une seconde fois, de manière que la probabilité de son arrivée, aura augmenté de $\frac{1}{6}$, de la première à la seconde épreuve. Elle diminuera de la même fraction, et se réduira à $\frac{1}{2} - \frac{1}{6}$, ou $\frac{1}{3}$, à la seconde épreuve, lorsque l'événement contraire aura eu lieu à la première; car en prenant celui-ci pour E, et toujours G pour E′, c'est-à-dire en faisant

$$X = 1 - x, \quad X' = x,$$

on en conclura

$$\varpi' = \frac{\int_0^1 (1-x)xdx}{\int_0^1 (1-x)dx} = \frac{1}{3},$$

pour la probabilité que G n'ayant point eu lieu la première fois, arrivera à la seconde épreuve.

A priori, la probabilité que G arrivera deux fois de suite sera, par la règle du n° 9, le produit de la probabilité $\frac{1}{2}$ qu'il aura lieu une première fois, et de la probabilité $\frac{2}{3}$ qu'étant arrivé cette fois-là, il arrivera encore à la seconde épreuve; elle sera donc $\frac{1}{3}$, au lieu de $\frac{1}{4}$, qui serait sa valeur si la probabilité de G était $\frac{1}{2}$ à la seconde épreuve comme à la première. La similitude des deux événements qui arriveront dans les deux premières épreuves, aura une probabilité double ou égale à $\frac{2}{3}$; car cette similitude aura lieu, soit par la répétition de G, soit par celle de l'événement contraire, qui sont toutes deux également probables.

En comparant $\frac{2}{3}$ ou $\frac{1}{2}(1+\frac{1}{3})$, à la probabilité $\frac{1}{2}(1+\delta^2)$ de la similitude, que nous avons trouvée dans le n° 27, on aura $\delta=\frac{1}{\sqrt{3}}$. Lors donc qu'*à priori* nous n'avons aucune donnée sur la chance d'un événement G, de sorte que nous puissions supposer également à x toutes les valeurs possibles, la probabilité de la similitude dans deux épreuves consécutives, est la même que s'il y avait, entre les chances de G et de l'événement contraire, une différence $\frac{1}{\sqrt{3}}$, sans que l'on connût la chance la plus favorable. Nous déterminerons tout à l'heure la probabilité de la similitude dans les cas où l'on sait *à priori* que toutes les valeurs possibles de x, au lieu d'être également possibles, s'écartent très probablement fort peu d'une fraction connue ou inconnue.

(46). Maintenant, l'événement simple dont la chance est inconnue, étant toujours désigné par G, appelons H l'événement contraire dont la chance sera l'unité diminuée de celle de G, et supposons : 1°, que l'événement observé E soit l'arrivée de G un nombre m de fois et de H un nombre n de fois, dans un ordre quelconque; 2°. que l'événement futur E′ soit l'arrivée de G un nombre m' de fois et de H un nombre n' de fois, aussi dans un ordre quelconque.

Pour la valeur x de la chance de G et $1-x$ de celle de H, les probabilités X et X′ de E et E′ seront (n° 14)

$$X=Kx^m(1-x)^n,\quad X'=K'x^{m'}(1-x)^{n'};$$

K et K′ désignant des nombres indépendants de x. On aura donc

$$\varpi'=\frac{K'\int_0^1 Yx^{m+m'}(1-x)^{n+n'}dx}{\int_0^1 Yx^m(1-x)^n dx},$$

pour la probabilité de E′ après l'observation de E. Le nombre K a disparu de cette formule; la valeur qu'on y mettra pour K′, sera

$$K' = \frac{1.2.3\ldots m'+n'}{1.2.3\ldots m'.1.2.3\ldots n'}.$$

Si E′ était l'arrivée de m' et n' événements G et H dans un ordre déterminé, il faudrait remplacer K′ par l'unité.

Lorsque avant l'observation de E, on n'aura aucune raison de croire aucune des valeurs de x plus probable qu'une autre, on prendra l'unité pour la quantité Y. Au moyen de l'intégration par partie, on a d'ailleurs

$$\int_0^1 x^m (1-x)^n dx = \frac{n.n-1.n-2\ldots 2.1}{m+1.m+2.m+3\ldots m+n.m+n+1},$$

ou, plus simplement,

$$\int_0^1 x^m (1-x)^n dx = \frac{P_m P_n}{P_{m+n+1}},$$

en faisant, pour abréger,

$$1.2.3\ldots i-1.i = P_i,$$

pour un nombre quelconque i. On aura de même

$$\int_0^1 x^{m+m'} (1-x)^{n+n'} dx = \frac{P_{m+m'} P_{n+n'}}{P_{m+m'+n+n'+1}};$$

et à cause de

$$K' = \frac{P_{m'+n'}}{P_{m'} P_{n'}},$$

il en résultera, dans le cas dont il s'agit,

$$\varpi' = \frac{P_{m'+n'} P_{m+m'} P_{n+n'} P_{m+n+1}}{P_{m'} P_{n'} P_m P_n P_{m+m'+n+n'+1}}.$$

Afin que cette formule comprenne les cas où l'un des nombres m, n, m', n', est zéro, il y faudra faire $P_0 = 1$. Cela étant, si l'on a $n = 0$ et $n' = 0$, on aura simplement

$$\varpi' = \frac{m+1}{m+m'+1};$$

ce qui exprimera la probabilité que G arrivera m' fois sans interruption, après être déjà arrivé m fois sans que l'événement contraire H ait eu lieu.

Pour $m' = 1$ et $n' = 0$, la valeur de ϖ' relative à $Y = 1$, se réduira à

$$\varpi' = \frac{m+1}{m+n+2};$$

et pour $m' = 0$ et $n' = 1$, elle devient

$$\varpi' = \frac{n+1}{m+n+2}.$$

La somme de ces deux fractions est l'unité; ce qui doit être effectivement, puisque la première exprime la probabilité qu'après $m+n$ épreuves, G arrivera à l'épreuve suivante, et la seconde la probabilité que cet événement n'arrivera pas. La première est plus grande ou moindre que la seconde, selon qu'on a $m > n$ ou $m < n$, c'est-à-dire selon que dans les $m+n$ premières épreuves, G est arrivé plus souvent ou moins souvent que l'événement contraire H : elles sont égales entre elles et à $\frac{1}{2}$, comme avant les épreuves, quand ces deux événements ont eu lieu le même nombre de fois. Mais il n'en sera plus de même, en général, lorsque l'on saura *à priori*, soit par la nature de l'événement G, soit par le résultat d'épreuves antérieures à l'événement E, que les valeurs de la chance inconnue de G ne sont pas toutes également probables, de telle sorte que l'on n'ait pas $Y = 1$: non-seulement dans ce cas, la fraction γ du numéro précédent que l'on devra prendre pour la chance de G avant les $m+n$ nouvelles épreuves ne sera point $\frac{1}{2}$, mais à l'épreuve suivante, la probabilité de G pourra être moindre que γ, quoique G soit arrivé plus souvent que l'événement contraire H, ou plus grande, quoique ce soit G qui aura eu lieu le moindre nombre de fois; c'est ce que l'on verra dans l'exemple suivant.

(47). Je suppose qu'il soit très probable, *à priori*, que la chance de G s'écarte fort peu, en plus ou en moins, d'une certaine fraction r, de sorte qu'en faisant

$$x = r + z,$$

la quantité Y soit une fonction de z, qui n'a de valeurs sensibles que pour de très petites valeurs de cette variable, positives ou négatives. La courbe plane dont x et Y sont les coordonnées courantes, ne s'écartera sensiblement de l'axe des abscisses x, que dans un très petit intervalle, de part et d'autre de l'ordonnée qui répond à $x = r$; le centre de gravité de l'aire de cette course tombera donc dans cet intervalle; par conséquent l'abscisse de ce point différera très peu de r; et en négligeant cette différence, r sera la valeur de la quantité γ du n° 45.

Cela posé, les limites des intégrales relatives à z seront les valeurs $z = -r$ et $z = 1 - r$, qui répondent à $x = 0$ et $x = 1$; si donc on fait $m' = 1$, $n' = 0$, $dx = dz$, dans la première expression de ϖ' du numéro précédent, il en résultera

$$\varpi' = \frac{\int_{-r}^{1-r} Yx^{m+1}(1-x)^n dz}{\int_{-r}^{1-r} Yx^m (1-x)^n dz},$$

pour la probabilité que G arrivera une fois, après avoir eu lieu m fois, et l'événement contraire n fois, dans $m + n$ épreuves. Mais, par la nature du facteur Y compris sous les signes $\int$, on peut, si l'on veut, borner ces intégrales à des valeurs très petites de z. Alors, en développant les autres facteurs en séries ordonnées suivant les puissances de z; ces séries seront généralement très convergentes : il n'y aurait d'exception que si r ou $1 - r$ était aussi une très petite fraction; dans tout autre cas, il nous suffira d'en conserver les premiers termes; et en négligeant le carré de z, nous aurons

$$x^m(1-x)^n = r^m(1-r)^n + [mr^{m-1}(1-r)^n - nr^m(1-r)^{n-1}]z$$
$$+\tfrac{1}{2}[m(m-1)r^{m-2}(1-r)^n - 2mnr^{m-1}(1-r)^{n-1} + n(n-1)r^m(1-r)^{n-2}]z^2;$$

d'où l'on déduira la valeur de $x^{m+1}(1-x)^n$, en y mettant $m+1$ au lieu de m.

Je substitue ces valeurs de $x^m(1-x)^n$ et de $x^{m+1}(1-x)^n$ dans l'expression de ϖ'; j'observe que l'on a

$$\int_{-r}^{1-r} Ydz = 1, \quad \int_{-r}^{1-r} Yzdz = 0;$$

et je fais, pour abréger,

$$\int_{-r}^{1-r} Yz^2 dz = h.$$

En négligeant le carré de h, qui ne pourra être qu'une très petite fraction, il vient

$$\varpi' = r + \left(\frac{m}{r} - \frac{n}{1-r}\right) h;$$

ce qui montre que la probabilité ϖ' de l'arrivée de G après les $m+n$ épreuves, est plus petite ou plus grande que la fraction r ou γ, que l'on aurait dû prendre pour la chance de G avant ces épreuves : plus grande, quand $\frac{m}{r}$ surpasse $\frac{n}{1-r}$; plus petite, dans le cas contraire. S'il était certain que r fût la chance de G, et que m et n fussent de grands nombres, G et H seraient très probablement arrivés proportionnellement à leurs chances respectives r et $1-r$, et l'égalité des rapports $\frac{m}{r}$ et $\frac{n}{1-r}$ rendrait la probabilité ϖ' égale à la chance r, comme cela devrait être.

(48). En faisant $m=1$ et $n=0$ dans la valeur précédente de ϖ', il vient

$$\varpi' = r + \frac{h}{r},$$

pour la probabilité que G ayant eu lieu dans une première épreuve, arrivera encore dans la suivante; et comme r était la probabilité de l'arrivée de cet événement à la première épreuve, le produit de r et de ϖ', ou $r^2 + h$, exprimera la probabilité de sa répétition dans les deux épreuves. En y mettant $1-r$ à place de r, on aura $(1-r)^2+h$ pour la probabilité de la répétition de l'événement contraire; et si l'on ajoute cette quantité à r^2+h, il en résultera

$$1 - 2r + 2r^2 + 2h,$$

pour la probabilité de la similitude des résultats dans les deux épreuves.

Si l'on fait $m = 0$ et $n = 1$ dans la valeur de ϖ' du numéro précédent, on aura

$$\varpi' = r - \frac{h}{1 - r},$$

pour la probabilité que G n'ayant pas eu lieu à la première épreuve, ce sera cet événement qui arrivera à la seconde ; le produit $r(1-r) - h$ de cette valeur de ϖ' et de $1 - r$, exprimera donc la probabilité de la succession des deux événements contraires G et H ; et en la doublant, on aura

$$2r - 2r^2 - 2h,$$

pour la probabilité de la dissimilitude des résultats dans les deux épreuves, que l'on déduit aussi de celle de la similitude, en retranchant celle-ci de l'unité.

L'excès de la probabilité de la similitude sur celle de la dissimilitude sera donc

$$(1 - 2r)^2 + 4h;$$

où l'on voit que cet excès se trouve augmenté par la circonstance que r n'est pas précisément la chance de G, et que l'on sait seulement que cette chance s'écarte très peu de r ; de telle sorte que si l'on savait aussi que r fût $\frac{1}{2}$, il y aurait encore de l'avantage à parier un contre un pour la similitude. C'est ce qui a lieu au jeu de *croix* et *pile* où l'on emploie une pièce de monnaie pour la première fois : l'égalité de chance pour les deux faces de cette pièce est physiquement impossible ; mais d'après le mode de sa fabrication, il est très probable que la chance de chaque face s'écarte très peu de $\frac{1}{2}$.

(49). Je vais énoncer dès à présent un théorème dont la démonstration sera donnée dans le chapitre suivant, et qui servira à déterminer, par l'expérience, non pas avec certitude et rigoureusement, la chance d'un événement, mais avec une très grande probabilité, une valeur de cette chance, aussi très approchée.

Soit g la chance connue ou inconnue d'un événement G, c'est-à-dire le rapport du nombre de cas favorables à cet événement et également possibles, au nombre de tous les cas qui peuvent avoir lieu et sont aussi également possibles. Supposons que l'on fasse un nombre μ d'épreuves, pendant lesquelles cette chance propre de G et distincte de sa probabilité (n° 1), demeurera constante. Soit r le rapport du nombre de fois que G arrivera dans cette série d'épreuves, à leur nombre total μ. Tant que μ ne sera pas très considérable, le rapport r variera avec μ, et pourra différer beaucoup de g, en plus ou en moins; mais quand μ sera devenu un grand nombre, la différence $r - g$ diminuera de plus en plus, abstraction faite du signe, à mesure que μ augmentera encore davantage; de telle sorte que si μ pouvait devenir infini, on aurait rigoureusement $r - g = 0$, et qu'en désignant par ε une fraction aussi petite qu'on voudra, on pourra toujours atteindre un nombre μ assez grand pour que la probabilité de $r - g$ moindre que ε, approche autant qu'on voudra de la certitude. Nous donnerons par la suite l'expression de la probabilité de $r - g < \varepsilon$, en fonction de μ et de ε.

Ainsi l'urne A renfermant a boules blanches et b boules noires; si l'on en extrait successivement un très grand nombre μ de boules, en remettant dans A la boule extraite à chaque fois, et si dans ce nombre μ de boules extraites, α est celui des boules blanches et 6 le nombre des boules noires, on aura

$$\frac{\alpha}{\alpha + 6} = \frac{a}{a + b}, \quad \frac{6}{\alpha + 6} = \frac{b}{a + b}, \quad \frac{\alpha}{6} = \frac{a}{b},$$

avec d'autant plus d'exactitude et de probabilité que μ, ou $\alpha + 6$, sera un plus grand nombre. Réciproquement, si le rapport du nombre de boules blanches au nombre de boules noires contenues dans A, est inconnu, et que dans un très grand nombre d'épreuves pendant lesquelles ce rapport n'ait pas varié, il soit sorti de cette urne, α boules blanches et 6 boules noires, on pourra prendre, avec une très grande probabilité, pour les valeurs approchées de ce rapport inconnu et de la chance inconnue de l'extraction d'une boule blanche, les quantités $\frac{\alpha}{6}$ et $\frac{\alpha}{\alpha + 6}$, quel que soit d'ailleurs le nombre de boules contenues dans A. Toutefois, on doit remarquer que si le nombre de boules blanches a que cette urne renferme, est très petit par rapport au au nombre b de boules noires, α sera aussi très petit par rapport à β, et réciproquement; mais le rapport de l'une des fractions $\frac{\alpha}{\beta}$ et $\frac{a}{b}$ à l'autre, pourra différer beaucoup de l'unité, à moins que la série des épreuves n'ait été poussée excessivement loin : quand la chance connue ou inconnue de l'extraction d'une boule blanche est très faible, l'équation approchée $\frac{\alpha}{\beta} = \frac{a}{b}$ signifie seulement que $\frac{\alpha}{\beta}$ et $\frac{a}{b}$ sont l'une et l'autre de très petites fractions.

La règle que l'on vient d'énoncer convient également aux chances de diverses causes, qui s'excluent mutuellement et auxquelles on peut attribuer un événement E, observé un très grand nombre de fois. Si γ est la chance connue ou inconnue de l'une de ces causes C, le rapport $\frac{\gamma}{1-\gamma}$ sera, avec une grande approximation et une grande probabilité, celui du nombre de fois que E est effectivement arrivé en vertu de C, au nombre de fois qu'il aura été produit par toute autre cause; ce qui fera connaître le rapport de ces deux nombres, quand la chance γ sera connue *à priori*, ou la valeur de cette chance, si l'on parvenait à déterminer ce rapport par l'expérience.

L'événement E étant, par exemple, la sortie d'une boule blanche qui a pu être extraite d'une urne A contenant a boules blanches et a' boules noires, ou d'une urne B renfermant b boules blanches et b' boules noires; la chance γ de A, d'avoir été la cause de E ou l'urne d'où l'on a extrait la boule blanche, a pour valeur, d'après la règle du n° 28,

$$\gamma = \frac{a(b+b')}{a(b+b')+b(a+a')},$$

et la chance contraire, ou celle qui se rapporte à B, est de même

$$1-\gamma = \frac{b(a+a')}{a(b+b')+b(a+a')}.$$

Or, si l'on a tiré un très grand nombre μ de boules blanches, de l'une ou de l'autre des deux urnes, en remettant à chaque épreuve, dans l'urne dont elle est sortie, la boule blanche ou noire qui en a été extraite, le rapport du nombre de boules blanches sorties de A à celui des boules blanches extraites de B, s'écartera très probablement fort peu du rapport de γ à $1-\gamma$; de sorte qu'en appelant ρ le premier de ces deux rapports, on pourra prendre

$$\rho = \frac{\gamma}{1-\gamma} = \frac{a(b+b')}{b(a+a')}.$$

Cette valeur de ρ se réduit à $\frac{a}{b}$, lorsque les nombres $a+a'$ et $b+b'$ de boules blanches ou noires, sont égaux dans A et dans B. Dans ce cas, on peut réunir toutes ces boules dans une même urne D (n° 10), sans changer le rapport du nombre de boules blanches provenant de A au nombre de boules blanches provenant de B, qui seront extraites de D : sur une très grande quantité de boules de cette couleur, le premier de ces deux nombres sera donc à très peu près au second, comme a est à b; ainsi qu'on pourrait le vérifier en faisant une marque particulière aux boules provenant de A ou de B, et remettant après chaque tirage dans D, la boule blanche ou noire qui en aura été extraite.

(50). On trouve dans les œuvres de Buffon (*) les résultats numériques d'une expérience sur le jeu de *croix* et *pile*, qui nous fourniront un exemple et une vérification de la règle précédente.

A ce jeu, la chance d'amener l'une ou l'autre des deux faces de la pièce dépend de sa constitution physique qui ne nous est pas bien connue; et quand bien même nous la connaîtrions, ce serait un problème de mécanique que personne ne pourrait résoudre, d'en conclure la chance de *croix* ou de *pile*. C'est donc de l'expérience que la valeur approchée de cette chance doit être déduite pour chaque pièce en particulier; de sorte que si dans un très grand nombre μ d'épreuves, *croix* est arrivée un nombre m de fois, le rapport $\frac{m}{\mu}$ devra être pris pour la chance de *croix*. Ce sera aussi la probabilité ou la raison de croire que cette face arrivera dans une nouvelle épreuve faite avec la même pièce; et, d'après le résultat de cette série d'épreuves, on

(*) *Arithmétique morale*, article XVIII.

pourra parier à jeu égal, m contre $\mu - m$ pour l'arrivée de *croix*. C'est aussi au moyen de cette probabilité $\frac{m}{\mu}$ de l'événement simple que l'on devra calculer les probabilités des événements composés, du moins quand elles ne seront pas très faibles par la nature de ces événements.

Cela étant, supposons que l'on ait fait un très grand nombre m de séries d'épreuves, en continuant chaque série, comme dans l'expérience citée, jusqu'à ce que *croix* ait eu lieu. Soient a_1, a_2, a_3, etc., les nombres de fois que *croix* est arrivée au premier coup, au deuxième, au troisième, etc. Le nombre total μ des coups ou des épreuves, sera

$$\mu = a_1 + 2a_2 + 3a_3 + \text{etc.};$$

le nombre m des arrivées de *croix* sera, en même temps,

$$m = a_1 + a_2 + a_3 + \text{etc.};$$

et si l'on appelle p la chance de cette face, on aura

$$p = \frac{m}{\mu},$$

avec d'autant plus d'approximation et d'exactitude que μ sera un plus grand nombre.

Les probabilités de *croix* au premier coup, au deuxième coup sans avoir eu lieu au premier, au troisième coup sans être arrivée aux deux premiers, etc., seront p, $p(1-p)$, $p(1-p)^2$, etc. Or, les nombres de fois que ces événements ont eu lieu étant par hypothèse a_1, a_2, a_3, etc., dans un nombre m de séries d'épreuves, on devra donc avoir, à très peu près,

$$p = \frac{a_1}{m}, \quad p(1-p) = \frac{a_2}{m}, \quad p(1-p)^2 = \frac{a_3}{m}, \text{ etc.},$$

si ce nombre est très grand, et lorsque ces probabilités ne seront pas devenues de très petites fractions. En divisant chacune de ces équations par la précédente, on en conclut différentes valeurs de $1-p$, et, par suite,

$$p = \frac{a_1}{m}, \quad p = 1 - \frac{a_2}{a_1}, \quad p = 1 - \frac{a_3}{a_2}, \text{ etc.}$$

Ces valeurs de p, ou du moins un certain nombre des premières, différeront d'autant moins entre elles et du rapport $\frac{m}{\mu}$, que m et μ seront de plus grands nombres : pour qu'elles fussent nécessairement égales, il faudrait que ces nombres fussent infinis. En employant pour p, la moyenne de ces fractions très peu inégales, ou bien en faisant usage de la valeur $\frac{m}{\mu}$ de p, résultante de l'ensemble des épreuves, on aura

$$a_1 = mp, \quad a_2 = mp(1 - p), \quad a_3 = mp(1 - p)^2, \text{ etc.}$$

pour les valeurs calculées des nombres a_1, a_2, a_3, etc., qui devront très peu s'écarter des nombres observés, du moins dans les premiers termes de cette progression géométrique décroissante.

Dans l'expérience de Buffon, le nombre m des séries d'épreuves était

$$m = 2048.$$

On peut conclure de la manière dont elle est rapportée par l'auteur, que l'on a eu

$$a_1 = 1061, \quad a_2 = 494, \quad a_3 = 232, \quad a^4 = 137, \quad a_5 = 56,$$
$$a_6 = 29, \quad a_7 = 25, \quad a_8 = 8, \quad a_9 = 6.$$

Les nombres a_{10}, a_{11}, etc., n'ont point eu lieu, c'est-à-dire que le nombre m des séries d'épreuves n'a pas été assez grand pour que *croix* n'arrivât pas dans une ou plusieurs séries. Ce nombre est la somme des valeurs de a_1, a_2, a_3, etc.; on en déduit aussi

$$\mu = 4040,$$

et, par conséquent,

$$p = \frac{m}{\mu} = 0{,}50693.$$

Au moyen de cette valeur de p, on trouve

$$a_1 = 1038,\quad a_2 = 512,\quad a_3 = 252,\quad a_4 = 124,\quad a_5 = 61,$$
$$a_6 = 30,\quad a_7 = 15,\quad a_8 = 7,\quad a_9 = 4,\quad a_{10} = 1,$$

en négligeant les fractions : les nombres suivants a_{11}, a_{12}, etc., seraient au-dessous de l'unité. Or, si l'on compare cette série des valeurs calculées, à celles des nombres a_1, a_2, a_3, etc., qui résultent de l'observation, on voit qu'elles s'écartent peu l'une de l'autre dans leurs premiers termes. Les écarts sont plus grands dans les termes suivants; par exemple, la valeur calculée de a_7 n'est que les trois cinquièmes de la valeur observée; mais ce nombre a_7 répond à un événement dont la probabilité est au-dessous d'un centième. En s'arrêtant aux trois premiers termes de la série des nombres observés, on en déduit

$$p = \frac{a_1}{m} = 0{,}51806,\quad p = 1 - \frac{a_2}{a_1} = 0{,}53441,\quad p = 1 - \frac{a_3}{a_2} = 0{,}53033;$$

quantités qui diffèrent très peu entre elles, et dont la moyenne, ou le tiers de leur somme, est

$$p = 0{,}52760,$$

qui diffère à peine de 0,02, de la valeur $\frac{m}{\mu}$ de p, résultante de l'ensemble des épreuves.

J'ai choisi cette expérience à cause du nom de l'auteur, et parce que l'ouvrage où elle se trouve, la rend authentique. Chacun en peut faire beaucoup d'autres de la même espèce, soit avec une pièce de monnaie, soit avec un *dé* à six faces. Dans ce dernier cas, le nombre de fois que chaque face arrivera, sur un très grand nombre d'épreuves, sera à très peu près un sixième de celui-ci, à moins que le *dé* ne soit faux ou mal construit.

(51). Le théorème sur lequel est fondée la règle précédente est dû à Jacques Bernouilli, qui en avait médité la démonstration pendant vingt années. Celle qu'il a donnée se déduit de la formule du binome au moyen des propositions suivantes.

Soient, à chaque épreuve, p et q les chances données des deux événements contraires E et F; soient aussi g, h, k, des nombres entiers, tels que l'on ait

$$p=\frac{g}{k},\ q=\frac{h}{k},\ g+h=k,\ p+q=1;$$

désignons par m, n, μ, d'autres nombres entiers, liés à g, h, k, par les équations

$$m=gk,\ n=hk,\ \mu=m+n=(g+h)\,k,$$

de manière que les chances p et q soient entre elles comme les nombres m et n, que l'on pourra rendre aussi grands qu'on voudra en augmentant convenablement g, h, k, sans changer leur rapport. Cela posé :

1°. Dans le développement de $(p+q)^\mu$, le terme le plus grand sera celui qui répond au produit $p^m q^n$, et comme ce terme est la probabilité de l'arrivée de m fois E et de n fois F (n° 14), il s'ensuit que cet événement composé, c'est-à-dire, l'arrivée des événements en raison directe de leurs chances respectives, est le plus probable de tous les événements composés qui peuvent avoir lieu dans un nombre quelconque μ d'épreuves.

2°. Si ce nombre μ est très grand, le rapport du plus grand terme du développement de $(p+q)^\mu$ à la somme de tous les termes, ou à l'unité, sera une très petite fraction, qui diminuera indéfiniment à mesure que μ augmentera encore davantage; par conséquent, dans une longue série d'épreuves, l'événement composé le plus probable, le sera cependant très peu, et de moins en moins à mesure que les épreuves seront plus long-temps prolongées.

3°. Mais si l'on considère dans le développement de $(p+q)^\mu$, son plus grand terme, les l termes qui le suivent et les l termes qui le précèdent, et si l'on désigne par λ la somme de ces $2l+1$ termes consécutifs, on pourra toujours, sans changer ni p ni q, prendre μ assez grand pour que la fraction λ diffère de l'unité, d'aussi peu qu'on voudra; et à mesure que μ augmentera encore davantage, λ approchera de plus en plus d'être égal à un. On conclut de là que dans une longue série d'épreuves, il y a toujours une grande probabilité λ que l'événement E arrivera un nombre de fois compris entre les limites $m\pm l$, et F un nombre de fois compris entre $n \mp l$; de telle sorte que sans changer l'intervalle $2l$ des limites de ces deux nombres, on pourra rendre le nombre μ des épreuves assez grand pour que la probabilité λ soit aussi approchante qu'on voudra de la certitude. Si l'on prend les rapports de ces limites au nombre μ des épreuves, que l'on ait égard aux équations précédentes, et qu'on fasse

$$\frac{l}{\mu} = \delta, \quad p \pm \delta = p', \quad q \mp \delta = q',$$

ces rapports seront p' et q'; et comme la fraction δ diminuera indéfiniment à mesure que μ augmentera, il s'ensuit que ces rapports, variables avec μ, approcheront aussi indéfiniment, et avec une très grande probabilité, des chances p et q de E et F; ce qui est l'énoncé du beau théorème de Jacques Bernouilli.

Nous renverrons pour la démonstration de ces propriétés des termes du développement de $(p+q)^\mu$ aux ouvrages où elle est exposée (*). Celle du théorème même, que l'on trouvera dans le chapitre suivant, est fondée sur l'emploi du calcul intégral. En attendant, on ne doit pas perdre de vue que ce théorème suppose essentiellement l'invariabilité des chances des événements simples E et F, pendant toute la durée des épreuves. Or, dans les applications du calcul des probabilités, soit à divers phénomènes physiques, soit à des choses morales, ces chances varient le plus souvent d'une épreuve à une autre, et le plus souvent aussi, d'une manière tout-à-fait irrégulière. Le théorème dont il s'agit ne suffirait donc pas dans ces sortes de questions; mais il existe d'autres propositions plus générales, qui ont lieu quelle que soit la variation des chances successives des événements, et sur lesquelles sont fondées les plus importantes applications de la théorie des probabilités. Elles seront également démontrées dans les chapitres suivants; on en va maintenant donner l'énoncé, et en déduire la *loi des grands nombres*, que l'on a considérée dans le préambule de cet ouvrage,

(*) *Ars conjectandi*; pars quarta. *Traité élémentaire des probabilités* de M. Lacroix; 1re section.

comme un fait général, résultant d'observations de toutes natures.

(52). Dans un très grand nombre μ d'épreuves consécutives, représentons la chance de l'événement E de nature quelconque, par p_1 à la première épreuve, par p_2 à la seconde,... par p_μ à la dernière. Soit aussi p' la moyenne de toutes ces chances, ou leur somme divisée par leur nombre, c'est-à-dire,

$$p' = \frac{1}{\mu}(p_1 + p_2 + p_3 + \ldots + p_\mu);$$

en même temps, la chance moyenne de l'événement contraire F sera la somme des fractions $1 - p_1$, $1 - p_2$,... $1 - p_\mu$, divisée par μ; et en la désignant par q', on aura $p' + q' = 1$. Cela étant, l'une des propositions générales que nous voulons considérer, consiste en ce que si l'on appelle m et n les nombres de fois que E et F arriveront ou sont arrivés pendant la série de ces épreuves, les rapports de m et n au nombre total μ ou $m + n$, seront, à très peu près et avec une très grande probabilité, les valeurs des chances moyennes p' et q', et réciproquement, p' et q' seront les valeurs approchées de $\frac{m}{\mu}$ et $\frac{n}{\mu}$.

Lorsque ces rapports auront été déduits d'une longue série d'épreuves, ils feront donc connaître les chances moyennes p' et q', de même qu'ils déterminent, par la règle du n° 49, les chances mêmes p et q de E et F, quand elles sont constantes. Mais pour que ces valeurs approchées de p' et q' puissent servir, aussi par approximation, à évaluer les nombres de fois que E et F arriveront dans une nouvelle série d'un grand nombre d'épreuves, il faut qu'il soit certain, ou du moins très probable, que les chances moyennes de E et F seront exactement, ou à fort peu près les mêmes, pour cette seconde série, et pour la première. Or, c'est ce qui a lieu effectivement en vertu d'une autre proposition générale dont voici l'énoncé.

Je suppose que par la nature des événements E et F, celui qui arrivera à chaque épreuve puisse être dû à l'une des causes C_1, C_2, C_3,...C_ν, dont ν est le nombre, qui s'excluent mutuellement, et que je regarderai d'abord comme également possibles. Je désigne par c_i la chance que la cause quelconque C_i donnera à l'arrivée de l'événement E; de manière qu'à une épreuve déterminée, à la première, par exemple, la chance de E soit c_1 quand ce sera la cause C_1 qui interviendra, c_2 quand ce sera C_2, etc. S'il n'y avait qu'une seule cause possible, la chance de E serait nécessairement la même à toutes les épreuves; mais dans notre hypothèse, elle sera susceptible, à chaque épreuve, d'un nombre ν de valeurs également probables, et variera, en conséquence, d'une épreuve à une autre. Or, si l'on fait

$$\gamma = \frac{1}{\nu}(c_1 + c_2 + c_3 \ldots + c_\nu),$$

la somme des chances que E aura eu, dans un très grand nombre d'épreuves déjà effectuées, ou que cet événement aura dans une longue série d'épreuves futures, divisée par leur nombre, sera, à très peu près et très probablement, égale à la fraction γ, dont la grandeur est indépendante de ce nombre; par conséquent, la chance moyenne p' de E pourra être regardée comme étant la même dans deux ou plusieurs séries, dont chacune sera composée d'un très grand nombre d'épreuves.

En combinant cette seconde proposition générale avec la première, on en conclut que si m est le nombre de fois que l'événement E arrivera ou est arrivé dans un très grand nombre μ d'épreuves, et m' dans un autre très grand nombre μ', on aura, à très peu près et très probablement,

$$\frac{m}{\mu} = \frac{m'}{\mu'}.$$

Ces deux rapports seraient rigoureusement égaux entre eux, et à la quantité inconnue γ, si les nombres μ et μ' pouvaient être infinis. Lorsque leurs valeurs données par l'observation différeront notablement l'une de l'autre, il y aura lieu de penser que dans l'intervalle des deux séries d'épreuves, quelques-unes des causes C_1, C_2, C_3, etc., auront cessé d'être possibles, et que d'autres le seront devenues; ce qui aura changé les chances c_1, c_2, c_3, etc., et par suite la valeur de γ. Toutefois, ce changement ne sera pas certain, et nous donnerons dans la suite l'expression de sa probabilité, en fonction de la différence observée $\frac{m'}{\mu'} - \frac{m}{\mu}$, et des nombres d'épreuves μ et μ'.

On fera rentrer cette conséquence des deux propositions précédentes, dans le théorème même de Jacques Bernouilli, en observant que dans l'hypothèse sur laquelle la seconde est fondée, la fraction γ est la chance de E, inconnue, mais constante pendant les deux séries d'épreuves. En effet, cet événement peut arriver à chaque épreuve, en vertu de chacune des causes C_1, C_2, C_3, etc., qui ont toute une même probabilité $\frac{1}{\nu}$; la chance de son arrivée en vertu de la cause quelconque C_i, sera le produit $\frac{1}{\nu} c_i$, d'après la règle du n° 5; et d'après celle du n° 10, sa chance complète aura pour valeur la somme des produits $\frac{1}{\nu} c_1$, $\frac{1}{\nu} c_2$, $\frac{1}{\nu} c_3$, etc., égale à la quantité γ.

Pour plus de simplicité, nous avons regardé toutes les causes C_1, C_2, C_3, etc., comme également possibles; mais on peut supposer que chacune d'elles entre une ou plusieurs fois dans leur nombre total ν; ce qui les rendra inégalement probables. On désignera alors par $\nu\gamma_i$ le nombre de fois que la cause quelconque C_i sera répétée dans ce nombre ν; la fraction γ_i exprimera la probabilité de cette cause; et l'expression de γ deviendra

$$\gamma = \gamma_1 c_1 + \gamma_2 c_2 + \gamma_3 c_3 + \ldots + \gamma' c_\nu.$$

On aura, en même temps,

$$\gamma_1 + \gamma_2 + \gamma_3 + \ldots + \gamma_\nu = 1,$$

puisque l'une des causes auxquelles ces probabilités se rapportent, devra avoir lieu certainement à chaque épreuve. Lorsque le nombre des causes possibles sera infini, la probabilité de chacune d'elles deviendra infiniment petite; en représentant, dans ce cas, par x l'une des chances c_1, c_2, c_3, ... c_ν, dont la valeur pourra s'étendre depuis $x = 0$ jusqu'à $x = 1$, et par Ydx, la probabilité de la cause qui donne cette chance quelconque x à l'événement E, on aura, comme dans le n° 45,

$$\gamma = \int_0^1 Yxdx, \quad \int_0^1 Ydx = 1.$$

(53). Supposons actuellement qu'au lieu de deux événements possibles E et F, il y en ait un nombre donné λ, dont un seul devra arriver à chaque épreuve. Ce cas est celui où l'on considère une chose A d'une nature quelconque, susceptible d'un nombre λ de valeurs, connues ou inconnues, que je représenterai par a_1, a_2, a_3, ... a_λ, et parmi lesquelles une seule devra avoir lieu à chaque épreuve, de sorte que celle qui sera arrivée ou qui arrivera sera, dans cette question, l'événement observé ou l'événement futur. Soit aussi $c_{i,i'}$ la chance que la cause C_i, si elle était certaine, donnerait à la valeur $a_{i'}$ de A. Les valeurs de $c_{i,i'}$, relatives aux divers indices i et i', depuis $i=1$ jusqu'à $i=\nu$ et depuis $i'=1$ jusqu'à $i'=\lambda$, seront connues ou inconnues; mais pour chaque indice i', on devra avoir

$$c_{i,1}+c_{i,2}+c_{i,3}+\ldots+c_{i,\lambda}=1;$$

car si la cause C_i était certaine, l'une des valeurs a_1, a_2, a_3, ... a_λ, arriverait certainement en vertu de cette cause. Désignons, en outre, par $\alpha_{i'}$, la somme des chances de $a_{i'}$, qui auront ou qui ont eu lieu dans un très grand nombre μ d'épreuves consécutives, divisée par ce nombre, c'est-à-dire, la chance moyenne de cette valeur $a_{i'}$ de A, dans cette série d'expériences. En considérant $a_{i'}$ comme un événement E, et l'ensemble des $\lambda-1$ autres valeurs de A comme l'événement contraire F, on pourra prendre, d'après la seconde proposition générale du numéro précédent,

$$\alpha_{i'}=\gamma_1 c_{1,i'}+\gamma_2 c_{2,i'}+\gamma_3 c_{3,i'}+\ldots+\gamma_\nu c_{\nu,i'};$$

γ_1, γ_2, γ_3, ... γ_ν, étant toujours les probabilités des diverses causes qui peuvent amener les événements pendant la série d'épreuves, ou autrement dit, qui peuvent produire les valeurs de A que l'on a observées ou que l'on observera. Cela posé, la troisième proposition générale qui nous reste à faire connaître, consiste en ce que la somme de ces μ valeurs de A, divisée par leur nombre, ou la valeur moyenne de cette chose, différera très probablement fort peu de la somme de toutes ses valeurs possibles, multipliées respectivement par leurs chances moyennes. Ainsi, en appelant s la somme des valeurs effectives de A, on aura, à très peu près et avec une grande probabilité,

$$\frac{s}{\mu}=a_1\alpha_1+a_2\alpha_2+a_3\alpha_3+\ldots+a_\lambda\alpha_\lambda;$$

de telle sorte que si l'on désigne par δ une fraction aussi petite que l'on voudra, on pourra toujours supposer le nombre μ assez grand pour rendre aussi peu différente que l'on voudra de l'unité, la probabilité que la différence des deux membres de cette équation sera moindre que δ. Observons de plus que d'après l'expression précédente de $\alpha_{\prime\prime}$, et les valeurs de α_1, α_2, α_3, etc., qui s'en déduisent, le second membre est indépendant de μ; quand ce nombre est très grand, la somme s lui est donc sensiblement proportionnelle; par conséquent, si l'on représente par s' la somme des valeurs de A dans une autre série d'un très grand nombre μ' d'épreuves, la différence des rapports $\frac{s}{\mu}$ et $\frac{s'}{\mu'}$ sera très probablement fort petite; et en la négligeant, on aura

$$\frac{s}{\mu}=\frac{s'}{\mu'}.$$

Dans la plupart des questions, le nombre λ des valeurs possibles de A est infini; elles croissent par degrés infiniment petits, et sont comprises entre des limites données; et la probabilité que la cause quelconque C_i donne à chacune de ces valeurs devient, par conséquent, infiniment petite. En représentant ces limites par l et l', et par $Z_i dz$ la chance que donnera C_i à une valeur quelconque z, qui pourra s'étendre depuis $z=l$ jusqu'à $z=l'$, on aura

$$\int_l^{l'} Z_i dz = 1;$$

la chance totale de cette valeur z, ou à très peu près sa chance moyenne pendant la série des épreuves, sera Zdz, en faisant, pour abréger,

$$\gamma_1 Z_1 + \gamma_2 Z_2 + \gamma_3 Z_3 + \ldots + \gamma_\nu Z_\nu = Z;$$

et il en résultera

$$\frac{s}{\mu}=\int_l^{l'} Zzdz.$$

La quantité Z sera une fonction connue ou inconnue de z: mais la somme des fractions γ_1, γ_2, γ_3, etc., étant l'unité, ainsi que chacune des intégrales $\int_l^{l'} Z_1 dz$, $\int_l^{l'} Z_2 dz$, $\int_l^{l'} Z_3 dz$, etc., on aura toujours

$$\int_l^{l'} Zdz = 1,$$

soit qu'il n'y ait qu'un nombre limité ν de causes possibles, soit qu'il y en ait un nombre illimité, ou qu'on ait $\nu = \infty$.

(54). Maintenant, la loi des grands nombre réside dans ces deux équations

$$\frac{m}{\mu} = \frac{m'}{\mu'}, \quad \frac{s}{\mu} = \frac{s'}{\mu'},$$

applicables à tous les cas d'éventualité des choses physiques et des choses morales. Elle a deux significations différentes dont chacune répond à l'une de ces équations, et qui se vérifient constamment l'une et l'autre, comme on a pu le voir par les exemples variés que j'ai cités dans le préambule de cet ouvrage. Ces exemples de toute espèce ne pouvaient laisser aucun doute sur sa généralité et son exactitude; mais il était bon, à cause de l'importance de cette loi, qu'elle fût démontrée *à priori;* car elle est la base nécessaire des applications du calcul des probabilités, qui nous intéressent le plus; et d'ailleurs sa démonstration, fondée sur les propositions des deux numéros précédents, a l'avantage de nous faire connaître la raison même de son existence.

En vertu de la première équation, le nombre m de fois qu'un événement E, de nature quelconque, a lieu dans un très grand nombre μ d'épreuves, peut être regardé comme proportionnel à μ. Pour chaque nature de chose, le rapport $\frac{m}{\mu}$ a une valeur spéciale γ, qu'il atteindrait rigoureusement, si μ pouvait devenir infini; et la théorie nous montre que cette valeur est la somme des chances possibles de E à chaque épreuve, multipliées respectivement par les probabilités des causes qui leur correspondent. Ce qui caractérise l'ensemble de ces causes, c'est la relation qui existe pour chacune d'elles entre sa probabilité et la chance qu'elle donnerait, si elle était certaine, à l'arrivée de E. Tant que cette loi de probabilité ne change pas, nous observons la permanence du rapport $\frac{m}{\mu}$, dans diverses séries composées d'un grand nombre d'épreuves; si, au contraire, entre deux séries d'épreuves, cette loi a changé, et qu'il en soit résulté dans la chance moyenne γ, un changement notable, nous en serons avertis par un changement semblable dans la valeur de $\frac{m}{\mu}$: lorsque, dans l'intervalle de deux séries d'observations, des circonstances quelconques auront rendu plus probables les causes, physiques ou morales, qui donnent les plus grandes chances à l'arrivée de E, il en résultera une augmentation de la valeur de γ dans cet intervalle, et le rapport $\frac{m}{\mu}$ se trouvera plus grand dans la seconde série qu'il n'était dans la première; le contraire arrivera, quand les circonstances auront augmenté les probabilités des causes qui donnent les moindres chances à l'arrivée de E. Par la nature de cet événement, si toutes ses causes possibles sont également probables, on aura $Y = 1$ et $\gamma = \frac{1}{2}$; et très probablement, le nombre de fois que E arrivera dans une longue série d'épreuves s'écartera très peu de la moitié de leur nombre. De même, si les causes de E ont des probabilités proportionnelles aux chances que ces causes donnent à son arrivée, et que leur nombre soit encore infini, on aura $Y = ax$; pour que l'intégrale $\int_0^1 Ydx$ soit l'unité, il faudra que l'on ait $a = 2$; il en résultera donc $\gamma = \frac{2}{3}$; par conséquent dans une longue série d'épreuves, il y aura une probabilité très approchante de la certitude, que le nombre des arrivées de E sera à très peu près double de celui des arrivées de l'événement contraire. Mais dans la plupart des questions, la loi de probabilité des causes nous est inconnue, la chance moyenne γ ne peut être calculée *à priori*, et c'est l'expérience qui en donne la valeur approchée et très probable, en prolongeant la série des épreuves assez loin pour que le rapport $\frac{m}{\mu}$ devienne sensiblement invariable, et prenant alors ce rapport pour cette valeur.

L'invariabilité presque parfaite de ce rapport $\frac{m}{\mu}$ pour chaque nature d'événements, est un fait bien digne de remarque, si l'on considère toutes les variations des chances pendant une longue séries d'épreuves. On serait tenté de l'attribuer à l'intervention d'une puissance occulte, distincte des causes physiques ou morales des événements, et agissant dans quelque vue d'ordre et de conservation; mais la théorie nous montre que cette permanence a lieu nécessairement tant que la loi de probabilité des causes, relative à chaque espèce d'événements, ne vient point à changer; en sorte qu'on doit la regarder, dans chaque cas, comme étant l'état naturel des choses, qui subsiste de lui-même sans le secours d'aucune cause étrangère, et aurait, au contraire, besoin d'une pareille cause pour éprouver un notable changement. On peut le comparer à l'état de repos des corps, qui subsiste en vertu de la seule inertie de la matière tant qu'aucune cause étrangère ne vient le troubler.

(55). Avant de considérer la seconde des deux équations précédentes, il est bon de donner quelques exemples relatifs à la première, et propres à éclairer la question.

Supposons qu'on ait un nombre ν d'urnes C_1, C_2, C_3, ... C_ν, contenant des boules blanches et des boules noires. Désignons par c_n, la chance d'amener une boule blanche en tirant dans l'urne quelconque C_n; laquelle chance pourra être la même pour plusieurs de ces urnes. On prend au hasard une de ces urnes que l'on remplace par une urne semblable; on en prend ensuite une seconde, aussi au hasard et que l'on remplace également par une semblable; puis une troisième que l'on remplace de même; et ainsi de suite, de manière que l'ensemble des urnes C_1, C_2, C_3, etc., demeure toujours le même. On forme ainsi une série d'urnes B_1, B_2, B_3, etc., indéfiniment prolongée, qui ne renferme que les urnes données C_1, C_2, C_3, etc., plus ou moins répétées. Désignons la chance d'extraire une boule blanche de B_1 par b_1, de B_2 par b_2, de B_3 par b_3, etc., de sorte que la série indéfinie b_1, b_2, b_3, etc., ne contienne aussi que les chances données c_1, c_2, c_3, etc., qui pourront y être répétées. Cela étant, on tire une boule de B_1, une de B_2, une de B_3, etc., jusqu'à l'urne B_μ inclusivement. En appelant $\mathfrak{C}$ la chance moyenne de l'extraction d'une boule blanche dans ces m tirages successifs, on aura

$$\mathfrak{C} = \frac{1}{\mu}(b_1 + b_2 + b_3 + \ldots + b_\mu).$$

Or, les urnes C_1, C_2, C_3, etc., représentent les ν seules causes possibles de l'arrivée d'une boule blanche à chaque épreuve; par conséquent, si μ est un très grand nombre, que l'on fasse, comme plus haut,

$$\gamma = \frac{1}{\nu}(c_1 + c_2 + c_3 + \ldots + c_\nu),$$

et que l'on désigne par m le nombre de boules blanches qui seront extraites, on aura, d'après ce qui précède,

$$\frac{m}{\mu} = \varepsilon; \quad \varepsilon = \gamma, \quad m = \mu\gamma,$$

à très peu près et avec une grande probabilité. Ainsi le nombre m ne changera pas sensiblement si l'on répète les tirages sur les mêmes urnes B_1, B_2, B_3, ... B_μ, ou sur un nombre μ d'autres urnes consécutives, et si on les effectue sur un autre très grand nombre μ' d'urnes, le nombre de boules blanches qui arriveront aura $\frac{\mu' m}{\mu}$ pour valeur approchée et très probable.

Si l'on extrait μ fois de suite au hasard, une boule de l'ensemble des urnes C_1, C_2, C_3, etc., en remettant à chaque fois la boule extraite dans l'urne dont elle est sortie, la chance d'extraire une boule blanche sera la même à toutes les épreuves, et égale à γ d'après la règle du nº 10; lorsque leur nombre sera très grand, celui des boules blanches que l'on amènera sera donc, en vertu de la règle du nº 49, à très peu près et très probablement égal au produit $\mu\gamma$, comme dans la question précédente; mais ces deux questions sont essentiellement distinctes; et les deux résultats ne coïncident que dans le cas où μ est un très grand nombre. Quand il ne l'est pas, la chance d'amener un nombre donné m de boules blanches dépend, dans la première question, non-seulement du système des urnes données C_1, C_2, C_3, etc., mais aussi du système des urnes B_1, B_2, B_3, etc., que l'on en a déduit au hasard. Je réduis, par exemple, les urnes données à trois C_1, C_2, C_3, et je prends $\mu = 2$ et $m = 1$, de sorte qu'il s'agisse de savoir quelle est la chance de tirer une boule blanche de l'une des deux urnes B_1 et B_2, et une boule noire de l'autre. Relativement à ces deux urnes, il peut arriver neuf combinaisons différentes que j'indiquerai de cette manière :

$$B_1 = B_2 = C_1, \quad B_1 = B_2 = C_2, \quad B_1 = B_2 = C_3,$$
$$B_1 = C_1 \text{ et } B_2 = C_2, \quad B_1 = C_1 \text{ et } B_2 = C_3, \quad B_1 = C_2 \text{ et } B_2 = C_3,$$
$$B_1 = C_2 \text{ et } B_2 = C_1, \quad B_1 = C_3 \text{ et } B_2 = C_1, \quad B_1 = C_3 \text{ et } B_2 = C_2.$$

Pour chacune de ces neuf combinaisons, la chance demandée aura une valeur déterminée; ses neuf valeurs possibles selon la combinaison qui aura eu lieu, seront

$$2c_1(1-c_1),\quad 2c_2(1-c_2),\quad 2c_3(1-c_3),$$

pour les trois premières;

$$c_1(1-c_2)+c_2(1-c_1),\quad c_1(1-c_3)+c_3(1-c_1),\quad c_2(1-c_3)+c_3(1-c_2),$$

pour les trois intermédiaires; et les mêmes que celles-ci, pour les trois dernières. Il est aisé de voir que la valeur moyenne de ces neuf chances, ou leur somme divisée par neuf, doit être la chance d'amener une blanche et une noire, en tirant une première fois au hasard dans le groupe des trois urnes C_1, C_2, C_3, puis une seconde fois après avoir remis la première boule extraite dans l'urne d'où elle serait sortie. Et, en effet, cette chance serait le double du produit de $\frac{1}{3}(c_1+c_2+c_3)$ et de $1-\frac{1}{3}(c_1+c_2+c_3)$; quantité égale au neuvième de la somme des neuf chances précédentes.

Avant que le système des urnes B_1, B_2, B_3, etc., soit formé et déduit du système des urnes données, nous n'aurions aucune raison de croire que la $n^{ième}$ urne B_n sera plutôt l'une que l'autre des urnes C_1, C_2, C_3, etc.; pour nous, la probabilité de l'extraction d'une boule blanche au $n^{ième}$ tirage serait donc la somme des chances c_1, c_2, c_3, etc., divisée par leur nombre, c'est-à-dire la quantité γ; mais quoique elle soit la même pour tous les tirages, et que leur nombre μ fût aussi grand qu'on voudra, nous ne serions pas autorisés à en conclure, en vertu de la seule règle du nº 49, que le nombre m des extractions de boules blanches, des urnes B_1, B_2, B_3, etc., devra s'écarter très probablement fort peu du produit $\mu\gamma$; car on ne doit pas perdre de vue que cette règle est fondée sur la chance propre de l'événement que l'on considère, et non sur sa probabilité, ou la raison que nous pouvons avoir de croire qu'il arrivera.

(56). Pour second exemple, je suppose que l'on ait un très grand nombre de pièces de cinq francs, que j'appellerai A_1, A_2, A_3, etc., et dont chacune présentera une de ses deux faces, en retombant à terre après avoir été projetée en l'air. Relativement à la pièce quelconque A_i, je désignerai par a_i la chance de l'arrivée de *tête*, qui dépendra de la constitution physique de cette pièce. La valeur de a_i sera inconnue *à priori;* on la déterminera par l'expérience en projetant A_i un très grand nombre de fois m; et comme cette chance demeurera constante pendant cette série d'épreuves, si *tête* arrive un nombre n_i de fois, on pourra prendre, par la règle du n° 49,

$$a_i = \frac{n_i}{m},$$

pour sa valeur approchée et très probable. On s'en servira ensuite pour calculer les probabilités des divers événements futurs, relatifs à la projection de la même pièce A_i : on pourra parier à jeu égal, m contre $m - n_i$ que *tête* arrivera dans une nouvelle épreuve, m^2 contre $m^2 - n_i^2$ qu'il arrivera deux fois dans deux épreuves successives, $2n_i(m - n_i)$ contre $m^2 - 2n_i(m - n_i)$ que *tête* aura lieu une fois seulement dans ces deux épreuves, etc. Dans une nouvelle série d'un très grand nombre m' d'épreuves, le nombre de fois n_i' que *tête* arrivera, aura, à très peu près et avec une grande probabilité, le produit $m'a_i$ pour valeur, toujours d'après la règle du n° 49; les deux rapports $\frac{n_i}{m}$ et $\frac{n_i'}{m'}$, devront donc s'écarter très peu l'un de l'autre; mais, toutefois à raison de ce que cette valeur de a_i donnée par l'expérience, est seulement très probable et non pas certaine, la probabilité du peu de différence de ces deux rapports ne sera pas si grande, comme on le verra par la suite, que si la valeur de cette chance a_i était certaine et donnée *à priori*.

Au lieu de projeter la même pièce un très grand nombre de fois, supposons que l'on emploie successivement un très grand nombre μ de pièces de cinq francs, prises au hasard parmi celles qui proviennent d'un même mode de fabrication, et soit n le nombre de fois que *tête* arrivera. Appelons α la chance moyenne de l'arrivée de *tête*, non pas seulement pour toutes les pièces dont on aura fait usage, mais pour toutes les pièces de la même espèce et provenant de la même fabrication. En vertu des deux propositons générales du n° 52, nous aurons, à très peu près et très probablement,

$$\alpha = \frac{n}{\mu},$$

comme si les chances inconnues a_1, a_2, a_3, etc., étaient toutes égales entre elles.

Selon que l'on trouvera $\frac{n}{\mu} > \frac{1}{2}$ ou $\frac{n}{\mu} < \frac{1}{2}$, on en conclura que dans les pièces de cinq francs de cette fabrication, la chance de l'arrivée de *tête* est généralement plus grande ou moindre que celle de l'arrivée de la face opposée. A l'égard d'une pièce A_i en particulier, la chance a_i étant différente de α, il pourra arriver que l'on ait $\frac{n_i}{m} < \frac{1}{2}$ en même temps que $\frac{n}{\mu} > \frac{1}{2}$, ou bien $\frac{n_i}{m} < \frac{1}{2}$ en même temps que $\frac{n}{\mu} > \frac{1}{2}$.

Si l'on projette de nouveau les mêmes pièces de cinq francs, ou, plus généralement, un très grand nombre μ' d'autres pièces de la même espèce, provenant de la même fabrication, et à la même effigie, la quantité α, telle qu'elle a été définie, ne changera pas; par conséquent, n' étant le nombre de fois que *tête* arrivera dans cette nouvelle série d'épreuves, on devra avoir

$$\frac{n'}{\mu'} = \frac{n}{\mu},$$

de même que l'on a

$$\frac{n_i}{m} = \frac{n'_i}{m'},$$

pour une même pièce A_i dans deux séries d'épreuves différentes. Mais ces rapports $\frac{n}{\mu}$ et $\frac{n'}{\mu'}$, seront inégaux en général, lorsque les pièces employées dans les deux séries d'épreuves ne seront pas d'une même espèce, ou proviendront d'une fabrication différente, de même que le rapport $\frac{n_i}{m}$ varie d'une pièce A_i à une autre.

(57). Quoique les chances constantes et les chances moyennes des événements se déterminent de la même manière et avec la même probabilité par l'expérience, il y a cependant des différences essentielles dans les usages que l'on en peut faire. La chance moyenne comme la chance constante fait connaître immédiatement la probabilité de l'arrivée, dans une nouvelle épreuve isolée, de l'événement que l'on considère; mais il n'en est pas toujours de même, quand il s'agit de l'arrivée d'un événement composé de celui-là.

Je prends pour exemple la similitude des résultats dans deux projections successives d'une pièce de cinq francs. Il y aura alors deux cas différents à examiner. On pourra supposer que ce couple d'épreuves aura lieu avec deux pièces, différentes ou non, prises au hasard parmi toutes les pièces A_1, A_2, A_3, etc., d'une même fabrication et dont je désignerai par λ le nombre total, ou bien avec une même pièce prise également au hasard; dans le premier cas, la probabilité de la similitude ne dépendra que de la quantité α du numéro précédent, et sera la même que s'il s'agissait de chances constantes; dans le second cas, elle dépendra, en outre, d'une autre quantité inconnue, par laquelle elle différera de sa valeur relative à des chances invariables.

Pour le faire voir, j'observe que relativement à deux pièces quelconques A_i et $A_{i'}$, la probabilité de la similitude des résultats dans deux épreuves consécutives, a pour valeur

$$a_i a_{i'} + (1 - a_i)(1 - a_{i'}).$$

Dans le premier des deux cas que nous voulons considérer, chacune des pièces A_1, A_2, A_3, etc., pouvant être combinée avec elle-même et avec toutes les autres, le nombre de ces combinaisons également possibles sera le carré de λ, et en désignant par s la probabilité complète de la similitude, nous aurons, d'après la règle du n° 10,

$$s = \frac{1}{\lambda^2}\left[\Sigma a_i \Sigma a_{i'} + \Sigma(1 - a_i)\Sigma(1 - a_{i'})\right];$$

les sommes Σ s'étendent depuis $i=1$ et $i'=1$ jusqu'à $i=\lambda$ et $i'=\lambda$. Je fais

$$\alpha = \tfrac{1}{2}(1 + k), \quad a_i = \tfrac{1}{2}(1 + k + \delta_i), \quad a_{i'} = \tfrac{1}{2}(1+k+\delta_{i'});$$

k, δ_i, $\delta_{i'}$, $k+\delta_i$, $k+\delta_{i'}$, désignant des fractions positives ou négatives, dont la première se déduira du rapport $\frac{n}{\mu}$ du numéro précédent, donné par l'observation, et les autres varieront d'une pièce à une autre, de telle sorte que l'on ait

$$\Sigma\delta_i = 0, \qquad \Sigma\delta_{i'} = 0.$$

On aura, en même temps,

$$1 - a_i = \tfrac{1}{2}(1 - k - \delta_i), \quad 1 - a_{i'} = \tfrac{1}{2}(1 - k - \delta_{i'});$$

au moyen des équations précédentes, les sommes Σ qui entrent dans l'expression de s se réduiront à

$$\Sigma a_i = \tfrac{1}{2}\lambda(1 + k), \quad \Sigma a_{i'} = \tfrac{1}{2}\lambda(1 + k);$$
$$\Sigma(1 - a_i) = \tfrac{1}{2}\lambda(1 - k), \quad \Sigma(1 - a_{i'}) = \tfrac{1}{2}\lambda(1 - k);$$

et il en résultera

$$s = \tfrac{1}{2}(1 + k^2);$$

quantité qui ne dépend que de k, ou de la chance moyenne α de l'arrivée de *tête*, et nullement des inégalités de chances δ_1, δ_2, δ_3, etc.

Si l'on répète la projection de deux pièces prises au hasard, un très grand nombre a de fois, s sera aussi la chance moyenne de la similitude dans cette série d'épreuves doubles; en désignant par b le nombre de fois que la similitude arrivera, on aura donc approximativement, d'après le n° 52,

$$b = as;$$

ce qu'on pourra vérifier par l'expérience.

Dans le second cas, où chaque couple d'épreuves doit être fait avec une même pièce, la probabilité de la similitude relativement à la pièce quelconque A_i, aura pour expression

$$a_i^2 + (1 - a_i)^2;$$

et si l'on appelle s' la probabilité complète de la similitude, on en conclura

$$s' = \frac{1}{\lambda}\Sigma a_i^2 + \frac{1}{\lambda}\Sigma(1 - a_i)^2;$$

équation qui se réduit à

$$s' = \tfrac{1}{2}(1 + k^2 + h^2),$$

en ayant égard à l'expression de a_i, et faisant, pour abréger,

$$\frac{1}{\lambda}\Sigma\delta_i^2 = h^2.$$

Or, on voit que cette probabilité s' surpasse la probabilité s qui avait lieu dans le premier cas, et qu'elle dépend d'une nouvelle inconnue h, dépendante elle-même des inégalités δ_1, δ_2, δ_3, etc.

Si l'on répète un très grand nombre de fois a', la projection deux fois de suite d'une même pièce prise au hasard, s' exprimera la probabilité de la similitude dans cette série d'épreuves doubles; en représentant par b' le nombre de fois que la similitude arrivera, nous aurons donc à très peu près,

$$b' = a's';$$

ce qui servira à déterminer la valeur de h, celle de k étant déjà connue.

(58). Je ferai remarquer que si l'on projette trois fois de suite une même pièce prise au hasard parmi A_1, A_2, A_3, etc., la probabilité de la similitude des trois résultats s'exprimera au moyen de la probabilité précédente s', et sera connue, par conséquent, sans recourir à de nouvelles expériences. En effet, relativement à la pièce quelconque A_i, cette probabilité sera

$$a_i^3 + (1 - a_i)^3;$$

en appelant s'' sa valeur complète, on aura donc

$$s'' = \frac{1}{\lambda}\Sigma a_i^3 + \frac{1}{\lambda}\Sigma(1 - a_i)^3;$$

et d'après les notations précédentes, il en résultera

$$s'' = \tfrac{1}{4}[1 + 3(k^2 + h^2)],$$

ou, ce qui est la même chose,

$$s'' = \frac{1}{2}(3s' - 1).$$

Cette quantité s'' sera aussi la chance moyenne de la similitude dans une très longue série de triples épreuves; si donc on désigne par a'' leur nombre, et par b'' le nombre de fois que la similitude arrivera, nous aurons

$$b'' = a''s''.$$

En mettant $\frac{b'}{a'}$ et $\frac{b''}{a''}$ au lieu de s' et s'' dans l'équation précédente, on en déduira cette relation

$$a'a'' = 3b'a'' - 2b''a',$$

entre les nombres a', a'', b', b'', qui sera d'autant plus approchée et d'autant plus probable qu'ils seront plus grands.

Puisqu'elle est indépendante de la loi des quantités a_1, a_2, a_3, etc., elle subsistera également quand elles seront toutes les mêmes, c'est-à-dire, lorsqu'au lieu de changer de pièce à chaque épreuve double et à chaque épreuve triple, on emploiera toujours la même; par conséquent, si l'on projette une même pièce un très grand nombre de fois que je représenterai par $6c$; que l'on partage cette série d'épreuves simples, en épreuves doubles composées de la première épreuve simple et de la seconde, de la troisième et de la quatrième, et ainsi de suite; qu'on la divise aussi en épreuves triples, composées de la première, la deuxième, la troisième, épreuves simples, de la quatrième, la cinquième, la sixième, et ainsi de suite; et qu'on applique l'équation précédente à ces deux séries d'épreuves doubles et triples, on aura

$$a' = 3c, \qquad a'' = 2c,$$

ce qui réduira cette équation à celle-ci

$$c = b' - b'',$$

qui signifie que le nombre des similitudes doubles moins celui des similitudes triples, sera égal au sixième du nombre total des épreuves simples.

On obtiendrait des relations analogues entre les nombres de ces similitudes et de celles qui seraient composées de plus de deux ou trois épreuves simples.

(59). Ces considérations s'appliquent immédiatement aux naissances masculines et féminines; il suffit, pour cela, de remplacer les pièces A_1, A_2, A_3, etc., par autant de mariages différents, et de prendre pour a_i, la chance de la naissance d'un garçon dans le mariage quelconque désigné par A_i.

En France, le nombre des naissances des deux sexes s'élève annuellement à près d'un million; et dans ce nombre total, l'observation montre que le rapport des naissances masculines aux naissances féminines excède l'unité d'environ un quinzième : pendant les dix années écoulées depuis 1817 jusqu'à 1826, sa valeur moyenne a été de 1,0656, dont ses valeurs extrêmes se sont à peine écartées d'un demi-centième, en plus ou en moins. C'est sur les observations de cet intervalle de temps que sont fondés les résultats de mon mémoire sur la *proportion des naissances des deux sexes* (*). De 1817 à 1833 inclusivement, le rapport moyen a été 1,0619; ce qui ne diffère pas non plus d'un demi-centième de sa valeur pendant les dix premières de ces dix-sept années.

La cause de la prépondérance des naissances masculines nous est inconnue; il y a lieu de croire qu'elle varie beaucoup d'un mariage à un autre, et que les chances a_1, a_2, a_3, etc., sont très inégales, de telle sorte que beaucoup d'entre elles s'abaissent, sans doute, au-dessous de $\frac{1}{2}$. Cependant, comme on voit, la proportion des naissances annuelles des deux sexes a très peu varié pendant une période de dix-sept ans; ce qui présente une vérification remarquable de la *loi des grands nombres*.

En prenant $\frac{16}{31}$ pour le rapport d'un grand nombre de naissances masculines au nombre correspondant des naissances des deux sexes, ce rapport sera aussi la chance moyenne de la naissance d'un garçon, et l'on aura $\frac{1}{31}$ pour la valeur de la quantité k du nº 57. Nous ignorons si la chance d'une naissance masculine restera la même à chaque enfant qui naîtra d'un même mariage, ou bien si elle variera, par exemple, comme

(*) *Mémoires de l'Académie des Sciences*, tome IX.

elle variera d'un mariage à un autre. Dans le second cas, la chance moyenne de la similitude du sexe des deux premiers nés sera $\frac{1}{2}(1+k^2)$, et n'excédera $\frac{1}{2}$ que d'à peu près un demi-millième. Par conséquent, le nombre de fois que cette similitude aura lieu, dans un très grand nombre de couples de premiers nés, surpassera d'un demi-millième la moitié de celui-ci. Dans le premier cas, le premier de ces deux nombres pourra surpasser de beaucoup plus la moitié du second, à raison de la quantité inconnue h que renfermera alors l'expression $\frac{1}{2}(1+k^2+h^2)$ de la chance moyenne de la similitude. La relation du numéro précédent aura toujours lieu entre les nombres des similitudes de sexe des deux premiers-nés et des trois premiers-nés, observées dans un très grand nombre de mariages.

(60). En vertu de la seconde équation du n° 54, si A est une chose quelconque, qui soit susceptible de différentes valeurs à chaque épreuve, la somme de ses valeurs que l'on observera dans une longue série d'épreuves, sera à très peu près et très probablement, proportionnelle à leur nombre. Le rapport de cette somme à ce nombre, pour une chose déterminée A, convergera indéfiniment, à mesure que ce nombre augmentera encore davantage, vers une valeur spéciale qu'il atteindrait si ce nombre pouvait devenir infini, et qui dépend de la loi de probabilité des diverses valeurs possibles de A. On fera sur ce rapport des remarques semblables à celles que nous avons faites dans le n° 54, en considérant la première équation de ce numéro.

La seconde équation, ou plutôt celle-ci

$$\frac{s}{\mu}=\int_{l}^{l'} Zzdz,$$

donnera lieu comme la première, à de nombreuses et utiles applications.

Je suppose, par exemple, que α soit un angle que l'on veut mesurer. Cet angle existe; sa grandeur est unique et déterminée; mais l'angle que l'on mesure à chaque opération, est une chose susceptible d'un nombre infini de valeurs différentes, à raison des erreurs inévitables et variables des observations. Je prends cet angle, qui sera mesuré successivement un grand nombre de fois, pour la chose A, de sorte que Zdz exprime la chance d'une valeur quelconque z de A, résultante de la construction de l'instrument et de l'adresse de l'observateur. Soit k

l'abscisse du centre de gravité de l'aire d'une courbe plane, dont z et Z sont l'abscisse et l'ordonnée, et qui s'étend depuis $z = l$ jusqu'à $z = l'$, en désignant, comme dans le n° 53, par l et l' les limites des valeurs possibles de A. Faisons

$$z = k + x, \qquad l = k + h, \qquad l' = k + h';$$

et représentons par X ce que Z devient quand on y met $k + x$ au lieu de z; nous aurons

$$\int_l^{l'} \mathrm{Z}dz = \int_h^{h'} \mathrm{X}dx = 1, \quad \int_h^{h'} \mathrm{X}xdx = 0,$$

et par conséquent, à très peu près,

$$\frac{s}{\mu} = k,$$

en vertu de l'équation citée, dans laquelle s est la somme des valeurs de A que l'on obtiendra dans un grand nombre μ d'épreuves. C'est donc vers la constante k que sa valeur moyenne $\frac{s}{\mu}$ convergera de plus en plus, à mesure que μ augmentera davantage; mais lors même que ce rapport sera devenu sensiblement constant, c'est-à-dire, lorsqu'il sera sensiblement le même dans plusieurs séries d'autres grands nombres de mesures, il pourra quelquefois arriver que cette moyenne diffère beaucoup de l'angle α qu'on veut déterminer : elle sera toujours la valeur approchée de la constante γ qui peut ne point coïncider avec cet angle.

En effet, soit

$$z = \alpha + u, \qquad l = \alpha + g, \qquad l' = \alpha + g';$$

appelons U ce que devient Z quand on y met $\alpha + u$ au lieu de z; nous aurons

$$\int_l^{l'} \mathrm{Z}dz = \int_g^{g'} \mathrm{U}du = 1, \quad k = \alpha + \int_g^{g'} \mathrm{U}udu.$$

La différence u, entre l'angle α et une valeur possible z de l'angle mesuré A, est l'une des erreurs possibles de l'instrument et de l'observateur; elle peut être positive ou négative, et s'étendre depuis $u=g$ jusqu'à $u=g'$; sa probabilité infiniment petite est Udu. Or, s'il n'y a dans la construction de l'instrument aucune cause qui donne aux erreurs positives de plus grandes chances qu'aux erreurs négatives, ou réciproquement, et qu'il en soit de même pour la manière d'opérer de l'observateur, les limites g et g' seront égales et de signes contraires, la fonction U sera égale pour des valeurs de la variable u égales et de signes contraires, et il en résultera

$$\int_g^{g'} \mathrm{U}udu = 0, \qquad k = \alpha.$$

Dans ce cas, qui est le plus commun, le rapport $\frac{s}{\mu}$ sera donc la valeur approchée de α. Mais, si l'instrument par sa construction, ou l'observateur par sa manière de *viser*, donne quelque prépondérance, soit aux chances des erreurs positives, soit à celles des erreurs négatives, l'intégrale précédente ne sera plus nulle, les constantes α et k différeront l'une de l'autre, et le rapport $\frac{s}{\mu}$ s'écartera notablement, en général, de la véritable valeur de α. On ne pourra s'apercevoir de cette circonstance, qu'en mesurant le même angle, soit avec d'autres instruments, soit par d'autres observateurs. Je me bornerai ici à indiquer cette application du calcul des probabilités : en ce qui concerne les erreurs des observations, et les méthodes de calcul propres à en diminuer et évaluer l'influence, je renverrai à la *Théorie analytique des probabilités* et aux mémoires sur ce sujet que j'ai insérés dans la *Connaissance des tems* (*).

(61). Pour second exemple de l'équation citée au commencement du numéro précédent, supposons que les causes désignées par C_1, C_2, C_3, etc., soient toutes celles qui déterminent les chances de durée de la vie humaine dans un pays et à une époque déterminés. Ces causes sont, entre autres, les diverses constitutions physiques des enfants qui naissent, le bien-être des habitants, les maladies qui abrègent cette

(*) Années 1827 et 1832.

durée, et sans doute aussi quelques causes résultantes de la vie elle-même, qui l'empêchent de se prolonger au-delà de limites qu'elles n'a jamais dépassées : il y a lieu de croire, en effet, que si les maladies étaient les seules causes de mort, et qu'elle fût, pour ainsi dire, accidentelle, quelques-uns des hommes parmi le nombre immense de ceux qui ont vécu, auraient échappé à ces dangers pendant plus de deux siècles; ce qu'on n'a jamais observé. La chose A sera alors le temps que vivra un enfant qui vient de naître; z exprimera une valeur possible de A, et Zdz la chance de z résultante de toutes les causes, quelles qu'elles soient, qui peuvent la déterminer, non pas pour un enfant en particulier, mais pour l'espèce humaine, dans le lieu et à l'époque que l'on considère. Ainsi, concevons qu'une certaine constitution physique en naissant, donne une chance $Z'dz$ de vivre précisément un temps égal à z, qu'une autre constitution donne une chance $Z''dz$ de vivre jusqu'au même âge, etc.; soient aussi ζ', ζ'', etc., les probabilités de ces diverses constitutions : à raison de ces causes, la fonction Z sera la somme $\zeta'Z' + \zeta''Z'' +$ etc., étendue à toutes les constitutions possibles; et si ce nombre est infini, Z se changera en une intégrale définie, qui aura une valeur inconnue, mais déterminée. Dans le pays où les hommes naissent le plus forts ou le mieux constitués, cette intégrale aura sans doute la plus grande valeur; dans chaque pays, elle pourra n'être pas la même pour les deux sexes; sans doute aussi les valeurs de Z', Z'', Z''', etc., dépendront d'ailleurs des maladies possibles et du bien-être des habitants : la fonction Z sera différente, et par suite, l'intégrale de $Zzdz$ le sera aussi, à deux époques éloignées l'une de l'autre, si dans l'intervalle quelque maladie a disparu, ou que le bien-être du peuple ait augmenté par le progrès de la société. On pourra, si l'on veut, prendre zéro et l'infini pour les limites l et l' de cette intégrale, en considérant Z comme une fonction qui s'évanouit au-delà d'une valeur de z, inconnue aussi bien que la forme de Z. Cela étant, les valeurs observées de A seront les âges auxquels sont morts en très grand nombre μ d'individus nés dans un même pays et vers la même époque; et en appelant s la somme de ces âges, on aura, à très peu près et très probablement,

$$\frac{s}{\mu} = \int_0^\infty Zzdz\,;$$

par conséquent, ce rapport $\frac{s}{\mu}$, ou ce qu'on appelle la *vie moyenne*, demeurera constant pour chaque pays, tant qu'aucune des causes C_1, C_2, C_3, etc., connues ou inconnues, n'éprouvera pas un changement notable.

En France, on suppose la vie moyenne d'environ 29 ans; mais cette évaluation est fondée sur des observations antérieures à l'usage de la vaccine, et déjà très anciennes; elle doit être aujourd'hui sensiblement plus longue; et il serait à désirer qu'on la déterminât de nouveau, séparément pour les hommes et pour les femmes, pour les différents états, et pour les diverses parties du royaume. On considère aussi la vie moyenne à partir d'un âge donné : s est alors le nombre des années qu'ont vécu au-delà de cet âge, un très grand nombre μ d'individus; le rapport $\frac{s}{\mu}$ est la vie moyenne relative à cet âge, avec lequel elle varie, en demeurant constante pour un même âge : on suppose qu'elle atteint son *maximum* entre 4 et 5 ans, et qu'elle s'élève alors à 43 ans. Les tables de *mortalité* ont un autre objet : sur un très grand nombre μ d'individus nés dans un même pays et à la même époque, elle font connaître les nombres de ceux qui vivent encore au bout d'un an, de deux ans, de trois ans, etc., jusqu'à ce qu'aucun n'existe plus. En désignant par m le nombre des vivants qui ont un âge donné, c'est en vertu de la première équation du n° 54, que le rapport $\frac{m}{\mu}$ est sensiblement invariable, du moins tant qu'il ne s'agit pas d'un âge très avancé, et que m n'est pas devenu un nombre très petit : vers cent ans, par exemple, cette invariabilité consiste en ce que le rapport $\frac{m}{\mu}$ est toujours une très petite fraction.

Dans l'intégrale $\int_0^\infty Zzdz$, au lieu de faire varier z par degrés infiniment petits, si l'on fait croître cette variable par des intervalles très petits; que l'on prenne, pour fixer les idées, chacun de ces intervalles de temps pour unité; et que l'on désigne par h_1, h_2, h_3, etc., la série des valeurs de z, et par H_1, H_2, H_3, etc., les valeurs correspondantes de Z, la somme des produits H_1h_1, H_2h_2, H_3h_3, etc., sera, comme on sait, la valeur approchée de cette intégrale. En désignant par v la vie moyenne, à partir de la naissance, on aura donc aussi

$$v = H_1h_1 + H_2h_2 + H_3h_3 + \text{etc.}$$

Or, H_n exprimant ici la chance de mourir à un âge h_n, il s'ensuit que relativement à la durée de la vie humaine, on peut considérer la vie moyenne v comme l'espérance mathématique (nº 23) d'un enfant qui vient de naître et dont la constitution physique nous est inconnue; mais d'après les tables de mortalité, sur un très grand nombre d'enfants, plus de la moitié meurt avant d'avoir atteint cet âge v.

(62). Supposons, pour dernier exemple, que pour un lieu donné et pour un jour de l'année aussi donné, on ait calculé l'excès de la haute sur la basse mer qui aurait lieu en vertu des actions simultanées du soleil et de la lune. Prenons pour la chose A, la différence entre cet excès calculé et celui qui est observé dans le même lieu et à la même époque de chaque année. Les valeurs de A varieront d'une année à une autre, à raison des vents qui peuvent souffler en ce lieu et à cette époque, et qui déterminent les chances de ces diverses valeurs. Or, si l'on considère toutes les directions et les intensités possibles de ces vents, leurs probabilités respectives, et les chances que ces causes donnent à une valeur quelconque z de A, l'intégrale $\int_l^{l'} Zzdz$ aura une valeur inconnue, mais déterminée, et qui demeurera constante, tant que la loi de probabilité de chaque vent possible ne changera pas. Le rapport $\frac{s}{\mu}$ sera donc aussi à très peu près invariable; s étant la somme des valeurs de A, observées pendant une longue suite d'années.

Nous ne savons pas *à priori*, si $\frac{s}{\mu}$ est zéro ou une fraction qu'on puisse négliger, c'est-à-dire, si l'influence des vents sur les lois générales des *marées* est insensible; l'expérience seule peut nous faire connaître la valeur de ce rapport, et nous apprendre s'il varie aux différentes époques de l'année, et pour les lieux différents où les observations sont faites, sur la côte, dans les ports, en pleine mer. Pour connaître l'influence de tel ou tel vent en particulier, il faudrait n'employer que des valeurs de A observées sous cette influence; toutefois, afin de n'avoir pas besoin d'un trop grand nombre d'années d'observations, ces valeurs pourraient répondre à plusieurs jours consécutifs, pendant lesquels la direction du vent aurait peu changé. Plusieurs savants s'occupent maintenant de cet examen, qui exigera un long travail, et ne manquera pas de conduire à des résultats intéressants.

(63). L'exposition des règles du calcul des probabilités et de leurs conséquences générales, qui a été faite dans ce chapitre et dans le précédent, étant actuellement complète, je reviens sur la notion de *cause* et d'*effet*, qui est seulement indiquée dans le n° 27.

La cause propre d'une chose E est, comme on l'a dit dans ce numéro, une autre chose C qui possède une *puissance* de produire nécessairement E, quelles que soit d'ailleurs la nature de ce *pouvoir* et la manière dont il s'exerce. Ainsi, ce qu'on appelle l'attraction de la terre est une certaine chose qui a la puissance de faire tomber les corps situés à la surface du globe, dès qu'il ne sont pas soutenus; et de même, dans notre volonté, réside un pouvoir de produire, par l'intermédiaire des muscles et des nerfs, une partie de ces mouvements que l'on nomme, pour cette raison, mouvements volontaires. Quelquefois, dans la nature, la chose E n'a qu'une seule cause C qui puisse la produire, de sorte que l'observation de E suppose toujours l'intervention de C. Dans d'autres cas, cette chose peut être attribuée à plusieurs causes distinctes, qui concourent ensemble, ou qui s'excluent mutuellement de manière qu'une seule ait dû produire E.

Telles sont, en ce qui concerne le principe de la causalité, les idées les plus simples et que je crois généralement admises. Cependant l'illustre historien de l'Angleterre a émis sur ce point de métaphysique, une opinion différente qu'il convient d'examiner, et sur laquelle le calcul des probabilités peut jeter un grand jour.

Selon Hume (*), nous ne pouvons avoir d'autre idée de la *causalité* que celle d'un *concours* et non d'une *connexion* nécessaire entre

(*) *Essais philosophiques sur l'entendement humain;* septième essai : de l'idée de pouvoir ou de liaison nécessaire.

ce que nous appelons *cause* et *effet;* et ce concours n'est pour nous qu'une forte présomption, résultant de ce que nous l'avons observé un grand nombre de fois : si nous l'eussions observé un nombre de fois peu considérable, ce serait juger de la nature sur un trop petit échantillon, que de présumer qu'il se reproduira désormais. D'autres ont partagé la même opinion, et l'ont appuyée sur les règles de la probabilité des événements futurs, d'après l'observation des événements passés. Mais Hume va plus loin; et sans même recourir à ces lois de probabilité, il pense que l'habitude de voir l'effet succéder à la cause, produit dans notre esprit une sorte d'association d'idées qui nous porte à croire que l'effet va arriver quand la cause a eu lieu; ce qui peut être effectivement vrai pour la plupart des hommes, qui n'examinent pas le principe de leur croyance et son degré de probabilité : pour eux, cette association d'idées doit être comparée à celle qui se fait dans notre esprit, entre le nom d'une chose et la chose même, et qui est telle, que le nom nous rappelle la chose, indépendamment de notre réflexion et de notre volonté.

Un des exemples que l'auteur choisit pour expliquer son opinion est le choc d'un corps en mouvement contre un corps libre et en repos, et le mouvement de ce second corps à la suite de sa rencontre par le premier. Ce concours du choc et du mouvement du corps choqué est, en effet, un événement que nous avons observé un très grand nombre de fois, sans que l'événement contraire se soit jamais présenté; ce qui suffit, abstraction faite de toute autre considération, pour que nous ayons une forte raison de croire, ou, pour qu'il y ait une très grande probabilité que le concours dont il s'agit aura encore lieu désormais. Il en est de même de tous les concours de causes et d'effets que nous observons journellement et sans exception : leur probabilité s'alimente, pour ainsi dire, par cette expérience continuelle, et la raison ou le calcul, d'accord avec l'habitude, nous donne une grande assurance qu'à l'avenir ces causes seront toujours suivies de leurs effets. Mais dans le cas d'un phénomène que nous avons seulement observé un nombre de fois peu considérable, à la suite de la cause que nous lui assignons, il n'y aurait, d'après les règles précédemment exposées, qu'une probabilité qui ne serait pas très grande, pour le concours futur de cette cause et de cet effet. Néanmoins, il arrive souvent que nous ne faisons aucun doute de la reproduction de ce phénomène, lorsque sa cause aura lieu de nouveau. Or, cette assurance suppose que notre esprit attribue à la cause une *puissance* quelconque de produire son effet, et qu'il admet une liaison nécessaire entre ces deux choses, indépendamment du nombre, plus ou moins grand, de leurs concours observés.

Ainsi, lorsque M. OErsted découvrit qu'en faisant communiquer les deux pôles d'une pile de Volta, au moyen d'un fil métallique, il arrivait qu'une aiguille aimantée, suspendue librement dans le voisinage de ce circuit voltaïque, déviait de sa direction naturelle; l'illustre physicien fut sans doute convaincu, après avoir répété un petit nombre de fois cette expérience capitale, que le phénomène ne manquerait pas de se reproduire constamment par la suite. Cependant, si notre raison de croire à cette reproduction était uniquement fondée sur le concours du circuit voltaïque et de la déviation de l'aiguille aimantée, observé une dixaine de fois, par exemple, la probabilité que le phénomène arriverait encore dans une nouvelle épreuve, ne serait que $\frac{11}{12}$ (n° 46) : dans une nouvelle série de 10 épreuves, il y aurait à parier 11 contre 10, ou à peu près un contre un, que l'événement aurait encore lieu sans interruption; et dans une plus longue série d'expériences futures, il deviendrait raisonnable de penser que le phénomène ne se reproduirait pas à toutes les épreuves.

Je citerai encore pour exemple l'heureuse application à la composition chimique des corps, que M. Biot a faite récemment de la *polarisation progressive de la lumière* dans un sens déterminé, dont il avait depuis long-temps constaté l'existence dans des milieux homogènes et non cristallisés (*). Lorsque dans un nom-

---

(*) Le principe de cette application est exposé clairement et en peu de mots dans la note suivante que M. Biot a bien voulu me communiquer :

« Un rayon lumineux de réfrangibilité fixe a été polarisé par réflexion dans un » certain plan. On l'analyse après sa réflexion, en lui laissant traverser un rhom- » boïde de chaux carbonatée rendu légèrement prismatique par sa face posté- » rieure; et l'on s'assure qu'il possède tous les caractères de la polarisation relati- » vement au plan dont il s'agit. Ainsi, lorsque la section principale du prisme » rhomboïdal est parallèle au plan de réflexion, le rayon passe simple et subit » tout entier la réfraction ordinaire. Mais, si l'on tourne cette section, soit à

bre peu considérable d'observations faites avec soin, on a reconnu qu'une substance donnée, dévie le rayon polarisé à droite de l'obser-

---

» droite, soit à gauche, il se partage entre les deux réfractions, exactement » comme s'il avait d'abord traversé un premier rhomboïde dont la section principale serait parallèle au plan dans lequel la réflexion a eu lieu. Et généralement » toutes les propriétés du rayon polarisé sont symétriques autour de ce plan.

» Ceci reconnu, on interpose dans le trajet du rayon polarisé, un tube creux » terminé par des glaces minces, et successivement rempli de liquides divers, qui, » tous, se présentent ainsi au rayon sous l'incidence normale. Puis on analyse » de nouveau ce rayon après son émergence; et l'on observe les phénomènes » suivants.

» L'eau, l'alcool, l'éther et beaucoup d'autres liquides ne troublent pas sensiblement la polarisation primitive du rayon. Car on lui retrouve toutes les propriétés physiques qui la caractérisaient.

» Mais d'autres liquides, par exemple les essences de citron et de térébenthine, » certains corps solides non cristallisés, et même certaines vapeurs, troublent » cette polarisation. Car le rayon, qui les a traversés sous l'incidence normale, » donne des images doubles, dans les mêmes positions du prisme rhomboïdal où » il en donnait primitivement de simples. Alors, en tournant graduellement la » section principale du prisme vers la droite ou vers la gauche de l'observateur, » on trouve toujours une certaine position ou l'image extraordinaire disparaît. Et, » pour cette position, le rayon présente de nouveau tous les caractères d'une polarisation complète. De sorte que le plan de polarisation primitif a été seulement dévié angulairement par l'action du corps interposé.

» Pour chaque substance, prise dans un même état physique, et agissant sur un » même rayon, la quantité absolue de la déviation est proportionnelle à l'épaisseur de matière traversée; de sorte que le sens dans lequel elle croît, fait connaître de quel côté elle s'exerce. Certaines substances l'opèrent vers la droite, » d'autres vers la gauche de l'observateur, pour les mêmes rayons; et, si on les » mêle ensemble, sans qu'il s'exerce entre elles de réaction chimique qui les dénature, la déviation résultante est toujours la somme des déviations partielles » qui auraient été opérées isolément par les mêmes quantités pondérables de chaque substance.

» Ces phénomènes de déviations progressivement croissantes, opérées dans un » sens propre, par des milieux homogènes agissant sous l'incidence normale, ont » été présentés à l'Institut le 23 octobre 1815. Ce sont les premiers faits de ce » genre qui aient été découverts, et reconnus dans leur caractère progressif. La » découverte de M. OErsted, qui présente un semblable caractère, leur est postérieure de plusieurs années. »

vateur, pour fixer les idées, et que les déviations observées ont été assez grandes pour ne laisser aucune incertitude sur le sens dans lequel elles ont eu lieu, cela suffit pour que nous soyons assurés, comme on l'est d'une chose dont personne ne doute, que dorénavant la même substance fera toujours dévier la lumière à droite; et cependant le concours de cette substance et d'une déviation à droite, observé un nombre de fois qui n'est pas très grand, ne donnerait qu'une faible probabilité, et même une probabilité inférieure à $\frac{1}{2}$, que dans un pareil nombre ou un nombre un peu plus grand d'épreuves nouvelles, aucune déviation à gauche n'aurait lieu.

Ces exemples et d'autres que l'on imaginera aisément montrent, ce me semble, que la confiance de notre esprit dans le retour des effets à la suite de leurs causes ne peut avoir pour unique fondement l'observation antérieure de cette succession, plus ou moins répétée. On va voir, en effet, qu'indépendamment d'aucune habitude de notre esprit, la seule possibilité d'une certaine aptitude de la cause à produire nécessairement son effet, augmente de beaucoup la raison de croire à ce retour, et peut rendre sa probabilité très approchante de la certitude, quoique les observations antérieures soient en nombre peu considérable.

(64). Avant qu'un phénomène P ait été observé et qu'on sache s'il arrivera ou s'il n'arrivera pas dans toute une série d'expériences que l'on va faire, nous admettons donc que l'existence d'une cause C capable de le produire nécessairement ne soit pas impossible. Nous concevons aussi qu'avant ces expériences, l'existence d'une telle cause avait une certaine probabilité, résultant de considérations particulières qui la rendaient plus ou moins vraisemblable, et que nous représenterons par p. Supposons ensuite que P soit observé à toutes ces expériences dont le nombre sera désigné par n. Après cette observation, la probabilité de l'existence de C aura changé; il s'agira de la déterminer, et nous la désignerons par ϖ.

Quelque soin que l'on ait mis à diminuer l'influence des causes autres que C, susceptibles de produire le phénomène P à chaque épreuve, si C n'existait pas; on peut croire, néanmoins, que l'on n'a pas rendu cette influence tout-à-fait nulle. Supposons donc qu'il existe certaines causes

B_1, B_2,.... B_n, connues ou inconnues, qui ont pu aussi, à défaut de C, donner naissance à ce phénomène en se combinant avec le hasard (n° 27), savoir : B_1 dans la première expérience, B_2 dans la seconde,.... B_n dans la dernière. Soit généralement r_i la probabilité de l'existence de B_i, multipliée par la chance que cette cause, si elle était certaine, donnerait à l'arrivée de P. En faisant, pour abréger,

$$r_1 . r_2 . r_3 \ldots . r_n = \rho,$$

ce produit serait la probabilité de l'arrivée de ce phénomène dans toutes les n expériences, résultante de l'ensemble des causes B_1, B_2, B_3, etc., et si la cause C n'existait pas; et comme $1-p$ est la probabilité de la non-existence de C, il en résulte, dans l'hypothèse que C n'existe pas, $(1-p)\rho$ pour la probabilité de l'événement observé, qui est ici l'arrivée constante de P. Dans la supposition contraire, sa probabilité est p, c'est-à-dire, qu'elle n'est autre chose que celle de l'existence de C, antérieurement à l'observation, puisque cette cause produirait nécessairement l'arrivée de P à toutes les épreuves. Par conséquent, d'après la règle du n° 28, la probabilité de cette seconde hypothèse, ou de l'existence de C après l'observation, a pour valeur

$$\varpi = \frac{p}{p+(1-p)\rho},$$

et celle de sa non-existence est

$$1 - \varpi = \frac{(1-p)\rho}{p+(1-p)\rho}.$$

On parvient également à ce résultat, en ayant égard successivement aux n expériences, au lieu de les considérer toutes à la fois, comme nous venons de le faire. En effet, la probabilité de l'existence de C étant p, par hypothèse, avant la première expérience, désignons ce qu'elle devient successivement, par p' après cette expérience et avant la seconde, par p'' après la seconde et avant la troisième, etc.; nous aurons

$$p' = \frac{p}{p+(1-p)r_1}, \qquad 1-p' = \frac{(1-p)r_1}{p+(1-p)r_1},$$

$$p'' = \frac{p'}{p'+(1-p')r_2}, \qquad 1-p'' = \frac{(1-p')r_2}{p'+(1-p')r_2},$$

etc.;

et en éliminant d'abord p' et $1-p'$ des valeurs de p'' et $1-p''$, ensuite p'' et $1-p''$ des valeurs de p''' et $1-p'''$, etc., on obtiendra les expressions précédentes de ϖ et de $1-\varpi$, pour les probabilités de l'existence et de la non-existence de C après la $n^{ième}$ expérience.

Maintenant, soit ϖ' la probabilité que le phénomène P arrivera, sans interruption, dans une nouvelle série de n' expériences. Quel que soit ce nombre n', la probabilité pour que cela ait lieu en vertu de la cause C, si elle était certaine, est la probabilité ϖ de l'existence de C, conclue des n premières expériences. A défaut de cette cause, l'arrivée de P pourra aussi être due à d'autres causes B'_1, $B'_2, \ldots B'_{n'}$, pareilles à celles que nous avons désignées tout à l'heure par B_1, $B_2, \ldots B_n$, et dont on ne pourra pas éviter entièrement l'influence. Représentons, relativement à ces causes futures, par r'_1, $r'_2, \ldots r'_{n'}$, ce que deviennent les quantités précédentes r_1, $r_2, \ldots r_n$, de sorte que r'_i soit à l'égard de B'_i, ce que r_i était par rapport à B_i. Faisons aussi

$$r'_1 . r'_2 . r'_3 \ldots r'_{n'} = \rho'.$$

La probabilité de l'arrivée de P dans les n' expériences futures, sera $(1-\varpi)\rho'$, si la cause C n'existe pas. Nous en concluons donc

$$\varpi' = \varpi + (1-\varpi)\rho',$$

pour l'expression complète de ϖ', ou bien, en mettant pour ϖ et $1-\varpi$ leurs valeurs précédentes,

$$\varpi' = \frac{p+(1-p)\rho\rho'}{p+(1-p)\rho}.$$

Cela posé, ces expressions de ϖ et ϖ' montrent comment la probabilité de l'existence de C, qui pouvait être très faible avant l'observation de P, a pu devenir très grande après que ce phénomène a été observé un nombre de fois peu considérable, et donner ensuite une probabilité très approchante de la certitude, à l'arrivée constante de ce phénomène dans les expériences futures. Supposons, par exemple, que par des raisons quelconques, et, si l'on veut, par une prévention de notre esprit, la probabilité de C *à priori*, n'était qu'un cent-millième; admettons aussi que l'influence des causes accidentelles, malgré les précautions prises pour l'éviter, puisse encore être telle que chacune des quantités r_1, r_2, r_3, etc., soit un dixième, ou une fraction moindre; si P a été observé seulement dix fois sans interruption, on aura

$$p = 0{,}00001, \quad \rho < p(0{,}00001),$$

et, en même temps,

$$\varpi > \frac{1}{1 + (1 - p)(0{,}00001)}.$$

Par conséquent, la probabilité de l'existence de C, après l'observation, différerait de l'unité, de moins d'un cent-millième, et la non-existence de cette cause serait devenue moins probable que son existence ne l'était auparavant. Quel que soit le nombre n', la probabilité ϖ' que P aura lieu constamment dans une série de n' expériences futures, surpasserait encore celle de l'existence de C, ou ne pourrait pas être moindre.

(65). Dans cette application du calcul des probabilités, la cause C est considérée d'une manière abstraite, c'est-à-dire, indépendamment d'aucune théorie qui ramènerait le phénomène P à des lois plus générales, et en fournirait une explication exacte, d'après la cause qu'on lui attribue, ce qui augmenterait encore la probabilité de l'existence de cette cause. Nous considérons ce phénomène P comme ayant eu lieu sans interruption; et le calcul précédent a eu pour objet de montrer que notre croyance à sa reproduction future, quand il n'a été observé qu'un petit nombre de fois, ne peut être fondée que sur l'idée que nous avons d'une cause capable de produire nécessairement un phénomène de cette nature. Le calcul des probabilités ne peut d'ailleurs nous faire connaître quelle est cette cause efficace, ni déterminer quelle est la plus probable, parmi celles qui pourraient produire nécessairement le phénomène, quand il y en a plusieurs auxquelles on pourrait l'attribuer.

Lorsque P n'a pas eu lieu dans une ou plusieurs épreuves, et que l'on est certain, cependant, que la cause C capable de le produire nécessairement, si elle existait, aurait dû agir dans toutes ces expériences, il est évident que cette cause, ni aucune autre cause de cette espèce, n'existe pas. Mais outre les causes de cette nature, il en existe d'autres qui agissent à toutes les épreuves, et sont seulement capables de donner une certaine chance à l'arrivée d'un phénomène P (n° 27), en se combinant, soit avec le hasard, soit avec des causes variables, qui tantôt agissent et tantôt n'agissent pas. Ces causes variables et irrégulières, que l'on ne doit pourtant pas confondre avec le hasard, peuvent influer sur la chance moyenne de l'arrivée de P dans une longue suite d'expériences, et par suite (n° 52), sur le nombre de fois que P a eu lieu ou aura lieu, divisé par le nombre total des épreuves; mais si l'on a pris soin de diminuer, autant qu'il est possible, l'influence des causes accidentelles, de sorte qu'on puisse la supposer sensiblement nulle, et si le phénomène P a été observé un nombre m de fois dans un très grand nombre μ d'épreuves, il y aura une très grande probabilité qu'il existe une cause permanente, favorable ou contraire à la production de ce phénomène, selon que m sera notablement plus grand ou plus petit que la moitié de μ.

Ainsi, en prenant pour exemple, le cas d'un corps à deux faces, projeté en l'air un très grand nombre de fois, l'existence d'une cause favorable ou contraire à l'arrivée d'une face déterminée, peut être regardée comme extrêmement probable, lorsque les nombres de fois que les deux faces sont arrivées diffèrent notablement l'un de l'autre, comme dans l'expérience de Buffon précédemment citée (n° 50). Quelle est cette cause permanente? Le calcul des probabilités nous en montre seulement la nécessité, et ne peut nous en indiquer la nature. Ce sont les lois de la mécanique qui nous font voir qu'elle doit être la supériorité du poids dans une des parties du corps projeté, sans nous apprendre toutefois, à raison de la complication du problème, à déterminer les effets d'une pareille cause, et la chance qu'elle donne à l'arrivée de chacune des deux faces, qui ne peut être connue que par l'expérience.

C'est par un semblable procédé que l'on pourrait constater, ainsi que Laplace l'a proposé (*), l'existence ou la non-existence de certaines causes occultes, qui ne sont pas absolument impossibles *à priori*, et n'ont pas, non plus, le pouvoir de produire nécessairement les phénomènes auxquels elles se rapportent. Pour cela, il faudrait de longues séries d'épreuves, en écartant, autant qu'il serait possible, l'influence des causes accidentelles, et tenant compte, avec exactitude, du nombre de fois qu'un phénomène a été observé et du nombre de fois qu'il n'a pas eu lieu : si le rapport du premier de ces nombres au second surpassait notablement l'unité, l'existence d'une cause quelconque et la chance qu'elle donne à la production de ce phénomène auraient une très grande probabilité.

Si deux joueurs A et B ont joué l'un contre l'autre un très grand nombre μ de parties, que A en ait gagné un nombre m, et que le rapport $\frac{m}{\mu}$ excède $\frac{1}{2}$, d'une fraction qui ne soit pas très petite; l'existence d'une cause favorable à A peut être regardée comme à peu près certaine. Lorsqu'aucun des deux joueurs n'a fait un avantage à l'autre, cette cause est la supériorité de A sur B, dont le rapport $\frac{m}{\mu}$ donne, pour ainsi dire, la mesure. A un jeu de cartes, au piquet par exemple, le résultat de chaque partie ne peut dépendre que de la différence d'habileté des deux joueurs et de la distribution des cartes entre eux. Si aucun des deux n'a triché, cette distribution est l'effet du hasard; elle peut influer sur la proportion des nombres de parties gagnées par les deux joueurs, quand ces nombres sont peu considérables : c'est ce qu'on peut appeler le *bonheur* ou le *malheur*, pourvu que l'on n'attache pas l'idée de l'un ou de l'autre aux personnes qui jouent; car il serait absurde de supposer qu'il y eût un rapport quelconque entre ces personnes et les cartes que le seul hasard leur a distribuées : à chaque coup, celles qui sont échues à l'un des joueurs auraient pu également échoir à l'autre. Mais dans une série de parties suffisamment prolongée, il n'y a plus que la différence d'habileté des joueurs qui puisse

---

(1) *Essai philosophique sur les probabilités*, page 133.

influer sur les chances du jeu : à la longue, les joueurs habiles sont les seuls heureux, et réciproquement. Si A et B jouent de nouveau un très grand nombre μ' de parties, il y aura une grande probabilité que le nombre de celles que A gagnera, différera très peu du produit $\mu' \frac{m}{\mu}$; de sorte que si cela ne se vérifiait pas, on serait fondé à penser que dans l'intervalle des deux séries de parties, la supériorité de A sur B aurait augmenté ou diminué.

CHAPITRE III.

Calcul des probabilités qui dépendent de très grands nombres.

(66). Lorsqu'on veut calculer le rapport des puissances très élevées de deux nombres donnés, on le peut toujours, sans difficulté, au moyen des tables logarithmiques, en employant, s'il est nécessaire, des logarithmes qui contiennent plus de décimales, que ceux dont on fait usage ordinairement. Si a et b sont ces deux nombres, et m et n leurs puissances, on aura

$$\log.\frac{a^m}{b^n} = \frac{m.\log.a}{n.\log.b};$$

les produits $m.\log.a$, $n.\log.b$, et leur rapport s'obtiendront aisément; et ce rapport étant le logarithme de celui qu'on demande, on trouvera ensuite celui-ci dans les tables. Mais il n'en est plus de même, lorsqu'il s'agit du rapport de deux produits dont chacun est composé d'un très grand nombre de facteurs inégaux, tel que

$$\frac{a_1.a_2.a_3\ldots a_m}{b_1.b_2.b_3\ldots b_n};$$

les deux nombres m et n étant très grands, l'addition des logarithmes de a_1, a_2, a_3, etc., et de ceux de b_1, b_2, b_3, etc., deviendrait très pénible, et même impraticable, ainsi que le calcul de ce rapport. On est obligé alors de recourir à des méthodes d'approximation, dont Sirling a donné le premier exemple, et qui ont cela de très remarquable qu'elles introduisent, dans les valeurs approchées des rapports que l'on considère, la circonférence du cercle et d'autres quantités transcendantes, quoique leurs valeurs exactes soient des nombres entiers, ou des fractions qui ont des nombres entiers pour numérateurs et pour dénominateurs.

Ces rapports de produits d'un très grand nombre de facteurs, et les sommes de nombres aussi très grands de semblables rapports, se présentent dans la plupart des applications les plus importantes du calcul des probabilités; ce qui rendrait les règles exposées dans les deux chapitres précédents, bien qu'elles soient complètes, très peu utiles ou tout-à-fait illusoires, sans le secours des formules propres à en calculer les valeurs numériques avec une approximation suffisante. Ce sont ces formules dont nous allons maintenant nous occuper.

(67). Considérons d'abord le produit $1.2.3\ldots n$, des n premiers nombres naturels.

Ici et dans tout ce chapitre, la lettre e sera employée pour représenter la base des logarithmes népériens. Par le procédé de l'intégration par partie, on trouvera

$$\int_0^{\infty} e^{-x}x^n dx = 1.2.3\ldots n. \qquad (1)$$

Le coefficient $e^{-x}x^n$ de dx, sous cette intégrale, s'évanouit pour $x=0$ et pour $x=\infty$; entre ces deux limites, il ne devient jamais infini, et ne passe que par un seul *maximum* que l'on déterminera en égalant sa différentielle à zéro : en appelant H sa valeur *maxima*, et h la valeur correspondante de x, on aura

$$h = n, \quad \text{H} = e^{-h}h^n.$$

Cela étant, on pourra poser

$$e^{-x}x^n = \text{H}e^{-t^2};$$

t désignant une nouvelle variable que l'on fera croître depuis $t=-\infty$ jusqu'à $t=\infty$, et dont les valeurs particulières $t=-\infty$, $t=0$, $t=\infty$, répondront respectivement à $x=0$, $x=h$, $x=\infty$. En regardant x comme une fonction de t, nous aurons alors

$$\int_0^{\infty} e^{-x}x^n dx = \text{H}\int_{-\infty}^{\infty} e^{-t^2}\frac{dx}{dt}dt.$$

On aura aussi

$$\log.e^{-x}x^n = \log.\text{H} - t^2;$$

et si l'on fait

$$x = h + x',$$

et qu'on développe suivant les puissances de x', il en résultera

$$t^2 + \frac{1}{2}\frac{d^2.\log.\text{H}}{dh^2}x'^2 + \frac{1}{2.3}\frac{d^3.\log.\text{H}}{dh^3}x'^3 + \text{etc.} = 0,$$

en observant que la différentielle première de log. H est égale à zéro, et où l'on fera $h = n$ après les différentiations. La valeur de x' que l'on tirera de cette équation pourra être représentée par une série de la forme

$$x' = h't + h''t^2 + h'''t^3 + \text{etc.};$$

h', h'', h''', etc., étant des coefficients indépendants de t, que l'on déterminera, les uns au moyen des autres, en substituant cette valeur dans cette équation, et égalant ensuite à zéro la somme des coefficients de chaque puissance de t dans son premier membre. On aura, de cette manière,

$$\left.\begin{array}{l} 1 + \frac{1}{2}\frac{d^2.\log.\text{H}}{dh^2}h'^2 = 0, \\ \frac{d^2.\log.\text{H}}{dh^2}h'' + \frac{1}{6}\frac{d^3.\log.\text{H}}{dh^3}h'^2 = 0, \\ \text{etc.} \end{array}\right\} \quad (2)$$

En désignant par i un nombre entier et positif, on a

$$\int_{-\infty}^{\infty} e^{-t^2}\, t^{2i+1}dt = 0,$$

$$\int_{-\infty}^{\infty} e^{-t^2}\, t^{2i}dt = \frac{1.3.5\ldots 2i-1}{2^i}\int_{-\infty}^{\infty} e^{-t^2}dt.$$

On a aussi, comme on sait,

$$\int_{-\infty}^{\infty} e^{-t^2}dt = \sqrt{\pi};$$

π désignant toujours le rapport de la circonférence au diamètre. Donc, à cause de

$$\frac{dx}{dt} = \frac{dx'}{dt} = h' + 2h''t + 3h'''t^2 + \text{etc.},$$

nous aurons

$$\int_{-\infty}^{\infty} e^{-x^2} x^n dx = \text{H}\sqrt{\pi}\left(h' + \frac{1.3}{2}h''' + \frac{1.3.5}{4}h^{\text{v}} + \frac{1.3.5.7}{8}h^{\text{vii}} + \text{etc.}\right).$$

Il suffira donc de déterminer les coefficients h', h''', h^{v}, etc., de rangs impairs; or au moyen des équations (2), on trouve

$$h' = \sqrt{2n},\quad h''' = \frac{\sqrt{2n}}{18n},\quad h^{\text{v}} = \frac{\sqrt{2n}}{1080n^2}, \text{ etc.};$$

par conséquent, en ayant égard à l'équation (1) et à la valeur de H, on aura finalement

$$1.2.3...n = n^n e^{-n}\sqrt{2\pi n}\left(1 + \frac{1}{12n} + \frac{1}{288n^2} + \text{etc.}\right). \quad (3)$$

(68). La série contenue entre les parenthèses sera d'autant plus convergente dans ses premiers termes, qu'il s'agira d'un plus grand nombre n. Toutefois, elle est du genre des séries qui finissent par devenir divergentes, en les prolongeant convenablement; mais en réduisant cette série à sa partie convergente, on pourra toujours faire usage de la formule (3) pour calculer une valeur approchée du produit des n premiers nombres naturels; et il ne sera pas même nécessaire que n soit fort considérable pour que l'approximation soit très grande. En prenant, par exemple, $n = 10$, la formule réduite à ses trois premiers termes, donne 3628800 à moins d'une unité près, et ce nombre entier se trouve être aussi la valeur exacte du produit des 10 premiers nombres naturels.

En mettant $2n$ au lieu de n dans la formule (3), il vient

$$1.2.3...2n-1.2n = 2(2n)^{2n} e^{-2n}\sqrt{\pi n}\left(1 + \frac{1}{24n} + \frac{1}{1152n^2} + \text{etc.}\right);$$

mais on a identiquement

$$1.2.3\ldots 2n-1.2n = 2^n.1.2.3\ldots n.1.3.5\ldots 2n-1;$$

on aura, par conséquent,

$$1.2.3\ldots n.1.3.5\ldots 2n-1 = 2^{n+1}n^{2n}e^{-2n}\sqrt{\pi n}\left(1+\frac{1}{24n}+\text{etc.}\right);$$

et en divisant cette équation membre à membre par l'équation (3), on en conclut

$$1.3.5\ldots 2n-1 = (2n)^n e^{-n}\sqrt{2}\left(1-\frac{1}{24n}+\frac{1}{1152n^2}+\text{etc.}\right); \quad (4)$$

en sorte que l'expression en série du produit des nombres impairs ne renferme plus la quantité $\sqrt{\pi}$, qui se trouve dans celle du produit des nombres pairs et impairs.

Si l'on fait $n=1$ dans cette équation et dans la formule (3), on en déduit

$$\frac{e}{2\sqrt{2}} = 1-\frac{1}{24}+\frac{1}{1152}+\text{etc.},$$

$$\frac{e}{\sqrt{2\pi}} = 1+\frac{1}{12}+\frac{1}{288}+\text{etc.}$$

Par le calcul direct, on a

$$\frac{e}{2\sqrt{2}} = 0{,}96105\ldots, \quad \frac{e}{\sqrt{2\pi}} = 1{,}08444\ldots;$$

et ces séries réduites à leurs trois premiers termes, donnent 0,95920 et 1,08680; ce qui diffère très peu des valeurs exactes. Ces exemples numériques, joints au précédent, montrent quel degré d'approximation on peut attendre des formules de ce genre, dont on fera un continuel usage dans ce chapitre.

En multipliant par 2^n les deux membres de l'équation (3), les élevant ensuite au carré, et les divisant par $2n$, il vient

$$2.2.4.4.6.6\ldots 2n-2.2n-2.2n=\pi(2n)^{2n}e^{-2n}\left(1+\frac{1}{12n}+\frac{1}{288n^2}+\text{etc.}\right)^2;$$

en élevant les deux membres de l'équation (4) au carré, et supprimant dans le premier un facteur égal à l'unité, on a de même

$$1.3.3.5.5\ldots 2n-1.2n-1=2(2n)^{2n}e^{-2n}\left(1+\frac{1}{24n}+\frac{1}{1152n^2}+\text{etc.}\right)_2.$$

De cette manière, les premiers membres de ces deux équations sont des produits composés d'un même nombre de facteurs, égal à $2n-1$; et si l'on divise ces équations membre à membre, on en conclut

$$\frac{1}{2}\pi\left(1-\frac{1}{12n}+\text{etc.}\right)=\frac{2.2\;4.4.6.\;\ldots\ldots 2n-2.2n-2.2n}{1.3.3.5.5\ldots 2n-3.2n-1.2n-1};$$

résultat qui coïncide dans le cas de n infini, avec la formule connue de Wallis, savoir :

$$\frac{1}{2}\pi=\frac{2.2.4.4.6.6.8\ldots}{1.3.3.5.5.7.7\ldots}.$$

C'est à Laplace que l'analyse est redevable de la méthode que nous venons d'employer pour réduire les intégrales en séries convergentes dans leurs premiers termes, et propres à en calculer des valeurs approchées, lorsque les quantités soumises à l'intégration sont affectées de très grands exposants. Nous en verrons dans la suite une autre application.

(69). Maintenant, soient E et F deux événements contraires, de nature quelconque, dont un seul arrivera à chaque épreuve; désignons par p et q leurs probabilités que nous supposerons constantes; appelons U la probabilité que dans un nombre μ d'épreuves, E arrivera un nombre m de fois, et F un nombre n de fois; nous aurons (n° 14)

$$U=\frac{1.2.3\ldots\mu}{1.2.3\ldots m.1.2.3\ldots n}\,p^m q^n, \qquad (5)$$

où l'on devra faire

$$m + n = \mu, \quad p + q = 1.$$

Or, si μ, m, n, sont de très grands nombres, il faudra recourir à la formule (3) pour calculer la valeur numérique de cette quantité U. En supposant chacun de ces trois nombres assez grand pour qu'on puisse réduire cette formule à son premier terme, nous aurons

$$1.2.3\ldots\mu = \mu^{\mu}\sqrt{2\pi\mu},$$
$$1.2.3\ldots m = m^{m}\sqrt{2\pi m},$$
$$1.2.3\ldots n = n^{n}\sqrt{2\pi n},$$

et par conséquent

$$U = \left(\frac{\mu p}{m}\right)^{m}\left(\frac{\mu q}{n}\right)^{n}\sqrt{\frac{\mu}{2\pi mn}}, \qquad (6)$$

pour la valeur approchée de U.

Il est facile d'en conclure que l'événement composé le plus probable, ou celui pour lequel cette valeur de U sera la plus grande, répondra au cas où le rapport des nombres m et n approchera le plus possible d'être égal au rapport des deux probabilités p et q. En effet, si l'on considère, au contraire, m et n comme des nombres donnés et p et q comme des variables dont la somme est l'unité, mais qui peuvent croître par degrés infiniment petits, depuis zéro jusqu'à l'unité, on trouvera, par la règle ordinaire, que le *maximum* de U répond à $p = \frac{m}{\mu}$ et $q = \frac{n}{\mu}$. Mais vu le grand nombre des autres événements composés, moins probables que celui-là, sa probabilité sera néanmoins peu considérable et diminuera à mesure que le nombre μ des épreuves, que l'on suppose très grand, augmentera encore davantage. Par exemple, si l'on a $p = q = \frac{1}{2}$, et que μ soit un nombre pair, l'événement composé le plus probable répondra à $m = n = \frac{\mu}{2}$; et d'après la formule (6), sa probabilité U aura pour valeur

$$U = \sqrt{\frac{2}{\pi\mu}};$$

laquelle décroîtra, comme on voit, en raison inverse de la racine carrée du nombre μ. En prenant $\mu = 100$, on aura

$$U = 0{,}07979, \quad 1 - U = 0{,}92021;$$

en sorte qu'on pourra parier un peu plus de 92 contre 8, que dans 100 épreuves, les événements contraires E et F, tous les deux également probables, n'arriveront pas néanmoins un même nombre de fois. Si l'on eût conservé le second terme de la formule (3), cette dernière expression de U se trouverait multipliée par $1 - \frac{1}{4\mu}$; ce qui diminuerait U d'un 400e de sa valeur, dans le cas de $\mu = 100$.

(70). Non-seulement l'événement composé pour lequel les nombres m et n approchent le plus d'être entre eux comme les fractions p et q, est toujours le plus probable, mais dans un nombre μ d'épreuves, donné et supposé très grand, les probabilités des autres événements composés ne commencent à décroître rapidement que quand le rapport $\frac{m}{n}$ s'écarte de $\frac{p}{q}$, en plus ou en moins, au-delà d'une certaine limite dont l'étendue est en raison inverse de $\sqrt{\mu}$.

En effet, prenons encore pour exemple le cas de $p = q = \frac{1}{2}$; soit g une quantité donnée, positive ou négative, et moindre que $\sqrt{\mu}$, abstraction faite du signe; si nous faisons, dans la formule (6),

$$m = \frac{1}{2}\mu\left(1 + \frac{g}{\sqrt{\mu}}\right), \quad n = \frac{1}{2}\mu\left(1 - \frac{g}{\sqrt{\mu}}\right),$$

nous en déduirons

$$U = \left(1 - \frac{g^2}{\mu}\right)^{\frac{1}{2}\mu}\left(1 - \frac{g}{\sqrt{\mu}}\right)^{\frac{1}{2}g\sqrt{\mu}}\left(1 + \frac{g}{\sqrt{\mu}}\right)^{-\frac{1}{2}g\sqrt{\mu}}\sqrt{\frac{2}{\pi(\mu - g^2)}};$$

Or, si g est une fraction ou un nombre très petit par rapport à $\sqrt{\mu}$, on aura, par la formule du binome (n° 8), à très peu près,

$$\left(1-\frac{g^2}{\mu}\right)^{-\frac{1}{2}\mu}=e^{\frac{1}{2}g^2},$$

$$\left(1-\frac{g}{\sqrt{\mu}}\right)^{\frac{1}{2}g\sqrt{\mu}}=\left(1+\frac{g}{\sqrt{\mu}}\right)^{-\frac{1}{2}g\sqrt{\mu}}=e^{-\frac{1}{2}g^2};$$

et en prenant sous le radical, μ au lieu de $\mu-g^2$, il en résultera

$$U=\sqrt{\frac{2}{\pi\mu}}\,e^{-\frac{1}{2}g^2},$$

pour la loi du décroissement de la probabilité U, dans une petite étendue, de part et d'autre de son *maximum*. En faisant, par exemple,

$$\mu=200,\quad g=\frac{1}{\sqrt{2}},$$

on en conclura que dans 200 épreuves, la probabilité que les événements E et F, dont les chances sont égales, auront lieu le premier 105 fois et le second 95 fois, est à la probabilité qu'ils arriveront chacun 100 fois, comme $e^{-\frac{1}{4}}$ est à l'unité, ou à peu près, comme 3 est à 4.

La formule (6) suppose que chacun des trois nombres μ, m, n, est très grand; cette condition étant remplie, et si le rapport $\frac{m}{n}$ s'écarte beaucoup de $\frac{p}{q}$, cette formule donne pour U une valeur très petite relativement à son *maximum;* mais il est bon d'observer que si l'on suivait une autre méthode d'approximation, la valeur toujours très petite de U que l'on trouverait, lorsque la différence $\frac{m}{n}-\frac{p}{q}$ est une très petite fraction, pourrait ne pas coïncider avec celle qui se déduit de la formule (6), de telle sorte que le rapport de l'une de ces valeurs approchées à l'autre pourrait différer beaucoup de l'unité.

Pour le faire voir, j'observe qu'en vertu d'une formule qui se trouve dans l'un de mes mémoires sur les intégrales définies (*), on a

$$\frac{2}{\pi}\int_0^{\frac{1}{2}\pi} \cos^\mu x \cos(m-n)\, x\, dx = \frac{1.2.3\ldots\mu}{1.2.3\ldots m.1.2.3\ldots n}\cdot\frac{1}{2^\mu}.$$

Quels que soient les nombres m et n, et leur somme μ, on aura donc, d'après l'équation (5),

$$\mathrm{U} = \frac{2}{\pi}\int_0^{\frac{1}{2}\pi} \cos^\mu x \cos(m-n)\, x\, dx,$$

dans le cas de $p = q = \frac{1}{2}$, qu'il nous suffira de considérer. Or, si μ est un très grand nombre, et si, dans un calcul d'approximation, on le traite comme un nombre infini, le facteur $\cos^\mu x$ de dx sous le signe d'intégration, s'évanouira dès que la variable x aura une grandeur finie; et l'autre facteur $\cos(m-n)\,x$ ayant toujours une valeur finie, il s'ensuit qu'on pourra, sans altérer la valeur de l'intégrale, l'étendre seulement depuis $x = 0$ jusqu'à $x = \alpha$, en désignant par α une quantité infiniment petite et positive. Entre ces limites, on aura

$$\cos x = 1 - \frac{1}{2}x^2, \quad \cos^\mu x = e^{-\frac{1}{2}\mu x^2},$$

et, par conséquent,

$$\mathrm{U} = \frac{2}{\pi}\int_0^\alpha e^{-\frac{1}{2}\mu x^2} \cos(m-n)\, x\, dx.$$

Mais actuellement, le facteur $e^{-\frac{1}{2}\mu x^2}$ s'évanouissant pour toute valeur finie de x, on peut aussi, sans altérer la valeur de cette nouvelle intégrale, l'étendre au-delà de $x = \alpha$, et si l'on veut jusqu'à $x = \infty$; et comme on a, d'après une formule connue,

$$\int_\infty^x e^{-\frac{1}{2}\mu x^2} \cos(m-n)\, x\, dx = \sqrt{\frac{\pi}{2\mu}}\, e^{-\frac{(m-n)^2}{2\mu}},$$

(*) *Journal de l'École Polytechnique*, 19e cahier, page 490.

il en résultera

$$U = \sqrt{\frac{2}{\pi\mu}}\, e^{-\frac{(m-n)^2}{2\mu}}.$$

Cela posé, si l'on fait, comme plus haut,

$$m - n = g\sqrt{\mu},$$

cette valeur de U coïncidera avec celle qui se déduit de la formule (6), seulement lorsque g sera un très petit nombre relativement à $\sqrt{\mu}$; et pour d'autres valeurs de g, le rapport de l'une à l'autre de ces deux valeurs de U différera beaucoup de l'unité, et pourra même devenir un très grand nombre. En prenant, par exemple, $g = \frac{1}{2}\sqrt{\mu}$ et $m - n = \frac{1}{2}\mu$, la formule précédente donne

$$U = \sqrt{\frac{2}{\pi\mu}}\, e^{-\frac{1}{8}\mu}.$$

On déduit de la formule (6)

$$U = \left(1 - \frac{1}{4}\right)^{-\frac{1}{2}\mu} \left(1 - \frac{1}{2}\right)^{\frac{1}{4}\mu} \left(1 + \frac{1}{2}\right)^{-\frac{1}{4}\mu} \sqrt{\frac{8}{3\pi\mu}};$$

ou bien, à cause que le second facteur est à très peu près égal au troisième, il en résulte

$$U = \left(\frac{9}{8}\right)^{-\frac{1}{2}\mu} \sqrt{\frac{8}{3\pi\mu}}.$$

Or, ces deux valeurs de U s'accordent en ce sens qu'elles sont toutes deux très petites, et qu'elles montrent, en conséquence, que dans un très grand nombre μ d'épreuves, il y a une probabilité U extrêmement faible que les deux événements E et F, dont les chances sont égales, arriveront des nombres de fois $\frac{3}{4}\mu$ et $\frac{1}{4}\mu$, ou dont l'un sera triple de l'autre. Mais si l'on divise la dernière valeur de U par la première, on a

$$\frac{2}{\sqrt{3}}\left(\frac{64\sqrt{e}}{81}\right)^{\frac{1}{4}\mu};$$

quantité qui croît indéfiniment avec μ, et surpasse déjà 800 pour $\mu = 100$.

(71). Supposons toujours les chances de E et F constantes, mais inconnues. On sait seulement que dans un nombre μ ou $m+n$ d'épreuves, E et F sont arrivés m fois et n fois. On demande la probabilité que dans un nombre μ' ou $m'+n'$ d'épreuves futures, E et F arriveront m' fois et n' fois. En la représentant par U'; désignant par P_i le produit des i premiers nombres naturels, de sorte qu'on ait

$$P_i = 1.2.3\ldots. i;$$

et faisant, pour abréger,

$$\frac{1.2.3\ldots.\mu'}{1.2.3\ldots.m'.1.2.3\ldots.n'} = H,$$

nous aurons (n° 46)

$$U' = H\frac{P_{m+m'}P_{n+n'}P_{\mu+1}}{P_m P_n P_{\mu+\mu'+1}}.$$

Quels que soient m' et n', si m et n sont de très grands nombres, et que l'on réduise, comme plus haut, la formule (3) à son premier terme, nous aurons

$$P_n = n^n e^{-n}\sqrt{2\pi n};$$

les valeurs des autres produits $P_{n+n'}$, $P_{\mu+1}$, etc., se déduiront de celle de P_n en y mettant $n+n'$, $\mu+1$, etc., au lieu de n; et il en résultera

$$U' = HK\frac{(m+m')^{m+m'}(n+n')^{n+n'}(\mu+1)^{\mu}}{m^m n^n(\mu+\mu'+1)^{\mu+\mu'}},$$

pour la valeur approchée de U', dans laquelle on a fait, pour abréger,

$$\frac{\mu+1}{\mu+\mu'+1}\sqrt{\frac{(m+m')(n+n')(\mu+1)}{mn(\mu+\mu'+1)}}=K.$$

On peut aussi mettre cette expression de U' sous une autre forme : à cause de la grandeur de μ, on a, à très peu près, par la formule du binome,

$$\left(1+\frac{1}{\mu}\right)^{\mu}=\left(1+\frac{1}{\mu+\mu'}\right)^{\mu+\mu'};$$

et à cause de $\mu'=m'+n'$, il en résulte

$$U'=HK\left(1+\frac{m'}{m}\right)^{m}\left(1+\frac{n'}{n}\right)^{n}\left(1+\frac{\mu'}{\mu}\right)^{-\mu}\left(\frac{m+m'}{\mu+\mu'}\right)^{m'}\left(\frac{n+n'}{\mu+\mu'}\right)^{n'}. \quad (7)$$

Si m' et n' sont de très petits nombres par rapport à m et n, on aura, à très peu près,

$$\left(1+\frac{m'}{m}\right)^{m}=e^{m'},\quad \left(1+\frac{n'}{n}\right)^{n}=e^{n'},\quad \left(1+\frac{\mu'}{\mu}\right)^{-\mu}=e^{-\mu'},$$

soit par la formule du binome (n° 8), soit par la considération des logarithmes; on aura également, à très peu près,

$$\left(\frac{m+m'}{\mu+\mu'}\right)^{m'}=\left(\frac{m}{\mu}\right)^{m'},\quad \left(\frac{n+n'}{\mu+\mu'}\right)=\left(\frac{n}{\mu}\right)^{n'};$$

et l'on pourra aussi remplacer le facteur K par l'unité dont il différera très peu. Par conséquent, nous aurons

$$U'=H\left(\frac{m}{\mu}\right)^{m'}\left(\frac{n}{\mu}\right)^{n'};$$

et d'après la formule (5), nous voyons que cette expression de U' coïncide avec la probabilité que les événements E et F arriveront des nombres de fois m' et n', dans un nombre d'épreuves $m'+n'$, lorsque les chances p et q de E et F sont données *à priori*, et ont pour valeurs certaines $p=\frac{m}{\mu}$ et $q=\frac{n}{\mu}$. Dans le cas particulier de $m'=1$ et $n'=0$, on a $\mathrm{H}=1$ et $\mathrm{U}'=\frac{m}{\mu}$; en sorte que la probabilité qu'un événement E qui a eu lieu un nombre m de fois dans un très grand nombre μ d'épreuves, arrivera encore une fois dans une nouvelle épreuve, a pour valeur approchée le rapport de m à μ; ce qui est conforme à la règle du n° 49.

Mais lorsque les nombres m' et n' ont des grandeurs comparables à celles de m et n, la probabilité U' n'est plus la même que si les chances de E et F étaient données *à priori*, et certainement égales à $\frac{m}{\mu}$ et $\frac{n}{\mu}$. Pour le faire voir par un exemple, je désigne par h un nombre entier, ou une fraction qui ne soit pas très petite, et je prends

$$m'=mh,\quad n'=nh,\quad \mu'=\mu h;$$

la quantité K est alors à très peu près égale à $\frac{1}{\sqrt{1+h}}$; et à cause de $\mu=m+n$, la formule (7) se réduit à

$$\mathrm{U}'=\frac{1}{\sqrt{1+h}}\,\mathrm{H}\left(\frac{m}{\mu}\right)^{m'}\left(\frac{n}{\mu}\right)^{n'}.$$

En la comparant à la formule (5), et désignant par $\mathrm{U}_{\prime}$ ce que devient celle-ci quand on y fait

$$p=\frac{m}{\mu},\quad q=\frac{n}{\mu},$$

et que l'on y met m' et n' au lieu de m et n, on en conclut

$$\mathrm{U}'=\frac{1}{\sqrt{1+h}}\,\mathrm{U}_{\prime};$$

d'où il résulte que U' est moindre que $\mathrm{U}_{\prime}$, dans le rapport de l'unité à $\sqrt{1+h}$, et que, par conséquent, U' est une très faible probabilité, lorsque h est un très grand nombre.

Ainsi, il y a une différence essentielle entre les probabilités p et q des événements E et F, qui sont données par hypothèse, et leurs probabilités $\frac{m}{\mu}$ et $\frac{n}{\mu}$, déduites des nombres de fois que E et F sont arrivés dans un très grand nombre d'épreuves : la probabilité que E et F arriveront des nombres de fois donnés dans une autre série d'épreuves, est moindre dans le second cas que dans le premier; différence qui tient à ce que les probabilités de E et F, conclues de l'observation, quelque grands que soient les nombres m et n sur lesquels elles sont fondées, ne sont cependant elles-mêmes que probables, tandis que les probabilités de E et F, données *à priori*, ont des valeurs certaines. Si l'on sait, par exemple, qu'une urne A renferme des nombres égaux de boules blanches et de boules noires, il y aura une probabilité à très peu près égale à 0,07979, comme on l'a vu plus haut, que dans 100 tirages successifs, et en remettant à chaque fois dans A la boule qui en est sortie, on amènera 50 boules de chaque couleur; mais si la proportion des boules blanches et des boules noires contenues dans A n'est pas donnée, et que l'on sache seulement que dans 100 tirages il est arrivé 50 boules blanches et 50 boules noires, la probabilité que la même chose aura lieu dans 100 nouvelles épreuves ne sera plus que la fraction 0,07979, divisée par $\sqrt{2}$, ou 0,05658, en faisant $h = 1$ dans l'équation précédente.

(72). Pour donner un exemple du cas où les chances des événements E et F varient pendant les épreuves, je suppose qu'une urne A contienne un nombre c de boules dont a boules blanches et b boules noires; qu'on en tire successivement un nombre μ de boules, sans remettre dans A les boules qui en seront extraites; et j'appelle V la probabilité que dans μ tirages, on amènera, suivant un ordre quelconque, m boules blanches et n boules noires. D'après la formule du n° 18, en désignant par a' et b' les nombres de boules blanches et de boules noires qui resteront dans A après les tirages, et leur somme par c', de sorte qu'on ait

$$a' = a - m, \quad b' = b - n, \quad c' = c - \mu;$$

faisant, pour abréger,

$$\frac{1.2.3\ldots c'}{1.2.3\ldots a'.1.2.3\ldots b'} = H';$$

et conservant la notation du numéro précédent, nous aurons

$$V = H' \frac{P_a P_b P_\mu}{P_m P_n P_c}.$$

Si a, b, m, n, sont de très grands nombres, les valeurs des six produits P_a, P_b, etc., seront données par la formule (3); et en la réduisant à son premier terme, et observant qu'on a

$$\mu = m + n, \qquad c = a + b,$$

on en conclura

$$V = H' \left(\frac{a}{c}\right)^a \left(\frac{b}{c}\right)^b \left(\frac{m}{\mu}\right)^{-m} \left(\frac{n}{\mu}\right)^{-n} \sqrt{\frac{ab.\mu}{mn.c}},$$

pour la valeur approchée de V; laquelle est exacte et égale à l'unité, dans le cas où l'on a

$$m = a, \qquad n = b, \qquad \mu = c,$$

et où l'on doit prendre, en conséquence, l'unité pour le facteur H' : elle exprime alors la probabilité que dans un nombre c d'épreuves, on tirera de A, les a boules blanches et les b boules noires que cette urne contenait; ce qui est la certitude.

Dans le cas où les nombres m et n sont entre eux comme a et b, on a aussi

$$\frac{a}{c} = \frac{m}{\mu}, \qquad \frac{b}{c} = \frac{n}{\mu};$$

et si l'on fait

$$\frac{a}{c} = p', \qquad \frac{b}{c} = q',$$

l'expression de V devient

$$V = \frac{1.2.3\ldots.c'}{1.2.3\ldots a'.1.2.3\ldots b'} p'^{a'} q'^{b'} \sqrt{\frac{c}{\mu}}.$$

En la comparant à la formule (5), et désignant par V' la probabilité que deux événements dont les chances seraient constantes et égales aux chances $\frac{a}{c}$ et $\frac{b}{c}$ des extractions d'une boule blanche et d'une boule noire à l'origine des tirages, arriveraient des nombres de fois a' et b' dans un nombre c' ou $a'+b'$ d'épreuves, on aura

$$V = V' \sqrt{\frac{c}{\mu}};$$

ce qui montre que la probabilité V est plus grande que V' dans le rapport de $\sqrt{c}$ à $\sqrt{\mu}$, quel que soit le nombre c' de boules qui restent dans A après les tirages, et pourvu seulement que le nombre μ de boules qu'on en a tirées soit très grand.

On peut remarquer que l'on a

$$a' = p'(c-\mu), \quad b' = q'(c-\mu);$$

de sorte que les nombres a' et b' de boules des deux couleurs qui restent dans A, sont entre eux comme les probabilités p' et q', ou comme les nombres a et b de pareilles boules que cette urne contenait primitivement. Si l'on a, par exemple, $p' = q' = \frac{1}{2}$, et conséquemment $a' = b' = \frac{1}{2}c'$, on aura (n° 69)

$$V' = \sqrt{\frac{2}{\pi c'}};$$

et à cause de $c' = c - \mu$, il en résultera

$$V = \sqrt{\frac{2c}{\pi\mu(c-\mu)}};$$

Lorsque $\mu = \frac{1}{2}c$, cette quantité a pour valeur

$$V = \sqrt{\frac{4}{\pi\mu}} = V'\sqrt{2};$$

d'ou l'on conclut que quand une urne A renferme des nombres très grands et égaux, de boules blanches et de boules noires, et qu'on en tire la moitié de leur nombre total, sans y remettre les boules sorties, la probabilité d'amener autant de boules blanches que de boules noires, surpasse, dans le rapport de $\sqrt{2}$ à l'unité, la valeur qu'elle aurait si l'on eût remis dans l'urne, la boule extraite à chaque épreuve.

(73). Je reviens actuellement au cas où les chances p et q des deux événements E et F sont constantes, et je vais considérer la probabilité que dans un nombre μ ou $m+n$ d'épreuves, E arrivera au moins m fois et F au plus n fois. Cette probabilité sera la somme des m premiers termes du développement de $(p+q)^{\mu}$, ordonnée suivant les puissances croissantes de q; de sorte qu'en la désignant par P, on aura (n° 15)

$$P = p^{\mu} + \mu p^{\mu-1}q + \frac{\mu.\mu-1}{1.2}p^{\mu-2}q^2 + \ldots \qquad (8)$$

$$\ldots + \frac{\mu.\mu-1\ldots\mu-n+1}{1.2.3\ldots n}p^{\mu-n}q^n;$$

mais sous cette forme, il serait difficile de la transformer en une intégrale à laquelle on puisse ensuite appliquer la méthode du n° 67, lorsque m et n seront de très grands nombres. Cherchons donc d'abord une autre expression de P qui convienne mieux à cet objet.

On peut aussi dire que l'événement composé dont il s'agit consiste en ce que F n'arrivera pas plus de n fois dans les μ épreuves. En le considérant de cette manière, je l'appellerai G. Il pourra avoir lieu dans les $n+1$ cas suivants :

1°. Si les m premières épreuves amènent toutes l'événement E; car alors, il ne restera plus que $\mu-m$ ou n épreuves qui ne pourront pas amener F plus de n fois. La probabilité de ce premier cas sera p^m.

2°. Si les $m+1$ premières épreuves amènent m fois E et une fois F, sans que F occupe le dernier rang, condition nécessaire pour que ce second cas ne rentre pas dans le premier. Il est évident que les $n-1$ épreuves suivantes ne pouvant amener F que $n-1$ fois au plus, cet événement n'arrivera pas plus de n fois dans la totalité des épreuves. La probabilité de l'arrivée de m fois E et de une fois F, qui occuperait un rang déterminé, étant p^mq, et ce rang pouvant être les m premiers, il s'ensuit que la probabilité du second cas favorable à G, sera mp^mq.

3°. Si les $m+2$ premières épreuves amènent m fois E et deux fois F, sans que F occupe le deuxième rang, ce qui est nécessaire et suffisant pour que ce troisième cas ne rentre ni dans le premier, ni dans le second. La probabilité de l'arrivée de m fois E et de deux fois F, dans des rangs déterminés, serait $p^m q^2$; en prenant deux à deux les $m+1$ premiers rangs pour y placer F, on a $\frac{1}{2}m(m+1)$ combinaisons différentes; la probabilité du troisième cas favorable à G aura donc $\frac{1}{2}m(m+1)p^m q^2$ pour valeur.

En continuant ainsi, on arrivera enfin au $n+1^{ième}$ cas, dans lequel les μ épreuves amèneront m fois E et n fois F, sans que F occupe le dernier rang, afin que ce cas ne rentre dans aucun des précédents; et sa probabilité sera

$$\frac{m.m+1.m+2\ldots m+n-1}{1.2.3\ldots n}p^m q^n.$$

Ces $n+1$ cas étant distincts les uns des autres, et présentant toutes les manières différentes dont l'événement G puisse avoir lieu, sa probabilité complète sera la somme de leurs probabilités respectives (n° 10); en sorte que nous aurons

$$P = p^m\left[1 + mq + \frac{m.m+1}{1.2}q^2 + \frac{m.m+1.m+2}{1.2.3}q^3 + \ldots \right. \quad (9)$$
$$\left.\ldots + \frac{m.m+1.m+2\ldots m+n-1}{1.2.3\ldots n}q^n\right];$$

expression qui doit coïncider avec la formule (8), mais qui a l'avantage de pouvoir se transformer aisément en intégrales définies, dont les valeurs numériques pourront être calculées par la méthode du n° 67, avec d'autant plus d'approximation que m et n seront de plus grands nombres.

(74). Pour effectuer cette transformation, j'observe qu'en intégrant $n+1$ fois de suite par partie, et désignant par C une constante arbitraire, on aura

$$\mu\int\frac{x^n dx}{(1+x)^{\mu+1}} = C - \frac{x^n}{(1+x)^\mu} - \frac{n}{\mu-1}\frac{x^{n-1}}{(1+x)^{\mu-1}} - \frac{n.n-1}{\mu-1.\mu-2}\frac{x^{n-2}}{(1+x)^{\mu-2}}$$
$$\ldots - \frac{n.n-1.n-2\ldots 2.1}{\mu-1.\mu-2.\mu-3\ldots\mu-n+1.\mu-n}\frac{1}{(1+x)^{\mu-n}}.$$

Comme on a $\mu > n$, tous les termes de cette formule, excepté C, disparaissent quand $x = \infty$; si donc on désigne par α une quantité positive quelconque, ou zéro, on en conclura

$$\mu \int_\alpha^\infty \frac{x^n dx}{(1+x)^{\mu+1}} = \frac{\alpha^n}{(1+\alpha)^\mu} + \frac{n}{\mu-1} \frac{\alpha^{n-1}}{(1+\alpha)^{\mu-1}} + \frac{n.n-1}{\mu-1.\mu-2} \frac{\alpha^{n-2}}{(1+\alpha)^{\mu-2}}$$

$$\ldots + \frac{n.n-1.n-2\ldots2.1}{\mu-1.\mu-2.\mu-3\ldots\mu-n+1.\mu-n} \frac{1}{(1+\alpha)^{\mu-n}}.$$

Dans le cas de $\alpha=0$, cette équation se réduit à

$$\mu \int_0^\infty \frac{x^n dx}{(1+x)^{\mu+1}} = \frac{n.n-1.n-2\ldots2.1}{\mu-1.\mu-2.\mu-3\ldots\mu-n+1.\mu-n};$$

et en divisant l'équation précédente par celle-ci, et faisant, pour abréger

$$\frac{x^n}{(1+x)^{\mu+1}} = \mathrm{X},$$

on obtient facilement

$$\frac{\int_\alpha^\infty \mathrm{X}dx}{\int_0^\infty \mathrm{X}dx} = \frac{1}{(1+\alpha)^m}\left[1 + m\frac{\alpha}{1+\alpha} + \frac{m.m+1}{1.2}\frac{\alpha^2}{(1+\alpha)^2} + \ldots\right.$$

$$\left.\ldots + \frac{m.m+1.m+2\ldots m+n-1}{1.2.3\ldots n}\frac{\alpha^n}{(1+\alpha)^n}\right].$$

Or, si l'on prend

$$\alpha = \frac{q}{p},$$

et si l'on observe qu'on a $p+q=1$, le second membre de cette dernière équation coïncidera avec la formule (9); pour cette valeur de α, nous aurons donc

$$\mathrm{P} = \frac{\int_\alpha^\infty \mathrm{X}dx}{\int_0^\infty \mathrm{X}dx}. \qquad (10)$$

Dans le cas de $n=0$ et $m=\mu$, P est la probabilité que E arrivera au moins μ fois, ou a toutes les épreuves; par conséquent, P doit avoir p^μ pour valeur; et, en effet, pour $n=0$, on a,

$$\int_\alpha^\infty X dx = \frac{1}{\mu(1+\alpha)^\mu} = \frac{1}{\mu}p^\mu, \quad \int_0^\infty X dx = \frac{1}{\mu}, \quad P = p^\mu.$$

Dans le cas de $n=\mu-1$ et $m=1$, P est la probabilité que E arrivera au moins une fois, ou que F n'arrivera pas à toutes les épreuves; on doit donc avoir

$$P = 1 - q^\mu;$$

ce que l'on peut aussi vérifier. Pour cela, je fais

$$x = \frac{1}{y}, \quad dx = -\frac{dy}{y^2}, \quad \alpha = \frac{1}{\beta};$$

pour $n=\mu-1$, il en résulte

$$\int_\alpha^\infty X dx = \int_0^\beta \frac{dy}{(1+y)^{\mu+1}} = \frac{1}{\mu}\left[1 - \frac{1}{(1+\beta)^\mu}\right],$$
$$\int_0^\infty X dx = \int_0^\infty \frac{dy}{(1+y)^{\mu+1}} = \frac{1}{\mu};$$

et à cause de

$$\beta = \frac{1}{\alpha} = \frac{p}{q}, \quad \frac{1}{1+\beta} = q,$$

la formule (10) coïncide avec la valeur précédente de P.

(75). Appliquons d'abord la méthode du n° 67 à l'intégrale $\int_0^\infty X dx$.

En appelant, comme dans ce numéro, h la valeur de x qui répond au *maximum* de X, et H la valeur correspondante de X, l'équation $\frac{dX}{dx}=0$, qui servira à déterminer h sera

$$n(1+h) - (\mu+1)h = 0;$$

d'ou l'on conclut

$$h = \frac{n}{m+1}, \quad H = \frac{n^n(m+1)^{m+1}}{(\mu+1)^{\mu+1}}.$$

Si l'on fait, dans les équations (2),

$$H = \frac{h^n}{(1+h)^{\mu+1}},$$

et qu'après avoir effectué les différentiations relatives à h, on y mette pour cette quantité, sa valeur précédente, on en déduit

$$h' = \sqrt{\frac{2(\mu+1)n}{(m+1)^3}},$$

$$h'' = \frac{2(\mu+1+n)}{3(m+1)^2},$$

etc.;

et lorsque m, n, μ, seront de très grands nombres et du même ordre de grandeur, il est aisé de voir que ces valeurs des quantités h', h'', h''', etc., formeront une série très rapidement décroissante, dont le premier terme h' sera du même ordre de petitesse que la fraction $\frac{1}{\sqrt{\mu}}$, le second h'' de l'ordre de $\frac{1}{\mu}$, le troisième h''' de l'ordre de $\frac{1}{\mu\sqrt{\mu}}$, et ainsi de suite.

Cela posé, nous aurons, pour la valeur en série de l'intégrale donnée,

$$\int_0^\infty X dx = H\sqrt{\pi}\left(h' + \frac{1.3}{2}h''' + \frac{1.3.5}{4}h^{v} \text{ etc.}\right). \quad (11)$$

(76). L'expression de l'autre intégrale $\int_\alpha^\infty X dx$ contenue dans la formule (10) sera différente selon qu'on aura $\alpha > h$ ou $\alpha < h$, en désignant toujours par h la valeur de x qui répond au *maximum* de X.

En effet, la variable que l'on a représentée par t dans la transformation du n° 67, doit être positive pour toutes les valeurs de x supérieures à h, et négative pour toutes les valeurs de x moindres que h; or, si l'on appelle θ et A les valeurs de t et de X, qui répondent à $x = \alpha$, on aura

$$A = \frac{\alpha^n}{(1+\alpha)^{\mu+1}}, \quad A = He^{-\theta^2};$$

à cause de $\alpha = \frac{q}{p}$, et en ayant égard à la valeur précédente de H, on en déduit

$$e^{-\theta^2} = \left[\frac{q(\mu+1)}{n}\right]^n \left[\frac{p(\mu+1)}{m+1}\right]^{m+1};$$

d'où l'on tire $\theta = \pm k$, en faisant, pour abréger,

$$k^2 = n \log \frac{n}{q(\mu+1)} + (m+1) \log \frac{m+1}{p(\mu+1)}. \quad (12)$$

En considérant k comme une quantité positive, il faudra donc prendre $\theta = k$, lorsqu'on aura $\frac{q}{p} > h$, et $\theta = -k$, quand on aura $\frac{q}{p} < h$; par conséquent, d'après la transformation du numéro cité, nous aurons, dans le premier cas,

$$\int_\alpha^\infty X dx = H \int_k^\infty e^{-t^2} \frac{dx'}{dt} dt,$$

et, dans le second,

$$\int_\alpha^\infty X dx = H \int_{-k}^\infty e^{-t^2} \frac{dx'}{dt} dt = H \int_{-\infty}^\infty e^{-t^2} \frac{dx'}{dt} dt - H \int_{-\infty}^{-k} e^{-t^2} \frac{dx'}{dt} dt,$$

en faisant, comme dans ce n° 67,

$$\frac{dx'}{dt} = h' + 2h''t + 3h'''t^2 + \text{etc.}$$

On a d'ailleurs

$$\int_{-\infty}^{-k} e^{-t^2} t^{2i+1} dt = -\int_k^\infty e^{-t^2} t^{2i+1} dt,$$

$$\int_{-\infty}^{-k} e^{-t^2} t^{2i} dt = \int_k^\infty e^{-t^2} t^{2i} dt;$$

i étant un nombre entier et positif, ou zéro. Si donc on fait généralement

$$\int_k^\infty e^{-t^2} t^{2i} dt = K_i, \quad \int_k^\infty e^{-t^2} t^{2i+1} dt = K'_i,$$

et si l'on observe que $H\int_{-\infty}^{\infty} e^{-t^2}\frac{dx'}{dt}\,dt$ est l'expression de $\int_0^\infty X dx$, il en résultera

$$\begin{aligned}\int_\alpha^\infty X dx = {} & H(h'K_0 + 3h'''K_1 + 5h^{v}K_2 + \text{etc.}) \\ & + H(2h''K'_0 + 4h^{iv}K'_1 + 6h^{vi}K'_2 + \text{etc.}),\end{aligned} \qquad (13)$$

pour le cas de $\frac{q}{p} > h$, et

$$\begin{aligned}\int_\alpha^\infty X dx = \int_0^\infty X dx & - H(h'K_0 + 3h'''K_1 + 5h^{v}K_2 + \text{etc.}) \\ & + H(2h''K'_0 + 4h^{iv}K'_1 + 6h^{vi}K'_2 + \text{etc.}),\end{aligned} \qquad (14)$$

pour le cas de $\frac{q}{p} < h$.

Chacune des séries contenues dans ces formules aura, en général, le même degré de convergence que la série (11). Les valeurs des intégrales désignées par K_i ne pourront s'obtenir que par approximation, lorsque k sera différent de zéro. Celles qui sont représentées par K'_i s'exprimeront toujours sous forme finie, et l'on aura

$$K'_i = \tfrac{1}{2}e^{-k^2}(k^{2i} + i.k^{2i-2} + i.i-1.k^{2i-4} + \ldots + i.i-1\ldots2.k^2 + i.i-1\ldots2.1).$$

Quand on aura $\alpha = h$, les formules (13) et (14) devront coïncider. En effet, on aura en même temps

$$\frac{q}{p} = \frac{n}{m+1}, \quad q = \frac{n}{\mu+1}, \quad p = \frac{m+1}{\mu+1};$$

ce qui rendra nulle la valeur de k tirée de l'équation (12). Il en résultera

$$K_0 = \frac{\sqrt{\pi}}{2}, \; K_i = 1.3.5\ldots2i-1.\frac{\sqrt{\pi}}{2^{i+1}}, \; K'_0 = \frac{1}{2}, \; K'_i = 1.2.3\ldots i.\frac{1}{2};$$

et d'après l'équation (11), les formules (13) et (14) se réduiront l'une et l'autre à

$$\int_\alpha^\infty X dx = \frac{H\sqrt{\pi}}{2}\left(h' + \frac{1.3}{2}h''' + \frac{1.3.5}{4}h^{v} + \text{etc.}\right)$$
$$+ H(h'' + 1.2.h^{iv} + 1.2.3.h^{vi} + \text{etc.}).$$

(77). Nous supposerons actuellement les nombres m, n, μ, assez grands pour qu'on puisse négliger dans ces différentes formules, les quantités h''', h^{iv}, etc. D'après les valeurs de h' et h'' données plus haut, on aura

$$\frac{h''}{h'} = \frac{(\mu + 1 + n)\sqrt{2}}{3\sqrt{n(m+1)(\mu+1)}};$$

et au moyen de l'équation (10) et des formules (11), (13), (14), nous aurons

$$\left.\begin{aligned} P &= \frac{1}{\sqrt{\pi}}\int_k^\infty e^{-t^2}dt + \frac{(\mu+n)\sqrt{2}}{3\sqrt{\pi\mu mn}}e^{-k^2}, \\ P &= 1 - \frac{1}{\sqrt{\pi}}\int_k^\infty e^{-t^2}dt + \frac{(\mu+n)\sqrt{2}}{3\sqrt{\pi\mu mn}}e^{-k^2}; \end{aligned}\right\} \quad (15)$$

la première ou la seconde de ces deux valeurs de P ayant lieu, selon que l'on a $\frac{q}{p} > h$ ou $\frac{q}{p} < h$, et k étant une quantité positive, donnée par l'équation (12). Pour plus de simplicité, on a mis μ et m au lieu de $\mu + 1$ et $m + 1$ dans les derniers termes de ces formules; elles feront connaître, avec une approximation suffisante, la probabilité P qu'il s'agissait de déterminer.

Si μ est un nombre pair, que l'on fasse $m = n = \frac{1}{2}\mu$, et qu'on suppose $q > p$, on aura

$$h = \frac{\mu}{\mu+2}, \quad \frac{q}{p} > h.$$

Ce sera donc la première équation (15) qu'il faudra employer; cette formule et l'équation (12) deviendront

$$P = \frac{1}{\sqrt{\pi}} \int_k^\infty e^{-t^2} dt + \sqrt{\frac{2}{\pi\mu}}\, e^{-k^2},$$

$$k^2 = \frac{\mu}{2} \log \frac{\mu}{2q(\mu+1)} + \frac{\mu+2}{2} \log \frac{\mu+2}{2p(\mu+1)};$$

et P exprimera la probabilité que dans un très grand nombre pair d'épreuves, l'événement F le plus probable n'arrivera cependant pas plus souvent que l'événement contraire E. En appelant U la probabilité qu'ils arriveront tous les deux le même nombre de fois, P — U sera la probabilité que F arrivera moins souvent que E. Dans le cas de $p = q = \frac{1}{2}$, il est évident que P — U sera aussi la probabilité que E arrivera moins souvent que F; le double de P — U, ajouté à la probabilité U, donnera donc la certitude, ou, autrement dit, 2P — U sera l'unité; d'où l'on conclut

$$U = \frac{2}{\sqrt{\pi}} \int_k^\infty e^{-t^2} dt - 1 + \frac{2\sqrt{2}}{\sqrt{\pi\mu}}\, e^{-k^2};$$

et c'est, en effet, ce que l'on peut aisément vérifier.

En réduisant en série, on a

$$\mu \log \frac{\mu}{\mu+1} = -\mu \log\left(1 + \frac{1}{\mu}\right) = -1 + \frac{1}{2\mu} - \text{etc.},$$

$$(\mu+2) \log \frac{\mu+2}{\mu+1} = -(\mu+2) \log\left(1 - \frac{1}{\mu+2}\right) = 1 + \frac{1}{2(\mu+2)} + \text{etc.},$$

et, par conséquent,

$$k^2 = \frac{1}{4\mu} + \frac{1}{4(\mu+2)} + \text{etc.};$$

donc en conservant seulement les termes du même ordre de petitesse que la fraction $\frac{1}{\sqrt{\mu}}$, nous aurons

$$k = \frac{1}{\sqrt{2\mu}}, \quad e^{-k^2} = 1.$$

Nous aurons, en même temps,

$$\int_k^\infty e^{-t^2}dt = \int_0^\infty e^{-t^2}dt - \int_0^k e^{-t^2}dt = \frac{1}{2}\sqrt{\pi} - \frac{1}{\sqrt{2\mu}};$$

au moyen de quoi la valeur précédente de U se réduira à

$$U = \sqrt{\frac{2}{\pi\mu}};$$

ce qui coïncide, effectivement, avec celle que l'on déduit de la formule (6), dans le cas de $m = n$ et $p = q$.

Si μ est un nombre impair, que l'on fasse $m = \frac{1}{2}(\mu - 1)$, et qu'on suppose toujours $q > p$, on aura encore $\frac{q}{p} > h$; la première formule (15) et l'équation (12) deviendront

$$P = \frac{1}{\sqrt{\pi}}\int_k^\infty e^{-t^2}dt + \sqrt{\frac{2}{\pi\mu}}\, e^{-k^2},$$

$$k^2 = \frac{\mu - 1}{2}\log\frac{\mu - 1}{2q(\mu + 1)} + \frac{\mu + 3}{2}\log\frac{\mu + 3}{2p(\mu + 1)};$$

et P sera la probabilité que dans un très grand nombre μ d'épreuves, l'événement le plus probable se présentera cependant le moins souvent; car μ étant impair, le cas de l'égalité des arrivées de E et F sera impossible. Dans le cas de $p = q = \frac{1}{2}$, cette probabilité P devra être égale à $\frac{1}{2}$; et c'est aussi ce que nous allons vérifier.

Nous aurons

$$(\mu - 1)\log\frac{\mu - 1}{\mu + 1} = -(\mu - 1)\log\left(1 + \frac{2}{\mu - 1}\right) = -2 + \frac{2}{\mu - 1} - \text{etc.},$$

$$(\mu + 3)\log\frac{\mu + 3}{\mu + 1} = -(\mu + 3)\log\left(1 - \frac{2}{\mu + 3}\right) = 2 + \frac{2}{\mu + 3} + \text{etc.},$$

et, par conséquent,

$$k^2 = \frac{1}{\mu - 1} + \frac{1}{\mu + 3} + \text{etc.}$$

En négligeant, comme plus haut, le terme de l'ordre de petitesse de la fraction $\frac{1}{\mu}$, il en résultera

$$k = \frac{\sqrt{2}}{\mu}, \quad e^{-k^2} = 1, \quad \int_k^\infty e^{-t^2}dt = \frac{1}{2}\sqrt{\pi} - \frac{\sqrt{2}}{\mu};$$

ce qui réduit à $\frac{1}{2}$ la valeur précédente de P.

(78). Supposons maintenant que le nombre n diffère du produit $(\mu + 1)q$, d'une quantité ρ, positive ou négative, mais très petite par rapport à ce produit. A cause de $p + q = 1$ et $m + n = \mu$, on aura à la fois

$$n = (\mu + 1)q - \rho, \quad m + 1 = (\mu + 1)p + \rho.$$

La valeur correspondante de h sera

$$h = \frac{(\mu + 1)q - \rho}{(\mu + 1)p + \rho},$$

et, par conséquent, moindre que $\frac{q}{p}$, en regardant d'abord ρ comme une quantité positive. Si l'on développe le second membre de l'équation (12) suivant les puissances de ρ, on trouve

$$k^2 = \frac{\rho^2}{2(\mu + 1)pq}\left[1 + \frac{(p - q)\rho}{3(\mu + 1)pq} + \text{etc.}\right];$$

et, r étant une quantité positive, si l'on fait

$$\rho = r\sqrt{2(\mu + 1)pq},$$

on en déduit

$$k = r\left[1 + \frac{(p - q)r}{3\sqrt{2(\mu + 1)pq}} + \text{etc.}\right].$$

En excluant le cas où l'une des deux fractions p et q serait très petite, la série comprise entre les parenthèses, est très convergente, puisqu'elle procède suivant les puissances de $\frac{r}{\sqrt{\mu + 1}}$, ou de $\frac{\rho}{\mu + 1}$. En ne conservant seulement que les deux premiers termes, et faisant, pour abréger,

$$\frac{(p-q)r^2}{3\sqrt{2(\mu+1)pq}}=\delta,$$

on aura simplement $k=r+\delta$. On aura, en même temps,

$$n=(\mu+1)q-r\sqrt{2(\mu+1)pq};$$

mais dans le second terme de la première formule (15), il suffira de faire $k=r$, et d'y mettre $p\mu$ et $q\mu$, au lieu de m et n; elle deviendra, de cette manière,

$$P=\frac{1}{\sqrt{\pi}}\int_{r+\delta}^{\infty}e^{-t^2}dt+\frac{(1+q)\sqrt{2}}{3\sqrt{\pi\mu pq}}e^{-r^2}.$$

Considérons actuellement ρ comme une quantité négative, auquel cas on aura $h>\frac{q}{p}$. En désignant par r' une quantité positive, et prenant $-r'\sqrt{2(\mu+1)pq}$ pour la valeur de ρ, celle de n sera

$$n=(\mu+1)q+r'\sqrt{2(\mu+1)pq};$$

mais la valeur de k tirée de l'équation (12) devant toujours être positive, on aura $k=r'-\delta'$, en faisant, pour abréger,

$$\frac{(p-q)r'^2}{3\sqrt{2(\mu+1)pq}}=\delta';$$

et la seconde formule (15), que l'on devra employer, deviendra

$$P=1-\frac{1}{\sqrt{\pi}}\int_{r'-\delta'}^{\infty}e^{-t^2}dt+\frac{(1+q)\sqrt{2}}{3\sqrt{\pi\mu pq}}e^{-r'^2}.$$

Si l'on retranche de celle-ci, la précédente valeur de P, et qu'on appelle R la différence, il vient

$$R = 1 - \frac{1}{\sqrt{\pi}}\int_{r+\delta}^{\infty} e^{-t^2}dt - \frac{1}{\sqrt{\pi}}\int_{r'-\delta'}^{\infty} e^{-t^2}dt + \frac{(1+q)\sqrt{2}}{3\sqrt{\pi\mu pq}}(e^{-r'^2} - e^{-r^2}); \quad (16)$$

et d'après la signification de ces deux probabilités P, il est aisé de voir que R sera la probabilité que l'événement F arrivera dans un très grand nombre μ d'épreuves, un nombre de fois qui n'excèdera pas la seconde valeur de n, et surpassera la première au moins d'une unité.

(79). Pour simplifier ce résultat, soient N le plus grand nombre entier contenu dans μq, et f l'excès de μq sur N; désignons par u, une quantité telle que $u\sqrt{2(\mu+1)pq}$ soit un nombre entier, très petit par rapport à N; et faisons ensuite

$$q + f - r\sqrt{2(\mu+1)pq} = -u\sqrt{2(\mu+1)pq} - 1,$$
$$q + f + r'\sqrt{2(\mu+1)pq} = u\sqrt{2(\mu+1)pq}.$$

Les limites des valeurs de n auxquelles se rapporte la probabilité R, deviendront

$$n = N - u\sqrt{2(\mu+1)pq} - 1, \quad n = N + u\sqrt{2(\mu+1)pq};$$

par conséquent, la formule (16) exprimera alors la probabilité que n excèdera au moins d'une unité cette première limite, et ne surpassera pas la seconde, c'est-à-dire la probabilité que ce nombre sera contenu entre les limites

$$N \mp u\sqrt{2\mu pq},$$

équidistantes de N, et dans lesquelles on a mis μ au lieu de $\mu + 1$, ou qu'il sera égal à l'une d'elles.

D'après les équations qu'on vient de poser, et les expressions de δ et δ', on aura

$$r + \delta = u + \varepsilon + \frac{1}{\sqrt{2(\mu+1)pq}}, \quad r' - \delta' = u - \varepsilon;$$

ε étant une quantité de l'ordre de petitesse de la fraction $\frac{1}{\sqrt{\mu}}$. Or, en désignant par v une quantité quelconque de cet ordre, dont on négligera le carré, on a

$$\int_{u+v}^{\infty} e^{-t^2}dt = \int_{u}^{\infty} e^{-t^2}dt - ve^{-u^2};$$

si donc on applique cette équation aux deux intégrales contenues dans la formule (16), et si l'on fait $r' = r$, dans les termes compris hors du signe $\int$, qui sont déjà divisés par $\sqrt{\mu}$, il en résultera

$$R = 1 - \frac{2}{\sqrt{\pi}}\int_{u}^{\infty} e^{-t^2}dt + \frac{1}{\sqrt{2\pi\mu pq}}e^{-u^2}, \qquad (17)$$

où l'on a aussi mis, dans le dernier terme, μ au lieu de $\mu + 1$.

Si l'on eût voulu que l'intervalle des valeurs de n dont la probabilité est R, ne comprît pas sa limite inférieure, il aurait fallu augmenter d'une unité la plus petite des deux valeurs précédentes de n; ce qui aurait fait disparaître le dernier terme $\frac{1}{\sqrt{2(\mu+1)pq}}$ de la valeur de $r+\delta$, et, par suite, le dernier terme de la formule (17). De même, pour que cet intervalle ne comprît pas sa limite supérieure, on aurait dû diminuer d'une unité la plus grande de ces deux valeurs de n; ce qui aurait diminué de $\frac{1}{\sqrt{2(\mu+1)pq}}$ la valeur de $r' - \delta'$, et encore fait disparaître le dernier terme de cette formule (17). Enfin, on devrait changer le signe de ce terme, si l'on voulait que l'intervalle des valeurs de n que nous considérons ne renfermât ni l'une, ni l'autre, de ses deux limites. Il suit de là que le dernier terme de la formule (17) doit être la probabilité que l'on ait précisément

$$n = N + u\sqrt{2\mu pq};$$

u étant une quantité positive ou négative, telle que le second terme de n soit très petit par rapport au premier. C'est aussi ce qui résulte de la formule (6).

En effet, en négligeant les quantités de l'ordre de petitesse de la fraction $\frac{1}{\mu}$, on aura

$$\frac{n}{\mu} = q + u\sqrt{\frac{2pq}{\mu}}, \qquad \frac{m}{\mu} = p - u\sqrt{\frac{2pq}{\mu}};$$

d'où l'on conclut

$$\log\left(\frac{\mu q}{n}\right)^n\left(\frac{\mu p}{m}\right)^m = -n\log\left(1 + \frac{u}{q}\sqrt{\frac{2pq}{\mu}}\right) - m\log\left(1 - \frac{u}{p}\sqrt{\frac{2pq}{\mu}}\right),$$

ou, ce qui est la même chose,

$$\log\left(\frac{\mu q}{n}\right)^n\left(\frac{\mu p}{m}\right)^m = -\mu q\log\left(1 + \frac{u}{q}\sqrt{\frac{2pq}{\mu}}\right) - \mu p\log\left(1 - \frac{u}{p}\sqrt{\frac{2pq}{\mu}}\right)$$
$$- u\sqrt{2\mu pq}\left[\log\left(1 + \frac{u}{q}\sqrt{\frac{2pq}{\mu}}\right) - \log\left(1 - \frac{u}{p}\sqrt{\frac{2pq}{\mu}}\right)\right];$$

or, en développant ces logarithmes, et négligeant toujours les termes de l'ordre de $\frac{1}{\mu}$, on trouve $-u^2$ pour la valeur du second membre de cette équation; par conséquent, nous aurons

$$\left(\frac{\mu q}{n}\right)^n\left(\frac{\mu p}{m}\right)^m = e^{-u^2};$$

et comme on a aussi, d'après les équations précédentes,

$$\frac{mn}{\mu} = \mu pq,$$

la formule (6) deviendra

$$U = \frac{e^{-u^2}}{\sqrt{2\pi\mu pq}};$$

ce qu'il s'agissait de vérifier.

La première valeur de P du numéro précédent, étant la probabilité que le nombre n ne surpassera pas la limite $\mu q - r\sqrt{2\mu pq}$, dans laquelle je mets μ au lieu de $\mu + 1$, il s'ensuit que si l'on fait $u = r$ dans la valeur de U et qu'on la retranche ensuite de celle de P, la différence P — U sera la probabilité que n n'atteindra pas cette même limite. De même, si l'on fait $u = r'$ dans la valeur de U et qu'on la retranche ensuite de la seconde valeur de P du numéro précédent, la différence P — U sera la probabilité que n sera au-dessous de la limite $\mu q + r'\sqrt{2\mu pq}$. En appelant Q en Q' ces différences, on trouve

$$\left.\begin{aligned} Q &= \frac{1}{\sqrt{\pi}}\int_{r+\delta}^{\infty} e^{-t^2}\,dt + \frac{q-p}{3\sqrt{2\pi\mu pq}}\,e^{-r^2}, \\ Q' &= 1 - \frac{1}{\sqrt{\pi}}\int_{r'-\delta'}^{\infty} e^{-t^2}\,dt + \frac{q-p}{3\sqrt{2\pi\mu pq}}\,e^{-r'^2}. \end{aligned}\right\} \quad (18)$$

On se rappellera que, dans ces formules, r et r' sont des quantités positives, très petites par rapport à $\sqrt{\mu}$; en sorte que les limites de n auxquelles ces probabilités Q et Q' se rapportent diffèrent peu du produit μq, l'une en plus et l'autre en moins. En même temps, les valeurs des quantités δ et δ' qu'elles renferment, seront très petites par rapport à r et r'; et si l'on y met μ à la place de $\mu + 1$, on aura

$$\delta = \frac{(p-q)\,r^2}{3\sqrt{2\mu pq}}, \qquad \delta' = \frac{(p-q)\,r'^2}{3\sqrt{2\mu pq}}.$$

(80). En divisant par μ les limites de n auxquelles se rapporte la formule (17), et ayant égard à ce que U représente, on aura $q - \frac{f}{\mu} \mp \sqrt{\frac{2pq}{\mu}}$ pour les limites du rapport $\frac{n}{\mu}$, dont la probabilité est R. Si donc, on néglige la fraction $\frac{f}{\mu}$, il en résultera que cette quantité R, déterminée par la formule (17), est la probabilité que la différence $\frac{n}{\mu} - q$, se trouvera comprise entre les deux limites

$$\mp u\sqrt{\frac{2pq}{\mu}},$$

qui seront aussi, en changeant leurs signes, avec la même probabilité, celles de la différence $\frac{m}{\mu} - p$, puisque la somme $\frac{m+n}{\mu} - p - q$, de ces deux différences, est égale à zéro.

On pourra toujours prendre u assez grand pour que cette probabilité R diffère aussi peu qu'on voudra de la certitude. Il ne sera pas même nécessaire de donner à u une grande valeur pour rendre très petite la différence $1-R$: il suffira, par exemple de prendre u égal à quatre ou cinq, pour que l'exponentielle e^{-u^2}, l'intégrale $\int_u^\infty e^{-t^2}dt$, et par suite la valeur de $1-R$, soient presque insensibles. La quantité u ayant reçu une pareille valeur et demeurant constante, les limites de la différence $\frac{m}{\mu}-p$ se resserreront de plus en plus à mesure que le nombre μ, qu'on suppose déjà très grand, augmentera encore davantage; le rapport $\frac{m}{\mu}$ du nombre de fois que E arrivera au nombre total des épreuves, différera donc de moins en moins de la chance p de cet événement; et l'on pourra toujours multiplier assez le nombre μ des épreuves, pour qu'il y ait la probabilité R que la différence $\frac{m}{\mu}-p$ sera aussi petite qu'on voudra. Réciproquement, en augmentant continuellement le nombre μ, si l'on prend pour chacune des limites précédentes, une grandeur constante et donnée l, c'est-à-dire, si l'on fait croître u dans le même rapport que $\sqrt{\mu}$, la valeur de R approchera indéfiniment de l'unité; en sorte qu'on pourra toujours augmenter assez le nombre μ des épreuves, pour qu'il y ait une probabilité aussi peu différente qu'on voudra de la certitude, que la différence $\frac{m}{\mu}-p$ tombera entre les limites données $\pm l$. C'est en cela que consiste le théorème de Jacques Bernouilli, énoncé dans le n° 49.

(81). Dans le calcul précédent, nous avons exclu (n° 78) le cas où l'une des deux chances p et q est très petite, qui nous reste, en conséquence, à considérer en particulier.

Je suppose que q soit une très petite fraction, ou que ce soit l'événement F qui ait une très faible probabilité. Dans un très grand nombre μ d'épreuves, le rapport $\frac{n}{\mu}$ du nombre de fois que F arrivera à ce nombre μ sera aussi une très petite fraction; en mettant $\mu-n$ à la place de m dans la formule (9), faisant

$$q\mu=\omega,\quad q=\frac{\omega}{\mu},$$

et négligeant ensuite la fraction $\frac{n}{\mu}$, la quantité contenue entre les parenthèses, dans cette formule, deviendra

$$1 + \omega + \frac{\omega^2}{1.2} + \frac{\omega^3}{1.2.3} + \ldots + \frac{\omega^n}{1.2.3\ldots n}.$$

En même temps, on aura

$$p = 1 - \frac{\omega}{\mu}, \quad p^m = \left(1 - \frac{\omega}{\mu}\right)^\mu \left(1 - \frac{\omega}{\mu}\right)^{-n};$$

on pourra remplacer par l'exponentielle $e^{-\omega}$, le premier facteur de cette valeur de p^m, et réduire le second à l'unité; par conséquent, d'après l'équation (9), nous aurons, à très peu près,

$$P = \left(1 + \omega + \frac{\omega^2}{1.2} + \frac{\omega^3}{1.2.3} + \ldots + \frac{\omega^n}{1.2.3\ldots n}\right) e^{-\omega},$$

pour la probabilité qu'un événement dont la chance à chaque épreuve est la fraction très petite $\frac{\omega}{\mu}$, n'arrivera pas plus de n fois dans un très grand nombre μ d'épreuves.

Dans le cas de $n=0$, cette valeur de P se réduit à $e^{-\omega}$; il y a donc cette probabilité $e^{-\omega}$ que l'événement dont il s'agit n'arrivera pas une seule fois dans le nombre μ d'épreuves, et conséquemment, la probabilité $1 - e^{-\omega}$ qu'il arrivera au moins une fois, ainsi qu'on l'a déjà vu dans le n° 8. Dès que n ne sera plus un très petit nombre, la valeur de P différera très peu de l'unité, comme on le voit, en observant que l'expression précédente de P peut être écrite sous la forme

$$P = 1 - \frac{\omega^{n+1} e^{-\omega}}{1.2.3\ldots n+1}\left(1 + \frac{\omega}{n+2} + \frac{\omega^2}{n+2.n+3} + \text{etc.}\right).$$

Si l'on a, par exemple, $\omega = 1$, et qu'on suppose $n = 10$, la différence $1 - P$ sera à peu près un cent-millionième, de sorte qu'il est presque certain qu'un événement dont la chance très faible est $\frac{1}{\mu}$ à chaque épreuve, n'arrivera pas plus de dix fois, dans le nombre μ d'épreuves.

(82). L'intégrale contenue dans la formule (17) se calculera, en général, par la méthode des quadratures. On trouve à la fin de l'*Analyse des réfractions astronomiques* de Kramp, une table de ses valeurs qui s'étend depuis $u=0$, jusqu'à $u=3$, et d'après laquelle, on a

$$\int_u^\infty e^{-t^2}\,dt = 0{,}000019577 29\ldots,$$

pour $u=3$. Au moyen de l'intégration par partie, on trouve

$$\int_u^\infty e^{-t^2}\,dt = \frac{e^{-u^2}}{2u}\left(1 - \frac{1}{2u^2} + \frac{1.3}{2^2u^4} - \frac{1.3.5}{2^3u^6} + \text{etc.}\right);$$

pour $u>3$, la série comprise entre les parenthèses, sera suffisamment convergente, du moins dans ses premiers termes, et cette formule pourra servir à calculer les valeurs de l'intégrale. On a aussi

$$\int_u^\infty e^{-t^2}\,dt = \tfrac{1}{2}\sqrt{\pi} - \int_0^u e^{-t^2}\,dt;$$

et en développant l'exponentielle e^{-t^2} suivant les puissances de t^2, on aura

$$\int_0^u e^{-t^2}\,dt = u - \frac{u^3}{1.3} + \frac{u^5}{1.2.5} - \frac{u^7}{1.2.3.7} + \text{etc.};$$

série qui sera très convergente pour les valeurs de u moindres que l'unité.

Si l'on veut calculer la valeur de u pour laquelle on a $R=\frac{1}{2}$, on fera usage de cette dernière série; et d'après l'équation (17) on aura

$$u - \frac{u^3}{1.3} + \frac{u^5}{1.2.5} - \frac{u^7}{1.2.3.7} + \text{etc.} = \frac{1}{4}\sqrt{\pi} - \frac{e^{-u^2}}{2\sqrt{2\mu pq}}.$$

En désignant par a la valeur de u qui satisfait à cette équation, abstraction faite du deuxième terme de son second membre, nous aurons ensuite

$$u = a - \frac{1}{2\sqrt{2\mu pq}},$$

aux quantités près de l'ordre de petitesse de $\frac{1}{\mu}$. Après quelques essais, on trouve $a = 0,4765$ pour la valeur approchée de a; d'où il résulte qu'il sera également probable que la différence $\frac{m}{\mu} - p$ tombera en dehors ou en dedans des limites

$$\pm\left(0,4765.\sqrt{\frac{2pq}{\mu}} - \frac{1}{2\mu}\right).$$

Pour une valeur quelconque de u, il y a la probabilité R que la différence des deux quantités $\frac{m}{\mu} - p$ et $\frac{n}{\mu} - q$, aura pour limite le double de $\pm u\sqrt{\frac{2pq}{\mu}}$; si donc on a $p = q = \frac{1}{2}$, il y aura une probabilité égale à $\frac{1}{2}$ que la quantité $\frac{m-n}{\mu}$, sera comprise entre les limites

$$\pm\left(\frac{0,6739}{\sqrt{\mu}} - \frac{1}{\mu}\right);$$

par conséquent, lorsque les événements E et F ont la même chance, il sera également probable que la différence $m - n$ entre les nombres de fois qu'ils arriveront, surpassera $0,6739.\sqrt{\mu} - 1$, ou sera moindre, abstraction faite du signe.

Ainsi, quand deux joueurs A et B jouent l'un contre l'autre à jeu égal, un très grand nombre de parties, un million par exemple, il y a un contre un à parier que l'un d'eux, sans dire lequel, gagnera 674 parties de plus que l'autre. C'est dans cette différence qui peut également favoriser les deux joueurs, que consiste la part du hasard. Mais si, à chaque partie, la chance p de A surpasse la chance q de B, il y aura une probabilité R, toujours croissante avec le nombre μ, que A gagnera de plus que B, un nombre $\mu(p-q) \pm 2u\sqrt{2\mu pq}$; et comme le terme $\mu(p-q)$, qui résulte de la différence d'habileté des deux joueurs, croît proportionnellement au nombre des parties, tandis que le terme ambigu croît seulement dans le rapport de la racine carrée de ce nombre, il s'ensuit que le joueur le plus habile, ou qui a le plus de chance à chaque partie, finira toujours par l'emporter sur l'autre, quelque petite que soit la différence $p-q$.

(83). Dans ce qui précède, nous avons supposé connues les chances p et q des événements E et F, et nous avons déterminé, avec une grande probabilité et une grande approximation, les rapports $\frac{m}{\mu}$ et $\frac{n}{\mu}$, quand le nombre μ des épreuves est très grand. Réciproquement, lorsque ces chances ne seront pas données *à priori*, et que les rapports $\frac{m}{\mu}$ et $\frac{n}{\mu}$ auront été observés, les formules que nous avons trouvées feront connaître les valeurs très probables et très approchées des inconnues p et q. Ainsi, il y aura la probabilité R, donnée par la formule (17), que la chance p de E est comprise entre les limites $\frac{m}{\mu} \pm u\sqrt{\frac{2pq}{\mu}}$. Si R diffère très peu de l'unité, la fraction p sera donc à très peu près et très probablement égale à $\frac{m}{\mu}$, et q à $\frac{n}{\mu}$; en mettant donc $\frac{m}{\mu}$ et $\frac{n}{\mu}$ à la place de p et q dans le terme ambigu de ces limites et dans le dernier terme de la formule (17), qui ont déjà $\sqrt{\mu}$ pour diviseur, il en résultera

$$R = 1 - \frac{2}{\sqrt{\pi}}\int_u^\infty e^{-t^2}dt + \sqrt{\frac{\mu}{2\pi mn}}\,e^{-u^2}, \qquad (19)$$

pour la probabilité que la chance p de E est comprise entre les limites

$$\frac{m}{\mu} \pm \frac{u}{\mu}\sqrt{\frac{2mn}{\mu}}.$$

Lorsque m, n, μ, seront de très grands nombres, on pourra, en général, se servir des valeurs approchées $\frac{m}{\mu}$ et $\frac{n}{\mu}$ de p et q, pour calculer la probabilité d'un événement futur, composé de E et F; par exemple, la probabilité de l'arrivée m' fois de E et n' fois de F, dans un nombre μ' ou $m'+n'$ de nouvelles épreuves, pourvu que μ' soit très petit par rapport à μ; et cela étant, si μ' est néanmoins un très grand nombre, on pourra employer la formule (17) : en mettant μ', $\frac{m}{\mu}$, $\frac{n}{\mu}$, au lieu de μ, p, q, dans cette formule et dans les limites auxquelles elle se rapporte, elle deviendra

$$R = 1 - \frac{2}{\sqrt{\pi}}\int_u^\infty e^{-t^2}\,dt + \frac{\mu}{\sqrt{2\pi\mu' mn}}\,e^{-u^2}, \qquad (20)$$

et elle exprimera la probabilité que le nombre n' sera compris entre les limites

$$\frac{\mu' n}{\mu} \mp \frac{u}{\mu}\sqrt{2\mu' mn},$$

où l'on a mis $\frac{\mu' n}{\mu}$ au lieu du plus grand nombre entier contenu dans ce rapport. Quelque approchées que soient ces valeurs $\frac{m}{\mu}$ et $\frac{n}{\mu}$ de p et q, comme elles ne sont que probables et non pas certaines, on n'en pourra plus faire usage, ainsi qu'on l'a vu précédemment (n° 71), quand le nombre μ' des épreuves futures aura une grandeur comparable à celle du nombre μ. C'est pourquoi, nous allons considérer d'une autre manière la question des chances p et q de E et F, déduites des événements observés, et appliquées ensuite à la probabilité des événements futurs.

(84). On suppose toujours que l'événement observé soit l'arrivé m fois de E et n fois de F, dans un très grand nombre μ ou $m+n$ d'épreuves, pendant lesquelles les chances p et q de E et F n'ont pas varié. Il y aura alors, d'après ce qui précède, une très grande probabilité que ces chances inconnues différaient très peu des rapports $\frac{m}{\mu}$ et $\frac{n}{\mu}$ que l'on pourra prendre, en conséquence, pour les valeurs approchées de p et q. Ces chances étant d'ailleurs susceptibles d'une infinité de valeurs croissantes par degrés infiniment petits, la probabilité d'une valeur exacte de p et de la valeur correspondante de q sera une quantité infiniment petite, qu'il s'agira de déterminer, du moins pour chacune des valeurs de p et q, qui s'écartent peu de $\frac{m}{\mu}$ et $\frac{n}{\mu}$ et que nous aurons seulement besoin de connaître.

La quantité Q, déterminée par la première formule (18), étant la probabilité que le nombre n est inférieur à $\mu q - r\sqrt{2\mu pq}$, elle est également la probabilité que la chance inconnue q de l'événement F, arrivé n fois dans μ épreuves, est supérieure à $\frac{n}{\mu} + r\sqrt{\frac{2pq}{\mu}}$, ou bien à $\frac{n}{\mu} + \frac{r}{\mu}\sqrt{\frac{2mn}{\mu}}$, en substituant dans le second terme de cette limite, à la place de p et q, leurs valeurs approchées $\frac{m}{\mu}$ et $\frac{n}{\mu}$. Si l'on met $r - dr$ au lieu de r dans cette formule, et que l'on conserve seulement les infiniment petits du premier ordre, $Q - \frac{dQ}{dr}dr$ sera donc aussi la probabilité que q surpasse $\frac{n}{\mu} + \frac{r}{\mu}\sqrt{\frac{2mn}{\mu}} - \sqrt{\frac{2mn}{\mu}}\frac{dr}{\mu}$; par conséquent, $-\frac{dQ}{dr}$ exprimera la probabilité infiniment petite que l'on a précisément

$$q = \frac{n}{\mu} + \frac{r}{\mu}\sqrt{\frac{2mn}{\mu}},$$

pour toutes les valeurs de r positives et très petites par rapport à $\sqrt{\mu}$, comme le suppose l'expression de Q. De même, la seconde formule (18) exprimera la probabilité Q' que la chance q est supérieure à $\frac{n}{\mu} - \frac{r'}{\mu}\sqrt{\frac{2mn}{\mu}}$ en y mettant $r' + dr'$ au lieu de r', on aura donc $Q' + \frac{dQ'}{dr'}dr'$ pour la probabilité que la valeur de q surpasse $\frac{n}{\mu} - \frac{r'}{\mu}\sqrt{\frac{2mn}{\mu}} - \sqrt{\frac{2mn}{\mu}}\frac{dr'}{\mu}$; par conséquent, $\frac{dQ'}{dr'}dr'$ sera la probabilité que q est supérieure à la seconde limite sans l'être à la première, ou que l'on a précisément

$$q = \frac{n}{\mu} - \frac{r'}{\mu}\sqrt{\frac{2mn}{\mu}};$$

r' étant aussi une quantité positive et très petite par rapport à $\sqrt{\mu}$. Mais par les règles connues de la différentiation sous le signe $\int$, et en substituant $\frac{m}{\mu}$ et $\frac{n}{\mu}$ à la place de p et q dans les derniers termes des formules (18), on a

$$-\frac{dQ}{dr}=\frac{1}{\sqrt{\pi}}\left(1+\frac{d.\delta}{dr}\right)e^{-(r+\delta)^2}+\frac{2(n-m)r}{3\sqrt{2\pi\mu mn}}e^{-r^2},$$

$$\frac{dQ'}{dr'}=\frac{1}{\sqrt{\pi}}\left(1-\frac{d.\delta'}{dr}\right)e^{-(r'-\delta')^2}-\frac{2(n-m)r'}{3\sqrt{2\pi\mu mn}}e^{-r'^2}.$$

D'après les valeurs de δ et δ', et en y faisant les mêmes substitutions, on a aussi

$$\frac{d.\delta}{dr}=\frac{2(m-n)r}{3\sqrt{2\mu mn}},\qquad \frac{d.\delta'}{dr'}=\frac{2(m-n)r'}{3\sqrt{2\mu mn}};$$

d'ailleurs, en bornant, comme précédemment, l'approximation aux termes de l'ordre de petitesse de la fraction $\frac{1}{\sqrt{\mu}}$, et négligeant, en conséquence, ceux qui ont μ pour diviseur, nous aurons

$$e^{-(r+\delta)^2}=(1-2r\delta)e^{-r^2}=\left[1-\frac{2(m-n)r^3}{3\sqrt{2\mu mn}}\right]e^{-r^2},$$

$$e^{-(r'-\delta')^2}=(1+2r'\delta')e^{-r'^2}=\left[1+\frac{2(m-n)r^3}{3\sqrt{2\mu mn}}\right]e^{-r'^2};$$

et de ces diverses valeurs, nous déduirons

$$-\frac{dQ}{dr}=\frac{1}{\sqrt{\pi}}e^{-r^2}-\frac{2(m-n)r^3}{3\sqrt{2\pi\mu mn}}e^{-r^2},$$

$$\frac{dQ'}{dr'}=\frac{1}{\sqrt{\pi}}e^{-r'^2}+\frac{2(m-n)r'^3}{3\sqrt{2\pi\mu mn}}e^{-r'^2};$$

Or, ces deux expressions ayant la même forme, et se changeant l'une dans l'autre par l'échange de r et $-r'$, il s'ensuit que si l'on désigne par v une variable positive ou négative, mais très petite par rapport à $\sqrt{\mu}$, et qu'on fasse

$$V = \frac{1}{\sqrt{\pi}} e^{-\nu^2} - \frac{2(m-n)\nu^3}{3\sqrt{2\pi\mu mn}} e^{-\nu^2}, \quad (21)$$

on aura $Vd\nu$ pour la probabilité de

$$q = \frac{n}{\mu} + \frac{\nu}{\mu}\sqrt{\frac{2mn}{\mu}}:$$

à cause de $p = 1 - q$ et $m = \mu - n$, cette probabilité infiniment petite sera, en même temps, celle de

$$p = \frac{m}{\mu} - \frac{\nu}{\mu}\sqrt{\frac{2mn}{\mu}}.$$

Cette quantité V décroît, comme on voit, très rapidement à mesure que ν augmente; et avant que cette variable ait acquis une grandeur comparable à $\sqrt{\mu}$, celle de V peut être extrêmement petite à raison du facteur $e^{-\nu^2}$. Si l'on exprime de la même manière au moyen de cette variable, les valeurs de p et q très différentes de $\frac{m}{\mu}$ et $\frac{n}{\mu}$, et que l'on représente par $V'd\nu$ leur probabilité; V' sera une fonction de ν, différente de V, dont les valeurs numériques seront encore beaucoup moindres que celles de V qui répondent à la limite où peut s'étendre la formule (21). On pourra donc regarder ces valeurs de V' comme étant tout-à-fait insensibles; ce qui nous dispensera de chercher l'expression de cette quantité V' en fonction de ν.

Cela posé, soit E' un événement futur, composé de E et F; désignons par Π la probabilité de E' qui aurait lieu si les chances de E et F avaient des valeurs certaines, de sorte que Π soit une fonction donnée de p et q; désignons aussi par Π' la probabilité véritable de E', en ayant égard à celle des valeurs quelconques de p et q que l'on subsituera dans Π : en multipliant Π par cette probabilité infiniment petite de p et q, et intégrant ensuite le produit depuis $p = 0$ et $q = 1$ jusqu'à $p = 1$ et $q = 0$, on aura l'expression de Π'. Mais, d'après ce qu'on vient de dire, on pourra négliger la partie de cette intégrale qui répond aux valeurs de p et q qui s'écartent beaucoup de $\frac{m}{\mu}$ et $\frac{n}{\mu}$; par conséquent, si l'on met dans Π les valeurs précédentes de p et q, on aura simplement

$$\Pi' = \int \Pi V dv, \qquad (22)$$

en étendant l'intégrale aux valeurs positives ou négatives de v, mais très petites par rapport à $\sqrt{\mu}$.

Ce résultat s'accorde avec celui qui a été obtenu plus directement, dans le second paragraphe de mon mémoire sur *la proportion des naissances des deux sexes*.

(85). Pour donner une première application des formules (21) et (22), je suppose que Π' soit la probabilité que dans un très grand nombre μ' ou $m'+n'$ de nouvelles épreuves, les événements E et F auront lieu des nombres de fois m' et n' qui seront entre eux, à très peu près, comme les nombres de fois m et n qu'ils sont arrivés dans les μ épreuves déjà faites; ou, autrement dit, je suppose qu'on doive avoir

$$m' = mh - \alpha\sqrt{\mu'}, \quad n' = nh + \alpha\sqrt{\mu'}, \quad \mu' = \mu h;$$

h et α étant des quantités données, dont la seconde pourra être positive ou négative, mais sera très petite par rapport à $\sqrt{\mu'}$.

D'après la formule (6), et en faisant

$$U' = \sqrt{\frac{\mu'}{2\pi m'n'}},$$

nous aurons

$$\Pi = U'\left(\frac{\mu' p}{m'}\right)^{m'}\left(\frac{\mu' q}{n'}\right)^{n'},$$

où l'on peut déjà remarquer que U' serait la probabilité de l'événement E' que nous considérons, si $\frac{m}{\mu}$ et $\frac{n}{\mu}$ étaient les valeurs exactes et certaines des chances p et q de E et F, et que l'on eût $\alpha = 0$. D'ailleurs, à cause de

$$\frac{m'}{\mu'} = \frac{m}{\mu} - \frac{\alpha}{\sqrt{\mu'}}, \quad \frac{n'}{\mu'} = \frac{n}{\mu} + \frac{\alpha}{\sqrt{\mu'}},$$

et, en faisant aussi

$$\frac{\nu}{\mu}\sqrt{\frac{2mn}{\mu}}-\frac{\alpha}{\sqrt{\mu'}}=\nu_{,},$$

les valeurs de p et q du numéro précédent pourront s'écrire sous cette forme :

$$p=\frac{m'}{\mu'}-\nu_{,},\quad q=\frac{n'}{\mu'}+\nu_{,}.$$

En les substituant dans la valeur de Π, il vient

$$\Pi=\mathrm{U}'\left(1-\frac{\mu'\nu_{,}}{m'}\right)^{m'}\left(1+\frac{\mu'\nu_{,}}{n'}\right)^{n'}.$$

Les quantités $\frac{\mu'\nu_{,}}{m'}$ et $\frac{\mu'\nu_{,}}{n'}$ étant de l'ordre de petitesse de la fraction $\frac{1}{\sqrt{\mu}}$ ou $\frac{1}{\sqrt{\mu'}}$, on aura, en séries très convergentes,

$$\log\left(1-\frac{\mu'\nu_{,}}{m'}\right)=-\frac{\mu'\nu_{,}}{m'}-\frac{\mu'^2\nu_{,}^2}{2m'^2}-\frac{\mu'^3\nu_{,}^3}{3m'^3}-\text{etc.},$$

$$\log\left(1+\frac{\mu'\nu_{,}}{n'}\right)=\frac{\mu'\nu_{,}}{n'}-\frac{\mu'^2\nu_{,}^2}{2n'^2}+\frac{\mu'^3\nu_{,}^3}{3n'^3}-\text{etc.};$$

d'où l'on déduit

$$\left(1-\frac{\mu'\nu_{,}}{m'}\right)^{m'}=e^{-\mu'\nu_{,}}e^{-\frac{\mu'^2\nu_{,}^2}{2m'}}e^{-\frac{\mu'^3\nu_{,}^3}{3m'^2}}\ \text{etc.},$$

$$\left(1+\frac{\mu'\nu_{,}}{n'}\right)^{n'}=e^{\mu'\nu_{,}}e^{-\frac{\mu'^2\nu_{,}^2}{2n'}}e^{\frac{\mu'^3\nu_{,}^3}{3n'^2}}\ \text{etc.}$$

Mais à cause du facteur U′ de Π′, qui est déjà de l'ordre de petitesse de $\frac{1}{\sqrt{\mu'}}$, on pourra négliger les quantités de cet ordre dans les deux autres facteurs; ce qui permettra de réduire toutes les exponentielles à l'unité, à partir de la troisième, dans chacun de ces deux produits. A ce degré d'approximation, on aura donc

$$\Pi = U' e^{-\frac{\mu'^3 \nu_,^2}{2m'n'}}.$$

Par la même raison, on pourra négliger le second terme de la formule (21); au moyen de quoi la formule (22) deviendra

$$\Pi' = \frac{1}{\sqrt{\pi}} U' \int e^{-\nu^2 - \frac{\mu'^3 \nu_,^2}{2m'n'}} d\nu.$$

Quoique cette intégrale ne doive s'étendre qu'à des valeurs de ν très petites par rapport à $\sqrt{\mu}$; si l'on observe qu'à raison du facteur exponentiel, le coefficient de $d\nu$ sous le signe $\int$ devient tout-à-fait insensible pour les valeurs de ν comparables à $\sqrt{\mu}$, on en conclura que sans altérer sensiblement cette intégrale, on peut l'étendre à de semblables valeurs de ν, et la prendre, comme nous le ferons effectivement, depuis $\nu = -\infty$ jusqu'à $\nu = \infty$. Or, en mettant mh et nh au lieu de m' et n' dans la valeur de $\nu_,$, on a

$$\nu^2 + \frac{\mu'^3 \nu_,^2}{2m'n'} = \nu^2 (1 + h) - \frac{2\nu\alpha\mu' \sqrt{h}}{\sqrt{2m'n'}} + \frac{\alpha^2 \mu'^2}{2m'n'};$$

cela étant, si l'on fait

$$\nu\sqrt{1+h} - \frac{\alpha\mu'\sqrt{h}}{\sqrt{2m'n'(1+h)}} = x, \quad d\nu = \frac{dx}{\sqrt{1+h}},$$

les limites de l'intégrale relative à la nouvelle variable x seront encore $\pm\infty$, et il en résultera

$$\Pi' = \frac{1}{\sqrt{1+h}} U' e^{-\frac{\alpha^2 \mu'^2}{2m'n'(1+h)}}, \qquad (23)$$

pour la probabilité qu'il s'agissait de déterminer.

Dans le cas de $\alpha = 0$, on aura simplement

$$\Pi' = \frac{1}{\sqrt{1+h}} U';$$

ce qui coïncide, d'après ce que U' représente, avec le résultat qu'on a trouvé d'une autre manière dans le n° 71.

(86). Pour le second exemple de l'application des formules (21) et (22), nous supposerons que Π' soit la probabilité que la différence $\frac{n'}{\mu'} - \frac{n}{\mu}$ n'excédera pas la quantité $\frac{\alpha}{\sqrt{\mu'}}$ qu'elle devait atteindre dans l'exemple précédent.

La quantité Π sera en fonction des chances p et q de E et F, la probabilité que dans les μ' épreuves futures, F n'arrivera pas plus d'un nombre n' de fois, égal à $\frac{n\mu'}{\mu} + \alpha\sqrt{\mu'}$, et que E aura lieu un nombre m' de fois, au moins égal à $\frac{m\mu'}{\mu} - \alpha\sqrt{\mu'}$. Sa valeur sera donc donnée par l'une ou l'autre des formules (15), en y mettant μ', m', n', au lieu de μ, m, n. Pour ces valeurs extrêmes de m' et n', on aura

$$\frac{n'}{m'+1} = \frac{n}{m}\left(1 + \frac{\alpha\mu^2}{mn\sqrt{\mu'}}\right),$$

en bornant toujours l'approximation aux quantités de l'ordre de petitesse de $\frac{1}{\sqrt{\mu}}$, ou de $\frac{1}{\sqrt{\mu'}}$. D'après les valeurs de p et q du numéro précédent, on aura, en même temps,

$$\frac{q}{p} = \frac{n}{m}\left(1 + \upsilon\sqrt{\frac{2\mu}{mn}}\right);$$

si donc on limite la variable υ de manière qu'on ait

$$\upsilon < \frac{\alpha\mu^2}{\sqrt{2\mu\mu' mn}},$$

abstraction faite du signe, on aura $\frac{q}{p} < \frac{n'}{m'+1}$, ou $\frac{q}{p} > \frac{n'}{m'+1}$, selon que la constante α sera positive ou négative; par conséquent, dans le premier cas, nous aurons

$$\Pi = 1 - \frac{1}{\sqrt{\pi}}\int_k^\infty e^{-t^2}dt + \frac{2(\mu'+n')}{3\sqrt{2\pi\mu' m' n'}}\,e^{-k^2},$$

en vertu de la seconde équation (15), et dans le second cas,

$$\Pi = \frac{1}{\sqrt{\pi}}\int_k^\infty e^{-t^2}dt + \frac{2(\mu'+n')}{3\sqrt{2\pi\mu' m' n'}}\,e^{-k^2},$$

en vertu de la première; k étant une quantité positive donnée par l'équation (12), ou dont le carré est

$$k^2 = n'\log\frac{n'}{q(\mu'+1)} + (m'+1)\log\frac{m'+1}{p(\mu'+1)}.$$

Des valeurs extrêmes de m' et n', et de celles de p et q, qui doivent être employées les unes et les autres dans ces formules, il résulte

$$q = \frac{n'}{\mu'+1} - \nu', \quad p = \frac{m'+1}{\mu'+1} + \nu',$$

en faisant, pour abréger,

$$\frac{\alpha}{\sqrt{\mu'}} - \frac{\nu\sqrt{2mn}}{\mu\sqrt{\mu}} - \frac{n'}{\mu'(\mu'+1)} = \nu'.$$

Cette quantité ν' sera de l'ordre de $\frac{1}{\sqrt{\mu'}}$; on aura donc, en séries très convergentes,

$$\log q = \log\frac{n'}{\mu'+1} - \frac{(\mu'+1)\nu'}{n'} - \frac{1}{2}\frac{(\mu'+1)^2\nu'^2}{n'^2} - \frac{1}{3}\frac{(\mu'+1)^3\nu'^3}{n'^3} - \text{etc.},$$

$$\log p = \log\frac{m'+1}{\mu'+1} + \frac{(\mu'+1)\nu'}{m'+1} - \frac{1}{2}\frac{(\mu'+1)^2\nu'^2}{(m'+1)^2} + \frac{1}{3}\frac{(\mu'+1)^3\nu'^3}{(m'+1)^3} - \text{etc.};$$

d'où l'on déduit, au degré d'approximation où nous nous arrêtons,

$$k^2 = \frac{\mu'^3\nu'^2}{2m'n'} - \frac{(m'-n')\mu'^4\nu'^3}{3m'^2n'^2},$$

et ensuite

$$k = \pm k'\left[1 - \frac{2(m'-n')k'}{3\sqrt{2\mu' m' n'}}\right],$$

en ayant égard à la valeur de v', et faisant, pour abréger,

$$\frac{\alpha\mu'}{\sqrt{2m'n'}} - \frac{v\mu'\sqrt{\mu'mn}}{\mu\sqrt{\mu m'n'}} = k'.$$

A cause de la limite qu'on vient d'assigner à v, cette quantité k' sera de même signe que α; pour que la valeur de k soit positive, il faudra donc prendre le signe supérieur ou inférieur devant son expression, selon que α sera une quantité positive ou négative. Le second terme de cette valeur de k sera aussi de l'ordre de petitesse de $\frac{1}{\sqrt{\mu}}$ ou $\frac{1}{\sqrt{\mu'}}$; par conséquent, nous aurons

$$\int_k^\infty e^{-t^2}dt = \int_{\pm k'}^\infty e^{-t^2}dt \pm \frac{2(m'-n')k'^2}{3\sqrt{2\mu'm'n'}}e^{-k'^2}.$$

En même temps, les valeurs précédentes de Π deviendront

$$\Pi = 1 - \frac{1}{\sqrt{\pi}}\int_{k'}^\infty e^{-t^2}dt + \frac{2n'}{\sqrt{2\pi\mu'm'n'}}e^{-k'^2},$$

$$\Pi = \frac{1}{\sqrt{\pi}}\int_{-k'}^\infty e^{-t^2}dt + \frac{2n'}{\sqrt{2\pi\mu'm'n'}}e^{-k'^2};$$

et, en vertu des formules (21) et (22), les valeurs correspondantes de Π' seront

$$\Pi' = \frac{1}{\sqrt{\pi}}\int e^{-v^2}dv - \frac{1}{\pi}\int_{k'}^\infty\int e^{-t^2-v^2}dtdv + \frac{2n'}{\sqrt{2\pi\mu'm'n'}}\int e^{-k'^2-v^2}dv$$
$$- \frac{2(m-n)}{3\sqrt{2\pi\mu mn}}\left(\int e^{-v^2}v^3dv - \frac{1}{\sqrt{\pi}}\int_{k'}^\infty\int e^{-t^2-v^2}v^3dtdv\right),$$

$$\Pi' = \frac{1}{\pi}\int_{-k'}^\infty\int e^{-t^2-v^2}dtdv + \frac{2n'}{\sqrt{2\pi\mu'm'n'}}\int e^{-k'^2-v^2}dv$$
$$- \frac{2(m-n)}{3\pi\sqrt{2\mu mn}}\int_{-k'}^\infty\int e^{-t^2-v^2}v^3dt.dv.$$

Les exponentielles e^{-v^2}, $e^{-t^2-v^2}$, $e^{-k'^2-v^2}$, rendant insensibles les coefficients de $d\nu$ sous les signes $\int$, au-delà de la limite assignée à ν, il s'ensuit que sans altérer sensiblement les intégrales relatives à cette variable, on pourra les étendre, comme plus haut, depuis $\nu = -\infty$ jusqu'à $\nu = \infty$. Soit, en outre,

$$\frac{\alpha\mu'}{\sqrt{2m'n'}} = \pm\beta, \quad \frac{\mu'\sqrt{\mu'mn}}{\mu\sqrt{\mu m'n'}} = \gamma, \quad t = \theta \mp \gamma\nu, \quad dt = d\theta;$$

β étant une quantité positive, et les signes supérieurs ou inférieurs ayant lieu selon que α sera une quantité positive ou négative. Dans la première expression de Π', qui suppose α positive, on prendra donc

$$k' = \beta - \gamma\nu, \quad t = \theta - \gamma\nu;$$

et les limites des intégrales relatives à la nouvelle variable θ seront $\theta = \beta$ et $\theta = \infty$. Dans la seconde expression de Π', qui se rapporte au cas de α négative, on devra prendre

$$k' = -\beta - \gamma\nu, \quad t = \theta + \gamma\nu;$$

et les limites de cette intégrale seront encore $\theta = \beta$ et $\theta = \infty$. De cette manière, on aura

$$\begin{aligned}\Pi' = 1 &- \frac{1}{\pi}\int_{\beta}^{\infty}\int_{-\infty}^{\infty} e^{-\theta^2+2\gamma\theta\nu-(1+\gamma^2)\nu^2}\,d\theta\,d\nu \\ &+ \frac{2n'}{\sqrt{2\pi\mu'm'n'}}\int_{-\infty}^{\infty} e^{-\beta^2+2\gamma\beta\nu-(1+\gamma)\nu^2}\,d\nu \\ &+ \frac{2(m-n)}{3\pi\sqrt{2\mu mn}}\int_{\beta}^{\infty}\int_{-\infty}^{\infty} e^{-\theta^2+2\gamma\theta\nu-(1+\gamma^2)\nu^2}\,\nu^3\,d\theta\,d\nu;\end{aligned}$$

$$\begin{aligned}\Pi' = &\frac{1}{\pi}\int_{\beta}^{\infty}\int_{-\infty}^{\infty} e^{-\theta^2-2\gamma\theta\nu-(1+\gamma^2)\nu^2}\,d\theta\,d\nu \\ &+ \frac{2n'}{\sqrt{2\pi\mu'm'n'}}\int_{-\infty}^{\infty} e^{-\beta^2-2\gamma\beta\nu-(1+\gamma^2)\nu^2}\,d\nu \\ &- \frac{2(m-n)}{3\pi\sqrt{2\mu mn}}\int_{\beta}^{\infty}\int_{-\infty}^{\infty} e^{-\theta^2-2\gamma\theta\nu-(1+\gamma^2)\nu^2}\,\nu^3\,d\theta\,d\nu.\end{aligned}$$

Les intégrations relatives à v s'effectueront sans difficulté, en sorte que la probabilité Π' qu'il s'agissait de déterminer ne renfermera plus qu'une intégrale simple relative à θ. A cause de

$$\alpha = \pm \frac{\mathcal{C}\sqrt{2m'n'}}{\mu'},$$

la première valeur de Π' sera la probabilité que le nombre n' n'excèdera pas $\frac{n\mu'}{\mu} + \mathcal{C}\sqrt{\frac{2m'n'}{\mu'}}$, qui surpasse très peu $\frac{n\mu'}{\mu}$, et sa seconde valeur exprimera la probabilité que n' n'excèdera pas $\frac{n\mu'}{\mu} - \mathcal{C}\sqrt{\frac{2m'n'}{\mu'}}$, qui est un peu moindre que $\frac{n\mu'}{\mu}$.

(87). On peut remarquer qu'à raison des limites $\pm\infty$, relatives à v, les deux premières intégrales sont les mêmes dans les deux valeurs de Π', et la troisième est la même au signe près. Il en résulte qu'en appelant φ l'excès de la première valeur sur la seconde, on aura simplement

$$\varphi = 1 - \frac{2}{\pi}\int_{\mathcal{C}}^{\infty}\int_{-\infty}^{\infty} e^{-\theta^2 + 2\gamma\theta v - (1+\gamma^2)v^2}d\theta dv;$$

et cette quantité φ sera la probabilité que le nombre n' surpassera $\frac{n\mu'}{\mu} - \mathcal{C}\sqrt{\frac{2m'n'}{\mu'}}$ sans excéder $\frac{n\mu'}{\mu} + \mathcal{C}\sqrt{\frac{2m'n'}{\mu'}}$.

Si nous faisons

$$v\sqrt{1+\gamma^2} - \frac{\gamma\theta}{\sqrt{1+\gamma^2}} = z, \quad dv = \frac{dz}{\sqrt{1+\gamma^2}};$$

les limites relatives à la nouvelle variable z seront toujours $\pm\infty$, et nous aurons

$$\varphi = 1 - \frac{2}{\sqrt{\pi(1+\gamma^2)}}\int_{\mathcal{C}}^{\infty} e^{-\frac{\theta^2}{1+\gamma^2}}d\theta,$$

ou, ce qui est la même chose,

$$\varphi = 1 - \frac{2}{\sqrt{\pi}}\int_{u}^{\infty} e^{-t^2}dt,$$

en faisant aussi

$$\theta = t\sqrt{1+\gamma^2}, \quad d\theta = \sqrt{1+\gamma^2}dt, \quad 6 = u\sqrt{1+\gamma^2}.$$

En ayant égard à la valeur de γ, on verra que φ exprime actuellement la probabilité que n' sera compris entre les limites

$$\frac{n\mu'}{\mu} \mp \frac{u\sqrt{2(\mu^3 m'n' + \mu'^3 mn)}}{\mu\sqrt{\mu\mu'}},$$

ou égal à la limite supérieure. Si l'on veut que cet intervalle des valeurs de n' contienne aussi la limite inférieure, il faudra ajouter à φ la probabilité que n' sera précisément égal à cette limite; laquelle probabilité sera donnée par la formule (23), en y faisant

$$\alpha\sqrt{\mu'} = \frac{u\sqrt{2(\mu^3 m'n' + \mu'^3 mn)}}{\mu\sqrt{\mu\mu'}}.$$

De cette manière, si l'on désigne par ϖ la probabilité que le nombre n' tombera entre les deux limites précédentes, ou sera égal à l'une ou à l'autre, on aura

$$\varpi = 1 - \frac{2}{\sqrt{\pi}}\int_u^\infty e^{-t^2}dt + \frac{\sqrt{\mu\mu'}}{\sqrt{2\pi m'n'(\mu+\mu')}}e^{-\frac{u^2(\mu^3 m'n' + \mu'^3 mn)}{\mu^2 m'n'(\mu+\mu')}}. \quad (24)$$

En comparant cette valeur de ϖ à celle de R qui est donnée par la formule (20), on voit que ces deux probabilités ne diffèrent l'une de l'autre que par leurs derniers termes, et sont, en conséquence, à peu près égales. Mais quand le nombre μ' des épreuves futures n'est pas très petit par rapport au nombre μ des épreuves déjà faites, les termes ambigus des limites de n' auxquelles répondent ces probabilités ϖ et R ne sont pas les mêmes, et les limites dont ϖ est la probabilité peuvent être beaucoup moins resserrées que celles dont la probabilité est R.

En effet, si la probabilité ϖ diffère peu de la certitude, on pourra, dans les limites auxquelles elle se rapporte, mettre pour n' et m' leurs valeurs approchées et très probables $\frac{n\mu'}{\mu}$ et $\frac{m\mu'}{\mu}$; ce qui changera ces limites en celles-ci :

$$\frac{n\mu'}{\mu} \mp \frac{u}{\mu} \sqrt{2\mu' mn(1+h)};$$

h étant le rapport de μ' à μ. Or, en les comparant à celles du nº 83, auxquelles répond la probabilité R, on voit que pour une même valeur de u, elles sont plus étendues dans le rapport de $\sqrt{1+h}$ à l'unité. Pour les rendre aussi étroites que celles de ce numéro, il faudrait diminuer u dans le rapport de l'unité à $\sqrt{1+h}$; ce qui diminuerait aussi leur probabilité et la rendrait moindre que R. Quand h sera une très petite fraction, les formules (20) et (24), coïncideront à très peu près, ainsi que les limites correspondantes des valeurs de n'. Ce résultat s'accorde avec celui que j'avais déjà trouvé d'une autre manière, dans le mémoire cité plus haut.

La formule (24) exprime aussi la probabilité que la différence $\frac{n'}{\mu'} - \frac{n}{\mu}$ sera comprise entre les limites

$$\mp \frac{u\sqrt{2(\mu^3 m'n' + \mu'^3 mn)}}{\mu\mu'\sqrt{\mu\mu'}},$$

ou égale à l'une d'elles, et qu'il en sera de même à l'égard de la différence $\frac{m'}{\mu'} - \frac{m}{\mu}$, en changeant leurs signes. Si donc on a pris pour u un nombre tel que trois ou quatre, qui rende la probabilité ϖ très approchante de la certitude (nº 80), et si, néanmoins, l'observation donne pour $\frac{m'}{\mu'} - \frac{m}{\mu}$ ou $\frac{n'}{\mu'} - \frac{n}{\mu}$ des valeurs qui s'écartent notablement de ces limites, on sera fondé à en conclure, avec une très grande probabilité, que les chances inconnues des événements E et F ont changé, dans l'intervalle des deux séries d'épreuves, ou même pendant ces épreuves.

On peut remarquer que pour une même valeur de u, et, par conséquent, à égal degré de probabilité, les limites précédentes ont la plus grande amplitude, quand μ et μ' sont égaux, et la moindre, lorsque l'un de ces nombres est très grand par rapport à l'autre. Dans le cas de $\mu' = \mu$, on a aussi à très peu près $m' = m$ et $n' = n$; ce qui réduit le coefficient de u à $\frac{2\sqrt{mn}}{\mu\sqrt{\mu}}$. Si, au contraire, μ' est très grand relativement à μ; à cause de $m' = \frac{m\mu'}{\mu}$ et $n' = \frac{n\mu'}{\mu}$, à très peu près, ce coefficient se réduira à $\frac{\sqrt{2mn}}{\mu\sqrt{\mu}}$, et sera moindre que le précédent, dans le rapport de l'unité à $\sqrt{2}$.

(88). Généralement, les deux événements contraires E et F, dont les chances inconnues sont p et q, étant arrivés les nombres de fois m et n dans le très grand nombre μ d'épreuves; si deux autres événements contraires E_1 et F_1, dont les chances également inconnues seront désignées par p_1 et q_1, ont eu lieu des nombres de fois m_1 et n_1 dans un très grand nombre μ_1 ou $m_1 + n_1$ d'épreuves; et si les rapports $\frac{m}{\mu}$ et $\frac{m_1}{\mu_1}$ diffèrent considérablement l'un de l'autre, ce qui aura lieu aussi pour $\frac{n}{\mu}$ et $\frac{n_1}{\mu_1}$, on devra regarder comme certain, ou à très peu près, que les chances p et p_1 sont inégales, ainsi que q et q_1. Mais quand les différences $\frac{m}{\mu} - \frac{m_1}{\mu_1}$ et $\frac{n}{\mu} - \frac{n_1}{\mu_1}$, sont de petites fractions, il est possible que les chances p et p_1, q et q_1, ne soient pas sensiblement inégales, et que les différences observées proviennent de ce que, dans les deux séries de μ et μ_1 épreuves, les événements ne sont point arrivés rigoureusement en proportion de leurs chances respectives : il sera donc utile de déterminer, comme nous allons le faire, la probabilité d'une inégalité entre les chances inconnues p et p_1, q et q_1, correspondante à des différences données, peu considérables, égales et de signes contraires, entre les rapports $\frac{m}{\mu}$ et $\frac{m_1}{\mu_1}$, $\frac{n}{\mu}$ et $\frac{n_1}{\mu_1}$.

Je désigne, comme dans le n° 84, par

$$p = \frac{m}{\mu} - \frac{\nu}{\mu}\sqrt{\frac{2mn}{\mu}},$$

une valeur de p qui s'écarte peu de $\frac{m}{\mu}$, de sorte que ν soit une variable positive ou négative, mais très petite par rapport à $\sqrt{\mu}$. Soit de même

$$p_1 = \frac{m_1}{\mu_1} - \frac{\nu_1}{\mu_1}\sqrt{\frac{2m_1n_1}{\mu_1}},$$

une valeur de p_1 peu différente de p, et dans laquelle la variable ν_1, positive ou négative, est très petite par rapport à $\sqrt{\mu_1}$. Supposons qu'on ait

$$\frac{m_1}{\mu_1} - \frac{m}{\mu} = \delta;$$

δ étant une petite fraction, qui pourra aussi être positive ou négative. Nous aurons

$$p_1 - p = \delta + \frac{\nu}{\mu}\sqrt{\frac{2mn}{\mu}} - \frac{\nu_1}{\mu_1}\sqrt{\frac{2m_1n_1}{\mu_1}};$$

en désignant cette différence par z, on en déduira

$$\nu_1 = (\delta - z)\,\mu_1\sqrt{\frac{\mu_1}{2m_1n_1}} + \frac{\nu}{\mu}\,\frac{\sqrt{\mu_1 mn}}{\sqrt{\mu m_1 n_1}};$$

et si ϵ est une petite fraction positive, et qu'il s'agisse de déterminer la probabilité que p_1 excédera p d'une quantité au moins égale à ϵ, il ne faudra donner à la variable z que des valeurs positives qui ne soient pas moindres que ϵ.

Cela posé, les probabilités infiniment petites des valeurs précédentes de p et p_1, seront $Vd\nu$ et $V_1d\nu_1$; le coefficient V étant donné par la formule (21), et V_1 désignant ce que cette formule devient quand on y met μ_1, m_1, n_1, ν_1, au lieu de μ, m, n, ν. La probabilité du concours de ces deux valeurs sera le produit de $Vd\nu$ et $V_1d\nu_1$; et si l'on appelle λ la probabilité demandée, elle sera exprimée par une intégrale double, savoir :

$$\lambda = \int\int VV_1 d\nu d\nu_1.$$

Pour plus de simplicité, je négligerai le second terme de la formule

(21); et il en résultera

$$\lambda = \frac{1}{\pi}\int\int e^{-\nu^2-\nu_1^2}\, d\nu d\nu_1.$$

Si l'on veut substituer, dans cette intégration, la variable z à ν_1, il faudra prendre pour $d\nu_1$ la différentielle de la valeur précédente de ν_1, relative à z; et, la variable ν_1 étant ici supposée croissante, il faudra, pour que z le soit aussi, changer le signe de $d\nu_1$; en sorte que l'on aura

$$d\nu_1 = \frac{\mu_1\sqrt{\mu_1}}{\sqrt{2m_1n_1}}\, dz.$$

On aura, en outre,

$$\nu^2 + \nu_1^2 = \nu^2\left(1 + \frac{\mu_1^3 mn}{\mu^3 m_1 n_1}\right) + \frac{2\nu(\delta - z)\mu_1^3\sqrt{mn}}{m_1 n_1 \mu\sqrt{2\mu}} + \frac{(\delta-z)^2\mu_1^3}{2m_1n_1}.$$

L'intégrale relative à ν pourra s'étendre, comme dans les questions précédentes, depuis $\nu = -\infty$ jusqu'à $\nu = \infty$. En faisant

$$\frac{\nu\sqrt{\mu^3 m_1 n_1 + \mu_1^3 mn}}{\mu\sqrt{\mu m_1 n_1}} + \frac{(\delta - z)\mu_1^3\sqrt{mn}}{\sqrt{2m_1n_1}\sqrt{\mu^3m_1n_1 + \mu_1^3mn}} = x,$$

$$d\nu = \frac{\mu\sqrt{\mu m_1 n_1}\, dx}{\sqrt{\mu^3 m_1 n_1 + \mu_1^3 mn}},$$

les limites relatives à la nouvelle variable x seront encore $\pm\infty$; l'intégrale relative à z ne devra s'étendre que depuis $z = \varepsilon$ jusqu'à $z = \infty$; et comme on aura

$$\nu^2 + \nu_1^2 = \frac{(\delta - z)^2\mu_1^3\mu_1^3}{2(\mu^3 m_1 n_1 + \mu_1^3 mn)} + x^2, \quad \int_{-\infty}^{\infty} e^{-x^2}dx = \sqrt{\pi},$$

la valeur de λ deviendra

$$\lambda = \frac{\mu\mu_1\sqrt{\mu\mu_1}}{\sqrt{2\pi(\mu^3 m_1 n_1 + \mu_1^3 mn)}}\int_{\varepsilon}^{\infty} e^{-\frac{(z-\delta)^2\mu^3\mu_1^3}{2(\mu^3 m_1 n_1 + \mu_1^3 mn)}}\, dz.$$

Soit actuellement

$$\frac{(z-\delta)\mu\mu_1\sqrt{\mu\mu_1}}{\sqrt{2(\mu^3 m_1 n_1+\mu_1^3 mn)}}=t,\quad \frac{\mu\mu_1\sqrt{\mu\mu_1}\,dz}{\sqrt{2(\mu^3 m_1 n_1+\mu_1^3 mn)}}=dt;$$

faisons aussi

$$\frac{(\varepsilon-\delta)\mu\mu_1\sqrt{\mu\mu_1}}{\sqrt{2(\mu^3 m_1 n_1+\mu_1^3 mn)}}=\pm u; \qquad (25)$$

u étant une quantité positive, et en prenant le signe supérieur ou le signe inférieur selon que l'on aura $\varepsilon>\delta$ ou $\varepsilon<\delta$. Les limites de l'intégrale relative à t seront $t=\pm u$ et $t=\infty$; et si l'on observe que l'on a

$$\int_{-u}^{\infty} e^{-t^2}\,dt=\int_{-\infty}^{\infty} e^{-t^2}\,dt-\int_{-\infty}^{-u} e^{-t^2}\,dt=\sqrt{\pi}-\int_{u}^{\infty} e^{-t^2}\,dt,$$

on en conclura finalement

$$\lambda=\frac{1}{\sqrt{\pi}}\int_{u}^{\infty} e^{-t^2}\,dt,\quad \lambda=1-\frac{1}{\sqrt{\pi}}\int_{u}^{\infty} e^{-t^2}\,dt; \qquad (26)$$

la première valeur ayant lieu quand la différence $\varepsilon-\delta$ sera positive, et la seconde, lorsque cette différence est négative.

On doit observer qu'ayant négligé le second terme de la formule (21), la probabilité du cas où la différence p_1-p serait précisément égale à ε se trouve aussi négligée ; en sorte que λ est la probabilité qu'on a $p_1-p>\varepsilon$, et non pas qu'on ait $p_1-p>\varepsilon$, ou $p_1-p=\varepsilon$. Dans le cas de $\varepsilon=\delta$, la quantité u est nulle, et les deux valeurs de λ sont $\lambda=\frac{1}{2}$, c'est-à-dire, qu'il y a un contre un à parier que p_1 excède p d'une quantité plus grande que δ.

Les formules (26) serviront aussi à calculer la probabilité que la chance inconnue p_1 surpasse une fraction donnée. Pour cela, je fais, dans l'équation (25),

$$\mu=\infty,\quad \frac{m}{\mu}=\omega,\quad \delta=\frac{m_1}{\mu_1}-\omega;$$

ce qui la change en celle-ci

$$u = \pm\left(\varepsilon + \omega - \frac{m_1}{\mu_1}\right)\frac{\mu_1\sqrt{\mu_1}}{\sqrt{2m_1n_1}}.$$

Mais le nombre μ étant supposé infini, la chance p est certainement égale au rapport $\frac{m}{\mu}$ ou à la fraction ω; par conséquent, λ est alors la probabilité qu'on a $p_1 > \varepsilon + \omega$. En prenant, pour plus de simplicité, ω au lieu de $\varepsilon + \omega$, et mettant aussi μ, m, n, à la place de μ_1, m_1, n_1, on aura

$$u = \pm\left(\omega - \frac{m}{\mu}\right)\frac{\mu\sqrt{\mu}}{\sqrt{2mn}}; \qquad (27)$$

et selon que la différence $\omega - \frac{m}{\mu}$ sera positive ou négative, la première ou la seconde formule (26) exprimera la probabilité que la chance inconnue d'un événement arrivé m fois, dans un très grand nombre μ ou $m+n$ d'épreuves, excède la fraction donnée ω.

(89). Afin de donner une application numérique des diverses formules qu'on vient d'obtenir, je prendrai pour exemple l'expérience de Buffon qui nous a déjà servi dans le n° 50.

L'évènement E sera alors l'arrivée de *croix*, et F l'arrivée de *pile*, dans une longue série de projections d'une même pièce. D'après cette expérience, on a eu

$$m = 2048, \quad n = 1992, \quad \mu = 4040,$$

pour les nombres de fois m et n que E et F sont arrivés dans le nombre μ d'épreuves successives. En substituant ces nombres dans la formule (19), et prenant $u = 2$, on aura

$$\frac{2}{\sqrt{\pi}}\int_u^\infty e^{-t^2}\,dt = 0,00468, \quad \mathrm{R} = 0,99555.$$

On trouvera, en même temps,

$$0,50693 \mp 0,02225,$$

pour les limites de la valeur de p, auxquelles cette formule se rapporte; en sorte qu'il y a la probabilité 0,99555, ou à très peu près 224 à parier contre un, que la chance inconnue p de l'arrivée de *croix*, est comprise entre 0,48468 et 0,52918. Si l'on veut connaître la probabilité qu'elle surpasse $\frac{1}{2}$, ou que la chance de *croix* est supérieure à celle de *pile*, on substituera les valeurs précédentes de μ, m, n, dans la formule (27), et l'on y fera $\omega = \frac{1}{2}$; en prenant le signe inférieur, et par conséquent la seconde formule (26), on aura

$$u = 0,62298, \quad \lambda = 0,81043, \quad 1 - \lambda = 0,18957;$$

ce qui montre qu'il n'y a pas tout-à-fait cinq contre un à parier que la chance de *croix* soit plus grande que $\frac{1}{2}$.

L'expérience dont nous nous occupons peut être divisée en deux parties, l'une composée de 2048 épreuves, l'autre en contenant 1992; dans la première partie, *croix* a eu lieu 1061 fois et *pile* 987 fois; dans la seconde partie, *croix* est arrivé 987 fois et *pile* 1005 fois : or, d'après le résultat de l'expérience totale, et au moyen de la formule (24), on peut aussi calculer la probabilité que les nombres des arrivées de *croix* ou de *pile* ont dû être compris entre des limites données, dans les deux expériences partielles. Pour cela, on fera, dans cette formule et dans les limites auxquelles elle répond,

$$\frac{m'}{\mu'} = \frac{m}{\mu} = 0,50693, \quad \frac{n'}{\mu'} = \frac{n}{\mu} = 0,49307;$$

c'est-à-dire que l'on y mettra pour les rapports $\frac{m'}{\mu'}$ et $\frac{n'}{\mu'}$, qui ne sont pas censés connus, leurs valeurs approchées, résultantes de l'expérience totale; ce qui est permis, attendu que m' et n' n'entrent que dans des termes qui sont de l'ordre de petitesse de $\frac{1}{\sqrt{\mu}}$. On y mettra aussi pour μ le nombre total 4040. Relativement à la première partie de l'expérience, on aura, en outre,

$$\mu' = 2048;$$

et si l'on prend, comme plus haut, $u = 2$, on trouvera

$$\varpi = 0,99558,$$

pour la probabilité que le nombre n' des arrivées de *pile* a dû être compris entre les limites

$$1001 \mp 79;$$

ce qui a eu lieu effectivement, puisque *pile* s'est présenté 987 fois dans cette première partie.

Relativement à la seconde partie, on aura

$$\mu' = 1992;$$

et en prenant toujours $u = 2$, on trouvera

$$\varpi = 0,99560,$$

pour la probabilité que *pile* a dû arriver un nombre n' de fois, compris entre les limites

$$982 \mp 77;$$

qui renferment, en effet, le nombre de fois 1005 que *pile* est réellement arrivé. On néglige les fractions dans ces limites et dans les précédentes.

Supposons que l'on ne sache pas si la même pièce a été employée dans les deux parties de l'expérience, et que l'on demande, d'après leurs résultats, la probabilité λ que la chance de *croix*, dans la première partie, excède d'une fraction donnée, la chance de *croix*, dans la seconde partie. On fera d'abord, dans l'équation (25),

$$\mu = 1992, \quad m = 987, \quad n = 1005,$$
$$\mu_{,} = 2048, \quad m_{,} = 1061, \quad n_{,} = 987,$$

et en outre

$$\delta = \frac{m_1}{\mu_1} - \frac{m}{\mu} = 0,02257.$$

Cette équation deviendra

$$u = \pm (\varepsilon - 0,02257)(44,956).$$

Si l'on fait, par exemple, $\varepsilon = 0,02$, il faudra prendre le signe inférieur, et faire usage de la seconde formule (26); on aura de cette manière

$$u = 0,11553, \quad \lambda = 0,56589, \quad 1 - \lambda = 0,43411;$$

de sorte qu'il y aurait à peine quatre à parier contre trois, que la chance de *croix* serait plus grande d'un cinquantième, dans la première partie de l'expérience que dans la seconde. En faisant $\varepsilon = 0,025$, on devra prendre le signe supérieur et employer la première formule (26); on aura alors

$$u = 0,10925, \quad \lambda = 0,43861, \quad 1 - \lambda = 0,56139;$$

et il y aurait moins de un contre un à parier, que l'excès dont il s'agit surpasserait un quarantième.

(90). Je placerai ici la solution d'un problème, susceptible d'une application intéressante, et qui sera fondée sur les formules précédentes et sur un lemme que je vais d'abord énoncer (*).

Une urne A renferme un nombre c de boules, dont a boules blanches et b boules noires, de sorte qu'on ait $a + b = c$. On en extrait d'abord au hasard un nombre l de boules, successivement et sans les remettre, ou toutes à la fois; ensuite, on en extrait de même

---

(*) Depuis que la note de la page 61 est imprimée, on m'a fait remarquer que la proposition qu'elle renferme est comprise dans ce lemme, dont j'avais déjà fait usage pour la solution du problème du *trente-et-quarante*, citée à la page 70.

un nombre μ ou $m+n$ d'autres boules; je dis que dans cette seconde opération, la probabilité d'amener m boules blanches et n boules noires, est indépendante du nombre et de la couleur des boules sorties dans la première, et la même que si l était zéro.

En effet, supposons que l'on effectue les $l+\mu$ tirages successifs; soient i le nombre total des combinaisons différentes de $l+\mu$ boules qui pourront arriver, i' le nombre de ces combinaisons dans lesquelles les μ dernières boules se composeront de m blanches et de n noires, $i_{,}$ le nombre de celles dans lesquelles ce seront les μ premières boules qui en renfermeront m blanches et n noires; la chance d'amener m boules blanches et n boules noires, après une extraction de l boules quelconques, sera $\frac{i'}{i}$, et la chance d'amener m boules blanches et n boules noires, avant qu'aucune boule ait été extraite de A, aura $\frac{i_{,}}{i}$ pour valeur; or, les deux nombres i' et $i_{,}$ sont égaux; car, en général, une combinaison qui se compose de l boules déterminées, suivies de μ boules aussi déterminées, et celle où ces μ dernières boules précèdent, au contraire, les l premières, sont toutes deux également possibles; et, en particulier, pour chaque combinaison dans laquelle les μ dernières des $l+\mu$ boules extraites de A renferment m blanches et n noires, il y a toujours une autre combinaison dans laquelle ce sont les μ premières boules qui contiennent ces nombres de blanches et de noires, et réciproquement. Les fractions $\frac{i'}{i}$ et $\frac{i_{,}}{i}$, et conséquemment les probabilités qu'elles expriment, sont donc aussi égales; ce qu'il s'agissait de démontrer.

On peut vérifier cette proposition de la manière suivante.

Les nombres de boules blanches et de boules noires contenues dans A étant a et b, la chance d'amener m boules blanches et n noires dans les $m+n$ premiers tirages, est une fonction de a, b, m, n, que je représenterai par $f(a, b, m, n)$. Celle d'amener g boules blanches et h noires dans les $g+h$ premiers tirages sera de même $f(a, b, g, h)$; ces tirages ayant réduit à $m-g$ et $n-h$, les nombres de boules blanches et de boules noires que A renferme, la chance d'en extraire ensuite m blanches et n noires dans $m+n$ ou μ nouveaux tirages, aura pour expression $f(a-g, b-h, m, n)$; le produit de ces deux dernières fonctions sera donc la chance d'amener m boules blanches et n noires, après avoir déjà extrait de A, g boules blanches et h boules noires; par conséquent, si l'on fait la somme des $l+1$ valeurs de ce produit, qui répondent à toutes les valeurs entières ou zéro de g et h, dont la somme est l, on aura l'expression complète de la chance d'amener m boules blanches et n noires, après avoir extrait de A un nombre l de boules quelconques. Cela étant, il s'agira de faire voir que cette chance est indépendante de l, et égale à $f(a, b, m, n)$, c'est-à-dire de montrer que l'on a

$$f(a, b, m, n)=\Sigma f(a, b, g, h) f(a-g, b-h, m, n);$$

la somme Σ s'étendant depuis $g=0$ et $h=l$, jusqu'à $g=l$ et $h=0$.

Pour cela, j'observe qu'on a, d'après le n° 18,

$$f(a, b, m, n)=\frac{\varphi(m, n)\,\varphi(a-m, b-n)}{\varphi(a, b)},$$

en faisant, pour abréger,

$$\frac{1.2.3\ldots c}{1.2.3\ldots a.1.2.3\ldots b}=\varphi(a, b),$$

relativement à des nombres quelconques a et b, dont la somme est c.

Il en résultera

$$f(a,b,g,h)f(a-g,b-h,m,n)=\frac{\varphi(g,h)\varphi(a-g,b-g)}{\varphi(a, b)}\cdot\frac{\varphi(m,n)\varphi(a-g-m,b-h-n)}{\varphi(a-g, b-h)},$$

ou, ce qui est la même chose,

$$f(a, b, g, h) f(a-g, b-h, m, n)=\frac{\varphi(m, n)}{\varphi(a, b)}\cdot\varphi(g, h)\,\varphi(a-g-m, b-h-n);$$

au moyen de quoi, et de la valeur de $f(a, b, m, n)$, l'équation qu'il s'agit de vérifier deviendra

$$\varphi(a-m, b-n)=\Sigma\,\varphi(g, h)\,\varphi(a-g-m, b-h-n),$$

en supprimant le facteur $\frac{\varphi(m, n)}{\varphi(a, b)}$, commun à tous les termes de ses deux membres; et comme a et b sont des nombres quelconques, on y pourra, si l'on veut, mettre $a+n$ et $b+m$ au lieu de a et b; ce qui la changera en celle-ci

$$\varphi(a, b) = \Sigma\, \varphi(g, h)\, \varphi(a-g, b-h).$$

Or, son premier membre est le coefficient de $x^a y^b$, dans le développement de $(x+y)^c$; son second membre est le coefficient de $x^a y^b$, dans le produit des développements de $(x+y)^l$ et $(x+y)^{c-l}$, ou dans le développement de $(x+y)^c$, comme le premier membre; par conséquent, les deux membres de cette équation sont identiques; ce qu'il s'agissait de vérifier.

(91). Supposons actuellement que les nombres a, b, $a-m$, $a-n$, soient très grands; les valeurs approchées de $\varphi(m, n)$, $\varphi(a-m), b-n)$, $\varphi(a, b)$, et ensuite celle de $f(a, b, m, n)$, se calculeront au moyen de la série (3); et si l'on réduit cette série à son premier terme, on en déduira une valeur de $f(a, b, m, n)$, que l'on pourra mettre sous la forme

$$f(a, b, m, n) = \mathrm{H}\left(\frac{a\mu}{cm}\right)^m \left(\frac{b\mu}{cn}\right)^n \left(\frac{a(c-\mu)}{c(a-m)}\right)^{a-m} \left(\frac{b(c-\mu)}{c(b-n)}\right)^{b-n},$$

en faisant, pour abréger,

$$\sqrt{\frac{ab\mu(c-\mu)}{2\pi cmn\,(a-m)\,(b-n)}} = \mathrm{H}.$$

Lorsque m et n, et par conséquent aussi $a-m$ et $b-n$, seront entre eux comme a et b, chacun des quatre derniers facteurs atteindra son *maximum* et aura l'unité pour valeur. Ils décroîtront très rapidement à mesure que m et n s'écarteront de ce rapport, et deviendront tout-à-fait insensibles, dès que le rapport $\frac{m}{n}$ ne différera plus très peu de $\frac{a}{b}$; en sorte qu'il suffira de considérer la probabilité exprimée par $f(a, b, m, n)$, pour des valeurs de m et n, à très peu près entre elles comme a et b. Si donc nous faisons

$$m = \frac{\mu a}{c} - \theta\sqrt{c}, \quad n = \frac{\mu b}{c} + \theta\sqrt{c},$$

et conséquemment

$$a - m = \frac{(c-\mu)a}{c} + \theta\sqrt{c}, \quad b - n = \frac{(c-\mu)b}{c} - \theta\sqrt{c};$$

nous pourrons considérer θ comme une quantité positive ou négative, mais très petite par rapport à $\sqrt{c}$, de manière que $\frac{\theta}{\sqrt{c}}$ soit une très petite fraction, dont nous négligerons le carré, ainsi que toutes les quantités de l'ordre de petitesse de $\frac{1}{c}$.

Cela posé, nous aurons

$$\frac{cm}{a\mu} = 1 - \frac{\theta c\sqrt{c}}{a\mu}, \qquad \frac{cn}{b\mu} = 1 + \frac{\theta c\sqrt{c}}{b\mu},$$

$$\frac{c(a-m)}{a(c-\mu)} = 1 + \frac{\theta c\sqrt{c}}{a(c-\mu)}, \qquad \frac{c(b-n)}{b(c-\mu)} = 1 - \frac{\theta c\sqrt{c}}{b(c-\mu)};$$

et en négligeant les carrés des seconds termes de ces binomes, on trouvera d'abord, par un calcul semblable à celui du n° 85,

$$\left(\frac{a\mu}{cm}\right)^m \left(\frac{b\mu}{cn}\right)^n = \left[1 + \frac{\theta^3 c^4\sqrt{c}}{3\mu^3}\left(\frac{m}{a^3} - \frac{n}{b^3}\right)\right] e^{\frac{\theta c\sqrt{c}}{\mu}\left(\frac{m}{a} - \frac{n}{b}\right)}\, e^{\frac{\theta^2 c^3}{2\mu^2}\left(\frac{m}{a^2} + \frac{n}{b^2}\right)}.$$

En mettant pour m et n leurs valeurs précédentes, cette formule devient ensuite

$$\left(\frac{a\mu}{cm}\right)^m \left(\frac{b\mu}{cn}\right)^n = \left[1 - \frac{\theta^3(a-b)c^4\sqrt{c}}{3\mu^2 a^2 b^2}\right] e^{-\frac{\theta^2 c^3}{2\mu ab}}.$$

On trouvera de même

$$\left(\frac{a(c-\mu)}{c(a-m)}\right)^{a-m}\left(\frac{b(c-\mu)}{c(b-n)}\right)^{b-n}=\left[1+\frac{\theta^3(a-b)c^4\sqrt{c}}{3(c-\mu)^2a^2b^2}\right]e^{-\frac{\theta^2c^3}{2(c-\mu)ab}};$$

équation qui se déduit aussi de la précédente par le changement de m, n, μ, en $a-m$, $b-n$, $c-\mu$, et du signe de θ. De là on conclut, au degré d'approximation où nous nous arrêtons,

$$f(a,b,m,n)=\text{H}\left[1-\frac{\theta^3(a-b)(c-2\mu)c^5\sqrt{c}}{3(c-\mu)^2\mu^2a^2b^2}\right]e^{-\frac{\theta^2c^4}{2(c-\mu)\mu ab}};$$

ou bien, en faisant

$$\theta=\frac{t\sqrt{2(c-\mu)\mu ab}}{c^2},$$

on aura, plus simplement

$$f(a,\,b,\,m,\,n)=\text{H}\left[1-\frac{4t^3(a-b)(c-2\mu)}{3\sqrt{2(c-\mu)\mu abc}}\right]e^{-t^2},\qquad(28)$$

pour la chance d'amener les nombres m et n de boules blanches et de boules noires, exprimées par

$$\left.\begin{aligned}m&=\frac{\mu a}{c}-\frac{t\sqrt{2(c-\mu)\mu abc}}{c^2},\\ n&=\frac{\mu b}{c}+\frac{t\sqrt{2(c-\mu)\mu abc}}{c^2}.\end{aligned}\right\}\qquad(29)$$

Selon que le nombre μ sera pair ou impair, la différence $n-m$ sera aussi paire ou impaire. Si l'on désigne par i un nombre entier et positif, et qu'on représente l'excès de n sur m par $2i$ ou $2i-1$, l'expression correspondante de t devra être, d'après ces équations (29),

$$t=2i\delta+\gamma,$$

en faisant, pour abréger,

$$\frac{c^2}{2\sqrt{2(c-\mu)\mu abc}}=\delta,$$

et désignant par γ l'une de ces deux quantités

$$\gamma = \frac{(a-b)\mu c}{2\sqrt{2(c-\mu)\mu abc}}, \quad \gamma = \frac{(a-b)\mu c}{2\sqrt{2(c-\mu)\mu abc}} - \delta,$$

savoir : la première quand μ sera pair, et la seconde quand il sera impair. La formule (28), après qu'on y aura substitué cette valeur de t, exprimera donc la probabilité que dans les μ tirages successifs, le nombre des boules noires surpassera celui des boules blanches, d'un nombre d'unités égal à $2i$ ou $2i-1$; par conséquent, si l'on y fait successivement $i=1, =2, =3, \ldots$ jusqu'à ce que l'exponentielle e^{-t^2} soit devenue insensible, ou, si l'on veut, jusqu'à $i=\infty$, et que l'on prenne ensuite la somme des résultats ; cette somme sera la probabilité que dans ces μ tirages, le nombre des boules noires excédera celui des blanches, d'un nombre pair ou impair quelconque d'unités. En la désignant par s, nous aurons

$$s = \Sigma \mathrm{H}\left[1 - \frac{4t^3(a-b)(c-2\mu)}{3\sqrt{2(c-\mu)\mu abc}}\right]e^{-t^2};$$

Σ indiquant une somme qui s'étend à toutes les valeurs de t, comprises depuis $t=\gamma+2\delta$ jusqu'à $t=\infty$, et croissantes par des différences constantes et égales à 2δ. Or, 2δ étant, par hypothèse, une très petite fraction, la somme Σ pourra s'exprimer en série très convergente, ordonnée suivant les puissances de cette différence. En effet, si l'on représente par T la fonction de t contenue sous le signe Σ, et si l'on observe que cette fonction et toutes ses différentielles s'évanouissent à la limite $t=\infty$, on aura, au moyen d'une formule due à Euler,

$$\Sigma \mathrm{T} = \frac{1}{2\delta}\int_\gamma^\infty \mathrm{T}dt - \frac{1}{2}k - \frac{2\delta}{12}k' + \frac{(2\delta)^3}{720}k''' - \text{etc.};$$

k, k', k''', etc., étant les valeurs de T, $\frac{d\mathrm{T}}{dt}$, $\frac{d^3\mathrm{T}}{dt^3}$, etc., qui répondent à $t=\gamma$. D'après les équations (29), on a d'ailleurs, au même degré d'approximation que précédemment,

$$mn = \frac{\mu^2 ab}{c^2} + \frac{t\mu(a-b)\sqrt{2(c-\mu)\mu abc}}{c^3},$$

$$(a-m)(b-n) = \frac{(c-\mu)^2 ab}{c^2} - \frac{t(c-\mu)(a-b)\sqrt{2(c-\mu)\mu abc}}{c^3};$$

en ayant égard à la valeur de δ, il en résulte

$$\frac{1}{2\delta}\mathrm{H} = \frac{1}{\sqrt{\pi}}\left[1 - \frac{t(a-b)(c-2\mu)}{\sqrt{2(c-\mu)\mu abc}}\right],$$

$$k = \frac{c^2 e^{-\gamma^2}}{\sqrt{2\pi(c-\mu)\mu abc}};$$

les termes dépendants de k', k''', etc., étant multipliés par H dans l'expression de s, auront δ^2, δ^4, etc., pour facteurs, et devront être négligés; et à cause de

$$\int_\gamma^\infty e^{-t^2}tdt = \frac{1}{2}e^{-\gamma^2}, \quad \int_\gamma^\infty e^{-t^2}t^3dt = \frac{1}{2}(1+\gamma^2)e^{-\gamma^2},$$

on conclura de ces diverses valeurs

$$s = \frac{1}{\sqrt{\pi}}\int_\gamma^\infty e^{-t^2}dt - \Gamma e^{-\gamma^2},$$

en faisant, pour abréger,

$$\frac{(a-b)(c-2\mu)(7+4\gamma^2)+3c^2}{6\sqrt{2\pi(c-\mu)\mu abc}} = \Gamma.$$

Soit ν une quantité positive; selon que la quantité γ sera positive ou négative, prenons $\nu = \pm\gamma$; à cause de

$$\int_{-\nu}^\infty e^{-t^2}dt = \sqrt{\pi} - \int_\nu^\infty e^{-t^2}dt,$$

nous aurons finalement

$$\left.\begin{aligned} s &= 1 - \frac{1}{\sqrt{\pi}}\int_{v}^{\infty} e^{-t^2}dt - \Gamma e^{-\gamma^2}, \\ s &= \frac{1}{\sqrt{\pi}}\int_{v}^{\infty} e^{-t^2}dt - \Gamma e^{-\gamma^2}; \end{aligned}\right\} \quad (30)$$

la première valeur de s ayant lieu quand on a $\gamma < 0$, et la seconde dans le cas de $\gamma > 0$.

En faisant $t = \gamma$ dans la formule (28), et désignant le résultat par σ, on aura

$$\sigma = \frac{c^2 e^{-\gamma^2}}{\sqrt{2\pi(c-\mu)\mu abc}}, \quad (31)$$

pour la probabilité que dans le nombre μ de tirages, les nombres m et n de boules des deux couleurs seront égaux entre eux, et à la moitié de μ; ce qui n'est possible que quand μ est un nombre pair.

(92). Après avoir extrait μ boules de A, supposons que l'on en extraie μ' autres, puis μ'' autres, et ainsi de suite, jusqu'à ce qu'on ait épuisé le nombre c de boules que cette urne renferme, de sorte qu'on ait

$$c = \mu + \mu' + \mu'' + \mu''' + \text{etc.};$$

supposons, de plus, que chacun de ces nombres μ', μ'', etc, soit très grand, ainsi que μ; et désignons par s', s'', etc., ce que devient s, en y mettant successivement μ', μ'', etc., au lieu de μ, et faisant usage de la première ou de la seconde formule (30), selon qu'à l'origine des tirages, le nombre b des boules noires sera plus grand ou plus petit que le nombre a des boules blanches, contenus l'un et l'autre dans A; ce qui rendra la quantité γ négative ou positive. D'après le lemme du n° 90, les chances d'amener plus de boules noires que de blanches, dans ces tirages successifs des nombres de boules μ, μ', μ'', etc., seront les quantités s, s', s'', etc.; en sorte qu'elles ne varieront qu'à raison de l'inégalité de μ, μ', μ'', etc., et seraient toutes égales, si ces nombres étaient égaux. Soit r la moyenne des valeurs de s, s', s'', etc., c'est-à-dire,

$$r = \frac{1}{a}(s + s' + s'' + s''' + \text{etc.}),$$

en représentant par α le nombre total des tirages. Si l'on suppose encore que α soit très grand, et si l'on appelle j le nombre de ces α tirages dans lesquels les boules noires excéderont les blanches, la probabilité que j se trouvera compris entre des limites données, sera la même, en vertu de la première proposition du n° 52, que si toutes les chances s, s', s'', etc., étaient égales entre elles et à leur moyenne r. Par conséquent, en mettant $\alpha, r, 1-r$, au lieu de μ, q, p, dans la formule (17), nous aurons

$$R = 1 - \frac{2}{\sqrt{\pi}}\int_u^\infty e^{-t^2}dt + \frac{1}{\sqrt{2\pi\alpha r(1-r)}}e^{-u^2},$$

pour la probabilité que le nombre j sera contenu entre les limites

$$\alpha r \mp u\sqrt{2\alpha r(1-r)},$$

ou égal à l'une d'elles; u étant un petit nombre par rapport à $\sqrt{\alpha}$.

Telle est la solution du problème que nous nous proposions de résoudre. L'application dont elle est susceptible se rapporte aux élections des députés dans un grand pays, comme la France, par exemple. Voici en quoi elle consiste.

Le nombre des électeurs, dans la France entière, est représenté par c; celui des électeurs qui ont une opinion, par a; celui des électeurs de l'opinion contraire, par b ou $c - a$. On partage le nombre total c en un nombre α de colléges électoraux, dont chacun élit un député, de telle sorte que le député élu dans un collége soit de la seconde ou de la première opinion, selon que le nombre des électeurs appartenant à l'une ou à l'autre y sera prépondérant. Cela étant, on demande la probabilité R que le nombre j des députés qui appartiendront à la seconde opinion, sera compris entre des limites données, en supposant que le partage des électeurs en un nombre α de colléges, soit fait au hasard, c'est-à-dire en supposant qu'on prenne au hasard sur la liste générale, un nombre μ d'électeurs pour former un premier collége, un nombre μ' pour former un second collége, un autre nombre μ'' pour en former un troisième, etc.; et si l'on prend pour les limites de j celles que l'on vient d'écrire, la probabilité demandée R s'exprimera par la formule précédente.

Quoique chaque collége électoral se compose des électeurs d'un même arrondissement, et non pas d'électeurs pris au hasard sur la liste générale, ainsi que nous le supposons, il peut être utile cependant de savoir ce qu'il arriverait dans cette hypothèse; c'est ce que nous allons montrer par des exemples.

(93). En France, le nombre des colléges électoraux, égal à celui des députés, est 459, et l'on peut évaluer à environ 200000 le nombre total des électeurs. Je supposerai que tous les nombres μ, μ', μ'', etc., soient égaux; en prenant pour μ un nombre impair, je ferai

$$\alpha = 459, \quad \mu = 435, \quad c = \alpha\mu = 199665.$$

Je supposerai aussi qu'on ait

$$a = 94835, \quad b = 104830;$$

de sorte que la différence entre la majorité et la minorité soit à très peu près le vingtième du nombre total des électeurs. La quantité γ sera négative; on fera donc $\nu = -\gamma$; en prenant la seconde des deux valeurs de γ du n° 91, il en résultera

$$\nu = 0,77396, \quad \frac{1}{\sqrt{\pi}}\int_{\nu}^{\infty} c^{-t^2}dt = 0,13684;$$

et, en vertu de la première formule (30), on aura

$$s = 0,85426, \quad 1 - s = 0,14574.$$

La chance d'une élection dans le sens de la majorité des électeurs surpasserait donc $\frac{21}{25}$; et la minorité, quoiqu'elle ne diffère pas beaucoup de la majorité, ne pourrait guère espérer d'élire plus des $\frac{4}{25}$ des députés. En mettant ces valeurs de s et $1 - s$ à la place de r et $1 - r$ dans l'expression de R du numéro précédent, faisant $\alpha = 459$, et prenant $u = 2$, on trouve

$$R = 0,99682,$$

pour la probabilité que le nombre des députés élus par la majorité, serait compris entre les limites 392 ∓ 21, et ceux de la minorité entre les nombres 67 ± 21. L'amplitude de ces limites est considérable relativement au nombre α, parce que α n'est pas extrêmement grand.

Je suppose toujours que la différence $b - a$ soit à peu près le vingtième de c; mais je prends pour μ un nombre pair. Je fais, en conséquence,

$$\alpha = 459, \quad \mu = 436, \quad c = \alpha\mu = 200124,$$

et, en outre,

$$a = 95064, \quad b = 105060.$$

On aura toujours $\upsilon = -\gamma$; mais il faudra prendre pour γ la première valeur du numéro 91. De cette manière, on trouvera

$$\upsilon = 0,74006, \quad \frac{1}{\sqrt{\pi}}\int_{\upsilon}^{\infty} e^{-t^2}dt = 0,14764;$$

et il en résultera

$$s = 0,84279, \quad 1 - s = 0,15721.$$

Mais μ étant un nombre pair, le cas de $m = n$ est possible; d'après la formule (31), sa chance est $\sigma = 0,02218$; et si l'on en ajoute la moitié à la valeur de s, on a $s = 0,85388$; quantité très peu inférieure à celle qui a lieu quand μ est impair.

Afin de montrer l'influence de l'inégalité des nombres d'électeurs dans les différents colléges, je supposerai que la moitié du nombre total des électeurs soit répartie également dans le tiers des colléges, et l'autre moitié dans les deux autres tiers.

Pour appliquer les formules précédentes au premier tiers, je ferai alors

$$\tfrac{1}{3}\alpha = 153, \quad \mu = 654, \quad \tfrac{1}{3}\alpha\mu = 100062;$$

et, pour les appliquer aux deux derniers,

$$\tfrac{2}{3}\alpha = 306, \quad \mu = 327, \quad \tfrac{2}{3}\alpha\mu = 100062.$$

Je supposerai, en outre,

$$a = 95062, \quad b = 105062, \quad c = 200124;$$

de manière que la différence entre la majorité et la minorité soit toujours à peu près un vingtième du nombre total des électeurs. Dans le premier cas, où μ est un nombre pair, on trouve

$$s = 0{,}89429, \quad \sigma = 0{,}01376, \quad s + \tfrac{1}{2}\sigma = 0{,}90117;$$

dans le second, où μ est impair, on obtient

$$s = 0{,}81981;$$

il en résulte donc

$$r = \tfrac{1}{2}(0{,}90117 + 0{,}81981) = 0{,}86049,$$

pour la chance moyenne d'une élection dans le sens de la majorité; laquelle surpasse un peu, comme on voit, celle qui a lieu quand tous les colléges sont composés d'un même nombre d'électeurs.

Lorsque la différence $b - a$ entre la majorité et la minorité vient à augmenter, la chance des élections dans le sens de la minorité diminue très rapidement, de telle sorte qu'elle est bientôt presque nulle. Pour le faire voir, je suppose les électeurs répartis en nombres égaux dans tous les colléges; je prends pour α, μ, c, les mêmes nombres que dans le premier exemple; et je fais, en outre,

$$a = 89835, \quad b = 109830;$$

ce qui rend la différence $b - a$ à très peu près le dixième du nombre c, et double de ce qu'elle était dans cet exemple. Je trouve alors

$$s = 0,98176, \quad 1 - s = 0,01824;$$

en sorte que la chance d'une élection dans le sens de la minorité n'est plus que d'à peu près un soixantième. A cause de la petitesse de s, c'est à la formule du n° 81 qu'il faudra recourir pour déterminer la probabilité P que le nombre de fois qu'une telle élection aura lieu dans le nombre total des colléges électoraux, ne surpassera pas un nombre donné n. En faisant, dans cette formule,

$$\omega = \alpha(1 - s) = 8,3713, \quad n = 15,$$

on en déduit

$$P = 0,98713, \quad 1 - P = 0,01287;$$

ce qui fait voir qu'il y aurait à peu près cent à parier contre un que la minorité n'élira pas plus de 15 députés. En élevant la différence entre la majorité et la minorité à 30000, c'est-à-dire aux trois vingtièmes du nombre total des électeurs, on trouve que la chance $1 - s$ s'abaisserait au-dessous d'un millième, et qu'il serait fort probable que la minorité n'élirait pas un seul député.

S'il en était ainsi, le gouvernement représentatif ne serait plus qu'une déception, puisqu'une minorité de 90000 sur 200000 électeurs ne serait représentée que par un très petit nombre de députés, et qu'une minorité de 85000 n'aurait plus qu'une très faible chance d'avoir un interprète dans la chambre élective. Il suffirait que dans l'intervalle de deux sessions, trois vingtièmes de la totalité des électeurs changeassent d'opinion, pour que la chambre entière passât de la droite à la gauche, d'une opinion à l'opinion contraire. Mais les électeurs dont chaque collége est composé ne sont pas pris au hasard, comme notre calcul le suppose, sur la liste des électeurs de toute la France; et dans chaque arrondissement, l'opinion prépondérante se forme et se maintient par des causes particulières, telles que les intérêts de la localité, l'influence du Gouvernement et celle de quelques citoyens. Toutefois, il était bon de signaler l'extrême mobilité que le hasard pourrait produire dans la composition de la chambre élective, pour de très petits changements dans la proportion des électeurs qui ont une opinion et de ceux qui appartiennent à l'opinion contraire.

CHAPITRE IV.

Suite du calcul des probabilités qui dépendent de très grands nombres.

(94). Nous allons maintenant nous occuper des formules relatives aux chances variables; ce qui nous conduira à démontrer les trois propositions générales énoncées dans les nos 52 et 53, et dont nous avons conclu la *loi des grands nombres*.

Considérons une série de μ ou $m+n$ épreuves successives, pendant laquelle les chances des deux événements contraires E et F varient d'une manière quelconque. Désignons ces chances par p_1 et q_1 à la première épreuve, par p_2 et q_2 à la seconde, par p_μ et q_μ à la dernière; de sorte qu'on ait

$$p_1+q_1=1, \quad p_2+q_2=1, \ldots p_\mu+q_\mu=1.$$

Appelons U la probabilité que E et F arriveront suivant un ordre quelconque, m fois et n fois. D'après la règle du n° 20, U sera le coefficient de $u^m v^n$ dans le développement du produit

$$(up_1+vq_1)(up_2+vq_2)\ldots(up^\mu+vq_\mu).$$

Or, si l'on fait

$$u=e^{x\sqrt{-1}}, \quad v=e^{-x\sqrt{-1}},$$

le terme $Uu^m v^n$ de ce produit deviendra $Ue^{(m-n)x\sqrt{-1}}$, et tous les autres termes renfermeront des exponentielles différentes de $e^{(m-n)x\sqrt{-1}}$; d'où l'on conclut qu'en désignant ce produit par X, en le multipliant, ainsi que son développement, par $e^{-(m-n)x\sqrt{-1}}\,dx$, et intégrant ensuite depuis $x=-\pi$ jusqu'à $x=\pi$, tous ces autres termes disparaîtront, et l'on aura simplement

$$\int_{-\pi}^{\pi} Xe^{-(m-n)x\sqrt{-1}} = 2\pi U;$$

ce qui résulte de ce que si i et i' exprimant deux nombres entiers, positifs, négatifs ou zéro, dont le premier sera $i=m-n$, on aura

$$\int_{-\pi}^{\pi} e^{i'x\sqrt{-1}}\, e^{-ix\sqrt{-1}}dx = \int_{-\pi}^{\pi}[\cos(i'-i)x + \sin(i'-i)x\sqrt{-1}]dx = 0,$$

quand i et i' différeront l'un de l'autre, et, en particulier,

$$\int_{-\pi}^{\pi} e^{ix\sqrt{-1}}\, e^{-ix\sqrt{-1}}\, dx = 2\pi,$$

dans le cas de $i'=i$.

Nous aurons, en même temps,

$$up_i + vq_i = \cos x + (p_i - q_i)\sin x\sqrt{-1};$$

et si nous faisons

$$\cos^2 x + (p_i - q_i)^2 \sin^2 x = \rho_i^2,$$

il y aura un angle réel r_i, tel que l'on ait

$$\frac{1}{\rho_i}\cos x = \cos r_i, \quad \frac{1}{\rho_i}(p_i - q_i)\sin x = \sin r_i;$$

d'où il résultera

$$up_i + vq_i = \rho_i e^{r_i\sqrt{-1}}.$$

Le signe ρ_i sera ambigu; pour fixer les idées, nous regarderons cette quantité comme positive. En faisant, pour abréger,

$$\rho_1\rho_2\rho_3\ldots\rho_\mu = Y,$$
$$r_1 + r_2 + r_3 + \ldots + r_\mu = y,$$

le produit désigné par X deviendra

$$X = Ye^{y\sqrt{-1}};$$

et nous aurons, en conséquence,

$$U = \frac{1}{2\pi}\int_{-\pi}^{\pi} Y\cos[y-(m-n)x]dx + \frac{\sqrt{-1}}{2\pi}\int_{-\pi}^{\pi} Y\sin[y-(m-n)x]dx.$$

Pour des valeurs de x égales et de signes contraires, les valeurs de r_i le seront aussi, et celles de ρ_i seront égales; par conséquent, la seconde intégrale définie s'évanouira, comme étant composée d'éléments deux à deux égaux et de signes contraires; et cela devait être, en effet, puisque U est une quantité réelle. Pour des angles x suppléments l'un de l'autre, les angles r_i le seront également, d'après les expressions de $\cos r_i$ et $\sin r_i$; la somme des deux valeurs de $y-(m-n)x$ qui leur correspondront, sera donc $\mu\pi-(m-n)\pi$ ou $2n\pi$, et conséquemment le cosinus de $y-(m-n)x$ ne changera pas : il en sera de même à l'égard des valeurs de Y; en sorte que les éléments de la première intégrale définie, correspondants à x et $\pi - x$, seront égaux, aussi bien que ceux qui répondent à x et $-x$. En supprimant donc la deuxième intégrale, réduisant les limites de la première à zéro et $\frac{1}{2}\pi$, et quadruplant le résultat, nous aurons simplement

$$U = \frac{2}{\pi}\int_{0}^{\frac{1}{2}\pi} Y\cos[y-(m-n)x]dx. \quad (1)$$

L'intégration indiquée s'effectuera toujours sous forme finie, par les règles ordinaires. Mais quand μ ne sera pas un grand nombre, cette formule ne pourra être d'aucune utilité pour calculer la valeur de U; quand, au contraire, ce nombre sera très grand, on déduira de cette formule, comme on va le voir, une valeur de U aussi approchée qu'on voudra.

(95). Chacun des facteurs de Y se réduit à l'unité pour $x=0$, et est moindre que l'unité pour toute autre valeur de x, comprise dans les limites de l'intégration ; il s'ensuit que quand μ sera un très grand nombre, ce produit sera généralement une très petite quantité, pour toutes les valeurs de x qui ne seront pas très petites, et que Y s'évanouirait, pour toutes les valeurs finies de x, si μ devenait infini. Il n'y aurait d'exception que si les facteurs de Y convergeaient indéfiniment vers l'unité ; car on sait que le produit d'un nombre infini de semblables facteurs, peut avoir pour valeur une quantité de grandeur finie. A cause de

$$\rho_i^2 = 1 - 4p_iq_i \sin^2 x,$$

cette circonstance supposerait que l'une des chances des deux événements E et F, ou leur produit p_iq_i, décrût indéfiniment pendant la série des épreuves. En excluant ce cas particulier, on pourra donc, dans le cas où μ est un très grand nombre, considérer la variable x comme une très petite quantité, et négliger la partie de l'intégrale précédente, qui répond aux autres valeurs de x.

En développant alors suivant les puissances de x^2, on aura, en série très convergente,

$$\rho_i = 1 - 2p_iq_ix^2 + (\tfrac{2}{3}\, p_iq_i - 2p_i^2q_i^2)x^4 - \text{etc.},$$

et, par conséquent,

$$\log \rho_i = - 2p_iq_ix^2 + (\tfrac{2}{3}\, p_iq_i - 4p_i^2q_i^2)x^4 - \text{etc.};$$

d'où l'on conclut

$$\log Y = - \mu k^2x^2 + \mu\,(\tfrac{1}{3}\, k^2 - k'^2)x^4 - \text{etc.},$$

en faisant, pour abréger,

$$2\Sigma p_iq_i = \mu k^2, \quad 4\Sigma p_i^2q_i^2 = \mu k'^2, \quad \text{etc.},$$

et étendant la somme Σ depuis $i = 1$ jusqu'à $i = \mu$. Si l'on fait aussi

$$x = \frac{z}{\sqrt{\mu}},$$

que l'on considère la nouvelle variable z comme une quantité très petite par rapport à $\sqrt{\mu}$, et qu'on néglige les quantités de l'ordre de petitesse de $\frac{1}{\mu}$, il en résultera

$$Y = e^{-k^2 z^2}.$$

D'après les valeurs de ρ_i et de $\sin r_i$, on aura de même

$$r_i = (p_i - q_i)x + \tfrac{4}{3}(p_i - q_i)p_i q_i x^3 + \text{etc.}$$

Je désignerai par p et q les chances moyennes de E et F pendant toute la série des épreuves, de sorte qu'on ait

$$p = \frac{1}{\mu}\Sigma p_i, \quad q = \frac{1}{\mu}\Sigma q_i, \quad p + q = 1;$$

la somme Σ s'étendant toujours depuis $i = 1$ jusqu'à $i = \mu$. Je ferai aussi, pour abréger,

$$\frac{4}{3\mu}\Sigma(p_i - q_i)p_i q_i = h.$$

En conservant seulement les quantités de l'ordre de petitesse de $\frac{1}{\sqrt{\mu}}$, on en déduira d'abord

$$y = z(p - q)\sqrt{\mu} + \frac{z^3 h}{\sqrt{\mu}},$$

et ensuite

$$\cos[y - (m - n)x] = \cos(zg\sqrt{\mu}) - \frac{z^3 h}{\sqrt{\mu}}\sin(zg\sqrt{\mu}),$$

où l'on fait, pour abréger,

$$p - \frac{m}{\mu} - \left(q - \frac{n}{\mu}\right) = g.$$

Je substitue ces valeurs de Y et $\cos[y - (m - n)x]$ dans la formule (1), et j'y mets $\frac{1}{\sqrt{\mu}}dz$ au lieu de dx; il vient

$$U = \frac{2}{\pi\sqrt{\mu}}\left[\int e^{-k^2z^2}\cos(zg\sqrt{\mu}) - \frac{h}{\sqrt{\mu}}\int e^{-k^2z^2}z^3\sin(zg\sqrt{\mu})dz\right].$$

Le cas où les valeurs de p_i et q_i décroîtraient indéfiniment ayant été exclu, k^2 ne peut être une très petite quantité; pour des valeurs de z comparables à $\sqrt{\mu}$, l'exponentielle $e^{-k^2z^2}$ sera donc insensible; et quoiqu'on ne doive donner à cette variable que des valeurs très petites par rapport à $\sqrt{\mu}$, on pourra maintenant, sans altérer sensiblement l'intégrale, l'étendre au-delà de cette limite, et la prendre, si l'on veut, depuis $z=0$ jusqu'à $z=\infty$. D'après une formule connue, on aura alors

$$\int_0^\infty e^{-k^2z^2}(\cos zg\sqrt{\mu})\,dz = \frac{\sqrt{\pi}}{2k}e^{-\frac{\mu g^2}{4k^2}};$$

en différentiant successivement par rapport à g et à k, on en déduit

$$\int_0^\infty e^{-k^2z^2}z^3(\sin zg\sqrt{\mu})dz = \frac{g\sqrt{\pi\mu}}{8k^5}\left(3+\frac{\mu g^2}{2k^2}\right)e^{-\frac{\mu g^2}{4k^2}};$$

et au moyen de ces valeurs, celle de U devient

$$U = \frac{1}{k\sqrt{\pi\mu}}e^{-\frac{\mu g^2}{4k^2}} - \frac{gh}{4k^5\sqrt{\pi\mu}}\left(3+\frac{\mu g^2}{2k^2}\right)e^{-\frac{\mu g^2}{4k^2}}.$$

A raison de l'exponentielle $e^{-\frac{\mu g^2}{4k^2}}$, cette probabilité sera insensible dès que g ne sera pas de l'ordre de la fraction $\frac{1}{\sqrt{\mu}}$; mais à cause de $p+q=1$ et $m+n=\mu$, cette quantité g ne peut être de cet ordre de petitesse, à moins que cela n'ait lieu séparément pour $p-\frac{m}{\mu}$ et $q-\frac{n}{\mu}$, qui sont d'ailleurs des quantités égales et de signes contraires; si donc on fait

$$p - \frac{m}{\mu} = \frac{k\theta}{\sqrt{\mu}}, \quad q - \frac{n}{\mu} = -\frac{k\theta}{\sqrt{\mu}}, \quad g = \frac{2k\theta}{\sqrt{\mu}},$$

la probabilité U n'aura de valeurs sensibles que pour des valeurs de θ, positives, négatives ou zéro, mais très petites par rapport à $\sqrt{\mu}$, et il en résultera finalement

$$U = \frac{1}{k\sqrt{\pi\mu}}e^{-\theta^2} - \frac{h\theta}{2k^4\mu\sqrt{\pi}}(3 + 2\theta^2)e^{-\theta^2}, \qquad (2)$$

pour la probabilité que les nombres m et n auront pour valeurs

$$m = p\mu - \theta k\sqrt{\mu}, \quad n = q\mu + \theta k\sqrt{\mu},$$

c'est-à-dire, des valeurs qui s'écarteront très peu d'être proportionnelles aux chances moyennes p et q et au nombre μ des épreuves.

(96). Pour que m et n soient des nombres entiers, il faudra que θ soit un multiple de $\frac{1}{k\sqrt{\mu}}$ ou zéro. En faisant $\theta = 0$ dans la formule (2), on aura $\frac{1}{k\sqrt{\pi\mu}}$ pour la probabilité que m et n seront précisément entre eux comme p et q. En désignant par t une quantité positive, multiple de $\frac{1}{k\sqrt{\mu}}$; faisant successivement dans cette formule $\theta = -t$ et $\theta = t$; et ajoutant les deux résultats, leur somme $\frac{2}{k\sqrt{\pi\mu}}e^{-t^2}$ exprimera la probabilité que m sera l'un des deux nombres $p\mu \mp kt\sqrt{\mu}$, et n l'un des deux nombres $q\mu \pm kt\sqrt{\mu}$. Soit

$$\frac{1}{k\sqrt{\mu}} = \delta;$$

désignons par u un multiple donné de δ; faisons successivement, dans la somme précédente, $t = \delta, = 2\delta, = 3\delta, \ldots$ jusqu'à $t = u$; représentons par R la somme des résultats, augmentée de la valeur de U qui répond à $\theta = 0$; nous aurons

$$R = \frac{1}{k\sqrt{\pi\mu}} + \frac{2}{k\sqrt{\pi\mu}}\Sigma e^{-t^2},$$

pour la probabilité que les nombres m et n seront compris entre les limites

$$p\mu \mp uk\sqrt{\mu}, \quad q\mu \pm uk\sqrt{\mu},$$

ou égaux à l'une d'elles.

La somme Σ se rapportera aux valeurs de t comprises depuis $t = \delta$ jusqu'à $t = u$, et croissantes par des différences égales à δ; mais on pourra la remplacer par la différence des sommes de e^{-t^2}, prises depuis $t = \delta$ jusqu'à $t = \infty$, et depuis $t = u + \delta$ jusqu'à $t = \infty$. Au moyen de la formule d'Euler, déjà employée dans le n° 91, cette dernière somme, multipliée par δ, aura pour valeur,

$$\int_u^\infty e^{-} dt - \frac{\delta}{2}e^{-u^2},$$

au degré d'approximation où nous devons nous arrêter, c'est-à-dire en négligeant le carré de δ. Si l'on y fait $u = 0$, on aura aussi

$$\tfrac{1}{2}\sqrt{\pi} - \tfrac{1}{2}\delta,$$

pour la somme étendue depuis $t = \delta$ jusqu'à $t = \infty$ et multipliée par δ. Par conséquent, si l'on retranche de cette dernière quantité la précédente, et qu'on divise par δ, on aura

$$\Sigma e^{-t^2} = \frac{1}{2\delta}\sqrt{\pi} - \frac{1}{\delta}\int_u^\infty e^{-t^2}dt - \frac{1}{2} + \frac{1}{2}e^{-u^2},$$

pour la somme comprise dans l'expression de R; et en ayant égard à la valeur de δ, cette expression deviendra

$$R = 1 - \frac{2}{\sqrt{\pi}}\int_u^\infty e^{-t^2}dt + \frac{1}{k\sqrt{\pi\mu}}e^{-u^2}. \qquad (3)$$

Lorsque les chances p_i et q_i sont constantes et conséquemment égales aux moyennes p et q, on a $k = \sqrt{2pq}$; ce qui fait coïncider cette formule (3), et les limites précédentes de m et n, avec la formule (17) du n° 79, et les limites auxquelles elle répond. Cette coïncidence de deux résultats obtenus par des méthodes aussi différentes, pourrait servir, au besoin, de confirmation à nos calculs.

En prenant pour u un nombre peu considérable, tel que trois ou quatre, on rendra la valeur de R très peu différente de l'unité. Il est donc à peu près certain que dans un très grand nombre μ d'épreuves, les rapports $\frac{m}{\mu}$ et $\frac{n}{\mu}$ s'écarteront très peu des chances moyennes p et q, dont ils approcheront de plus en plus, à mesure que μ augmentera encore davantage, et avec lesquelles ils coïncideraient rigoureusement si μ pouvait être infini; ce qui est déjà la première des deux propositions générales du n° 52.

(97). Soit maintenant A une chose quelconque, susceptible de plusieurs valeurs positives ou négatives, et que nous supposerons des multiples d'une quantité donnée ω. Ces valeurs seront comprises depuis $\alpha\omega$ jusqu'à 6ω inclusivement, de sorte que $6 - \alpha + 1$ soit leur nombre; α et 6 désignant des nombres entiers ou zéro, dont le second surpassera le premier, abstraction faite du signe : on aurait $6 = \alpha$, si A n'était susceptible que d'une seule valeur. Non-seulement à chaque épreuve que l'on fera pour déterminer A, toutes les valeurs possibles seront inégalement probables, mais on supposera, pour plus de généralité, que la chance d'une même valeur varie d'une épreuve à une autre. Si n est un nombre quelconque, compris entre α et 6, ou égal à l'une de ces limites, on désignera donc la chance de la valeur $n\omega$ de A, par N_1 à la première épreuve, par N_2 à la seconde épreuve, etc. Cela posé, s étant la somme des valeurs de A qui auront lieu dans un nombre μ d'épreuves successives, il s'agira de déterminer la probabilité que cette somme sera comprise entre des limites données.

Appelons d'abord Π la probabilité qu'on aura précisément $s = m\omega$, en désignant par m un nombre donné, compris entre α et 6, ou égal à l'une de ces limites. Si l'on forme le produit

$$\Sigma N_1 t^{n\omega} \,.\, \Sigma N_2 t^{n\omega} \,.\, \Sigma N_3 t^{n\omega} \ldots \Sigma N_\mu t^{n\omega},$$

dans lequel t est une quantité indéterminée, et les sommes Σ s'étendent à toutes les valeurs de n, depuis $n = \alpha$ jusqu'à $n = 6$; et si l'on développe ce produit suivant les puissances de t^ω, il est aisé de voir que Π sera le coefficient de $t^{m\omega}$ dans ce développement. Cela est évident, dans le cas de $\mu=1$. Quand $\mu=2$, si l'on représente par $n'\omega$ et $n''\omega$ deux exposants de t pris, l'un dans la première et l'autre dans la seconde somme Σ, il est évident que la valeur $m\omega$ de A pourra arriver d'autant de manières différentes que l'équation $n'+n''=m$ aura de solutions distinctes, en prenant pour n' et n'' des nombres compris depuis α jusqu'à β; la probabilité de chacune de ces manières sera le produit des valeurs de N_1 et N_2, qui répondent à chaque couple de nombres n' et n''; par conséquent, la probabilité totale de $s=m\omega$ aura pour expression le coefficient de $t^{m\omega}$ dans le produit des deux premières sommes Σ. Ce raisonnement s'étendra sans difficulté aux cas de $\mu=3$, $=4$, etc. Lorsque toutes les quantités N_1, N_2, N_3, etc., sont égales, leur produit se change dans la puissance μ de l'un des polynomes qui répondent aux sommes Σ, et ce cas a été considéré dans le n° 17.

Cela étant, par une considération semblable à celle qu'on a employée plus haut, si nous faisons

$$t^\omega = e^{\theta\sqrt{-1}},$$

et si nous désignons par X ce que deviendra le produit des μ sommes Σ, nous aurons

$$\Pi = \frac{1}{2\pi}\int_{-\pi}^{\pi} Xe^{-m\theta\sqrt{-1}}\,d\theta.$$

Soient actuellement i et i' deux nombres donnés, et P la probabilité que la somme s sera comprise entre $i\omega$ et $i'\omega$, ou égale à l'une de ces limites; la valeur de P se déduira de celle de Π en y faisant successivement $m=i$, $=i+1$, $=i+2$, ... $=i'$; et la somme des valeurs correspondantes de $e^{-m\theta\sqrt{-1}}$ ayant pour expression

$$\frac{\sqrt{-1}}{2\sin\frac{1}{2}\theta}\left[e^{-\left(i'+\frac{1}{2}\right)\theta\sqrt{-1}} - e^{-\left(i-\frac{1}{2}\right)\theta\sqrt{-1}}\right],$$

il en résultera

$$P = \frac{\sqrt{-1}}{4\pi}\int_{-\pi}^{\pi}\left[e^{-\left(i'+\frac{1}{2}\right)\theta\sqrt{-1}} - e^{-\left(i-\frac{1}{2}\right)\theta\sqrt{-1}}\right]\frac{Xd\theta}{\sin\frac{1}{2}\theta}.$$

Pour simplifier cette formule, je supposerai que ω soit un infiniment petit; je prendrai, en même temps, pour i et i' des nombres infinis; et je ferai

$$i\omega = c - \varepsilon,\ i'\omega = c + \varepsilon,\ \theta = \omega x,\ d\theta = \omega dx;$$

c et ε étant des constantes données, dont la seconde sera positive, afin qu'on ait $i' > i$, comme le suppose l'expression de P. Les limites de l'intégrale relative à la nouvelle variable x seront $\pm\infty$. On aura $\sin\frac{1}{2}\theta = \frac{1}{2}\omega x$; et en négligeant $\pm\frac{1}{2}$ par rapport à i et à i', cette valeur de P deviendra

$$P = \frac{1}{\pi}\int_{-\infty}^{\infty} X e^{-cx\sqrt{-1}} \sin\varepsilon x \frac{dx}{x}. \qquad (4)$$

Les valeurs possibles de A croissant actuellement par degrés infiniment petits, il faudra supposer leur nombre infini, et la probabilité de chacune d'elles infiniment petite; en désignant par a et b des constantes données, et par z une variable continue, on fera donc

$$\alpha\omega = a, \quad \mathcal{C}\omega = b, \quad n\omega = z;$$

on aura, en même temps,

$$t^{n\omega} = e^{xz\sqrt{-1}};$$

et l'on fera aussi

$$N_1 = \omega f_1 z, \quad N_2 = \omega f_2 z, \quad N_3 = \omega f_3 z, \text{ etc.}$$

Chacune des sommes Σ contenues dans X se changera en une intégrale définie, dont a et b seront les limites; et en prenant ω pour la différentielle de z, on en conclura

$$X = \int_a^b e^{xz\sqrt{-1}} f_1 z dz . \int_a^b e^{xz\sqrt{-1}} f_2 z dz \ldots\ldots \int_a^b e^{xz\sqrt{-1}} f_\mu z dz, \qquad (5)$$

pour le produit de μ facteurs qu'on devra substituer dans la formule (4) à la place de X.

(98). Cette formule exprimera la probabilité que dans le nombre μ

d'épreuves, la somme des valeurs de A se trouvera comprise entre les quantités données $c - \varepsilon$ et $c + \varepsilon$. A la $n^{ième}$ épreuve, la chance infiniment petite d'une valeur z de A est $f_n z dz$; et toutes les valeurs possibles de A étant, par hypothèse, comprises entre a et b, et l'une d'elles devant avoir lieu certainement à chaque épreuve, il faudra qu'on ait

$$\int_a^b f_n z dz = 1;$$

la fonction $f_n z$ pourra d'ailleurs être continue ou discontinue, pourvu qu'entre ces limites a et b, elle soit une quantité positive.

Si la chance de chaque valeur de z ne change pas pendant les épreuves, la fonction $f_n z$ sera indépendante de n; et en la représentant par fz on aura

$$X = \left(\int_a^b e^{xz\sqrt{-1}} fz dz\right)^\mu, \quad \int_a^b fz dz = 1.$$

Si, de plus les valeurs de A sont également probables, fz sera une constante qui devra être $\frac{1}{a-b}$, pour satisfaire à la dernière équation. En faisant

$$a = h - g, \quad b = h + g,$$

on aura donc

$$fz = \frac{1}{2g}, \quad \int_a^b e^{xz\sqrt{-1}} fz dz = \frac{\sin gx}{gx} e^{hx\sqrt{-1}};$$

au moyen de quoi la formule (4) deviendra

$$P = \frac{1}{\pi}\int_{-\infty}^{\infty} \left(\frac{\sin gx}{gx}\right)^\mu \frac{\sin \varepsilon x}{x} \cos(\mu h - c)x dx$$
$$+ \frac{\sqrt{-1}}{\pi}\int_{-\infty}^{\infty} \left(\frac{\sin gx}{gx}\right)^\mu \frac{\sin \varepsilon x}{x} \sin(\mu h - c)x dx,$$

ou simplement

$$P = \frac{2}{\pi}\int_0^{\infty} \left(\frac{\sin gx}{gx}\right)^\mu \frac{\sin \varepsilon x}{x} \cos(\mu h - c)x dx, \qquad (6)$$

parce que la seconde intégrale s'évanouit comme étant composée d'éléments qui sont deux à deux égaux et de signes contraires, et que ceux de la première sont deux à deux égaux et de mêmes signes.

L'exposant μ étant un nombre entier et positif, je vais faire voir que cette valeur de P s'obtiendra toujours sous forme finie, en réduisant la puissance μ de $\sin gx$, en *sinus* ou *cosinus* des multiples de gx, au moyen des formules connues, savoir :

$$\left.\begin{aligned} 2^\mu \sin^\mu gx &= (-1)^{\frac{1}{2}\mu}\Big[\cos\mu gx - \mu\cos(\mu-2)gx + \frac{\mu.\mu-1}{1.2}\cos(\mu-4)gx \\ &\qquad - \frac{\mu.\mu-1.\mu-2}{1.2.3}\cos(\mu-6)gx + \text{etc.}\Big], \\ 2^\mu \sin^\mu gx &= (-1)^{\frac{1}{2}(\mu-1)}\Big[\sin\mu gx - \mu\sin(\mu-2)gx + \frac{\mu.\mu-1}{1.2}\sin(\mu-4)gx \\ &\qquad - \frac{\mu.\mu-1.\mu-2}{1.2.3}\sin(\mu-6)gx + \text{etc.}\Big], \end{aligned}\right\} (7$$

qui sont composées chacune d'un nombre fini de termes, et dont la première a lieu quand le nombre μ est pair, et la seconde lorsqu'il est impair.

(99). Pour cela, j'observe que l'on a, comme on sait,

$$\int_0^\infty \frac{\sin\gamma x}{x}\,dx = \pm\tfrac{1}{2}\pi,$$

en prenant le signe supérieur ou le signe inférieur, selon que la constante γ sera positive ou négative. Soient α et 6, deux autres quantités positives; mettons $6x$ et $6dx$ à la place de x et dx, ce qui ne changera rien aux limites de l'intégrale; nous aurons

$$\int_0^\infty \frac{\sin 6\gamma x}{x}\,dx = \pm\tfrac{1}{2}\pi;$$

et en multipliant par $d6$, et intégrant ensuite depuis $6 = 1$ jusqu'à

$\beta = \alpha$, il en résultera

$$\int_0^\infty (\cos\gamma x - \cos\alpha\gamma x)\frac{dx}{x^2} = \mp \frac{1}{2}\pi(1-\alpha)\gamma. \qquad (8)$$

Cette équation subsistera évidemment pour $\gamma = 0$, quoique celle dont elle est déduite n'ait pas lieu dans ce cas particulier. Son premier membre est la différence des deux intégrales $\int_0^\infty \cos\alpha\gamma x \frac{dx}{x^2}$ et $\int_0^\infty \cos\gamma x \frac{dx}{x^2}$, dont chacune a une valeur infinie. Pour cette raison, il n'est pas permis de les considérer isolément, et de changer la variable x dans l'une, sans la changer dans l'autre. Ainsi, en mettant $\frac{x}{\alpha}$ et $\frac{dx}{\alpha}$ à la place de x et dx dans la première, elle deviendrait $\alpha\int_0^\infty \cos\gamma x \frac{dx}{x^2}$; et en divisant les deux membres de l'équation précédente par $1-\alpha$, on aurait

$$\int_0^\infty \cos\gamma x \frac{dx}{x^2} = \mp \frac{1}{2}\pi\gamma;$$

ce qui serait absurde. La même remarque s'applique à toute intégrale, comme le premier membre de l'équation (8), qui a une valeur finie, résultante de la différence de deux intégrales infinies.

Je multiplie cette équation (8) par $\frac{2}{\pi}d\gamma$; puis j'intègre ses deux membres, en assujétissant leurs intégrales à s'évanouir quand $\gamma = 0$; ce qui donne

$$\frac{2}{\pi}\int_0^\infty \left(\sin\gamma x - \frac{\sin\alpha\gamma x}{\alpha}\right)\frac{dx}{x^3} = \mp(1-\alpha)\frac{\gamma^2}{1.2}.$$

En intégrant une seconde fois de la même manière, il vient

$$\frac{2}{\pi}\int_0^\infty \left(\cos\gamma x - \frac{\cos\alpha\gamma x}{\alpha^2} + \frac{1-\alpha^2}{\alpha^2}\right)\frac{dx}{x^4} = \pm(1-\alpha)\frac{\gamma^3}{1.2.3};$$

une troisième et une quatrième intégration donneront de même

$$\frac{2}{\pi}\int_0^\infty\left[\sin\gamma x-\frac{\sin\alpha\gamma x}{\alpha^3}+\frac{(1-\alpha^2)\gamma}{\alpha^2}\right]\frac{dx}{x^5}=\pm(1-\alpha)\frac{\gamma^4}{1.2.3.4},$$

$$\frac{2}{\pi}\int_0^\infty\left[\cos\gamma x-\frac{\cos\alpha\gamma x}{\alpha^4}+\frac{1-\alpha^4}{\alpha^4}+\frac{(1-\alpha^2)\gamma^2}{2\alpha^2}\right]\frac{dx}{x^6}=\mp(1-\alpha)\frac{\gamma^5}{1.2.3.4.5};$$

et en continuant ainsi, on parviendrait à des équations de cette forme

$$\frac{2}{\pi}\int_0^\infty\left[\sin\gamma x-\frac{\sin\alpha\gamma x}{\alpha^{\mu-1}}+(1-\alpha)C\right]\frac{dx}{x^{\mu+1}}=\pm(-1)^{\frac{1}{2}\mu}(1-\alpha)\frac{\gamma^\mu}{1.2.3\ldots\mu},$$

$$\frac{2}{\pi}\int_0^\infty\left[\cos\gamma x-\frac{\cos\alpha\gamma x}{\alpha^{\mu-1}}+(1-\alpha)C'\right]\frac{dx}{x^{\mu+1}}=\mp(-1)^{\frac{1}{2}(\mu-1)}(1-\alpha)\frac{\gamma^\mu}{1.2.3\ldots\mu};$$

la première répondant au cas où μ est un nombre pair, et la seconde au cas où μ est impair. Les quantités C et C′ sont des constantes déterminées, qui dépendent de α et γ, et dont les expressions, faciles à former, nous seront inutiles à connaître.

Je mets successivement, dans chacune de ces équations, $\gamma+\varepsilon$ et $\gamma-\varepsilon$ au lieu de γ; et par la soustraction des résultats, j'en déduis

$$\frac{4}{\pi}\int_0^\infty\left[\cos\gamma x\sin\varepsilon x-\frac{\cos\alpha\gamma x\sin\alpha\varepsilon x}{\alpha^{\mu-1}}+(1-\alpha)D\right]\frac{dx}{\alpha^{\mu+1}}$$

$$=\pm\frac{(-1)^{\frac{1}{2}\mu}(1-\alpha)}{1.2.3\ldots\mu}[(\gamma+\varepsilon)^\mu-(\gamma-\varepsilon)^\mu],$$

$$\frac{4}{\pi}\int_0^\infty\left[\sin\gamma x\sin\varepsilon x-\frac{\sin\alpha\gamma x\sin\alpha\varepsilon x}{\alpha^{\mu-1}}+(1-\alpha)D'\right]\frac{dx}{x^{\mu+1}}$$

$$=\pm\frac{(-1)^{\frac{1}{2}(\mu-1)}(1-\alpha)}{1.2.3\ldots\mu}[(\gamma+\varepsilon)^\mu-(\gamma-\varepsilon)^\mu];$$

D et D′ étant des constantes différentes de C et C′. Je mets encore successivement $\gamma+(\mu-2n)g$ et $\gamma-(\mu-2n)g$ à la place de γ; et par l'addition des résultats dans la première équation, et la soustraction dans la seconde, il vient

$$\frac{8}{\pi}\int_0^\infty\left[\cos(\mu-2n)gx\cos\gamma x\sin\epsilon x-\frac{\cos\alpha(\mu-2n)gx\cos\alpha\gamma x\sin\alpha\epsilon x}{\alpha^{\mu-1}}+(1-\alpha)\mathrm{E}\right]\frac{dx}{x^{\mu+1}}$$

$$=\frac{(1-\alpha)(-1)^{\frac{1}{2}\mu}}{1.2.3\ldots\mu}[\pm(\gamma+\mu g-2ng+\epsilon)^\mu\pm(\gamma-\mu g+2ng+\epsilon)^\mu$$

$$\mp(\gamma+\mu g-2ng-\epsilon)^\mu\mp(\gamma-\mu g+2ng-\epsilon)^\mu],$$

$$\frac{8}{\pi}\int_0^\infty\left[\sin(\mu-2n)g\cos\gamma x\sin\epsilon x-\frac{\sin\alpha(\mu-2n)gx\cos\alpha\gamma x\sin\alpha\epsilon x}{\alpha^{\mu-1}}+(1-\alpha)\mathrm{E}'\right]\frac{dx}{x^{\mu+1}}$$

$$=\frac{(1-\alpha)(-1)^{\frac{1}{2}(\mu-1)}}{1.2.3\ldots\mu}[\pm(\gamma+\mu g-2ng+\epsilon)^\mu\mp(\gamma-\mu g+2ng+\epsilon)^\mu$$

$$\mp(\gamma+\mu g-2ng-\epsilon)^\mu\pm(\gamma-\mu g+2ng-\epsilon)^\mu];$$

E et E′ désignant aussi des constantes différentes de D et D′. En donnant à n les valeurs successives 0, 1, 2, 3, etc.; faisant, pour abréger,

$$u=\left[\cos\mu gx-\mu\cos(\mu-2)gx+\frac{\mu.\mu-1}{1.2}\cos(\mu-4)gx\right.$$

$$\left.-\frac{\mu.\mu-1.\mu-2}{1.2.3}\cos(\mu-6)gx+\text{etc.}\right]\frac{\cos\gamma x\sin\epsilon x}{x^{\mu-1}};$$

$$v=\left[\sin\mu gx-\mu\sin(\mu-2)gx+\frac{\mu.\mu-1}{1.2}\sin(\mu-4)gx\right.$$

$$\left.-\frac{\mu.\mu-1.\mu-2}{1.2.3}\sin(\mu-6)gx+\text{etc.}\right]\frac{\cos\gamma x\sin\epsilon x}{x^{\mu-1}};$$

et désignant par u' et v' ce que deviennent u et v, quand on y change x en αx, on déduit des équations précédentes

$$\frac{8}{\pi}\int_0^\infty\left[u-u'+\frac{(1-\alpha)\mathrm{F}}{x^{\mu-1}}\right]\frac{dx}{x^2}=\frac{(1-\alpha)(-1)^{\frac{1}{2}\mu}}{1.2.3\ldots\mu}(\Gamma+\Gamma'-\Gamma_,-\Gamma'_,),$$

$$\frac{8}{\pi}\int_0^\infty\left[v-v'+\frac{(1-\alpha)\mathrm{F}'}{x^{\mu-1}}\right]\frac{dx}{x^2}=\frac{(1-\alpha)(-1)^{\frac{1}{2}(\mu-1)}}{1.2.3\ldots\mu}(\Gamma-\Gamma'-\Gamma_,+\Gamma'_,);$$

F et F′ étant encore des constantes différentes de E et E′. On a fait, dans ces dernières équations,

$$\Gamma = \pm(\gamma+\mu g+\varepsilon)^{\mu} \mp \mu(\gamma+\mu g-2g+\varepsilon)^{\mu} \pm \frac{\mu.\mu-1}{1.2}(\gamma+\mu g-4g+\varepsilon)^{\mu}$$

$$\mp \frac{\mu.\mu-1.\mu-2}{1.2.3}(\gamma+\mu g-6g+\varepsilon)^{\mu} + \text{etc.};$$

et l'on a désigné par Γ', ce que Γ devient quand on y change le signe de g, et par $\Gamma_{\prime}$ et $\Gamma'_{\prime}$, ce que deviennent Γ et Γ' par le changement du signe de ε. Or, en renversant l'ordre des termes de Γ' et $\Gamma'_{\prime}$, qui sont en nombre fini, il est facile de voir que l'on a $\Gamma'=\Gamma$ et $\Gamma'_{\prime}=\Gamma_{\prime}$ quand μ est pair, $\Gamma'=-\Gamma$ et $\Gamma'_{\prime}=-\Gamma_{\prime}$ quand μ est impair; au moyen de quoi les équations précédentes deviennent plus simplement

$$\left.\begin{aligned}
&\frac{4}{\pi}\int_0^{\infty}\left[u-u'+\frac{(1-\alpha)F}{x^{\mu-1}}\right]\frac{dx}{x^2}=\frac{(1-\alpha)(-1)^{\frac{1}{2}\mu}(\Gamma-\Gamma_{\prime})}{1.2.3\ldots\mu},\\
&\frac{4}{\pi}\int_0^{\infty}\left[v-v'+\frac{(1-\alpha)F'}{x^{\mu-1}}\right]\frac{dx}{x^2}=\frac{(1-\alpha)(-1)^{\frac{1}{2}(\mu-1)}(\Gamma-\Gamma_{\prime})}{1.2.3\ldots\mu}.
\end{aligned}\right\}\quad(9)$$

Dans chacune des deux quantités Γ et $\Gamma_{\prime}$ que ces équations renferment, on devra, d'après l'origine des doubles signes de leurs différents termes, prendre le signe supérieur ou le signe inférieur d'un terme quelconque, selon que la quantité qui s'y trouve élevée à la puissance μ sera positive ou négative.

Maintenant, en vertu des équations (7), on a

$$\int_0^{\infty}\frac{udx}{x^2}=(-1)^{\frac{1}{2}\mu}\,2^{\mu}\int_0^{\infty}\sin^{\mu}gx\cos\gamma x\,\sin\varepsilon x\,\frac{dx}{x^{\mu+1}},$$

$$\int_0^{\infty}\frac{vdx}{x^2}=(-1)^{\frac{1}{2}(\mu-1)}\,2^{\mu}\int_0^{\infty}\sin^{\mu}gx\cos\gamma x\,\sin\varepsilon x\,\frac{dx}{x^{\mu+1}}.$$

Les intégrales contenues dans les seconds membres de ces équations sont des quantités finies; les intégrales $\int_0^{\infty}\frac{udx}{x^2}$ et $\int_0^{\infty}\frac{vdx}{x^2}$, et par suite, celles qui s'en déduisent en y mettant u' et v' au lieu de u et v, ont donc aussi des valeurs finies; par conséquent, la remarque relative à l'équation (8) ne s'applique plus aux équations (9). Or, en mettant $\frac{x}{\alpha}$ et $\frac{dx}{\alpha}$ à la place de x et dx, dans les intégrales qui répondent à u' et v', nous aurons

$$\int_0^\infty \frac{u'dx}{x^2} = \alpha\int_0^\infty \frac{udx}{x^2}, \quad \int_0^\infty \frac{v'dx}{x^2} = \alpha\int_0^\infty \frac{vdx}{x^2};$$

au moyen de quoi et des formules précédentes, les équations (9) se changent en celles-ci :

$$\frac{4}{\pi}\left[2^\mu\int_0^\infty \sin^\mu gx \cos\gamma x \sin\epsilon x \frac{dx}{x^{\mu+1}} + (-1)^{\frac{1}{2}\mu} \mathrm{F}\int_0^\infty \frac{dx}{x^{\mu+1}}\right] = \frac{\Gamma-\Gamma_{,}}{1.2.3\ldots\mu},$$

$$\frac{4}{\pi}\left[2^\mu\int_0^\infty \sin^\mu gx \cos\gamma x \sin\epsilon x \frac{dx}{x^{\mu+1}} + (-1)^{\frac{1}{2}(\mu-1)} \mathrm{F}'\int_0^\infty \frac{dx}{x^{\mu+1}}\right] = \frac{\Gamma-\Gamma_{,}}{1.2.3\ldots\mu}.$$

Mais l'intégrale $\int_0^\infty \frac{dx}{x^{\mu+1}}$ étant infinie, ces dernières équations ne pourraient pas subsister, si les constantes F et F′ n'étaient pas nulles; il faut donc qu'on ait identiquement $\mathrm{F} = 0$ et $\mathrm{F}' = 0$; ce qu'on pourrait d'ailleurs vérifier, si cela était nécessaire. Cela étant, les deux dernières équations se réduiront à une seule, savoir :

$$\frac{4}{\pi}.2^\mu \int_0^\infty \sin^\mu gx \cos\gamma x \sin\epsilon x \frac{dx}{x^{\mu+1}} = \frac{\Gamma-\Gamma_{,}}{1.2.3\ldots\mu},$$

qui aura lieu pour les deux cas de μ pair et de μ impair; et si l'on y fait

$$\gamma = \mu h - c,$$

et qu'on ait égard à la formule (6), on en conclura finalement

$$2(2g)^\mu \mathrm{P} = \frac{\Gamma-\Gamma_{,}}{1.2.3\ldots\mu}, \qquad (10)$$

pour l'équation qui fera connaître la valeur de P sous forme finie, et qu'il s'agissait d'obtenir.

(100). Dans le cas de $\mu = 1$, ou d'une seule observation, P est la probabilité que la valeur de A qui doit, par hypothèse, être comprise entre les limites données a et b, ou $h - g$ et $h + g$, le sera, d'après l'observation, entre les limites aussi données $c - \varepsilon$ et $c + \varepsilon$. Si ces dernières limites renferment les premières, on devra donc avoir $P = 1$; si, au contraire, ce sont les dernières limites qui sont renfermées dans les premières, P devra être le rapport de l'intervalle 2ε des dernières à l'intervalle $2g$ des premières; si les dernières limites tombent toutes deux en dehors de l'intervalle des premières, il faudra qu'on ait $P = 0$; si $c - \varepsilon$ tombe dans l'intervalle de $h - g$ et $h + g$, et $c + \varepsilon$ en dehors, P devra être le rapport de l'excès de $h + g$ sur $c - \varepsilon$ à l'intervalle $2g$; et enfin, si c'est $c + \varepsilon$ qui tombe dans l'intervalle de $h - g$ et $h + g$, et $c - \varepsilon$ en dehors, il faudra que P soit le rapport de l'excès de $c + \varepsilon$ sur $h - g$ à l'intervalle $2g$. Ces cinq valeurs différentes de P, savoir :

$$P = 1, \quad P = \frac{\varepsilon}{g}, \quad P = 0, \quad P = \frac{h + g - c + \varepsilon}{2g}, \quad P = \frac{c + \varepsilon - h + g}{2g},$$

se déduisent effectivement de l'équation (10), qui donne

$$P = \frac{1}{4g}(\Gamma - \Gamma_{\prime}),$$

pour $\mu = 1$. On aura, en même temps, $\gamma = h - c$, et par suite

$$\Gamma = \pm (h + g - c + \varepsilon) \mp (h - g - c + \varepsilon),$$
$$\Gamma_{\prime} = \pm (h + g - c - \varepsilon) \mp (h - g - c - \varepsilon).$$

Dans le premier des cinq cas qu'on vient d'énoncer, on aura $c + \varepsilon > h + g$ et $c - \varepsilon < h - g$; les quantités comprises entre les parenthèses seront positives dans Γ et négatives dans $\Gamma_{\prime}$; il faudra, en conséquence, prendre les signes supérieurs dans Γ et les signes inférieurs dans $\Gamma_{\prime}$; et il en résultera

$$\Gamma = 2g, \quad \Gamma_{\prime} = -2g, \quad P = 1.$$

Dans le second cas, on aura $h + g > c + \varepsilon$ et $h - g < c - \varepsilon$; on devra prendre les signes supérieurs des premiers termes de Γ et $\Gamma_{,}$, et les signes inférieurs de leurs seconds termes; de sorte que l'on aura

$$\Gamma = 2h - 2c + 2\varepsilon, \quad \Gamma_{,} = 2h - 2c - 2\varepsilon, \quad P = \frac{\varepsilon}{g}.$$

Dans le troisième cas, nous aurons $h - g > c + \varepsilon$; on devra prendre les signes supérieurs dans Γ et dans $\Gamma_{,}$; ce qui donnera

$$\Gamma = 2g, \quad \Gamma_{,} = 2g, \quad P = 0.$$

On pourra aussi avoir, dans ce troisième cas, $h + g < c - \varepsilon$; ce qui exigera qu'on prenne les signes inférieurs; les valeurs de Γ et $\Gamma_{,}$ changeront donc de signe, et l'on aura encore $P = 0$. Dans le quatrième cas, nous aurons $c - \varepsilon > h - g$, $c - \varepsilon < h + g$, $c + \varepsilon > h + g$; il faudra prendre les signes inférieurs des deux termes de $\Gamma_{,}$, le signe supérieur du premier terme de Γ, et le signe inférieur de son second terme; d'où il résultera

$$\Gamma = 2h - 2c + 2\varepsilon, \quad \Gamma_{,} = -2g, \quad P = \frac{h + g - c + \varepsilon}{2g}.$$

Enfin, dans le cinquième cas, on aura $c - \varepsilon < h - g$, $c + \varepsilon > h - g$, $c + \varepsilon < h + g$. On prendra, en conséquence, les signes supérieurs des deux termes de Γ, le signe supérieur du premier terme de $\Gamma_{,}$, et le signe inférieur de son second terme; ce qui donnera

$$\Gamma = 2g, \quad \Gamma_{,} = 2h - 2c - 2\varepsilon, \quad P = \frac{c + \varepsilon - h + g}{2g}.$$

La vérification de la valeur de P relative au cas d'une seule observation, peut aussi se faire sur cette valeur générale, donnée par la formule (4). Dans ce cas, si l'on regarde $f_{,}z$ comme une fonction discontinue, qui soit nulle pour toutes les valeurs de z non comprises entre les limites données a et b; la probabilité P que la valeur de A devra tomber entre les limites $c \mp \varepsilon$, sera évidemment

$$P = \int_{c-\varepsilon}^{c+\varepsilon} f_i z dz.$$

Or, pour $\mu = 1$, on a, d'après les formules (5) et (4),

$$X = \int_a^b e^{xz\sqrt{-1}} f_i z dz, \quad P = \frac{1}{\pi}\int_{-\infty}^{\infty}\left(\int_a^b e^{xz\sqrt{-1}} f_i z dz\right) e^{-cx\sqrt{-1}} \sin \varepsilon x \frac{dx}{x};$$

et en intervertissant l'ordre des intégrations relatives à x et z, et faisant disparaître les imaginaires, cette expression de P pourra s'écrire ainsi

$$P = \frac{1}{\pi}\int_a^b \left[\int_0^{\infty} \frac{\sin(c+\varepsilon-z)x}{x} dx - \int_0^{\infty} \frac{\sin(c-\varepsilon-z)x}{x} dx\right] f_i z dz.$$

Mais on a, comme plus haut,

$$\int_0^{\infty} \frac{\sin \gamma x}{x} dx = \pm \frac{1}{2}\pi,$$

selon que la constante γ est positive ou négative; la différence des deux intégrales relatives à x sera donc nulle ou égale à π, selon que les deux quantités $c + \varepsilon - z$ et $c - \varepsilon - z$ seront de mêmes signes ou de signes contraires; par conséquent, l'intégrale relative à z se réduira à zéro pour toute valeur de z qui sera, ou plus grande que $c + \varepsilon$, ou plus petite que $c - \varepsilon$; elle ne devra donc s'étendre qu'aux valeurs de z comprises à la fois entre a et b, et entre $c - \varepsilon$ et $c + \varepsilon$; et puisque nous regardons $f_i z$ comme nulle pour toutes les valeurs de z qui tombent hors des limites a et b, la valeur de P se réduira à l'intégrale de $f_i z dz$, prise depuis $z = c - \varepsilon$ jusqu'à $c + \varepsilon$; ce qu'il s'agissait de vérifier.

(101). Lorsque μ sera un très grand nombre, on pourra, par des transformations semblables à celles du n° 95, changer la formule (4) en une autre qui fera connaître la valeur approchée de P.

Observons d'abord que la formule (5) peut s'écrire ainsi

$$X=\int_a^b e^{xz_1\sqrt{-1}}f_1z_1dz_1\int_a^b e^{xz_2\sqrt{-1}}f_2z_2dz_2\ldots\int_a^b e^{xz_\mu\sqrt{-1}}f_\mu z_\mu dz_\mu.$$

Faisons ensuite

$$\left(\int_a^b f_nz_n\cos xz_ndz_n\right)^2+\left(\int_a^b f_nz_n\sin xz_ndz_n\right)^2=\rho_n^2;$$

il y aura un angle réel r_n, tel que l'on ait

$$\frac{1}{\rho_n}\int_a^b f_nz_n\cos xz_ndz_n=\cos r_n,\quad \frac{1}{\rho_n}\int_a^b f_nz_n\sin xz_ndz_n=\sin r_n;$$

et si l'on fait aussi, pour abréger,

$$\rho_1\rho_2\rho_3\ldots\rho_\mu=Y,$$
$$r_1+r_2+r_3\ldots+r_\mu=y,$$

la valeur précédente de X deviendra

$$X=Ye^{y\sqrt{-1}}.$$

En la substituant dans la formule (4), on aura donc

$$P=\frac{1}{\pi}\int_{-\infty}^{\infty}Y\cos(y-cx)\sin\epsilon x\frac{dx}{x}+\frac{\sqrt{-1}}{\pi}\int_{-\infty}^{\infty}Y\sin(y-cx)\sin\epsilon x\frac{dx}{x};$$

et comme les éléments de la seconde intégrale sont deux à deux égaux et de signes contraires, et ceux de la première, deux à deux égaux et de mêmes signes, cette valeur de P se réduira à

$$P=\frac{2}{\pi}\int_0^{\infty}Y\cos(y-cx)\sin\epsilon x\frac{dx}{x}.\qquad(11)$$

Pour $x=0$, on a $\rho_n=1$; et pour toute autre valeur de x, celle de ρ_n est moindre que l'unité. En effet, l'expression de ρ^2_n peut évidemment se changer en celle-ci :

$$\rho^2_n = \int_a^b f_n z \cos xz dz . \int_a^b f_n z' \cos xz' dz' + \int_a^b f_n z \sin xz dz . \int_a^b f_n z' \sin xz' dz' ;$$

laquelle est équivalente à

$$\rho^2_n = \int_a^b \int_a^b f_n z f_n z' \cos x(z - z') dz dz' ;$$

quantité moindre que $\int_a^b \int_a^b f_n z f_n z' dz dz'$, ou que $\int_a^b f_n z dz . \int_a^b f_n z' dz'$, pour toute valeur de x différente de l'unité; et, par conséquent, moindre que l'unité, puisqu'on doit avoir $\int_a^b f_n z dz = 1$ et $\int_a^b f_n z' dz' = 1$.

Cela posé, le nombre μ étant très grand, il s'ensuit que dès que la variable x ne sera plus très petite, le produit Y, égal à l'unité pour $x = 0$, se réduira, en général, à une très petite fraction qui serait tout-à-fait nulle si μ pouvait devenir infini. En faisant abstraction, comme dans le n° 95, du cas particulier où Y convergerait vers une quantité différente de zéro (*), nous pourrons donc ne donner à x, dans l'intégrale que contient la formule (11), que de très petites valeurs, à la limite desquelles la valeur de Y soit insensible; de sorte qu'en faisant

$$Y = e^{-\theta^2},$$

la variable θ pourra être supposée infinie à cette limite; et qu'en substituant cette variable à x dans l'intégration, on devra prendre zéro et l'infini pour les limites de l'intégrale relative à θ.

Pour exprimer x et dx au moyen de θ et $d\theta$, je développe les valeurs précédentes de $\rho_n \cos r_n$ et $\rho_n \sin r_n$ suivant les puissances de x. En

(*) Pour l'examen de ce cas particulier et des singularités qu'il présente, je renverrai à mon mémoire inséré dans la *Connaissance des Tems*, de 1827, et que j'ai déjà cité (n° 60).

mettant la lettre z au lieu de z_n sous les signes $\int$, et faisant

$$\int_a^b zf_nz dz = k_n, \quad \int_a^b z^2 f_n z dz = k'_n, \quad \int_a^b z^3 f_n z dz = k''_n, \text{ etc.},$$

nous aurons, en séries convergentes,

$$\rho_n \cos r_n = 1 - \frac{x^2}{1.2} k'_n + \frac{x^4}{1.2.3.4} k'''_n - \text{etc.},$$

$$\rho_n \sin r_n = x k_n - \frac{x^3}{1.2.3} k''_n + \text{etc.}$$

En faisant aussi

$$\frac{1}{2}\left(k'_n - k^2_n\right) = h_n, \quad \frac{1}{6}(k''_n - 3k_n k'_n + 2k^3_n) = g_n, \text{ etc.},$$

on déduira de ces séries

$$\rho_n = 1 - x^2 h_n + x^4 l_n - \text{etc.},$$

$$r_n = x k_n - x^3 g_n + \text{etc.};$$

et de cette valeur de ρ_n, on déduira ensuite

$$\log \rho_n = -x^2 h_n + x^4(l_n - \tfrac{1}{2} h^2_n) - \text{etc.}$$

Faisons encore

$$\Sigma k_n = \mu k, \quad \Sigma h_n = \mu h, \quad \Sigma g_n = \mu g, \quad \Sigma(l_n - \tfrac{1}{2} h^2_n) = \mu l, \text{ etc.};$$

les sommes Σ s'étendant, ici et dans tout ce qui va suivre, depuis $n=1$ jusqu'à $n=\mu$; nous aurons

$$\log Y = -\theta^2 = -x^2 \mu h + x^4 \mu l - \text{etc.};$$

d'où l'on tire

$$x = \frac{\theta}{\sqrt{\mu h}} + \frac{l\theta^3}{2\mu h^2 \sqrt{\mu h}} + \text{etc.},$$

$$\frac{dx}{x} = \frac{d\theta}{\theta} + \frac{l\theta d\theta}{\mu h^2} + \text{etc.};$$

et l'on aura en même temps

$$y - cx = (\mu k - c)x - \frac{g\theta^3}{h\sqrt{\mu h}} + \text{etc.},$$

$$\cos(y - cx) = \cos(\mu k - c)x + \frac{g\theta^3}{h\sqrt{\mu h}} \sin(\mu k - c)x + \text{etc.}$$

Au moyen de ces diverses valeurs, la formule (11) devient

$$\begin{aligned} P = \frac{2}{\pi}\int_0^\infty e^{-\theta^2} \cos(\mu k - c)x \sin \epsilon x \frac{d\theta}{\theta} \\ + \frac{2g}{\pi h\sqrt{\mu h}}\int_0^\infty e^{-\theta^2} \sin(\mu k - c)x \sin \epsilon x . \theta^2 d\theta, \end{aligned} \quad (12)$$

en négligeant les termes qui seraient divisés par μ, et conservant x à la place de sa valeur sous les *sinus* et *cosinus*.

Si nous prenons

$$c = \mu k,$$

cette formule se réduira à

$$P = \frac{2}{\pi}\int_0^\infty e^{-\theta^2} \sin \frac{\epsilon\theta}{\sqrt{\mu h}} \frac{d\theta}{\theta},$$

en supposant que le rapport de ϵ à $\sqrt{\mu}$ ne soit pas un grand nombre, ce qui permet de réduire la valeur de ϵx à son premier terme $\frac{\epsilon\theta}{\sqrt{\mu h}}$. Or, α étant une constante indéterminée, on a, d'après une formule connue,

$$\int_0^\infty e^{-\theta^2} \cos \frac{\alpha\theta}{\sqrt{\mu h}} d\theta = \frac{1}{2}\sqrt{\pi}\, e^{-\frac{\alpha^2}{4\mu h}};$$

en multipliant par $\frac{d\alpha}{\sqrt{\mu h}}$, et intégrant depuis $\alpha = 0$ jusqu'à $\alpha = \epsilon$, on en déduit

$$\int_0^\infty e^{-\theta^2} \sin \frac{\epsilon\theta}{\sqrt{\mu h}} \frac{d\theta}{\theta} = \frac{1}{2}\sqrt{\frac{\pi}{\mu h}}\int_0^\epsilon e^{-\frac{\alpha^2}{4\mu h}} d\alpha;$$

et en faisant

$$\alpha = 2t\sqrt{\mu h}, \quad d\alpha = 2\sqrt{\mu h}\, dt, \quad \epsilon = 2u\sqrt{\mu h},$$

et observant qu'on a

$$\int_0^u e^{-t^2}dt = \frac{1}{2}\sqrt{\pi} - \int_u^\infty e^{-t^2}dt,$$

il en résultera enfin

$$P = 1 - \frac{2}{\sqrt{\pi}}\int_u^\infty e^{-t^2}dt, \quad (13)$$

pour la probabilité que dans un très grand nombre μ d'épreuves, la somme s des valeurs de A sera comprise entre les limites

$$\mu k \mp 2u\sqrt{\mu h},$$

ou, ce qui est la même chose, pour la probabilité que les limites

$$k \mp \frac{2u\sqrt{h}}{\sqrt{\mu}},$$

comprendront la valeur moyenne $\frac{s}{\mu}$ de A, résultante de ces μ épreuves successives.

(102). En donnant à u une valeur peu considérable, qui rende néanmoins la formule (13) très peu différente de l'unité, on en conclura que le rapport $\frac{s}{\mu}$ différera probablement fort peu de la quantité k; et comme cette quantité représente la somme des valeurs possibles de A, multipliées par leurs chances respectives à chaque épreuve, et divisées par le nombre μ des épreuves, c'est-à-dire la somme de ces valeurs multipliées respectivement par leurs chances moyennes, il s'ensuit que cette conclusion coïncide avec la proposition du n° 53, qui se trouve ainsi démontrée dans toute sa généralité.

Ainsi, dans un très grand nombre μ d'épreuves, il y aura toujours une probabilité très approchante de la certitude, que la valeur moyenne de A différera très peu de la quantité k : la différence $\frac{s}{\mu} - k$ diminuera ndéfiniment à mesure que μ augmentera de plus en plus, et serait tout-à-fait nulle si ce nombre devenait infini.

Si l'on construit une courbe plane dont z et $f_n z$ soient les coordonnées courantes, elle représentera la loi de probabilité des valeurs de A dans la $n^{ième}$ épreuve, en ce sens que l'élément $f_n zdz$ de l'aire de cette courbe sera la probabilité infiniment petite de la valeur de A exprimée par l'abscisse z. La courbe dont les coordonnées courantes sont z et $\frac{1}{\mu}\Sigma f_n z$ représentera de même la loi de probabilité moyenne des valeurs de A, relative à la série des μ épreuves; l'intégrale $\int_a^b f_n zdz$ étant l'unité, l'aire totale de cette courbe, depuis $z = a$ jusqu'à $z = b$, sera aussi l'unité; et si l'on appelle ζ l'abcisse de son centre de gravité, on aura

$$k = \frac{1}{\mu}\Sigma \int_a^b zf_n zdz = \zeta;$$

en sorte que cette abscisse est la quantité k vers laquelle converge, dans tous les cas, la moyenne des valeurs de A. Cette quantité sera zéro toutes les fois que par la nature de la chose A, ses valeurs égales et de signes contraires seront également probables dans chaque épreuve, c'est-à-dire lorsque l'on aura $f_n(-z) = f_n z$, pour toutes les valeurs de n et de z.

La constante h devra être une quantité positive, pour que les limites de $\frac{s}{\mu}$ soient réelles. C'est aussi ce que l'on peut facilement vérifier. En effet, d'après ce que h_n représente, et parce que $\int_a^b f_n z'dz' = 1$, on peut écrire

$$2h_n = \int_a^b z^2 f_n zdz . \int_a^b f_n z'dz' - \int_a^b zf_n zdz . \int_a^b z'f_n z'dz',$$

ou, ce qui est la même chose,

$$2h_n = \int_a^b\int_a^b (z^2 - zz')f_n zf_n z'dzdz',$$

ou bien encore

$$2h_n = \int_a^b\int_a^b (z'^2 - z'z)f_n z'f_n zdz'dz;$$

ce qui donne, en ajoutant ces deux dernières équations,

$$4h_n = \int_a^b \int_a^b (z - z')^2 f_n z f_n z' dz dz'.$$

Or, cette valeur de $4h_n$ est évidemment positive, et ne peut pas non plus être nulle, puisque tous les éléments de l'intégrale double sont positifs; par conséquent, il en sera de même à l'égard de la somme Σh_n et de h.

Le cas le plus simple est celui d'une égale probabilité de toutes les valeurs possibles de A, pendant toute la série des épreuves. Quel que soit n, on aura alors

$$f_n z = \frac{1}{b - a},$$

afin que cette valeur constante de $f_n z$ satisfasse à la condition $\int_a^b f_n z dz = 1$; et il en résultera

$$k_n = k = \frac{1}{2}(a + b), \quad h_n = h = \frac{1}{6}(a^2 + ab + b^2) - \frac{1}{8}(a + b)^2.$$

Les limites de $\frac{s}{\mu}$ dont la probabilité est P, seront, en conséquence,

$$\frac{1}{2}(a + b) \mp \frac{u(b - a)}{\sqrt{6\mu}},$$

et se réduiront à $\mp \frac{2ub}{\sqrt{6\mu}}$, lorsqu'on aura $a = -b$. En prenant, par exemple (n° 82),

$$u = 0,4765,$$

il sera également probable que la moyenne $\frac{s}{\mu}$ se trouvera comprise en dedans ou en dehors des limites $(0,389)\frac{b}{\sqrt{\mu}}$; et si l'on a $\mu = 600$, il y aura un contre un à parier que $\frac{s}{\mu}$ ne s'écartera pas de zéro, d'une quantité plus grande que la fraction $\frac{0,4765}{3.10}$ de b, à très peu près égale à $(0,016)b$.

Ce cas est celui d'un point M qui doit tomber à chaque épreuve sur une droite dont la longueur est $2b$, et où l'on suppose toutes les positions de M sur cette droite également probables : P est alors la probabilité que dans un très grand nombre μ d'épreuves, la distance moyenne de M au milieu de cette droite n'excèdera pas la fraction $\frac{2u}{\sqrt{6\mu}}$ de sa demi-longueur b. Si M devait tomber à chaque épreuve sur la surface d'un cercle du rayon b, et que l'on supposât également probables toutes les distances égales du point M à son centre, il est évident que la probabilité $f_n z dz$ d'une distance z serait proportionnelle à z; en la supposant constante pendant les épreuves, et observant que toutes les distances possibles seraient comprises entre zéro et b, il faudrait prendre $f_n z = \frac{2z}{b^2}$ pour satisfaire à la condition $\int_0^b f_n z dz = 1$; de cette manière, on aurait

$$k_n = k = \frac{2b}{3}, \quad 2h_n = 2h = \frac{1}{2}b^2 - \frac{4}{9}b^2;$$

et P serait la probabilité que dans le nombre μ d'épreuves, la moyenne des distances du point M au centre serait comprise entre les limites

$$\frac{2b}{3} \mp \frac{ub}{3\sqrt{\mu}}.$$

(103). Quoique nous ayons supposé (n° 97) la chose A susceptible de toutes les valeurs comprises entre les limites a et b, mais inégalement probables, les formules que nous avons obtenues n'en sont pas moins applicables au cas où le nombre de valeurs possibles de A est limité; et pour cela, il suffira de considérer comme des fonctions discontinues, les fonctions $f_1 z, f_2 z, f_3 z$, etc., qui expriment les lois de probabilité des valeurs de A dans les μ épreuves successives.

Soient, en effet, $c_1, c_2, c_3, \ldots c_\nu$, un nombre ν de valeurs de z comprises entre a et b; supposons que la fonction $f_n z$ soit nulle pour toutes les valeurs de z qui ne sont pas infiniment peu différentes de l'une de ces quantités $c_1, c_2, c_3, \ldots c_\nu$; en désignant par δ un infiniment petit, supposons aussi qu'on ait

$$\int_{c_1-\delta}^{c_1+\delta} f_n z dz = \gamma_1, \quad \int_{c_2-\delta}^{c_2+\delta} f_n z dz = \gamma_2, \ldots \int_{c_\nu-\delta}^{c_\nu+\delta} f_n z dz = \gamma_\nu;$$

de cette manière, A ne sera susceptible que des ν valeurs données c_1, c_2, c_3, ... c_ν, dont les probabilités respectives seront γ_1, γ_2, γ_3, ... γ_ν à la $n^{ième}$ épreuve, et pourront varier d'une épreuve à une autre, c'est-à-dire avec le nombre n. Mais l'une de ces valeurs devant avoir lieu certainement à la $n^{ième}$ épreuve, il faudra que l'on ait

$$\gamma_1 + \gamma_2 + \gamma_3 + \ldots + \gamma_\nu = 1,$$

pour toutes les valeurs de n, depuis $n = 1$ jusqu'à $n = \mu$. Cette somme des quantités γ_1, γ_2, γ_3, etc., sera d'ailleurs la valeur de l'intégrale $\int_a^b f_n z dz$, et cette équation remplace la condition $\int_a^b f_n z dz = 1$.

Pour un indice quelconque i, on a identiquement

$$\int z f_n z dz = c_i \int f_n z dz + \int (z - c_i) f_n z dz,$$
$$\int z^2 f_n z dz = c_i^2 \int f_n z dz + 2c_i \int (z - c_i) f_n z dz + \int (z - c_i)^2 f_n z dz.$$

Si l'on prend ces intégrales entre les limites $c_i \mp \delta$, celles qui renferment le facteur $z - c_i$ sous le signe $\int$ s'évanouiront, puisque entre ces limites, ce facteur est infiniment petit, et les autres auront γ_i pour valeur. On aura donc

$$\int_{c_i-\delta}^{c_i+\delta} z f_n z dz = \gamma_i c_i, \quad \int_{c_i-\delta}^{c_i+\delta} z^2 f_n z dz = \gamma_i c_i^2;$$

d'où l'on conclut

$$\int_a^b z f_n z dz = \gamma_1 c_1 + \gamma_2 c_2 + \gamma_3 c_3 + \ldots + \gamma_\nu c_\nu,$$
$$\int_a^b z^2 f_n z dz = \gamma_1 c_1^2 + \gamma_2 c_2^2 + \gamma_3 c_3^2 + \ldots + \gamma_\nu c_\nu^2;$$

au moyen de quoi les quantités désignées par k et h dans le n° 101, deviendront

$$k = \frac{1}{\mu} \Sigma (\gamma_1 c_1 + \gamma_2 c_2 + \ldots + \gamma_\nu c_\nu),$$

$$h = \frac{1}{2\mu} \Sigma [(\gamma_1 c_1^2 + \gamma_2 c_2^2 + \ldots + \gamma_\nu c_\nu^2) - (c_1 \gamma_1 + c_2 \gamma_2 + \ldots + c_\nu \gamma_\nu)^2];$$

les sommes Σ s'étendant au nombre μ des épreuves. Par conséquent, la formule (13) exprimera la probabilité que la somme s des valeurs de A, dans cette série d'épreuves, sera comprise entre les limites $\mu k \mp 2u\sqrt{\mu h}$, dans lesquelles on mettra pour k et h les valeurs que l'on vient d'écrire, et qui seront faciles à calculer, quand les ν valeurs possibles de A et leurs probabilités respectives seront données pour chaque épreuve.

Si ces probabilités sont constantes et, de plus, égales entre elles; leur valeur commune sera $\frac{1}{\nu}$, et l'on aura simplement

$$k = \frac{1}{\nu}(c_1 + c_2 + c_3 + \ldots + c_\nu),$$

$$h = \frac{1}{2\nu^2}[\nu(c_1^2 + c_2^2 + c_3^2 + \ldots + c_\nu^2) - (c_1 + c_2 + c_3 + \ldots + c_\nu)^2].$$

Supposons, par exemple, que les valeurs possibles de A soient les six numéros marqués sur les faces d'un *dé* ordinaire, que l'on projette successivement un très grand nombre de fois représenté par μ; abstraction faite de la petite inégalité qui peut exister entre les chances de ces six faces, on aura

$$\nu = 6, \quad c_1 = 1, \quad c_2 = 2, \quad c_3 = 3, \quad c_4 = 4, \quad c_5 = 5, \quad c_6 = 6;$$

d'où il résultera

$$k = \frac{7}{2}, \quad h = \frac{35}{24};$$

en sorte que la formule (13) exprimera la probabilité que la somme s des numéros qu'on amènera dans les μ épreuves successives, sera comprise entre les limites

$$\frac{1}{2}\left(7\mu \mp u\sqrt{\frac{70\mu}{3}}\right).$$

En prenant $u = 0{,}4765$ et $\mu = 100$, il sera également probable que dans 100 épreuves, la somme s sera comprise en dedans ou en dehors des limites $350 \mp 11{,}5$.

(104). Maintenant considérons, comme dans le n° 52, un événement E d'une nature quelconque, dont l'arrivée puisse être due à un nombre ν de causes distinctes, qui s'excluent mutuellement et qui sont les seules possibles. Appelons ces causes $C_1, C_2, C_3, \ldots C_\nu$; soient c_i la chance que la cause C_i donnera à l'arrivée de E, quand ce sera cette cause qui interviendra, et γ_i la probabilité de son intervention. La chance de E pourra varier, en conséquence, d'une épreuve à une autre : ce sera une chose susceptible de ν valeurs différentes, $c_1, c_2, c_3, \ldots c_\nu$, dont les probabilités respectives seront $\gamma_1, \gamma_2, \gamma_3, \ldots \gamma_\nu$, et demeureront les mêmes tant que les causes $C_1, C_2, C_3, \ldots C_\nu$, ne changeront pas. En prenant donc cette chance pour A, il y aura la probabilité P, donnée par la formule (13), que sa valeur moyenne, dans un très grand nombre μ d'épreuves, sera comprise entre les limites $k \mp \frac{2u\sqrt{h}}{\sqrt{\mu}}$, où l'on mettra pour k et h, leurs premières valeurs du numéro précédent, appliquées au cas où les quantités c_1, c_2, c_3, etc., $\gamma_1, \gamma_2, \gamma_3$, etc., demeurent constantes pendant les épreuves; ce qui changera ces valeurs en celles-ci :

$$k = \gamma_1 c_1 + \gamma_2 c_2 + \ldots + \gamma_\nu c_\nu,$$
$$h = \tfrac{1}{2}(\gamma_1 c_1^2 + \gamma_2 c_2^2 + \ldots + \gamma_\nu c_\nu^2) - \tfrac{1}{2}(\gamma_1 c_1 + \gamma_2 c_2 + \ldots + \gamma_\nu c_\nu)^2,$$

et les rend, comme on voit, indépendantes du nombre μ, quels que soient d'ailleurs le nombre et l'inégalité des quantités qu'elles renferment. Et comme on peut donner à u une valeur peu considérable, qui rende la probabilité P très approchante de la certitude, il s'ensuit que la moyenne des chances de E qui auront lieu pendant la série d'épreuves, différera probablement très peu de la somme des ν produits $\gamma_1 c_1, \gamma_2 c_2$, etc., dont elle s'approchera indéfiniment à mesure que le nombre μ augmentera encore d'avantage; ce qui est la seconde des deux propositions générales du n° 52, qui nous restait à démontrer.

Dans deux séries composées de très grands nombres μ et μ' d'épreuves, si l'on représente par m et m' les nombres de fois que l'événement E arrivera, les rapports $\frac{m}{\mu}$ et $\frac{m'}{\mu'}$ s'écarteront probablement fort peu (n° 96) des chances moyennes de E dans ces deux séries; il est donc aussi très probable qu'ils différeront très peu de la valeur précédente de k, et, par conséquent, l'un de l'autre, puisque cette valeur de k sera commune aux deux séries d'épreuves, si, toutes les causes C_1, C_2, C_3, etc., n'ont pas changé dans l'intervalle. Mais quelle sera la probabilité d'une petite différence donnée entre ces rapports $\frac{m}{\mu}$ et $\frac{m'}{\mu'}$? C'est une question importante dont nous nous occuperons dans un des numéros suivants.

(105). Dans la plupart des questions auxquelles la formule (13) est applicable, la loi de probabilité des valeurs de A est inconnue, et, par conséquent, les quantités k et h, contenues dans les limites de la valeur moyenne de A, ne peuvent se déterminer *à priori*. Mais au moyen des valeurs de A observées dans une longue série d'épreuves, on pourra éliminer les inconnues que renfermeraient les limites de sa valeur moyenne, dans d'autres séries également composées d'un grand nombre d'épreuves, et pour lesquelles les diverses causes qui peuvent amener toutes les valeurs possibles de A, sont les mêmes que pour la série dont on aura employé les résultats, en entendant par de mêmes causes, celles qui donnent la même chance à chacune de ces valeurs, et qui ont elles-mêmes une égale probabilité. La solution complète de ce problème est l'objet des calculs suivants.

Je fais $c=\varepsilon$ dans la formule (12); il en résulte

$$P=\frac{1}{\pi}\int_0^\infty e^{-\theta^2}\sin(\mu kx)\frac{d\theta}{\theta}+\frac{1}{\pi}\int_0^\infty e^{-\theta^2}\sin(2\varepsilon x-\mu kx)\frac{d\theta}{\theta}$$
$$-\frac{g}{\pi h\sqrt{\mu h}}\int_0^\infty e^{-\theta^2}\cos(\mu kx)\theta^2 d\theta+\frac{g}{\pi h\sqrt{\mu h}}\int_0^\infty e^{-\theta^2}\cos(2\varepsilon x-\mu kx)\theta^2 d\theta,$$

pour la probabilité que la somme s des μ valeurs de A sera comprise entre zéro et 2ε. On en conclut que la différentielle de P par rapport à ε, savoir :

$$\frac{dP}{d\varepsilon}d\varepsilon=\frac{2d\varepsilon}{\pi}\int_0^\infty e^{-\theta^2}\cos(2\varepsilon x-\mu kx)\frac{xd\theta}{\theta}-\frac{2gd\varepsilon}{\pi h\sqrt{\mu h}}\int_0^\infty e^{-\theta^2}\sin(2\varepsilon x-\mu kx)\,x\theta^2 d\theta$$

exprimera la probabilité infiniment petite que s aura précisément 2ε

pour valeur. Je fais aussi

$$2\varepsilon = \mu k + 2v\sqrt{\mu h}, \quad d\varepsilon = \sqrt{\mu h}\, dv;$$

je désigne par ϖdv la valeur corrrespondante de $\frac{dP}{d\varepsilon} d\varepsilon$, dans laquelle je néglige les quantités de l'ordre de petitesse de $\frac{1}{\mu}$, ce qui permettra d'y réduire x au premier terme $\frac{\theta}{\sqrt{\mu h}}$ de sa valeur en série (n° 101); il vient

$$\varpi dv = \frac{2dv}{\pi}\int_0^\infty e^{-\theta^2}\cos(2v\theta)d\theta - \frac{2g dv}{\pi h\sqrt{\mu h}}\int_0^\infty e^{-\theta^2}\sin(2v\theta)\theta^3 d\theta,$$

et à cause de

$$\int_0^\infty e^{-\theta^2}\cos(2v\theta)d\theta = \frac{1}{2}\sqrt{\pi}\, e^{-v^2},$$

$$\int_0^\infty e^{-\theta^2}\sin(2v\theta)\theta^3 d\theta = \frac{1}{4}\sqrt{\pi}\,(3v - 4v^3)e^{-v^2},$$

cette valeur de ϖdv prendra la forme

$$\varpi dv = \frac{1}{\sqrt{\pi}}\left(1 - \frac{1}{\sqrt{\mu}}V\right) e^{-v^2} dv;$$

V désignant un polynome qui ne contient que des puissances impaires de v, et qui n'influera pas, quel qu'il soit d'ailleurs, sur le résultat de nos calculs. Cette expression de ϖdv sera donc la probabilité de la somme s égale à la valeur précédente de 2ε, ou bien en divisant, par μ, ce sera la probabilité de l'équation

$$\frac{s}{\mu} = k + \frac{2v\sqrt{h}}{\sqrt{\mu}},$$

dans laquelle v est une quantité positive ou négative, mais très petite par rapport à $\sqrt{\mu}$.

J'appellerai maintenant C_1, C_2, C_3... C_ν, toutes les causes, connues ou inconnues, qui s'excluent mutuellement, et qui peuvent donner à A une des valeurs dont cette chose est susceptible; et je désignerai par $\gamma_1, \gamma_2, \gamma_3, \ldots \gamma_\nu$, leurs probabilités respectives, dont la somme sera égale à l'unité, et dont chacune aurait une valeur infiniment petite, si le nombre de ces causes possibles était infini. Les valeurs possibles de A étant toutes celles qui sont comprises entre a et b, et, conséquemment, en nombre infini, la chance de chacune d'elles, provenant de chacune de ces causes, sera infiniment petite. Je représenterai par $Z_i dz$ la chance que C_i donnerait, si cette cause était certaine, à la valeur z de A. L'intégrale $\int_a^b z f_n z \, dz$, relative à la $n^{ième}$ épreuve, sera donc une chose susceptible des ν valeurs $\int_a^b z Z_1 dz, \int_a^b z Z_2 dz, \ldots \int_a^b z Z_\nu dz$, dont les probabilités seront celles des causes correspondantes; en sorte que γ_i exprimera, à une épreuve quelconque, la chance de la valeur $\int_a^b z Z_i dz$. Par conséquent, la probabilité infiniment petite d'une valeur de la moyenne $\frac{1}{\mu} \Sigma \int_a^b z f_n z \, dz$, se déterminera par la règle précédente, qui convient à la moyenne $\frac{s}{\mu}$ des valeurs d'une chose quelconque, dans un très grand nombre μ d'épreuves : s sera alors la somme des μ valeurs inconnues de $\int_a^b z f_n z \, dz$, qui auront lieu dans cette série d'épreuves, et les quantités qu'on devra prendre pour k et h, se détermineront d'après les ν valeurs possibles de cette intégrale,

Or, en prenant ces ν valeurs $\int_a^b z Z_1 dz, \int_a^b z Z_2 dz, \ldots \int_a^b z Z_\nu dz$, pour celles que l'on a désignées par $c_1, c_2, \ldots c_\nu$, dans le n° 103, et faisant, pour abréger,

$$\gamma = S \gamma_i \int_a^b z Z_i dz, \quad \mathcal{C} = \frac{1}{2} S \gamma_i \left(\int_a^b z Z_i dz \right)^2 - \frac{1}{2} \left(S \gamma_i \int_a^b z Z_i dz \right)^2,$$

où la caractéristique S indique une somme qui s'étend à tous les indices i depuis $i = 1$ jusqu'à $i = \nu$, ce sont, d'après les formules de ce numéro, les quantités γ et $\mathcal{C}$, indépendantes de μ, qu'il faudra prendre pour k et h. Si donc on désigne par v_i une quantité positive ou négative, très petite par rapport à $\sqrt{\mu}$; que $V_{,}$ soit un polynome qui ne contienne que des puissances impaires de $v_{,}$; et que l'on fasse

$$\varpi_{,}dv_{,} = \frac{1}{\sqrt{\pi}}\left(1-\frac{1}{\sqrt{\mu}}V_{,}\right)e^{-v_{,}^2}dv_{,},$$

cet infiniment petit $\varpi_{,}dv_{,}$ sera la probabilité de l'équation

$$\frac{1}{\mu}\Sigma\int_a^b zf_n zdz = \gamma + \frac{2v_{,}\sqrt{6}}{\sqrt{\mu}}.$$

En considérant de même la quantité

$$\frac{1}{2}\int_a^b z^2 f_n zdz - \frac{1}{2}\left(\int_a^b zf_n zdz\right)^2,$$

comme une chose susceptible des ν valeurs correspondantes aux causes $C_1, C_2, \ldots C_\nu$, et dont les probabilités, à chaque épreuve, seront celles de ces causes mêmes; désignant par $v_{,,}$ une quantité positive ou négative, telle que le rapport $\frac{v_{,,}}{\sqrt{\mu}}$ soit une très petite fraction, et par $V_{,,}$ un polynome qui ne contienne que des puissances impaires de $v_{,,}$; faisant ensuite

$$\varpi_{,,}dv_{,,} = \frac{1}{\sqrt{\pi}}\left(1-\frac{1}{\sqrt{\mu}}V_{,,}\right)e^{-v_{,,}^2}dv_{,,},$$

et, pour abréger,

$$\alpha = \frac{1}{2}\,S\gamma_i\int_a^b z^2 Z_i dz - \frac{1}{2}\,S\gamma_i\left(\int_a^b zZ_i dz\right)^2,$$

cette expression de $\varpi_{,,}dv_{,,}$ sera la probabilité que la moyenne des μ valeurs de la quantité dont il s'agit, savoir :

$$\frac{1}{2\mu}\Sigma\left[\int_a^b z^2 f_n zdz - \left(\int_a^b zf_n zdz\right)^2\right],$$

ne différera de α que d'une quantité déterminée, de l'ordre de petitesse de $\frac{1}{\sqrt{\mu}}$, et qu'il nous sera inutile de connaître. D'ailleurs cette moyenne n'est autre chose que la quantité h du n° 101 ; si donc on néglige les quantités de l'ordre de $\frac{1}{\mu}$, il suffira de mettre α au lieu de h, dans le second terme de la valeur précédente de $\frac{s}{\mu}$, qui est déjà de l'ordre de $\frac{1}{\sqrt{\mu}}$: de cette manière, on aura

$$\frac{s}{\mu} = k + \frac{2v\sqrt{\alpha}}{\sqrt{\mu}};$$

et la probabilité de cette équation serait encore ϖdv, si la valeur de h que l'on a employée était certaine. Mais cette valeur n'ayant qu'une probabilité $\varpi_{\prime\prime}dv_{\prime\prime}$, dépendante de la variable $v_{\prime\prime}$ qui n'entre pas dans la valeur de $\frac{s}{\mu}$, il s'ensuit que la probabilité de celle-ci aura pour expression complète, le produit de ϖdv et de la somme des valeurs de $\varpi_{\prime\prime}dv_{\prime\prime}$, correspondantes à toutes celles que l'on peut donner à $v_{\prime\prime}$. Or, quoique ces valeurs doivent être très petites par rapport à $\sqrt{\mu}$, on pourra néanmoins, à raison de l'exponentielle $e^{-v_{\prime\prime}^2}$ facteur de $\varpi_{\prime\prime}dv_{\prime\prime}$, étendre l'intégrale de $\varpi_{\prime\prime}dv_{\prime\prime}$ sans l'altérer sensiblement, depuis $v_{\prime\prime} = -\infty$ jusqu'à $v_{\prime\prime} = \infty$; la partie dépendante de $V_{\prime\prime}$ disparaîtra comme étant composée d'éléments, deux à deux égaux et de signes contraires ; et l'on aura simplement $\int_{-\infty}^{\infty} \varpi_{\prime\prime}dv_{\prime\prime} = 1$. Par conséquent, la probabilité de l'équation précédente sera toujours ϖdv, comme si la valeur approchée de h dont on a fait usage, eût été certaine.

On peut aussi remarquer que la moyenne $\frac{1}{\mu}\Sigma\int_a^b zf_{\prime\prime}zdz$ n'est autre que la quantité k du n° 101 ; l'expression de $\varpi_{\prime}dv_{\prime}$ est donc la probabilité que la valeur de cette quantité sera

$$k = \gamma + \frac{2v_{\prime}\sqrt{\zeta}}{\sqrt{\mu}};$$

donc en substituant cette valeur dans celle de $\frac{s}{\mu}$, ce qui donne

$$\frac{s}{\mu} = \gamma + \frac{2v_{,}\sqrt{6}}{\sqrt{\mu}} + \frac{2v\sqrt{\alpha}}{\sqrt{\mu}},$$

la probabilité de cette dernière équation, pour chaque couple de valeurs de v et $v_{,}$, sera le produit de ϖdv et $\varpi_{,}dv_{,}$, que je représenterai par σ, de sorte qu'on ait

$$\sigma = \frac{1}{\pi}\left[1 - \frac{1}{\sqrt{\mu}}(\mathrm{V} + \mathrm{V}_{,})\right]e^{-v^2 - v_{,}^2}\,dv dv_{,},$$

en négligeant le terme qui aurait μ pour diviseur.

Désignons par θ une variable positive ou négative, très petite, comme v et $v_{,}$, par rapport à $\sqrt{\mu}$; on pourra faire

$$v_{,}\sqrt{6} + v\sqrt{\alpha} = \theta\sqrt{\alpha + 6};$$

et si l'on veut remplacer $v_{,}$ par cette nouvelle variable, dans la formule différentielle précédente, il y faudra mettre, au lieu de $v_{,}$ et $dv_{,}$, les valeurs

$$v_{,} = \frac{\theta\sqrt{\alpha + 6}}{\sqrt{6}} - \frac{v\sqrt{\alpha}}{\sqrt{6}}, \quad dv_{,} = \frac{\sqrt{\alpha + 6}}{\sqrt{6}}\,d\theta;$$

ce qui la changera en celle-ci

$$\sigma = \frac{1}{\pi}\left(1 - \frac{1}{\sqrt{\mu}}\,\mathrm{T}\right)e^{-\left(\frac{v\sqrt{\alpha+6}}{\sqrt{6}} - \frac{\theta\sqrt{\alpha}}{\sqrt{6}}\right)^2 - \theta^2}\,\frac{\sqrt{\alpha + 6}\,dv d\theta}{\sqrt{6}},$$

dans laquelle T est un polynome provenant de V et $\mathrm{V}_{,}$, et dont chaque terme contient une puissance impaire de v ou de θ. L'équation

$$\frac{s}{\mu} = \gamma + \frac{2\theta\sqrt{\alpha + 6}}{\sqrt{\mu}}, \qquad (14)$$

ne renfermant plus que la variable θ, il s'ensuit que sa probabilité totale sera la somme des valeurs de σ, relative à toutes les valeurs positives ou négatives que l'on peut donner à l'autre variable v. De plus, à raison de l'exponentielle que renferme l'expression de σ, il sera permis d'étendre cette intégrale, sans en altérer sensiblement la valeur, depuis $v = -\infty$ jusqu'à $v = \infty$. Alors, en faisant

$$\frac{v\sqrt{\alpha+\beta}}{\sqrt{\beta}} - \frac{\theta\sqrt{\alpha}}{\sqrt{\beta}} = \theta_{,}, \quad \frac{dv\sqrt{\alpha+\beta}}{\sqrt{\beta}} = d\theta_{,},$$

et désignant par T', ce que T deviendra en fonction de θ et $\theta_{,}$, nous aurons

$$\sigma = \frac{1}{\pi}\left(1 - \frac{1}{\sqrt{\mu}}\,\text{T}'\right) e^{-\theta^2 - \theta_{,}^2}\, d\theta d\theta_{,} :$$

les limites de l'intégrale relative à la nouvelle variable $\theta_{,}$ seront encore $\pm\infty$; en représentant donc par $\eta d\theta$ sa valeur infiniment petite, il en résultera

$$\eta d\theta = \frac{1}{\sqrt{\pi}} e^{-\theta^2} d\theta - \frac{1}{\sqrt{\pi\mu}} \Theta\, e^{-\theta^2} d\theta,$$

pour la probabilité de l'équation (14); Θ étant un polynome qui ne contient que des puissances impaires de θ.

Il s'agira actuellement d'éliminer l'inconnue $\alpha + \beta$ de cette équation (14); ce qui sera possible, comme on va le voir, parce que l'expression de $\alpha + \beta$ se réduit à

$$\alpha + \beta = \frac{1}{2}\,\text{S}\gamma_{,}\int^{b} z^2 \text{Z}_{,}dz - \frac{1}{2}\left(\text{S}\gamma_{,}\int_{a}^{b} z\text{Z}_{,}dz\right)^2,$$

et se trouve indépendante de la somme $\text{S}\gamma_{,}\left(\int_{a}^{b} z\text{Z}_{,}dz\right)^2$, qui était contenue dans chacune des quantités α et β.

(106). En appliquant à $\frac{1}{2}\int_{a}^{b} z^2 f_n z dz$ le même raisonnement qu'à cette quantité diminuée, comme dans le numéro précédent, de $\frac{1}{2}\left(\int_{a}^{b} z f_n z dz\right)^2$, et désignant par $\frac{1}{2}\varphi$ sa valeur moyenne, de sorte qu'on ait

$$\frac{1}{\mu}\Sigma\int_a^b z^2 f_n z dz = \varphi,$$

il y aura la probabilité $\varpi_{\prime\prime} dv_{\prime\prime}$ que $\frac{1}{2}\mathrm{S}\gamma_\prime \int_a^b z^2 Z dz$ ne différera de $\frac{1}{2}\varphi$, que d'une quantité déterminée et de l'ordre de petitesse de $\frac{1}{\sqrt{\mu}}$. De plus, en négligeant toujours les termes qui ont $\frac{1}{\mu}$ pour diviseur, on verra aussi, comme dans ce numéro, qu'il sera permis d'employer, dans l'équation (14), $\frac{1}{2}\varphi$ au lieu de cette partie $\frac{1}{2}\mathrm{S}\gamma_\prime \int_a^b z^2 Z_\prime dz$ de la valeur précédente de $\alpha + \mathcal{C}$, sans rien changer à la probabilité $nd\theta$ de cette équation. L'autre partie de la valeur de $\alpha + \mathcal{C}$ étant exactement la quantité $\frac{1}{2}\gamma^2$, on aura donc

$$\alpha + \mathcal{C} = \tfrac{1}{2}\varphi - \tfrac{1}{2}\gamma^2;$$

au moyen de quoi l'équation (14) deviendra d'abord

$$\frac{s}{\mu} = \gamma + \frac{\theta}{\sqrt{\mu}}\sqrt{2\varphi - 2\gamma^2}.$$

Cela posé, soit Z une fonction donnée de z. L'analyse des n°s 97 et 101, et par suite, l'expression de ϖdv du numéro précédent, s'étendront sans difficulté à la somme des valeurs de Z qui auront lieu dans les μ épreuves que nous considérons. Il suffira de prendre au lieu de A, une autre chose $A_\prime$ dont les valeurs soient celles de cette fonction Z. La probabilité infiniment petite d'une valeur quelconque de $A_\prime$ sera la même que celle de la valeur correspondante de z, et s'exprimera, en conséquence, par $f_n z dz$ à la $n^{\text{ième}}$ épreuve; et si l'on désigne par $k_\prime$, $h_\prime$, $g_\prime$, etc., ce que deviennent relativement à $A_\prime$, les quantités k, h, g, etc., du n° 101, qui se rapportent à A, on aura

$$\mu k_\prime = \Sigma\int_a^b Z f_n z dz, \quad \mu h_\prime = \Sigma\left[\int_a^b Z^2 f_n z dz - \left(\int_a^b Z f_n z dz\right)^2\right], \text{etc.}$$

Donc, en appelant $s_\prime$, la somme des μ valeurs de $A_\prime$ qui auront lieu dans la série d'épreuves, l'infiniment petit ϖdv sera la probabilité que l'on aura précisément

$$\frac{s_{,}}{\mu} = k_{,} + \frac{2v\sqrt{h_{,}}}{\sqrt{\mu}}.$$

Maintenant, si nous faisons $Z = z^{2}$, nous aurons

$$k_{,} = \frac{1}{\mu}\Sigma\int_{a}^{b} z^{2} f_{n}z dz = \varphi;$$

au degré d'approximation où nous nous arrêtons, on pourra donc prendre $\frac{s_{,}}{\mu}$ pour la valeur de φ, dans l'expression précédente de $\frac{s}{\mu}$; et l'on s'assurera, comme dans le numéro précédent, que la probabilité de cette expression ne changera pas; en sorte que $\eta d\theta$ sera toujours la probabilité infiniment petite de l'équation

$$\frac{s}{\mu} = \gamma + \frac{\theta}{\sqrt{\mu}}\sqrt{\frac{2s_{,}}{\mu} - 2\gamma^{2}},$$

ou de celle-ci,

$$\frac{s}{\mu} = \gamma + \frac{\theta}{\sqrt{\mu}}\sqrt{\frac{2s_{,}}{\mu} - \frac{2s^{2}}{\mu^{2}}},$$

qui se déduit de la précédente, en négligeant toujours les quantités de l'ordre de petitesse de $\frac{1}{\mu}$.

Je représente par λ_{n} la valeur de A qui a eu ou qui aura lieu à la $n^{ième}$ épreuve; et je fais, pour abréger,

$$\frac{1}{\mu}\Sigma\lambda_{n} = \lambda, \quad \frac{1}{\mu}\Sigma(\lambda_{n} - \lambda)^{2} = \frac{1}{2}l^{2}.$$

On aura identiquement

$$\frac{s_{,}}{\mu} = \frac{1}{\mu}\Sigma\lambda^{2}_{n}, \quad \frac{s}{\mu} = \frac{1}{\mu}\Sigma\lambda_{n}, \quad \frac{s_{,}}{\mu} - \frac{s^{2}}{\mu^{2}} = \frac{1}{\mu}\Sigma(\lambda_{n} - \lambda)^{2};$$

au moyen de quoi, l'équation précédente deviendra

$$\frac{s}{\mu} = \gamma + \frac{\theta l}{\sqrt{\mu}}.$$

Or, on conclut de là que si l'on désigne par u une quantité positive et donnée, l'intégrale de la probabilité $\varkappa d\theta$ de cette équation, prise depuis $\theta = u$ jusqu'à $\theta = -u$, exprimera la probabilité que la valeur de $\frac{s}{\mu}$ tombera entre les limites

$$\gamma \mp \frac{ul}{\sqrt{\mu}}.$$

En appelant Γ cette dernière probabilité, et ayant égard à l'expression de $\varkappa d\theta$, on aura

$$\Gamma = \frac{1}{\sqrt{\pi}} \int_{-u}^{u} e^{-\theta^2} d\theta - \frac{1}{\sqrt{\pi\mu}} \int_{-u}^{u} e^{-\theta^2} \Theta d\theta;$$

et comme Θ est un polynome qui ne contient que des puissances impaires de θ, la seconde intégrale sera nulle, et l'on aura simplement

$$\Gamma = \frac{1}{\sqrt{\pi}} \int_{-u}^{u} e^{-\theta^2} d\theta;$$

résultat qui coïncide avec la probabilité P donnée par la formule (13).

Ainsi, cette formule exprime la probabilité que les limites $\mp \frac{ul}{\sqrt{\mu}}$, qui ne renferment plus rien d'inconnu après les épreuves, comprendront la différence entre la moyenne $\frac{s}{\mu}$ des valeurs de A et la quantité spéciale γ, dont cette moyenne approche indéfiniment, et qu'elle atteindrait si μ devenait infini, sans que les causes $C_1, C_2, C_3, \ldots C_\nu$, des valeurs possibles de A changeassent jamais.

(107). Supposons actuellement que l'on fasse deux séries d'un grand nombre d'épreuves, qui sera représenté par μ dans l'une de ces séries et par μ' dans l'autre. Soient s et s' les sommes des valeurs de A dans ces deux séries; soient aussi λ_n et λ'_n les valeurs de A qui auront ou qui ont eu lieu à la $n^{ième}$ épreuve; et faisons

$$\frac{1}{\mu}\Sigma\lambda_n = \lambda, \qquad \frac{1}{\mu}\Sigma(\lambda_n - \lambda)^2 = \tfrac{1}{2}l^2,$$
$$\frac{1}{\mu'}\Sigma\lambda'_n = \lambda', \qquad \frac{1}{\mu'}\Sigma(\lambda'_n - \lambda')^2 = \tfrac{1}{2}l'^2;$$

les sommes Σ s'étendant à toutes les épreuves de chaque série, c'est-à-dire, les deux premières depuis $n=1$ jusqu'à $n=\mu$, et les deux dernières depuis $n=1$ jusqu'à $n=\mu'$. Si les causes $C_1, C_2, C_3, \ldots C_\nu$, ne changent pas d'une série d'épreuves à l'autre, la quantité γ du n° 105 ne changera pas non plus; en désignant alors par θ et θ' des variables positives ou négatives, mais très petites par rapport à $\sqrt{\mu}$ et $\sqrt{\mu'}$, les équations relatives aux valeurs moyennes de A dans ces deux séries, seront

$$\frac{s}{\mu} = \gamma + \frac{\theta l}{\sqrt{\mu}}, \qquad \frac{s'}{\mu'} = \gamma + \frac{\theta' l'}{\sqrt{\mu'}}; \qquad (15)$$

et leurs probabilités respectives $\varkappa d\theta$ et $\varkappa' d\theta'$ auront pour expressions

$$\varkappa d\theta = \frac{1}{\sqrt{\pi}}\left(1 - \frac{1}{\sqrt{\mu}}\Theta\right)e^{-\theta^2}d\theta, \quad \varkappa' d\theta' = \frac{1}{\sqrt{\pi}}\left(1 - \frac{1}{\sqrt{\mu'}}\Theta'\right)e^{-\theta'^2}d\theta';$$

Θ et Θ' étant des polynomes qui ne contiennent que des puissances impaires de θ et θ'. De plus, si les séries se composent d'épreuves différentes, on pourra considérer ces valeurs de $\frac{s}{\mu}$ et $\frac{s'}{\mu'}$ comme des événements indépendants l'un de l'autre; et par la règle du n° 5, la probabilité de leur arrivée simultanée sera le produit de $\varkappa d\theta$ et $\varkappa' d\theta'$. Ce sera aussi la probabilité d'une combinaison quelconque des deux équations (15), et, par exemple, de l'équation que l'on obtient en les retranchant l'une de l'autre, savoir :

$$\frac{s'}{\mu'} - \frac{s}{\mu} = \frac{\theta' l'}{\sqrt{\mu'}} - \frac{\theta l}{\sqrt{\mu}}.$$

Ainsi, en désignant par ψ le produit $\varkappa\varkappa' d\theta d\theta'$, et négligeant le terme qui aurait $\sqrt{\mu\mu'}$ pour diviseur, nous aurons

$$\psi = \frac{1}{\pi}\left(1 - \frac{1}{\sqrt{\mu}}\Theta - \frac{1}{\sqrt{\mu'}}\Theta'\right)e^{-\theta^2-\theta'^2}d\theta d\theta',$$

pour la probabilité de l'équation précédente, relativement à chaque couple de valeurs de θ et θ'.

Pour suivre ici, la même marche que dans le n° 105, je fais

$$\frac{\theta' l'}{\sqrt{\mu'}} - \frac{\theta l}{\sqrt{\mu}} = \frac{t\sqrt{l'^2\mu + l^2\mu'}}{\sqrt{\mu\mu'}};$$

ce qui change cette équation en celle-ci :

$$\frac{s'}{\mu'} - \frac{s}{\mu} = \frac{t\sqrt{l'^2\mu + l^2\mu'}}{\sqrt{\mu\mu'}}.$$

Je remplace θ dans ψ, par la nouvelle variable t; et pour cela, je fais

$$\theta' = \frac{t\sqrt{l'^2\mu + l^2\mu'}}{l'\sqrt{\mu}} + \frac{\theta l\sqrt{\mu'}}{l'\sqrt{\mu}}, \quad d\theta' = \frac{\sqrt{l'^2\mu + l^2\mu'}}{l'\sqrt{\mu}}dt;$$

d'où il résulte

$$\psi = \frac{dt d\theta\sqrt{l'^2\mu + l^2\mu'}}{\pi l'\sqrt{\mu}}(1 - \Pi)\, e^{-\left(\frac{t\sqrt{l'^2\mu + l^2\mu'}}{l'\sqrt{\mu}} + \frac{\theta l\sqrt{\mu'}}{l'\sqrt{\mu}}\right)^2 - t^2};$$

Π étant un polynome dont chaque terme renferme une puissance impaire de t ou de θ. La valeur de $\frac{s'}{\mu} - \frac{s}{\mu'}$ ne renfermant plus que la variable t, sa probabilité sera l'intégrale de ψ étendue à toutes les valeurs que l'on pourra donner à l'autre variable θ; et à cause de l'exponentielle contenue dans ψ, cette intégrale pourra s'étendre, sans en altérer sensiblement la valeur, depuis $\theta = -\infty$ jusqu'à $\theta = \infty$. En faisant alors,

$$\frac{t\sqrt{l'^2\mu + l^2\mu'}}{l'\sqrt{\mu}} + \frac{\theta l\sqrt{\mu'}}{l'\sqrt{\mu}} = t', \quad \frac{\sqrt{l'^2\mu + l^2\mu'}}{l'\sqrt{\mu}}dt = dt',$$

et désignant par Π' ce que Π deviendra, nous aurons

$$\psi = \frac{1}{\pi}(1 - \Pi')\, e^{-t'^2 - t^2}\, dt'dt;$$

les limites de l'intégrale relative à t' seront encore $t' = \mp \infty$; et si l'on représente par ζdt la probabilité infiniment petite de la valeur précédente de $\frac{s'}{\mu'} - \frac{s}{\mu}$, on aura

$$\zeta dt = \frac{1}{\sqrt{\pi}}(1 - \text{T})\, e^{-t^2}\, dt;$$

T étant un polynome qui ne contient que des puissances impaires de t. Enfin, si nous représentons par u une quantité positive et donnée, et par Δ la probabilité que cette différence $\frac{s'}{\mu'} - \frac{s}{\mu}$ tombera entre les limites

$$\mp \frac{u\sqrt{l'^2\mu + l^2\mu'}}{\sqrt{\mu\mu'}}:$$

nous aurons

$$\Delta = \frac{2}{\sqrt{\pi}} \int_0^u e^{-t^2}\, dt;$$

ce qui coïncide avec la valeur de P donnée par la formule (13). Par conséquent, cette quantité P est la probabilité que la différence entre les valeurs moyennes de A dans deux longues séries d'épreuves, tombera entre ces limites qui ne contiennent rien d'inconnu.

Après avoir pris pour u une valeur suffisante pour rendre celle de P très peu différente de l'unité, si l'observation donne pour cette différence $\frac{s'}{\mu'} - \frac{s}{\mu}$, une quantité qui tombe en dehors des limites précédentes, on sera fondé à en conclure que les causes C_1, C_2, $C_3, \ldots C_\nu$, des valeurs possibles de A, ne sont pas restées les mêmes dans l'intervalle des deux séries d'épreuves, c'est-à-dire qu'il sera survenu quelque changement, soit dans les probabilités $\gamma_1, \gamma_2, \gamma_3, \ldots \gamma_\nu$, de ces causes, soit dans les chances qu'elles donnent aux différentes valeurs de A.

D'après ce qu'on a vu dans le numéro précédent, chacune des quantités l et l' devra différer très probablement fort peu d'une même quantité $2\sqrt{\alpha+6}$, inconnue et la même dans les deux séries d'épreuves; il est donc aussi très probable que les quantités l et l' différeront très peu l'une de l'autre; et sans changer sensiblement, ni la grandeur des limites précédentes, ni leur probabilité, on y pourra faire $l'=l$. Dans une série d'épreuves futures, il y aura donc la probabilité P, donnée par la formule (13), que la moyenne $\frac{s'}{\mu'}$ des valeurs de A, tombera entre les limites

$$\frac{s}{\mu}\mp\frac{ul\sqrt{\mu+\mu'}}{\sqrt{\mu\mu'}};$$

qui ne dépendent, pour chaque valeur donnée de u, que des résultats de la première série d'épreuves déjà faites.

Pour une même valeur de u, c'est-à-dire à égal degré de probabilité, on voit que l'amplitude de ces limites est plus grande que celle des limites de la différence $\gamma-\frac{s}{\mu}$, dans le rapport de $\sqrt{\mu+\mu'}$ à $\sqrt{\mu'}$, et que ces deux amplitudes coïncident à très peu près, lorsque μ' est un très grand nombre par rapport au très grand nombre μ.

(108). Si les deux séries de μ et μ' épreuves ont pour objet la mesure d'une même chose, et sont faites avec des instruments différents, pour chacun desquels les erreurs égales et contraires soient également probables; les valeurs moyennes $\frac{s}{\mu}$ et $\frac{s'}{\mu'}$, résultantes de ces deux séries, convergeront indéfiniment vers une même quantité qui sera la véritable valeur de A (n° 60). Dans ce cas, l'inconnue γ sera donc la même pour les deux séries d'observations, et les moyennes $\frac{s}{\mu}$ et $\frac{s'}{\mu'}$ différeront très probablement fort peu l'une de l'autre; mais, pour ces deux séries, l'inconnue $\alpha+6$ pourra être très différente; ce qui rendra très inégales les quantités l et l'. Les valeurs de ces quantités étant connues, on peut demander quelle est la manière la plus avantageuse de combiner les moyennes $\frac{s}{\mu}$ et $\frac{s'}{\mu'}$, pour en déduire les limites de γ, ou de la véritable valeur de A.

Pour trouver cette combinaison, je désigne par g et g' des quantités indéterminées dont la somme soit l'unité, et j'ajoute les équations (15), après avoir multiplié la première par g et la seconde par g', ce qui donne

$$\gamma = \frac{gs}{\mu} + \frac{g's'}{\mu'} - \frac{gl\theta}{\sqrt{\mu}} - \frac{g'l'\theta'}{\sqrt{\mu'}};$$

équation dont la probabilité est égale à ψ, d'après ce qu'on a dit plus haut, pour tous les couples de valeurs de θ et θ'. Or, par un calcul semblable à celui qu'on vient d'effectuer, on en conclura que la quantité P, donnée par la formule (13), exprimera la probabilité que la valeur inconnue de γ soit comprise entre les limites

$$\frac{gs}{\mu} + \frac{g's'}{\mu'} \mp \frac{u\sqrt{g'^2l'^2\mu + g^2l^2\mu'}}{\sqrt{\mu\mu'}}.$$

Si donc on veut que pour une même probabilité P, c'est-à-dire, pour chaque valeur donnée de u, l'amplitude de ces limites, soit la plus petite qu'il est possible, il faudra déterminer g et g' en égalant à zéro la différentielle du coefficient de u, par rapport à ces quantités : à cause de $g + g' = 1$ et $dg' = -dg$, on en déduira

$$g = \frac{l'^2\mu}{l'^2\mu + l^2\mu'}, \qquad g' = \frac{l^2\mu'}{l'^2\mu + l^2\mu'};$$

et les limites les plus étroites de γ seront celles-ci

$$\frac{sl'^2 + s'l^2}{l'^2\mu + l^2\mu'} \mp \frac{ull'}{\sqrt{l'^2u + l^2\mu'}},$$

dont la formule (13) exprimera toujours la probabilité.

On peut facilement généraliser ce résultat, et l'étendre à un nombre quelconque de séries d'un grand nombre d'observations, faites avec des instruments différents pour mesurer une même chose A. Les trois quantités μ, s, l, répondant à la première série, si l'on désigne les quantités analogues par μ', s', l', dans la seconde série ; par μ'', s'', l'', dans la troisième; etc.; et si l'on fait, d'abord

$$\frac{\mu}{l^2}+\frac{\mu'}{l'^2}+\frac{\mu''}{l''^2}+\text{etc.}=\mathrm{D}^2,$$

et ensuite

$$\frac{\mu}{\mathrm{D}^2 l^2}=q, \qquad \frac{\mu'}{\mathrm{D}^2 l'^2}=q', \qquad \frac{\mu''}{\mathrm{D}^2 l''^2}=q'', \text{ etc.},$$

la formule (13) exprimera la probabilité que la valeur inconnue de A est comprise entre les limites

$$\frac{sq}{\mu}+\frac{s'q'}{\mu'}+\frac{s''q''}{\mu''}+\text{etc.}\mp\frac{u}{\mathrm{D}},$$

résultantes de la combinaison la plus avantageuse des observations. Et comme on pourra rendre cette formule (13) très peu différente de l'unité, en prenant pour u un nombre peu considérable, il s'ensuit que la valeur de A différera très probablement fort peu de la somme des moyennes $\frac{s}{\mu}$, $\frac{s'}{\mu'}$, $\frac{s''}{\mu''}$, etc., multipliées respectivement par les quantités q, q', q'', etc. Le résultat de chaque série d'observations influera d'autant plus sur cette valeur approchée de A et sur l'amplitude $\mp\frac{u}{\mathrm{D}}$ de ses limites, que celui des quotients $\frac{\mu}{l^2}$, $\frac{\mu'}{l'^2}$, $\frac{\mu''}{l''^2}$, etc., qui se rapporte à cette série, aura une plus grande valeur.

Lorsque toutes les séries d'observations auront été faites avec un même instrument, on pourra les considérer comme une seule série, composée d'un nombre d'observations égal à $\mu+\mu'+\mu''+$ etc. Ainsi qu'on l'a dit plus haut, les quantités l, l', l'', etc., seront à très peu près et très probablement égales; en étendant les sommes Σ à la série totale, ou depuis $n=1$ jusqu'à $n=\mu+\mu'+\mu''+$ etc., et faisant

$$\frac{1}{\mu+\mu'+\mu''+\text{etc.}}\Sigma\lambda_n=\lambda, \qquad \frac{1}{\mu+\mu'+\mu''+\text{etc.}}\Sigma(\lambda_n-\lambda)^2=\tfrac{1}{2}l_1^2,$$

on pourra prendre l_1 pour la valeur commune de l, l', l'', etc.; au moyen de quoi les limites précédentes de l'inconnue γ, et dont la formule (13) exprime la probabilité, deviendront

$$\frac{s+s'+s''+\text{etc.}}{\mu+\mu'+\mu''+\text{etc.}} \mp \frac{ul_1}{\sqrt{\mu+\mu'+\mu''+\text{etc.}}};$$

ce qui coïncide avec le résultat du n° 106, relatif à une seule série d'épreuves.

(109). La question indiquée à la fin du n° 104 se résoudra par des considérations semblables à celles dont on vient de faire usage.

Soit m le nombre de fois que l'événement E, de nature quelconque, arrivera dans un très grand nombre μ d'épreuves. La chance de E variant d'une épreuve à une autre, soit p_n celle qui aura lieu à la $n^{ième}$ épreuve. Faisons

$$\frac{1}{\mu}\Sigma p_n = p, \quad \frac{1}{\mu}\Sigma p^2{}_n = q;$$

désignons par v une quantité positive ou négative, mais très petite par rapport à $\sqrt{\mu}$; et représentons par U la probabilité de l'équation

$$\frac{m}{\mu} = p - \frac{v}{\sqrt{\mu}}\sqrt{2p-2q}.$$

En négligeant, pour simplifier les calculs, le second terme de la formule (2); ayant égard à ce que représente la quantité k qu'elle renferme; et y mettant v au lieu de θ, on aura

$$\text{U} = \frac{1}{\sqrt{2\pi\mu(p-q)}}e^{-v^2}.$$

Comme dans le n° 104, appelons C_1, C_2, ... C_ν, toutes les causes possibles de l'événement E, qui peuvent être en nombre fini ou infini; γ_1, γ_2, ... γ_ν, leurs probabilités respectives; c_1, c_2, ... c_ν, les chances qu'elles donnent à l'arrivée de E. En considérant p_n comme une chose susceptible de ces ν valeurs $c_1, c_2, \ldots c_\nu$, dont $\gamma_1, \gamma_2, \ldots \gamma_\nu$, sont les probabilités; faisant

$$\gamma_1 c_1 + \gamma_2 c_2 + \ldots + \gamma_\nu c_\nu = r,$$
$$\gamma_1 c_1^2 + \gamma_2 c_2^2 + \ldots + \gamma_\nu c_\nu^2 = \rho;$$

et désignant par $v_{,}$ une variable positive ou négative, très petite par rapport à $\sqrt{\mu}$, la probabilité infiniment petite que l'on aura précisément

$$p = r + \frac{v_{,}\sqrt{2\rho - 2r^2}}{\sqrt{\mu}},$$

sera la quantité $\varpi_{,}dv_{,}$ du n° 105, ou simplement $\frac{1}{\sqrt{\pi}} e^{-v_{,}^2} dv_{,}$, en négligeant le second terme de son expression. Si l'on désigne encore par $v_{,,}$ une variable très petite par rapport à $\sqrt{\mu}$, il y aura aussi la probabilité $\varpi_{,,}dv_{,,}$ de ce même numéro, ou simplement $\frac{1}{\sqrt{\pi}} e^{-v_{,,}^2} dv_{,,}$, que la quantité $p - q$ ne différera de $r - \rho$ que d'une quantité déterminée, proportionnelle à $v_{,,}$, et de l'ordre de petitesse de $\frac{1}{\sqrt{\mu}}$; et l'on verra de plus qu'en négligeant les quantités de l'ordre de $\frac{1}{\mu}$, on pourra, sans altérer la probabilité U de la valeur précédente de $\frac{m}{\mu}$, mettre $r - \rho$ au lieu de $p - q$; ce qui changera cette valeur en celle-ci

$$\frac{m}{\mu} = p - \frac{v\sqrt{2r - 2\rho}}{\sqrt{\mu}}.$$

D'ailleurs, si l'on fait

$$\frac{1}{\sqrt{2\mu(r-\rho)}} = \delta,$$

il faudra, pour que m soit un nombre entier, ne prendre pour v que des multiples positifs ou négatifs de δ, qui devront, en outre, être très petits par rapport à μ.

Cela posé, j'ajoute les valeurs précédentes de p et $\frac{m}{\mu}$; ce qui donne

$$\frac{m}{\mu} = r + \frac{v_{,}\sqrt{2\rho - 2r^2}}{\sqrt{\mu}} - \frac{v\sqrt{2r - 2\rho}}{\sqrt{\mu}};$$

équation dont la probabilité, pour chaque couple de valeurs de v et $v_{,}$, sera le produit de U et de $\frac{1}{\sqrt{\pi}} e^{-\nu_{,}^2} d\nu_{,}$ que je représenterai par ε et qui aura pour valeur

$$\varepsilon = \frac{1}{\pi\sqrt{2\mu(r-\rho)}} e^{-\nu^2-\nu_{,}^2} d\nu_{,},$$

en mettant $r-\rho$ au lieu de $p-q$ dans l'expression de U. Je fais

$$\nu_{,} = \theta\sqrt{\frac{r-r^2}{\rho-r^2}} + \nu\sqrt{\frac{r-\rho}{\rho-r^2}}, \quad d\nu_{,} = \sqrt{\frac{r-r^2}{\rho-r^2}}\, d\theta;$$

il en résulte

$$\frac{m}{\mu} = r + \frac{\theta\sqrt{2r-2r^2}}{\sqrt{\mu}};$$

d'où l'on tire

$$r = \frac{m}{\mu} - \frac{\theta\sqrt{2m(\mu-m)}}{\mu\sqrt{\mu}},$$

en négligeant les termes de l'ordre de petitesse de $\frac{1}{\mu}$. On aura, en même temps,

$$\varepsilon = \frac{\delta d\theta}{\pi}\sqrt{\frac{r-r^2}{\rho-r^2}}\, e^{-\frac{[\nu^2(r-r^2)+2\nu\theta\sqrt{(r-r^2)(r-\rho)}+\theta^2(r-r^2)]}{\rho-r^2}},$$

en ayant égard à ce que δ représente. Mais l'expression de r ne renfermant pas ν, sa probabilité en est aussi indépendante; elle est égale à la somme des valeurs de ε correspondantes à toutes celles que l'on peut donner à ν, et qui doivent croître par des différences égales à δ, dont ν est un multiple; à cause de la petitesse de δ, on obtiendra une valeur approchée de cette somme en mettant $d\nu$ au lieu de δ dans ε, et remplaçant la somme par une intégrale : cette valeur sera exacte aux quantités près de l'ordre de δ ou de $\frac{1}{\sqrt{\mu}}$. Quoique la variable ν doive être une très petite quantité par rapport à $\sqrt{\mu}$, on pourra, à raison de l'exponentielle contenue dans ε, étendre l'intégrale, sans en altérer sensiblement la valeur, depuis $\nu = -\infty$ jusqu'à $\nu = \infty$. Alors, si l'on fait

$$v\sqrt{\frac{r-r^2}{\rho-r^2}}+\theta\sqrt{\frac{r-\rho}{\rho-r^2}}=\theta_{,}, \quad \sqrt{\frac{r-r^2}{\rho-r^2}}dv=d\theta_{,},$$

les limites de l'intégrale relative à $\theta_{,}$ seront aussi $\pm\infty$; et en désignant par $\zeta d\theta$ la probabilité infiniment petite de l'expression de r, on aura

$$\zeta d\theta=\frac{d\theta}{\pi}e^{-\theta^2}\int_{-\infty}^{\infty}e^{-\theta_{,}^2}d\theta_{,}=\frac{1}{\sqrt{\pi}}e^{-\theta^2}d\theta.$$

Donc u étant une quantité positive et donnée, la probabilité que la valeur inconnue de r tombera entre les limites

$$\frac{m}{\mu}\mp\frac{u\sqrt{2m(\mu-m)}}{\mu\sqrt{\mu}},$$

coïncidera avec la quantité P donnée par la formule (13), puisque cette probabilité sera

$$\int_{-u}^{u}\zeta d\theta=\frac{2}{\sqrt{\pi}}\int_{0}^{u}e^{-\theta^2}d\theta.$$

Ainsi, P est la probabilité que la quantité spéciale r dont s'approche indéfiniment le rapport $\frac{m}{\mu}$, à mesure que le grand nombre μ augmente encore davantage, ne diffère de ce rapport que d'une quantité comprise en les limites

$$\mp\frac{u\sqrt{2m(\mu-m)}}{\mu\sqrt{\mu}},$$

qui ne contiennent rien d'inconnu.

Dans une seconde série composée d'un très grand nombre μ' d'épreuves, soit m' le nombre de fois que l'événement E arrivera. En désignant par θ' une variable positive ou négative, mais très petite par rapport à $\sqrt{\mu'}$, la probabilité infiniment petite de l'équation

$$r=\frac{m'}{\mu'}-\frac{\theta'\sqrt{2m'(\mu'-m')}}{\mu'\sqrt{\mu'}},$$

sera $\frac{1}{\sqrt{\pi}} e^{-\theta'^2} d\theta'$; celle de l'équation

$$\frac{m'}{\mu'} - \frac{m}{\mu} = \frac{\theta' \sqrt{2m'(\mu' - m')}}{\mu' \sqrt{\mu'}} - \frac{\theta \sqrt{2m(\mu - m)}}{\mu \sqrt{\mu}},$$

que l'on obtient en retranchant cette valeur de r, de la précédente, sera donc le produit de $\frac{1}{\sqrt{\pi}} e^{-\theta'^2} d\theta'$ et de $\frac{1}{\sqrt{\pi}} e^{-\theta^2} d\theta$ pour tous les couples de valeurs de θ et θ'; et si l'on fait d'abord

$$\frac{\theta' \sqrt{m'(\mu' - m')}}{\mu' \sqrt{\mu'}} - \frac{\theta \sqrt{m(\mu - m)}}{\mu \sqrt{\mu}} = \frac{t \sqrt{\mu^3 m'(\mu' - m') + \mu'^3 m(\mu - m)}}{\mu\mu' \sqrt{\mu\mu'}},$$

$$d\theta' = \frac{\sqrt{\mu^3 m'(\mu' - m') + \mu'^3 m(\mu - m)}}{\mu \sqrt{\mu m'(\mu' - m')}} dt,$$

et ensuite

$$\frac{\theta \sqrt{\mu^3 m'(\mu' - m') + \mu'^3 m(\mu - m)}}{\mu \sqrt{\mu m'(\mu' - m')}} + \frac{t\mu' \sqrt{\mu' m(\mu - m)}}{\mu \sqrt{\mu m'(\mu' - m')}} = t',$$

$$\frac{\sqrt{\mu^3 m'(\mu' - m') + \mu'^3 m(\mu - m)}}{\mu \sqrt{\mu m'(\mu' - m')}} d\theta = dt',$$

c'est-à-dire, si l'on remplace d'abord la variable θ' par t sans changer θ, et ensuite θ par t' sans changer t, cette probabilité de l'équation précédente deviendra

$$\frac{1}{\pi} e^{-t^2 - t'^2} dt dt'.$$

Cette équation devenant, en même temps,

$$\frac{m'}{\mu'} - \frac{m}{\mu} = \frac{t \sqrt{2\mu^3 m'(\mu' - m') + 2\mu'^3 m(\mu - m)}}{\mu\mu' \sqrt{\mu\mu'}},$$

et ne contenant plus que la variable t, sa probabilité totale sera l'intégrale relative à t' de cette expression différentielle; intégrale que l'on pourra étendre, sans en altérer sensiblement la valeur, depuis $t' = -\infty$ jusqu'à $t' = \infty$, ce qui donnera $\frac{1}{\sqrt{\pi}} e^{-t^2} dt$; d'où l'on conclura enfin que $\frac{1}{\sqrt{\pi}}\int_{-u}^{u} e^{-t^2}\,dt$, ou la quantité P donnée par la formule (13), exprimera la probabilité que la différence $\frac{m'}{\mu'} - \frac{m}{\mu}$ est comprise entre les limites

$$\mp \frac{u\sqrt{2\mu^3 m'(\mu'-m') + 2\mu'^3 m(\mu-m)}}{\mu\mu'\sqrt{\mu\mu'}},$$

dans lesquelles u sera une quantité positive et donnée, et qui ne contiennent que des nombres connus.

Ces limites coïncident avec celles que nous avons trouvées dans le n° 87, d'une manière beaucoup plus simple, mais pour le cas seulement où la chance de l'événement E est constante et la même dans les deux séries d'épreuves. Toutefois la formule (24) de ce numéro contient un terme de l'ordre de $\frac{1}{\sqrt{\mu}}$ ou $\frac{1}{\sqrt{\mu'}}$, qui ne se trouve pas dans la formule (13); ce qui tient à ce que, dans le calcul que nous venons de faire, nous avons négligé les termes des probabilités que nous avons considérées, qui seraient de cet ordre de petitesse.

(110). Je ne me propose pas de traiter, dans cet ouvrage, les nombreuses questions auxquelles on peut appliquer les formules précédentes, et dont les principales ont été indiquées dans le n° 60 et les suivants (*). Je me bornerai à prendre pour exemple de ces applications, une question connue qui se rapporte aux orbites des planètes et des comètes.

Dans les quantités qui ont été désignées précédemment par Γ et $\Gamma_{\prime}$ (n° 99), si nous faisons

$$h = g, \quad \gamma = \mu g - c, \quad c - \varepsilon = 2g\alpha, \quad c + \varepsilon = 2g\beta,$$

(*) Je puis encore indiquer la probabilité du *tir à la cible*, que j'ai considérée dans un mémoire écrit avant cet ouvrage, et qui paraîtra dans le prochain numéro du *Mémorial de l'artillerie*.

nous aurons

$$\frac{1}{(2g)^\mu}\Gamma=\pm(\mu-\alpha)^\mu\mp(\mu-1-\alpha)^\mu$$
$$\pm\frac{\mu.\mu-1}{1.2}(\mu-2-\alpha)^\mu\mp\frac{\mu.\mu-1.\mu-2}{1.2.3}(\mu-3-\alpha)^\mu\pm\text{ etc.},$$

$$\frac{1}{(2g)^\mu}\Gamma_{,}=\pm(\mu-\beta)^\mu\mp\mu(\mu-1-\beta)^\mu$$
$$\pm\frac{\mu.\mu-1}{1.2}(\mu-2-\beta)^\mu\mp\frac{\mu.\mu-1.\mu-2}{1.2.3}(\mu-3-\beta)^\mu\pm\text{ etc.},$$

où l'on prendra le signe supérieur ou le signe inférieur de chaque terme, selon que la quantité qui s'y trouve élevée à la puissance μ sera positive ou négative. Cela étant, en représentant dans ces deux formules, par S et T les sommes des termes qui devront être pris avec leurs signes supérieurs, et par $S_{,}$ et $T_{,}$ les sommes de ceux qu'on devra prendre avec leurs signes inférieurs, on aura donc

$$\Gamma=(2g)^\mu(S-S_{,}),\quad \Gamma_{,}=(2g)^\mu(T-T_{,});$$

mais quelle que soit la quantité δ, on a, d'après une formule connue et facile à vérifier,

$$(\mu-\delta)^\mu-\mu(\mu-1-\delta)^\mu+\frac{\mu.\mu-1}{1.2}(\mu-2-\delta)^\mu$$
$$-\frac{\mu.\mu-1.\mu-2}{1.2.3}(\mu-3-\delta)^\mu+\text{ etc.}=2^{\mu-1};$$

si donc on fait successivement $\delta=\alpha$ et $\delta=\beta$, on aura aussi

$$S+S_{,}=2^{\mu-1},\quad T+T_{,}=2^{\mu-1};\ldots$$

d'où il résultera

$$\Gamma=(2g)^\mu(2^{\mu-1}-2S_{,}),\quad \Gamma_{,}=(2g)^\mu(2^{\mu-1}-2T_{,});$$

ce qui changera la formule (10) en celle-ci

$$P = \frac{T_{,} - S_{,}}{1.2.3\ldots\mu}.$$

Or, en changeant les signes des quantités élevées à la puissance μ dans les termes de $S_{,}$ et $T_{,}$, ce qui les rendra toutes positives, et exigera que l'on change aussi ou que l'on ne change pas les signes de ces termes, selon que le nombre μ sera impair ou pair; et en intervertissant ensuite l'ordre de ces termes dont le nombre est fini, on verra aisément que cette expression de P deviendra

$$= \frac{1}{1.2.3\ldots\mu}\Big[6^{\mu} - \mu(6-1)^{\mu} + \frac{\mu.\mu-1}{1.2}(6-2)^{\mu} - \frac{\mu.\mu-1.\mu-2}{1.2.3}(6-3)^{\mu} + \text{etc.}$$
$$-\alpha^{\mu} + \mu(\alpha-1)^{\mu} - \frac{\mu.\mu-1}{1.2}(\alpha-2)^{\mu} + \frac{\mu.\mu-1.\mu-2}{1.2.3}(\alpha-3)^{\mu} - \text{etc.}\Big]; \quad (16)$$

formule qui coïncide avec celle que Laplace a trouvée (*), d'une toute autre manière, pour le même objet.

Elle exprimera la probabilité que, dans un nombre quelconque μ d'épreuves, la somme des valeurs d'une chose A sera comprise entre les quantités $2\alpha g$ et $26g$, en supposant que toutes les valeurs de A soient également possibles depuis zéro jusqu'à $2g$, et impossibles en dehors de ces limites. On y prolongera chacune des deux parties qui la composent jusqu'au terme où la quantité élevée à la puissance μ cessera d'être positive; en sorte que si n représente le plus grand nombre entier contenu dans 6, la première partie de cette formule s'arrêtera au $n+1^{ième}$ terme ou auparavant, selon qu'on aura $\mu > n$ ou $\mu < n$; et il en sera de même à l'égard de la seconde partie, si n est le plus grand nombre entier contenu dans s.

Cela posé, quelle que soit la cause qui a déterminé la formation des planètes, on suppose que toutes les inclinaisons possibles des plans de leurs orbites sur celui de l'écliptique, depuis zéro jusqu'à 90°, ont été également probables à l'origine, et l'on demande de déterminer la

---

(*) *Théorie analytique des probabilités*, page 257.

probabilité que, dans cette hypothèse, la somme des inclinaisons des dix planètes connues, et différentes de la Terre, a dû être comprise entre des limites données, par exemple, entre zéro et 90°. En prenant une inclinaison planétaire pour la chose A à laquelle répond la formule (16), il faudra supposer l'intervalle $2g$ des valeurs possibles de A, égal à 90°, et faire, dans cette formule, $\alpha = 0$, $\beta = 1$, $\mu = 10$, ce qui la réduira à

$$P = \frac{1}{1.2.3.4.5.6.7.8.9.10}.$$

Cette fraction étant à peu près un quart de millionième, il s'ensuit qu'une somme d'inclinaisons moindre qu'un angle droit, serait tout-à-fait invraisemblable, et qu'on peut regarder comme hors de doute que cette somme aurait dû surpasser 90°. Or, au contraire, elle ne s'élève actuellement qu'à environ 82°; et comme elle n'éprouve que de très petites variations périodiques, il en résulte que l'hypothèse d'une égale probabilité des inclinaisons de tous les degrés, à l'époque de la formation des planètes, est inadmissible, et qu'il n'y a aucun doute que la cause quelconque de cette formation a dû rendre les plus petites inclinaisons beaucoup plus probables que les autres. Les inclinaisons planétaires sont considérées ici indépendamment de la direction du mouvement des planètes, dans le sens ou en sens contraire du mouvement de la Terre autour du Soleil; si ces deux sens avaient été également probables à l'origine, la probabilité que le mouvement des dix planètes différentes de la Terre aurait eu lieu dans le sens de son mouvement, serait la dixième puissance de $\frac{1}{2}$; fraction au-dessous d'un millième, ce qui rend aussi fort peu probable l'égale chance des deux directions contraires, et montre que la cause inconnue de la formation des planètes a dû rendre fort probable les directions de tous les mouvements planétaires dans un même sens.

Si l'on prend pour A l'excentricité d'une orbite planétaire, et si l'on suppose qu'originairement toutes ses valeurs depuis zéro jusqu'à l'unité étaient également probables, on déterminera la probabilité que la somme des excentricités des planètes connues devait être comprise, par exemple, entre zéro et $\frac{5}{4}$, en faisant $\alpha = 0$, $\beta = 1,25$, $\mu = 11$, dans la formule (16), ce qui donne

$$P = \frac{1}{1.2.3.4.5.6.7.8.9.10.11}\left[(1,25)^{11} - 11(0,25)^{11}\right].$$

Cette probabilité P étant au-dessous de trois millionièmes, il est extrêmement probable, au contraire, que la somme des 11 excentricités a dû surpasser 1,25; mais cette somme, qui n'est soumise qu'à des variations périodiques de peu d'étendue, est maintenant un peu moindre que 1,15; l'hypothèse d'une égale probabilité de toutes les valeurs possibles de A est donc tout-à-fait inadmissible; et il est hors de doute que la cause quelconque de la formation des planètes était telle qu'elle rendait beaucoup plus probables, les plus petites excentricités, de même que les plus petites inclinaisons.

(111). Les comètes observées depuis l'an 240 de notre ère, et dont les astronomes ont calculé les éléments paraboliques aussi bien qu'il a été possible, sont aujourd'hui au nombre de 138, dont 71 *directes* et 67 *rétrogrades*. Le peu de différence entre ces deux nombres 71 et 67 montre déjà que la cause inconnue de la formation des comètes, ne rend pas plus probable leurs mouvements dans un sens que dans le sens opposé; la somme des inclinaisons des orbites de ces 138 comètes sur l'écliptique s'élève à près de 6752°, c'est-à-dire qu'elle surpasse 75 angles droits d'à peu près 2°; pour savoir si elle devrait très peu différer de cette quantité, dans l'hypothèse d'une égale probabilité de toutes les inclinaisons possibles depuis zéro jusqu'à 90°, il faudrait donc prendre pour α et $\mathcal{C}$, dans la formule (16), des nombres peu différents de 75 en plus et en moins, ce qui rendrait le calcul numérique de cette formule tout-à-fait inexécutable; par conséquent, pour connaître, dans cette même hypothèse, la probabilité P que la somme des inclinaisons des orbites de toutes les comètes observées, doit être comprise entre des limites données, il faudra recourir à la formule (13).

Je suppose donc que la chose A soit l'inclinaison d'une orbite cométaire sur le plan de l'écliptique. Les limites des valeurs possibles de A, que l'on a désignées généralement par a et b, étant alors $a = 0$ et $b = 90°$, et toutes ces valeurs étant regardées comme également probables, la formule (13) exprimera la probabilité P que la moyenne d'un grand nombre μ d'inclinaisons observées, tombera (n° 102) entre les nombres de degrés

$$45 \mp \frac{90u}{\sqrt{6\mu}}.$$

En prenant $u = 1{,}92$, et faisant $\mu = 138$, il en résultera

$$P = 0{,}99338,$$

pour la probabilité que dans l'hypothèse d'une égale chance de toutes les inclinaisons possibles, l'inclinaison moyenne des 138 comètes observées ne sortirait pas des limites $45° \mp 6°$; en sorte qu'il y aurait à peu près 150 à parier contre un, que cette moyenne devrait être comprise entre 39° et 51°; et, en effet, on a trouvé 48°55′ pour sa valeur; en sorte qu'il n'y a pas lieu de croire que la cause inconnue de la formation des comètes ait rendu inégalement probables leurs diverses inclinaisons.

Sans faire aucune hypothèse sur la loi de probabilité de ces inclinaisons, la formule (13) exprimera aussi la probabilité que l'inclinaison moyenne d'un grand nombre μ de comètes que l'on observera par la suite, ne s'écartera de la moyenne 48°55′ relative aux 138 comètes déjà connues, que d'un nombre de degrés compris entre les limites (n° 107)

$$\mp \frac{ul\sqrt{138 + \mu'}}{\sqrt{138\,\mu'}}.$$

On déduit des inclinaisons calculées de ces 138 comètes, une valeur de la quantité l que ces limites renferment, égale à 34°49′ (*); et en faisant $\mu' = \mu$, par exemple, et prenant, comme plus haut, $u = 1{,}92$, il y aura 150 à parier contre un que la différence entre l'inclinaison moyenne de 138 nouvelles comètes et celles des 138 comètes observées, tombera entre les limites $\mp 8°21'$. Le nombre des comètes

---

(*) Le calcul en a été fait par le neveu de M. Bouvard.

existantes étant sans doute extrêmement grand par rapport à celui des comètes dont on a pu calculer les orbites; si l'on prend pour μ' le nombre des comètes inconnues, les limites précédentes se réduiront à très peu près à $\mp \frac{ul}{\sqrt{138}}$, de sorte qu'elles seront plus étroites que pour $\mu' = \mu$, dans le rapport de l'unité à $\sqrt{2}$; et, en prenant toujours $u = 1,92$, il y aura encore à très peu près la probabilité $\frac{150}{151}$, ou 150 à parier contre un, que la différence entre l'inclinaison moyenne des comètes inconnues et celle des comètes connues, est comprise entre les limites $\mp 5°42'$.

Si l'on divise la totalité des comètes observées en deux séries égales en nombre, dont l'une comprenne les 69 plus anciennes, et l'autre les 69 plus modernes, on trouve 49°12′ pour l'inclinaison moyenne dans la première série, et 48° 38′ dans la seconde, de sorte que ces deux moyennes diffèrent à peine d'un demi degré. Cet exemple est très propre à montrer que les valeurs moyennes d'une même chose s'accordent entre elles, lors même que les nombres d'observations ne sont pas extrêmement grands, et quoique les valeurs observées soient très inégales, comme ici où la plus petite inclinaison cométaire est 1° 41′ et la plus grande 89° 48′. Les inclinaisons moyennes des 71 comètes *directes* et celle de 67 comètes *rétrogrades* s'écartent davantage l'une de l'autre; la première est de 47° 3′, et la seconde de 50° 54′.

Par le centre du Soleil, si l'on élève dans l'hémisphère boréal, une perpendiculaire au plan de l'écliptique, elle ira rencontrer le ciel au pôle boréal de l'écliptique; de même, si l'on élève, dans cet hémisphère et par ce centre, une perpendiculaire au plan de l'orbite d'une comète, elle rencontrera le ciel au pôle boréal de cette orbite : la distance angulaire de ces deux pôles sera l'inclinaison de cette orbite sur celui de l'écliptique; mais il ne faut pas confondre, comme l'a fait l'estimable traducteur du *Traité d'astronomie* de M. Herschel, la supposition que tous les points du ciel puissent être, avec une même probabilité, des pôles d'orbites cométaires, avec l'hypothèse d'une égale probabilité des inclinaisons cométaires de tous les degrés.

En effet, soient *a* et *b* deux zones du ciel, circulaires, contenues dans l'hémisphère boréal, d'une même largeur infiniment petite, ayant pour centre commun le pôle boréal de l'écliptique, et dont les distances angulaires à ce pôle seront représentées par α et β; soient aussi *p* la probabilité qu'un point du ciel, pris au hasard dans cet hémisphère, appartiendra à la zone *a*, et *q* la probabilité qu'il appartiendra à la zone *b*; il est évident que ces fractions *p* et *q* seront entre elles comme les étendues *a* et *b* des deux zones, et, par conséquent, comme les sinus des angles α et β. Or, dans l'hypothèse d'une égale aptitude de tous les points du ciel à être des pôles d'orbites cométaires, *p* et *q* exprimeront les chances des distances α et β de deux de ces pôles à l'écliptique, ou, autrement dit, les chances des deux inclinaisons cométaires, égales à ces distances α et β; donc, dans l'hypothèse dont il s'agit, les chances des différentes inclinaisons, au lieu d'être égales, seraient proportionnelles aux sinus des inclinaisons mêmes : la chance d'une inclinaison de 90° serait double de celle d'une inclinaison de 30°, et toutes deux seraient infinies par rapport à la chance d'une inclinaison infiniment petite (*).

(112). Voici, en terminant ce chapitre, l'ensemble des formules de

---

(*) Il paraît qu'un nombre, qui semble inépuisable, d'autres corps trop petits pour être observés, se meuvent dans le ciel, soit autour du Soleil, soit autour des planètes, soit peut-être même autour des satellites. On suppose que quand ces corps sont rencontrés par notre atmosphère, la différence entre leur vitesse et celle de notre planète est assez grande pour que le frottement qu'ils éprouvent contre l'air, les échauffe au point de les rendre incandescents, et quelquefois, de les faire éclater. La direction de leur mouvement, modifiée par cette résistance, les précipite souvent sur la surface de la terre; et telle est l'origine la plus probable des *aérolithes*. Telle est aussi l'explication la plus naturelle d'un phénomène très remarquable, que l'on a déjà observé plusieurs fois, depuis quelque temps, en des lieux séparés par de grandes distances, et toujours à la même époque de l'année. Dans la nuit du 12 au 13 novembre, différents observateurs, en Amérique et ailleurs, ont vu dans le ciel un nombre extrêmement grand de corps semblables à des *étoiles filantes*. Or, on peut supposer que ces corps appartiennent à un groupe encore bien plus nombreux, qui circule autour du Soleil, et vient rencontrer le plan de l'écliptique en un lieu dont la dis-

probabilité qui y sont démontrées, ainsi que dans le précédent. Le nombre des épreuves, supposé très grand, est représenté par μ; il se compose de deux parties m et n que l'on suppose aussi de très grands nombres; les formules sont d'autant plus approchées que ce nombre μ est plus considérable; et elles seraient tout-à-fait exactes, si μ était infini.

1°. Soient p et q les chances constantes pendant toute la durée des épreuves, des deux événements contraires E et F, de sorte qu'on ait $p+q=1$. Appelons U la probabilité que dans le nombre μ ou $m+n$ d'épreuves, E arrivera m fois et F aura lieu n fois. On aura (n° 69)

$$U=\left(\frac{\mu p}{m}\right)^m\left(\frac{\mu q}{n}\right)^n\sqrt{\frac{\mu}{2\pi mn}}. \qquad (a)$$

Cette formule se reduit (n° 79) à

$$U=\frac{1}{\sqrt{2\pi\mu pq}}e^{-\nu^2},$$

---

tance au Soleil est égale à celle de la terre à cet astre, à l'époque où la terre se trouve en ce même lieu : notre atmosphère traversant ce groupe de corps à cette époque, agira sur une partie d'entre eux comme sur les *aérolithes*; ce qui produira le phénomène dont il s'agit. Si ce groupe n'occupe pas une étendue très considérable sur la longueur de son orbite, c'est-à-dire, si son diamètre apparent, vu du Soleil, n'est pas beaucoup plus grand que celui de la terre, il sera nécessaire, pour que le phénomène ait toujours lieu à la même époque de chaque année, que la vitesse de cette sorte de planète brisée s'écarte peu de celle de la terre; ce qui n'empêche pas le grand axe et l'excentricité de son orbite, de différer beaucoup du grand axe et de l'excentricité de notre orbite; et alors les perturbations du mouvement elliptique ont pu rendre la rencontre du groupe et de la Terre, possible depuis quelque temps, et pourront la rendre impossible par la suite. Si, au contraire, le groupe que nous supposons forme un anneau continu autour du Soleil, sa vitesse de circulation pourra être très différente de celle de la Terre; et ses déplacements dans le ciel, par suite des actions planétaires, pourront encore rendre possible ou impossible, à différentes époques, le phénomène dont nous parlons lorsqu'on prend

$$m = \mu p - \nu\sqrt{2\mu pq}, \quad n = \mu q + \nu\sqrt{2\mu pq};$$

ν étant une quantité positive ou négative, mais très petite par rapport à $\sqrt{\mu}$; et sous cette forme, elle subsiste également quand les chances de E et F varient d'une épreuve à une autre, en prenant alors, d'après la formule (2) du n° 95, pour p et q les moyennes de leurs valeurs dans la série entière des μ épreuves successives.

2°. Les événements E et F ayant eu lieu effectivement m et n fois dans les μ épreuves, et leurs chances p et q étant inconnues, soit U′ la probabilité qu'il arriveront dans μ' ou $m'+n'$ épreuves futures, des nombre de fois m' et n', proportionnels à m et n, ou tels que l'on ait

$$m' = \frac{\mu' m}{\mu}, \quad n' = \frac{\mu' n}{\mu}.$$

Quelque soit le nombre μ', on aura (n° 71)

$$U' = \sqrt{\frac{\mu}{\mu+\mu'}}\, U_{,}, \qquad (b)$$

en représentant par U′ la probabilité de l'événement futur qui aurait lieu si les rapports $\frac{m}{\mu}$ et $\frac{n}{\mu}$ étaient certainement les chances de F et F, c'est-à-dire en faisant, pour abréger,

$$\frac{1\ 2.3\ldots\mu'}{1.2.3\ldots m'.1.2.3\ldots n'}\left(\frac{m}{\mu}\right)^{m'}\left(\frac{n}{\mu}\right)^{n'} = U_{,}.$$

3°. Les chances constantes p et q de E et F étant données, soit P la probabilité que dans μ ou $m+n$ épreuves, E arrivera au moins m fois et F au plus n fois. On aura (n° 77)

$$\left.\begin{aligned} P &= \frac{1}{\sqrt{\pi}}\int_k^\infty e^{-t^2}dt + \frac{(\mu+n)\sqrt{2}}{3\sqrt{\pi\mu mn}}\,e^{-k^2}, \\ P &= 1 - \frac{1}{\sqrt{\pi}}\int_k^\infty e^{-t^2}dt + \frac{(\mu+n)\sqrt{2}}{3\sqrt{\pi\mu mn}}\,e^{-k^2}; \end{aligned}\right\} \qquad (c)$$

k étant une quantité positive dont le carré est

$$k^2 = n \log \frac{n}{q(\mu+1)} + (m+1) \log \frac{m+1}{p(\mu+1)};$$

et en employant la première ou la seconde formule selon que l'on aura $\frac{q}{p} > \frac{n}{m+1}$ ou $\frac{q}{p} < \frac{n}{m+1}$.

4°. En appelant R la probabilité que E et F auront lieu dans les μ épreuves, des nombres de fois qui ne sortiront pas des limites

$$\mu p \mp u\sqrt{2\mu pq}, \qquad \mu q \pm u\sqrt{2\mu pq},$$

où u est une quantité positive et très petite par rapport à $\sqrt{\mu}$, on aura (n° 79)

$$R = 1 - \frac{2}{\sqrt{\pi}} \int_u^\infty e^{-t^2} dt + \frac{1}{\sqrt{2\pi\mu pq}} e^{-u^2}; \qquad (d)$$

et réciproquement, si les chances p et q sont inconnues, et que E et F soient arrivés des nombres de fois m et n, dans μ ou $m+n$ épreuves, on aura (n° 83)

$$R = 1 - \frac{2}{\sqrt{\pi}} \int_u^\infty e^{-t^2} dt + \sqrt{\frac{\mu}{2\pi mn}}\, e^{-u^2}, \qquad (e)$$

pour la probabilité que les valeurs de p et q ne sortiront pas des limites

$$\frac{m}{\mu} \pm \frac{u}{\mu}\sqrt{\frac{2mn}{\mu}}, \qquad \frac{n}{\mu} \mp \frac{u}{\mu}\sqrt{\frac{2mn}{\mu}}.$$

5°. Dans deux séries différentes de très grands nombres μ et μ' d'épreuves, soient m et m' les nombres de fois que E aura lieu ou a eu lieu, n et n' les nombre de fois que F arrivera ou est arrivé; désignons par u une quantité positive, très petite par rapport à $\sqrt{\mu}$ et à $\sqrt{\mu'}$;

et soit ϖ la probabilité que la différence $\frac{m}{\mu} - \frac{m'}{\mu'}$ ne sortira pas des limites

$$\mp \frac{u\sqrt{2(\mu^3 m'n' + \mu'^3 mn)}}{\mu\mu'\sqrt{\mu\mu'}},$$

non plus que la différence $\frac{n}{\mu} - \frac{n'}{\mu'}$, de ces mêmes limites prises avec des signes contraires. On aura (n° 87)

$$\varpi = 1 - \frac{2}{\sqrt{\pi}}\int_u^\infty e^{-t^2}dt + \sqrt{\frac{\mu\mu'}{2\pi m'n'(\mu+\mu')}}\, e^{-\frac{u^2(\mu^3 m'n' + \mu'^3 mn)}{\mu^3 m'n'(\mu+\mu')}}. \quad (f)$$

Comme on aura aussi à très peu près $\frac{m}{\mu} = \frac{m'}{\mu'}$ et $\frac{n}{\mu} = \frac{n'}{\mu'}$, on pourra, sans altérer sensiblement les valeurs de ϖ, remplacer dans son dernier terme, qui sera toujours une petite fraction, les lettres μ', m', n', par μ, m, n, et, réciproquement, celles-ci par celles-là. Cette formule, en faisant du moins abstraction de son dernier terme (n° 109), conviendra au cas général où les chances de E et F varient d'une épreuve à une autre, pourvu que, dans les deux séries, les causes possibles de ces événements, connues ou inconnues, n'éprouvent aucun changement, c'est-à-dire, pourvu que l'existence de ces causes conserve la même probabilité, et que chacune d'elles donne toujours la même chance à l'arrivée de E, comme à celle de F.

6°. Les nombres de fois que E et F sont arrivés dans les μ épreuves relatives à ces événements étant toujours m et n, soient généralement m_1 et n_1 les nombres de fois que deux autres événements contraires E_1 et F_1 ont eu lieu dans un nombre μ_1 d'épreuves aussi très grand. Supposons qu'on ait

$$\frac{m_1}{\mu_1} - \frac{m}{\mu} = \delta;$$

δ étant une petite fraction positive ou négative. Appelons p et p_1 les chances inconnues et supposées constantes, des arrivées de E et E_1; et désignons par λ la probabilité que p_1 excèdera p, d'une quantité au moins égale à une petite fraction positive et donnée ε. En représentant par u une quantité positive, et faisant

$$u = \pm \frac{(1-\delta)\mu\mu_1\sqrt{\mu\mu_1}}{\sqrt{2(\mu^3 m_1 n_1 + \mu_1^3 mn)}},$$

selon que le facteur $\varepsilon - \delta$ sera positif ou négatif, on aura (n° 88)

$$\lambda = \frac{1}{\sqrt{\pi}}\int_u^\infty e^{-t^2}dt, \qquad \lambda = 1 - \frac{1}{\sqrt{\pi}}\int_u^\infty e^{-t^2}dt; \quad (g)$$

la première expression se rapportant au cas où la différence $\varepsilon - \delta$ sera positive, et la seconde au cas où cette différence sera négative. Ces mêmes formules exprimeront aussi la probabilité que la chance inconnue p de l'arrivée de E surpasse le rapport $\frac{m}{\mu}$ donné par l'observation, d'une fraction ω aussi donnée : pour cela, il suffira d'y faire

$$u = \pm\left(\omega - \frac{m}{\mu}\right)\frac{\mu\sqrt{\mu}}{\sqrt{2mn}},$$

et de prendre la première ou la seconde formule selon que la différence $\omega - \frac{m}{\mu}$ sera positive ou négative.

7°. Lorsque les chances des deux événements contraires E et F varient d'une épreuve à une autre, soient p_i et q_i leurs valeurs à l'épreuve dont le rang est marqué par i, de sorte qu'on ait $p_i + q_i = 1$, pour tous les indices i. Les sommes Σ s'étendant depuis $i=1$ jusqu'à $i=\mu$, faisons, pour abréger,

$$\frac{1}{\mu}\Sigma p_i = p, \qquad \frac{1}{\mu}\Sigma q_i = q, \qquad \frac{2}{\mu}\Sigma p_i q_i = k^2.$$

Soient toujours m et n les nombres de fois que E et F arriveront dans les μ épreuves. Désignons par u une quantité positive, très petite rapport à $\sqrt{\mu}$. On aura (n° 96)

$$R = 1 - \frac{2}{\sqrt{\pi}} \int_u^\infty e^{-t^2} dt + \frac{1}{k\sqrt{\pi\mu}} e^{-u^2}, \qquad (h)$$

pour la probabilité que les rapports $\frac{m}{\mu}$ et $\frac{n}{\mu}$ ne sortiront pas des limites

$$p \mp \frac{ku}{\sqrt{\mu}}, \qquad q \pm \frac{ku}{\sqrt{\mu}};$$

ce qui coïncide avec la formule (d) dans le cas particulier des chances constantes.

8°. Une chose quelconque A étant susceptible de toutes les valeurs comprises entre les limites $h \mp g$, et toutes ces valeurs étant également possibles et les seules possibles; soit P la probabilité que dans un nombre quelconque i d'épreuves, la somme des valeurs de A qui auront lieu, sera comprise entre des limites aussi données $c \mp \varepsilon$. On aura (n° 99)

$$2(2g)^i P = \frac{\Gamma - \Gamma_{\prime}}{1.2.3.\ldots i}, \qquad (i)$$

en faisant, pour abréger,

$$\Gamma = \pm(ih + ig - c + \varepsilon)^i \mp i(ih + ig - 2g - c + \varepsilon)^i$$
$$\pm \frac{i.i-1}{1.2}(ih + ig - 4g - c + \varepsilon)^i \mp \frac{i.i-1.i-2}{1.2.3}(ih + ig - 6g - c + \varepsilon) \pm \text{etc.},$$
$$\Gamma_{\prime} = \pm(ih + ig - c - \varepsilon)^i \mp i(ih + ig - 2g - c - \varepsilon)^i$$
$$\pm \frac{i.i-1}{1.2}(ih + ig - hg - c - \varepsilon)^i \mp \frac{i.i-1.i-2}{1.2.3}(ih + ig - 6g - c - \varepsilon)^i \pm \text{etc.},$$

et prenant, dans chaque terme, le signe supérieur ou le signe inférieur, selon que la quantité qui s'y trouve élevée à la puissance i, est positive ou négative : g et ε sont des quantités positives; h et c peuvent être des quantités positives ou négatives.

9°. Quelle que soit la loi de probabilité des valeurs possibles de la chose A à chaque épreuve, et la manière dont cette loi variera d'une épreuve à une autre; si l'on appelle s la somme des valeurs de A qui auront lieu dans un très grand nombre μ d'épreuves, on aura (n° 101)

$$P = 1 - \frac{2}{\sqrt{\pi}} \int_u^\infty e^{-t^2} dt, \qquad (k)$$

pour la probabilité que la moyenne $\frac{s}{\mu}$ des valeurs de A tombera entre les limites

$$k \mp \frac{2u\sqrt{h}}{\sqrt{\mu}};$$

u désignant une quantité positive et très petite par rapport à $\sqrt{\mu}$; k et h étant des quantités dont la seconde est positive, et qui dépendent des probabilités des valeurs de A pendant toute la durée des épreuves. Quand ces probabilités seront constantes, égales pour toutes les valeurs possibles de A entre des limites données a et b, et nulles en dehors de ces limites, on aura

$$k = \frac{1}{2}(a+b), \qquad h = \frac{b-a}{2\sqrt{6}}.$$

Lorsque A n'aura qu'un nombre fini de valeurs possibles c_1, c_2, $c_3, \ldots\, c_\nu$, et que ces ν valeurs constantes seront également probables, on aura

$$k = \frac{1}{\nu}(c_1 + c_2 + c_3 + \ldots + c_\nu),$$

$$h = \frac{1}{2\nu^2}[\nu(c_1^2 + c_2^2 + c_3^2 + \ldots + c_\nu^2) - (c_1 + c_2 + c_3 + \ldots + c_\nu)^2].$$

10°. Soit λ_n la valeur de A qui a eu lieu à la $n^{ième}$ épreuve. Faisons

$$\frac{1}{\mu}\Sigma\lambda_n = \lambda, \qquad \frac{1}{\mu}\Sigma(\lambda_n - \lambda)^2 = \frac{1}{2}l^2;$$

les sommes Σ s'étendant depuis $n=1$ jusqu'à $n=\mu$. Supposons que les causes de toutes les valeurs possibles de A n'éprouvent aucun changement, soit dans leurs probabilités respectives, soit dans les chances qu'elles donnent à chacune de ces valeurs. Il y aura alors une quantité spéciale γ dont la moyenne $\frac{s}{\mu}$ des valeurs de A, s'approchera indéfiniment à mesure que μ augmentera de plus en plus, et qu'elle atteindrait si μ devenait infini. Or, la formule (k) exprimera la probabilité que cette quantité γ est comprise entre les limites (n° 106)

$$\frac{s}{\mu} \mp \frac{ul}{\sqrt{\mu}},$$

qui ne contient rien d'inconnu.

11°. Dans une seconde série d'un très grand nombre μ' d'épreuves, soient s' la somme des valeurs de A, et l' ce que deviendra la quantité l qui se rapporte à la première série. La formule (k) exprimera également la probabilité que la différence $\frac{s'}{\mu'} - \frac{s}{\mu}$ des deux moyennes, sera comprise entre les limites (n° 107)

$$\mp \frac{u\sqrt{\mu l'^2 + \mu' l^2}}{\sqrt{\mu\mu'}};$$

ou bien, à cause que l'on aura à très peu près $l'=l$, ce sera aussi la probabilité que la moyenne $\frac{s'}{\mu'}$ relative à la seconde série, tombera entre les limites

$$\frac{s}{\mu} \mp \frac{ul\sqrt{\mu+\mu'}}{\sqrt{\mu\mu'}},$$

qui ne dépendent que des résultats de la première et de la quantité donnée u, et qui sont d'autant plus étroites que μ' est plus grand par rapport à μ.

12°. Pour déterminer la valeur d'une même chose A, on a fait plusieurs séries d'épreuves, composées de très grands nombres μ, μ', μ'', etc.

Les sommes des valeurs que l'on a obtenues dans ces séries successives sont s, s', s'', etc.; la quantité précédente l se rapporte toujours à la première série; et l'on désigne par l', l'', etc., ce qu'elle devient à l'égard des séries suivantes. On suppose que les causes d'erreurs dans les mesures varient d'une série à une autre, mais que néanmoins, toutes les moyennes $\frac{s}{\mu}$, $\frac{s'}{\mu'}$, $\frac{s''}{\mu''}$, etc., convergent indéfiniment, à mesure que μ, μ', μ'', etc., augmentent de plus en plus, vers une même quantité inconnue γ, qui serait la véritable valeur de A', si ces causes ne rendaient pas inégalement probables, dans une où plusieurs des séries d'observations, les erreurs égales et de signes contraires. Cela posé, la formule (k) exprimera encore la probabilité que la quantité γ est comprise entre les limites (n° 108) :

$$\frac{sq}{\mu} + \frac{s'q'}{\mu'} + \frac{s''q''}{\mu''} + \text{etc.} \mp \frac{u}{D},$$

dans lesquelles on a fait pour, abréger,

$$\frac{\mu}{l^2} + \frac{\mu'}{l'^2} + \frac{\mu''}{l''^2} + \text{etc.} = D^2,$$

$$\frac{\mu}{D^2 l^2} = q, \quad \frac{\mu'}{D^2 l'^2} = q', \quad \frac{\mu''}{D^2 l''^2} = q'', \text{ etc.}$$

De plus, la partie $\frac{sq}{\mu} + \frac{s'q'}{\mu'} + \frac{s''q''}{\mu''} +$ etc., c'est-à-dire la somme des moyennes $\frac{s}{\mu}$, $\frac{s'}{\mu'}$, $\frac{s''}{\mu''}$, etc., multipliées respectivement par les quantités q, q', q'', etc., sera la valeur approchée de γ la plus avantageuse que l'on puisse déduire du concours de toutes les séries d'observations, c'est-à-dire, la valeur de cette inconnue, dont les limites d'erreur $\mp \frac{u}{D}$ auront la moindre étendue qu'il est possible, pour un valeur donnée de u, ou bien à égal degré de probabilité.

13°. Enfin, les causes de l'arrivée d'un événement E demeurant les mêmes pendant les épreuves, ainsi qu'on l'a expliqué en citant la formule (f), le rapport $\frac{m}{\mu}$ du nombre de fois que E aura lieu au nombre total des épreuves, convergera indéfiniment vers une quantité spéciale r, qu'il atteindrait rigoureusement si μ devenait infini. Or, cette formule (f), en négligeant son dernier terme, ou bien encore la formule k sera la probabilité que la valeur inconnue de r tombera entre les limites (n° 109)

$$\frac{m}{\mu} \mp \frac{u\sqrt{2m(\mu - m)}}{\mu\sqrt{\mu}}.$$

(113). Pour compléter ces formules, il y faudrait joindre celles qui se rapportent à la probabilité des valeurs d'une ou plusieurs quantités, déduites d'un très grand nombre d'équations linéaires correspondantes aux résultats d'un égal nombre d'observations; mais à l'égard de ces autres formules, je renverrai à la *Théorie analytique des probabilités*. En les appliquant à un système de 126 équations de condition relatives au mouvement de Saturne en longitude, formées par M. Bouvard, et en appliquant à ces équations la méthode des *moindres carrés*, Laplace a été conduit à en conclure qu'il y a un million à parier contre un que la masse de Jupiter, en prenant celle du Soleil pour unité, ne différera pas de $\frac{1}{1070}$, de plus d'un 100e de cette fraction, en plus ou en moins (*). Cependant, des observations postérieures, d'une autre nature, ont donné à très peu près $\frac{1}{1050}$ pour cette masse; ce qui excède la fraction $\frac{1}{1070}$, d'environ un 50e de sa valeur, et paraîtrait mettre en défaut le calcul des probabilités. Il ne peut rester aucun doute sur cette masse $\frac{1}{1050}$, qui a été conclue par M. Enke, des perturbations de la comète dont la période est de 1204 jours; par MM. Gauss et Nicolaï, de celles de *Vesta* et de *Junon*; et par M. Airy, des élongations des satellites de Jupiter qu'il a récemment mesurées. Toutefois, si les calculs de Laplace ont donné, avec une probabilité très approchante de la certitude, une masse de cette planète, plus petite d'un 50e qu'elle n'est réellement, il n'en faudrait pas conclure que l'intensité du pouvoir attractif de Jupiter fût moindre sur Saturne que sur ses propres satellites, sur les comètes et sur les petites planètes;

(*) Premier supplément à la *Théorie analytique des probabilités*, page 24.

cela ne provient pas non plus d'aucune inexactitude dans les formules de probabilité dont Laplace a fait usage; et il y a lieu de croire que la masse de Jupiter, un peu trop petite, qu'il a obtenue, résulte de quelques termes fautifs dans l'expression si compliquée des perturbations de Jupiter, à laquelle on a déjà fait subir quelques corrections, et qui peut encore en exiger d'autres. C'est un point important de la *Mécanique céleste*, qui ne peut manquer d'être éclairci par le résultat du travail dont M. Bouvard s'occupe actuellement, dans le but de refaire en entier ses tables, déjà si précises, des mouvements de Saturne et de Jupiter.

CHAPITRE V.

Application des règles générales des probabilités aux décisions des jurys et aux jugements des tribunaux (*).

(114). Dans une matière aussi délicate, il conviendra de considérer d'abord les cas les plus simples, avant de traiter la question dans toute sa généralité.

Je suppose donc, en premier lieu, qu'il y ait un seul juré. Je représente par k la probabilité que l'accusé soit coupable, lorsqu'il est traduit devant ce juré; probabilité résultante de l'information préliminaire et de l'accusation qui s'en est suivie. Je désigne aussi par u la probabilité que le juré ne se trompera pas dans sa décision; et, cela étant, soit γ la probabilité que l'accusé sera condamné. Cet événement aura lieu, si l'accusé est coupable et que le juré ne se trompe pas, ou bien, si l'accusé n'est pas coupable et que le juré se trompe. D'après la règle du n° 5, la probabilité du premier cas est le produit de k et de u, et celle du second a pour valeur le produit de $1-k$ et de $1-u$. Donc, en vertu de la règle du n° 10, on aura

$$\gamma = ku + (1-k)(1-u), \qquad (1)$$

pour la probabilité complète de la condamnation de l'accusé. Celle de

(*) Cette question a été traitée dans un mémoire, lu à l'Académie de Saint-Pétersbourg, en juin 1834, par M. Ostrograski, membre de cette académie. Mais à en juger par l'extrait imprimé que l'auteur m'a envoyé, il a considéré le problème d'une manière toute différente de celle que je suivrai dans ce chapitre, et qui a été indiquée dans le préambule.

son acquittement sera $1 - \gamma$. Cet événement aura lieu, si l'accusé est coupable et que le juré se trompe, ou bien, si l'accusé n'est pas coupable et que le juré ne se trompe pas; et les probabilités de ces deux cas étant les produits $k(1-u)$ et $(1-k)u$, il en résultera

$$1 - \gamma = k(1-u) + (1-k)u;$$

équation qui se déduit aussi de la précédente. En les retranchant l'une de l'autre, il vient

$$2\gamma - 1 = (2k-1)(2u-1);$$

ce qui montre que la quantité $2\gamma - 1$ sera zéro en même temps que $2k - 1$ ou $2u - 1$, et positive ou négative selon que $2k - 1$ et $2u - 1$ seront de même signe ou de signes contraires. On aura aussi

$$\gamma = \tfrac{1}{2} + \tfrac{1}{2}(2k-1)(2u-1);$$

de sorte que γ surpassera $\frac{1}{2}$, de la moitié du produit $(2k-1)(2u-1)$ positif ou négatif.

Après la décision du juré, on pourra faire deux hypothèses qui seront les seules possibles : on pourra supposer que l'accusé soit coupable ou qu'il ne le soit pas; leurs probabilités, comme celles de toutes les causes hypothétiques, se détermineront par la règle du n° 34. La somme de ces deux probabilités étant d'ailleurs égale à l'unité, il n'y en aura qu'une seule à déterminer.

Si l'accusé a été condamné, soit p la probabilité de la première hypothèse, ou de la culpabilité. D'après la règle citée, on aura

$$p = \frac{ku}{ku + (1-k)(1-u)}; \qquad (2)$$

car ici l'événement observé est la condamnation de l'accusé dont la probabilité, comme on vient de le voir, serait ku dans cette première hypothèse, et $(1-k)(1-u)$ dans la supposition contraire, ou de la non-culpabilité.

Si l'accusé a été absous, soit q la probabilité de la seconde hypothèse, ou de la non-culpabilité. L'événement observé étant alors l'acquittement de l'accusé, dont la probabilité est $(1-k)u$ dans cette hypothèse, et $k(1-u)$ dans la supposition contraire, ainsi qu'on l'a dit tout à l'heure, il suit de la règle citée que l'on aura

$$q=\frac{(1-k)u}{(1-k)u+k(1-u)}. \qquad (3)$$

En observant que les dénominateurs de ces expressions de p et q sont les valeurs de γ et $1-\gamma$, on a

$$p=\frac{ku}{\gamma}, \quad q=\frac{(1-k)u}{1-\gamma};$$

d'où l'on déduit

$$u=p\gamma+q(1-\gamma),$$

pour une expression de la probabilité que le juré ne se trompera pas, qu'il est facile de vérifier. En effet, cela aura lieu de deux manières différentes : parce que l'accusé sera condamné, et qu'étant condamné, il sera coupable, ou bien parce qu'il sera acquitté, et qu'étant acquitté, il sera innocent. Or, par la règle du n° 9 relative à la probabilité d'un événement composé de deux événements simples, dont les chances respectives influent l'une sur l'autre, la probabilité de la première manière est le produit de γ et de p, et celle de la seconde, le produit de $1-\gamma$ et de q. Donc aussi (n° 10), la valeur complète de u est la somme de ces deux produits. Après que la décision du juré est prononcée, la probabilité qu'il ne s'est pas trompé, n'est autre que p, s'il a condamné, ou q s'il a acquitté. Si l'on n'a pas $k=\frac{1}{2}$, elle ne peut être égale à u, comme auparavant, que quand on a $u=0$ ou $u=1$.

Ces formules renferment la solution complète du problème dans le cas d'un seul juré; problème qui n'est, au reste, que celui de la probabilité d'un fait attesté par un témoin, dont nous nous sommes occupés dans le n° 36. La culpabilité de l'accusé est ici le fait qui peut être vrai ou faux; avant que le juré ait prononcé, on avait une certaine raison de croire que ce fait était vrai, résultante des données qu'on possédait alors : k était sa probabilité, et $1-k$ celle de la non-culpabilité; après la décision du juré, on a eu sur le fait une nouvelle donnée; ce qui a changé k en une autre probabilité p, si le juré a décidé ou attesté que l'accusé soit coupable, et $1-k$ en une probabilité q, s'il a attesté que l'accusé ne soit pas coupable. Dans l'un et l'autre cas, il est évident que les probabilités antérieures k et $1-k$ ont dû être augmentées, s'il y a plus de chance pour que le juré ne se trompe pas, qu'il n'y en a pour qu'il se trompe, et diminuées, dans le cas contraire, c'est-à-dire augmentées ou diminuées selon qu'on a $u > \frac{1}{2}$ ou $u < \frac{1}{2}$. C'est, en effet, ce qui résulte des expressions de p et q, d'où l'on déduit

$$p = k + \frac{k(1-k)(2u-1)}{\gamma}, \quad q = 1 - k - \frac{k(1-k)(2u-1)}{1-\gamma},$$

et par conséquent, $p >$ ou $< k$, $q <$ ou $> 1-k$, selon qu'on a $u >$ ou $< \frac{1}{2}$. Dans le cas de $u = \frac{1}{2}$, il n'y a rien de changé aux probabilités antérieures k et $1-k$.

Ces dernières expressions de p et q donnent

$$p\gamma + q(1-\gamma) = k\gamma + (1-k)(1-\gamma);$$

et puisque le premier membre de cette équation est égal à u, on a donc aussi

$$u = k\gamma + (1-k)(1-\gamma);$$

ce qui servirait à calculer la probabilité que le juré ne se trompera pas, si l'on connaissait *à priori*, par un moyen quelconque, la chance γ de la condamnation, outre la probabilité k de la culpabilité. C'est aussi ce que l'on vérifie en observant que le juré ne se trompera pas, si l'accusé est coupable et condamné, ou bien s'il est innocent et acquitté or, les probabilités de ces deux cas, avant la décision du juré, sont les produits $k\gamma$ et $(1 - k)(1 - \gamma)$, dont la somme forme la valeur complète de u.

Quand on aura $k = \frac{1}{2}$, les premières valeurs de p et q se réduiront immédiatement à $p = u$ et $q = u$; et, en effet, puisqu'on n'a *à priori* aucune raison de croire plutôt à la culpabilité qu'à l'innocence de l'accusé, notre raison de croire à l'une ou à l'autre, après la décision du juré, ne peut différer de la probabilité qu'il ne se trompe pas. Si l'on a $k = 1$, c'est-à-dire si la probabilité de la culpabilité est regardée comme certaine *à priori*, on aura $p = 1$ et $q = 0$; et quelle que soit la décision du juré, et sa chance u de ne pas se tromper, cette culpabilité sera encore certaine après cette décision. Il en sera de même à l'égard de l'innocence de l'accusé, si l'on a $k = 0$, c'est-à-dire si elle est certaine *à priori*. Mais dans les deux cas, il n'est pas certain que l'accusé sera condamné ou acquitté : on aura $\gamma = u$, dans le premier, et $\gamma = 1 - u$ dans le second, pour la chance de sa condamnation, qui sera donc égale, comme cela doit être, à la probabilité que le juré ne se trompera pas quand $k = 1$, et se trompera lorsque $k = 0$.

(115). Supposons actuellement qu'après la décision de ce juré, l'accusé soit soumis au jugement d'un second juré dont la probabilité de ne pas se tromper sera représentée par u'. Il s'agira de déterminer les probabilités que l'accusé sera condamné par les deux jurés, absous par l'un et condamné par l'autre, absous par l'un et l'autre; probabilités que je désignerai respectivement par c, b, a.

Soit γ' la probabilité que l'accusé ayant été condamné par le premier juré, le sera aussi par le second. En observant que γ est la chance de la première condamnation, on aura

$$c = \gamma\gamma',$$

pour la probabilité de deux condamnations successives. Mais en paraissant devant le second juré, il y a la probabilité p, résultant de la décision du premier, que l'accusé est coupable; la valeur de γ' se déduira donc de la formule (1), en y mettant p et u' au lieu de k et u; ce qui donne

$$\gamma' = pu' + (1 - p)(1 - u');$$

d'où l'on déduira, en vertu des formules (1) et (2),

$$c = kuu' + (1 - k)(1 - u)(1 - u').$$

Par un raisonnement semblable, on trouvera

$$a = k(1 - u)(1 - u') + (1 - k)uu'.$$

En ajoutant ces deux formules, il en résulte

$$a + c = uu' + (1 - u)(1 - u'),$$

pour la probabilité que les deux jurés décideront de la même manière, soit qu'ils condamnent, soit qu'ils absolvent; et l'on peut remarquer que cette probabilité totale est indépendante de celle de la culpabilité de l'accusé avant le double jugement.

Si l'accusé a été absous par le premier juré, et qu'on appelle $\gamma_{\prime}$ la probabilité qu'il sera condamné par le second, le produit $(1 - \gamma)\gamma_{\prime}$ exprimera la probabilité que ces deux jugements contraires auront lieu successivement et dans cet ordre. D'ailleurs $1 - q$ sera la probabilité que l'accusé est coupable, quand il paraît devant le second juré après avoir été acquitté par le premier; la valeur de $\gamma_{\prime}$ se déduira donc de la formule (1), en y remplaçant k et u par $1 - q$ et u'; ce qui donne

$$\gamma_{\prime} = (1 - q)u' + q(1 - u'),$$

ou bien, en vertu des valeurs de $1 - \gamma$ et q données par les formules (1) et (3),

$$(1 - \gamma)\gamma_{\prime} = k(1 - u)u' + (1 - k)(1 - u')u.$$

Il est évident qu'en permutant les lettres u et u' dans cette expression, on aura la probabilité que les jugements des deux jurés seront contraires, mais dans l'ordre inverse de celui qu'on vient de supposer. En ajoutant cette probabilité à la précédente, il en résultera

$$b=(1-u)u'+(1-u')u,$$

pour la probabilité complète de deux jugements contraires, rendus dans un ordre quelconque. On voit qu'elle est indépendante de k, comme celle de deux jugements semblables. Dans le cas de $u=\frac{1}{2}$ et $u'=\frac{1}{2}$, l'une et l'autre sont aussi $\frac{1}{2}$. Dans tous les cas, leur somme $a+b+c$ est l'unité, comme cela devait être.

La probabilité que l'accusé est coupable après qu'il aura été condamné par les deux jurés, sera donnée par la formule (2), en y mettant p et u' au lieu de k et u; et la probabilité de son innocence, quand il aura été absous par les deux jurés, se déduira de la formule (3), par le changement de k et u en $1-q$ et u'. En désignant par p' et q' ces deux probabilités, on aura donc

$$p'=\frac{pu'}{pu'+(1-p)(1-u')},\quad q'=\frac{qu'}{qu'+(1-q)(1-u')};$$

et d'après les valeurs de p et q, données par ces mêmes formules (2) et (3), ces valeurs de p' et q' deviendront

$$p'=\frac{kuu'}{kuu'+(1-k)(1-u)(1-u')},\quad q'=\frac{(1-k)uu'}{(1-k)uu'+k(1-u)(1-u')}.$$

Soient encore $p_{,}$ la probabilité que l'accusé est coupable, après qu'il aura été absous par le premier juré et condamné par le second, et $q_{,}$ la probabilité qu'il est innocent, quand il aura été condamné par le premier juré et acquitté par le second. La valeur de $p_{,}$ se déduira de la formule (2), en y mettant u' au lieu de u, et y remplaçant k par la probabilité $1-q$ que l'accusé n'est pas innocent, après qu'il a été acquitté par le premier juré; celle de $q_{,}$ s'obtiendra de même en changeant u et k dans la formule (3), en u' et p; on aura donc

$$p_{,}=\frac{(1-q)u'}{(1-q)u'+q(1-u')},\quad q_{,}=\frac{(1-p)u'}{(1-p)u'+p(1-u')},$$

ou bien, en vertu de ces mêmes formules (2) et (3),

$$p_{,}=\frac{k(1-u)u'}{k(1-u)u'+(1-k)(1-u')u},\quad q_{,}=\frac{(1-k)(1-u)u'}{(1-k)(1-u)u'+k(1-u')u}.$$

La probabilité que l'accusé, condamné par le premier juré et acquitté par le second est coupable, sera $1-q_{,}$; d'ailleurs, il est évident qu'elle devra se déduire de $p_{,}$ par la permutation de u et u', ce qui a lieu effectivement : celle de l'innocence de l'accusé, absous par le premier juré et condamné par le second, ou $1-p_{,}$, résultera de même de l'expression de $q_{,}$, en y permutant u et u'.

Dans le cas de $u'=u$, on a $p_{,}=k$ et $q_{,}=1-k$; ce qui doit être effectivement; car deux décisions contraires, rendues par des jurés qui ont la même chance de ne pas se tromper, ne sauraient rien changer à la raison que nous avions de croire, avant ces décisions, à la culpabilité ou à l'innocence de l'accusé.

(116). On étendrait sans peine ces raisonnements aux décisions successives d'un nombre quelconque de jurés, pour chacun desquels il y aura une chance donnée de ne pas se tromper. Mais on parviendra plus simplement au résultat, de la manière suivante.

Je suppose, pour fixer les idées, qu'il y ait trois jurés. Soient u, u', u'', les probabilités qu'ils ne se tromperont pas, et, comme précédemment, k la probabilité avant leur jugement, que l'accusé est coupable.

Pour qu'il soit condamné à l'unanimité, il faudra ou qu'il soit coupable et qu'aucun des trois jurés ne se trompe, ou qu'il soit innocent et que les jurés se trompent tous les trois. La probabilité complète de cette condamnation sera donc

$$kuu'u''+k(1-u)(1-u')(1-u'').$$

On verra de même que la probabilité que l'accusé sera absous à l'unanimité, aura pour valeur

$$k(1-u)(1-u')(1-u'')+(1-k)uu'u''.$$

La probabilité d'un jugement unanime, soit de condamnation, soit d'acquittement, sera donc la somme de ces deux quantités, c'est-à-dire

$$uu'u'' + (1 - u)(1 - u')(1 - u'');$$

en sorte qu'elle est indépendante de k, ce qui aurait lieu également, quel que fût le nombre des jurés.

L'accusé pourra être condamné par deux jurés et absous par le troisième, de trois manières différentes, selon que ce troisième sera celui dont la chance de ne pas se tromper est u, u' ou u''. Il pourra de même être acquitté par deux jurés et condamné par le troisième, de trois manières différentes, qui répondront aussi aux cas où ce troisième est le juré dont u, u' ou u'', exprime la probabilité qu'il ne se trompera pas. On verra sans difficulté que les probabilités de ces six combinaisons, auront pour expressions :

$$\begin{aligned}
&ku'u''(1 - u) + (1 - k)(1 - u')(1 - u'')u,\\
&kuu''(1 - u') + (1 - k)(1 - u)(1 - u'')u',\\
&kuu'(1 - u'') + (1 - k)(1 - u)(1 - u')u'',\\
&k(1 - u')(1 - u'')u + (1 - k)u'u''(1 - u),\\
&k(1 - u)(1 - u'')u' + (1 - k)uu''(1 - u'),\\
&k(1 - u)(1 - u')u'' + (1 - k)uu'(1 - u'').
\end{aligned}$$

En faisant la somme de ces six quantités, on aura l'expression complète de la probabilité que le jugement ne sera pas unanime; cette expression sera donc

$$\begin{aligned}
&u'u''(1-u) + uu''(1-u') + uu'(1-u'')\\
&\qquad +(1-u')(1-u'')u + (1-u)(1-u'')u' + (1-u)(1-u')u'',
\end{aligned}$$

et, comme on voit, indépendante de k.

La somme des probabilités totales d'une décision unanime et d'une décision non unanime, doit être l'unité; et, en effet, leurs expressions que l'on vient de trouver, satisfont à cette condition.

Le jugement étant rendu, on en déduira facilement la probabilité, après ce jugement, de la culpabilité de l'accusé, différente, en général, de ce qu'elle était auparavant. Si, par exemple, l'accusé a été condamné par les deux jurés dont u et u' expriment les chances de ne pas se tromper, et acquitté par le troisième, la probabilité de cet événement sera $kuu'(1-u'')$, dans l'hypothèse de la culpabilité, et $(1-k)(1-u)(1-u')u''$, dans la supposition contraire; par la règle du n° 34, la probabilité que l'accusé est coupable sera donc

$$\frac{kuu'(1-u'')}{kuu'(1-u'')+(1-k)(1-u)(1-u'')u''}.$$

Dans le cas de $u'=u''$, elle devient indépendante de la valeur commune de u' et u'', et la même que si la condamnation était prononcée par le seul juré dont u est la chance de ne se pas tromper. Et, en effet, après que ce juré a prononcé, les décisions différentes entre elles des deux autres jurés ne peuvent plus influer sur la raison que j'ai de croire que l'accusé soit ou ne soit pas coupable; car il n'y aurait pas de raison pour qu'elles augmentassent plutôt que de diminuer la probabilité de la culpabilité, puisque les chances de ne pas se tromper sont supposées égales pour ces deux derniers jurés.

Ces formules seraient également applicables au cas où les jurés, au lieu de juger successivement et sans communication entre eux, étaient réunis et jugeaient après en avoir délibéré; mais la discussion pouvant les éclairer mutuellement et augmenter, en général, leurs probabilités de ne pas se tromper, les valeurs de u, u', u'', qui se rapportent à ces deux cas, pourraient n'être pas les mêmes, et s'écarter moins de l'unité dans le second cas que dans le premier.

(117). Considérons, en particulier, le cas où la chance de ne pas se tromper est la même pour tous les jurés, auquel nous ramènerons ensuite le cas général, lorsqu'il s'agira de déterminer la probabilité du nombre des condamnations dans de très grands nombres de jugements.

Soient donc u cette probabilité donnée que chacun des jurés ne se trompera pas, n le nombre des jurés, k la probabilité, avant leur jugement, de la culpabilité de l'accusé, i un des nombres $1, 2, 3, \ldots n$, ou zéro, et γ_i la probabilité que l'accusé sera condamné par $n-i$ et absous par i jurés.

Pour que cet événement composé arrive, il faudra que l'accusé étant coupable, $n-i$ jurés ne se trompent pas et i jurés se trompent, ou bien que l'accusé n'étant pas coupable, $n-i$ jurés se trompent et i ne se trompent pas. La probabilité du premier cas sera le produit $ku^{n-i}(1-u)^i$, multiplié par le nombre de fois qu'on peut prendre les i jurés qui se tromperont, sur le nombre n de tous les jurés; celle du second cas sera de même le produit $(1-k)u^i(1-u)^{n-i}$, multiplié par le nombre de fois qu'on peut prendre les $n-i$ jurés qui se tromperont sur ce nombre total n; lequel nombre de fois est le même que dans le premier cas, et égal au nombre de combinaisons différentes de n choses prises i à i, ou $n-i$ à $n-i$. En le désignant par N_i, on aura

$$N_i = \frac{n.n-1.n-2\ldots n-i+1}{1.2.3\ldots i},$$

et il en résultera

$$\gamma_i = N_i\left[ku^{n-i}(1-u)^i + (1-k)u^i(1-u)^{n-i}\right], \qquad (4)$$

pour la valeur complète de γ_i.

Si l'on suppose $n-i>i$, et qu'on fasse

$$n-2i=m,$$

l'accusé aura été condamné à la majorité de m voix. Lorsque i jurés l'auront condamné et que les $n-i$ autres l'auront absous, il aura été acquitté à cette majorité de m voix; la probabilité de cet acquittement, que je désignerai par δ_i, se déduira de la valeur de γ_i en y permutant les nombres $n-i$ et i, ce qui ne changera rien au coefficient N_i. On aura donc

$$\delta_i = N_i\left[ku^i(1-u)^{n-i} + (1-k)u^{n-i}(1-u)^i\right]. \qquad (5)$$

En ajoutant ces deux dernières équations, il vient

$$\gamma_i + \delta_i = N_i\left[u^{n-i}(1-u)^i + u^i(1-u)^{n-i}\right];$$

quantité indépendante de k; de sorte que la probabilité d'un jugement rendu à une majorité donnée m, soit qu'il condamne, soit qu'il absolve, ne dépend pas de la culpabilité présumée de l'accusé avant cette décision. Dans le cas particulier de $u=\frac{1}{2}$, les probabilités γ_i et δ_i sont séparément indépendantes de k, et ont pour valeur commune

$$\gamma_i = \delta_i = \frac{1}{2^n} N_i.$$

Elles sont aussi égales entre elles, quelle que soit la valeur de u, lorsque l'on a $k=\frac{1}{2}$.

(118). Soit c_i la probabilité que l'accusé sera condamné par $n-i$ voix au moins et absous par i voix au plus, c'est-à-dire la probabilité d'une condamnation à la majorité de m voix au moins. Soit aussi d_i la probabilité que l'accusé sera acquitté par $n-i$ voix au moins et condamné par i voix au plus.

D'après la règle du nº 10, on aura

$$c_i = \gamma_0 + \gamma_1 + \gamma_2 + \ldots + \gamma_i;$$
$$d_i = \delta_0 + \delta_1 + \delta_2 + \ldots + \delta_i;$$

et au moyen des formules précédentes, il en résultera

$$\left.\begin{array}{l} c_i = kU_i + (1-k)U_i, \\ d_i = kV_i + (1-k)U_i, \end{array}\right\} \quad (6)$$

en faisant, pour abréger,

$$N_0 u^n + N_1 u^{n-1}(1-u) + N_2 u^{n-2}(1-u)^2 + \ldots + N_i u^{n-i}(1-u)^i = U_i,$$
$$N_0 (1-u)^n + N_1 (1-u)^{n-1} u + N_2 (1-u)^{n-2} u^2 + \ldots + N_i u^i (1-u)^{n-i} = V_i,$$

de manière que U_i soit une fonction donnée de u, et V_i ce que devient cette fonction, quand on y met $1-u$ au lieu de u. On aura, en même temps,

$$c_i + d_i = U_i + V_i,$$

pour la probabilité, indépendante de k, que l'accusé sera, ou condamné, ou acquitté, à la majorité d'au moins m voix.

Si l'on met $n - i - 1$ au lieu de i dans l'expression de d_i, on en conclura

$$U_i + V_{n-i-1} = 1, \quad c_i + d_{n-i-1} = 1;$$

et, en effet, si un nombre de voix au moins égal à $n - i$ est nécessaire pour la condamnation, l'accusé sera acquitté lorsqu'il y aura $n - i - 1$ voix au plus qui lui seront contraires; en sorte que l'un des deux événements dont les probabilités sont c_i et d_{n-i-1}, devra certainement arriver.

Si n est un nombre impair, et qu'on ait $n = 2i + 1$ et conséquemment $m = 1$, on aura

$$U_i + V_i = [u + (1 - u)]^n = 1, \quad c_i + d_i = 1;$$

en sorte que l'accusé sera certainement condamné ou acquitté à la majorité d'une voix au moins; ce qui est évident en soi-même. Si n est un nombre pair, la plus petite majorité possible sera $m = 2$, et répondra à $n = 2i + 2$. On aura alors

$$U_i + V_i = [u + (1 - u)]^n - N_{i+1} u^{i+1} (1 - u)^{i+1};$$

d'où il résultera

$$c_i + d_i = 1 - \frac{2i+2 . 2i+1 . 2i \ldots i+2}{1.2.3 \ldots i+1} [u(1-u)]^{i+1}.$$

Il ne sera donc pas certain que l'accusé sera condamné ou absous à la majorité d'au moins deux voix; ce qui est évident, et tient au cas possible du partage égal des voix pour l'acquittement et pour la condamnation.

La probabilité de ce cas unique s'obtiendra en retranchant de l'unité, la valeur précédente de $c_i + d_i$; elle sera indépendante de k;

et en la désignant par H_i, son expression pourra s'écrire sous cette forme

$$H_i = \frac{1.2.3\ldots 2i+2\,[u\,(1-u)]^{i+1}}{(1.2.3\ldots i+1)^2}.$$

Le *maximum* du produit $u\,(1-u)$ répond à $u=\frac{1}{2}$, et est égal à $\frac{1}{4}$. Cette probabilité H_i diminuera donc à mesure que u s'écartera davantage de $\frac{1}{2}$. Elle diminuera aussi continuellement à mesure que i augmentera; car on déduit de son expression

$$H_{i+1} = \frac{2i+3.2i+4.u\,(1-u)}{(i+1)^2}\,H_i;$$

et d'après le *maximum* $\frac{1}{4}$ de $u(1-u)$, on en conclut que le rapport de H_{i+1} à H_i sera toujours moindre que l'unité : la plus grande valeur de H_i répondra à $u=\frac{1}{2}$ et $i=0$, et sera égale à $\frac{1}{2}$.

Quand $i+1$ sera un grand nombre, on aura (n° 67)

$$1.2.3\ldots i+1 = (i+1)^{i+1}\,e^{-(i+1)}\sqrt{2\pi(i+1)}\left[1+\frac{1}{12(i+1)}+\text{etc.}\right];$$

$$1.2.3\ldots 2i+2 = (2i+2)^{2i+2}\,e^{-(2i+2)}\sqrt{2\pi(2i+2)}\left[1+\frac{1}{12(2i+2)}+\text{etc.}\right];$$

d'où l'on tire

$$H_i = \frac{[4u\,(1-u)]^{i+1}}{\sqrt{\pi\,(i+1)}}\left[1-\frac{1}{8(i+1)}+\text{etc.}\right],$$

pour la valeur approchée de H_i, qui sera, comme on voit, une très petite fraction, lorsque u différera notablement de $\frac{1}{2}$, ou $4u\,(1-u)$ de l'unité. Dans le cas de $u=\frac{1}{2}$, et en prenant pour exemple $i+1=6$ ou $n=12$, cette formule, réduite à ses deux premiers termes, donne $\frac{230,94\ldots}{1024}$ pour cette valeur; ce qui diffère très peu de la valeur exacte $\frac{231}{1024}$, quoique $i+1$ ne soit pas un nombre fort considérable.

La somme U_i+V_i étant tout au plus égale à l'unité, si on la désigne par G_i, la différence $1-G_i$ sera positive ou zéro; et comme l'expression de c_i pourra s'écrire sous la forme

$$c_i = k - k(1 - G_i) - (2k - 1) V_i,$$

il s'ensuit que si l'on a $2k - 1 > 0$ ou $k > \frac{1}{2}$, on aura aussi $c_i < k$. Donc, dans le cas ordinaire où l'on a, avant la décision des jurés, plus de raison de croire à la culpabilité qu'à l'innocence de l'accusé, la chance de sa condamnation à une majorité d'au moins une ou plusieurs voix, c'est-à-dire à une majorité quelconque, sera toujours moindre que cette probabilité antérieure de sa culpabilité : en supposant, par exemple, qu'il y ait quatre contre un à parier que l'accusé est coupable, lorsqu'il paraît devant le jury, il y aura moins de quatre contre un à parier qu'il sera condamné.

Cette proposition est, comme on voit, indépendante de la chance d'erreur des jurés, ou de la valeur de u, autre que l'unité. Dans le cas de $u=1$, on aura $U_i=1$, $V_i=0$, $c_i=k$, $d_i=1-k$, quel que soit i. Dans le cas de $u=0$, on aura de même $U_i=0$, $V_i=1$, $c_i=1-k$, $d_i=k$. Pour ces deux valeurs extrêmes de u, il est évident que la condamnation ou l'acquittement ne pourra avoir lieu qu'à l'unanimité; et c'est, en effet, ce qui résulte des formules (4) et (5), qui donnent alors $\gamma_i=0$ et $\delta_i=0$, excepté pour $i=0$.

(119). En conservant toutes les notations précédentes, représentons, de plus, par p_i la probabilité que l'accusé est coupable, quand il a été condamné par $n-i$ contre i jurés, ou à la majorité de m voix, et par q_i, la probabilité qu'il est innocent, lorsqu'il est acquitté à cette majorité; ou autrement dit, soit p_i la probabilité que le jugement rendu à la majorité de m voix sur n est bon, quand il condamne, et q_i, lorsqu'il absout. Dans le premier cas, la probabilité de l'événement observé, ou de la condamnation, est $N_i k u^{n-i}(1-u)^i$ ou $N_i(1-k)(1-u)^{n-i}u^i$, selon que l'accusé est ou n'est pas coupable; d'après la règle du n° 34, on a donc

$$p_i = \frac{ku^{n-i}(1-u)^i}{ku^{n-i}(1-u)^i + (1-k)(1-u)^{n-i}u^i}, \qquad (7)$$

en supprimant le facteur N_i qui serait commun aux deux termes de la fraction. Dans le cas de l'acquittement, on trouvera de même

$$q_i = \frac{(1-k)u^{n-i}(1-u)^i}{(1-k)u^{n-i}(1-u)^i + k(1-u)^{n-i}u^i}. \qquad (8)$$

Si l'on suppose $k = \frac{1}{2}$, on aura $p_i = q_i$; et, en effet, lorsqu'*à priori*, on n'a pas de raison de croire plutôt à la culpabilité qu'à l'innocence de l'accusé, il est évident que la bonté des jugements rendus à la même majorité, a aussi une égale probabilité dans les deux cas de la condamnation et de l'acquittement. Pour $u = \frac{1}{2}$, on a $u^{n-i}(1-u)^i = (1-u)^{n-i}u^i$, et, par conséquent, comme cela doit être, $p_i = k$ et $q_i = 1 - k$, quels que soient les nombres n et i.

En faisant, dans les formules (7) et (8),

$$u = \frac{t}{1+t}, \qquad 1 - u = \frac{1}{1+t},$$

et observant que $n = m + 2i$, on aura

$$p_i = \frac{kt^m}{kt^m + 1 - k}, \qquad q_i = \frac{(1-k)t^m}{(1-k)t^m + k};$$

ce qui montre que la probabilité de la bonté d'un jugement, ne dépend, toutes choses d'ailleurs égales, que de la majorité m à laquelle il est rendu, et nullement du nombre total n des jurés; et, effectivement, les votes contraires et en nombres égaux, dans le cas d'une même chance d'erreur pour tous les jurés, ne sauraient augmenter ni diminuer la raison de croire que le jugement soit bon ou mauvais. Mais ce résultat suppose essentiellement la chance u que les jurés ne se tromperont pas, donnée avant le jugement; et il n'en serait plus de même, comme on le verra plus loin, si cette chance devait être conclue, après le jugement, des nombres de voix qui ont eu lieu pour et contre.

Pour une valeur donnée de u, un jugement rendu à la majorité d'une seule voix, par exemple, ne mérite donc ni plus ni moins de confiance, quel que soit le nombre impair des jurés, que s'il y avait un seul juré; mais la probabilité qu'un tel jugement, de condamnation ou d'acquittement, sera rendu, diminue à mesure que le nombre total des jurés devient plus grand. En effet, cette probabilité sera la somme des formules (4) et (5), dans laquelle on fera $n=2i+1$; en la désignant par ϖ_i, et ayant égard à la valeur de N_i, on aura

$$\varpi_i = \frac{1.2.3\ldots 2i+1\,[u(1-u)]^i}{(1.2.3\ldots i)^2\,(i+1)};$$

d'où l'on conclut

$$\varpi_{i+1} = \frac{2i+3}{2i+4}.4u(1-u)\varpi_i;$$

et comme $4u(1-u)$ ne peut pas surpasser l'unité, il s'ensuit qu'on a toujours $\varpi_{i+1} < \varpi_i$. En comparant cette valeur de ϖ_i à celle de H_i, on voit que la première surpasse la seconde dans le rapport de l'unité à $2u(1-u)$, qui reste le même quel que soit i.

(120). Si l'on sait seulement que l'accusé a été condamné à la majorité d'au moins m voix, de sorte que la majorité ait pu être m, $m+2$, $m+4\ldots$ jusqu'à $m+2i$, ou l'unanimité; on conçoit que la probabilité qu'il est coupable sera plus grande que p_i : je la représenterai par P_i. Dans l'hypothèse que l'accusé soit coupable, la probabilité de la condamnation qui a eu lieu ou de l'événement observé, est kU_i, d'après ce qu'on a vu plus haut; elle est $(1-k)V_i$, dans l'hypothèse de la non-culpabilité; on aura donc

$$P_i = \frac{kU_i}{kU_i + (1-k)V_i}. \qquad (9)$$

En désignant par Q_i la probabilité de la non-culpabilité, quand l'accusé est absous à cette majorité de m voix au moins, on trouvera de même

$$Q_i = \frac{(1-k)U_i}{(1-k)U_i + kV_i}. \qquad (10)$$

Les probabilités de la bonté d'un jugement rendu à la majorité de m voix au moins, auront aussi pour expressions P_i dans le cas de la condamnation et Q_i dans le cas de l'acquittement. Elles ne sont pas, comme p_i et q_i, indépendantes du nombre total n des jurés, et dépendantes seulement de m ou $n-2i$. Pour les comparer numériquement les unes aux autres, je prends $k=\frac{1}{2}$; ce qui rend égales les quantités P_i et Q_i, ainsi que p_i et q_i, et suppose qu'avant le jugement, l'innocence de l'accusé avait la même probabilité que la culpabilité. Je fais aussi $u=\frac{3}{4}$; en sorte qu'il y ait trois à parier contre un que chaque juré ne se trompera pas. En prenant pour n le nombre ordinaire des jurés, et faisant $n=12$ et $i=5$, on trouve d'abord

$$p_i=\frac{9}{10}, \qquad 1-p_i=\frac{1}{10};$$

on trouve, en outre,

$$U_i=7254.\frac{3^7}{4^{12}}; \qquad V_i=239122.\frac{1}{4^{12}};$$

et l'on en déduit, à très peu près,

$$P_i=\frac{403}{409}, \qquad 1-P_i=\frac{6}{409};$$

ce qui montre que dans cet exemple, la probabilité $1-P_i$ de l'erreur d'une condamnation prononcée à la majorité de deux voix au moins, est à peine un septième de la probabilité $1-p_i$ de l'erreur à craindre dans un jugement rendu à cette majorité de deux voix précisément, ou par sept voix contre cinq.

Les formules (4), (5), (6), (7), (8), (9), (10), s'appliqueront sans difficulté au cas où l'accusé traduit devant le jury que nous considérons, aura déjà été condamné ou acquitté par un autre jury; on prendra alors pour la quantité k que ces formules renferment, la probabilité que l'accusé est coupable, résultant du premier jugement, et que l'une de ces formules aura servi à déterminer.

(121). Lorsque $n-i$ et i seront de très grands nombres, on sera obligé de recourir aux méthodes d'approximation, pour calculer les valeurs de U_i et V_i.

Pour cela, j'observe qu'en faisant $1-u=v$, la quantité U_i est la somme des $i+1$ premiers termes du développement de $(u+v)^n$, ordonné suivant les puissances croissantes de v; elle devra donc coïncider avec la formule (8) du n° 73, en mettant dans celle-ci, u, v, i, n, au lieu de p, q, n, μ; par conséquent, d'après les formules (15) du n° 77, nous aurons

$$\left.\begin{aligned} U_i &= \frac{1}{\sqrt{\pi}}\int_\theta^\infty e^{-x^2}dx + \frac{(n+i)\sqrt{2}}{3\sqrt{\pi n i(n-i)}}e^{-\theta^2}, \\ U_i &= 1 - \frac{1}{\sqrt{\pi}}\int_\theta^\infty e^{-x^2}dx + \frac{(n+i)\sqrt{2}}{3\sqrt{\pi n i(n-i)}}e^{-\theta^2}; \end{aligned}\right\} \quad (11)$$

θ étant une quantité positive dont le carré a pour valeur

$$\theta^2 = i\log\frac{i}{v(n+1)} + (n+1-i)\log\frac{n+1-i}{u(n+1)};$$

et en employant la première ou la seconde de ces deux expressions de U_i, selon que $\frac{v}{u}$ surpassera le rapport $\frac{i}{n+1-i}$, ou sera moindre.

Si l'accusé a été condamné, et que toutes les majorités puissent avoir eu lieu, depuis la plus petite, de une ou deux voix, jusqu'à l'unanimité, le nombre $n+1$ et le rapport $\frac{i}{n+1-i}$, seront à très peu près double de i et l'unité; on devra donc employer la première ou la seconde formule (11), selon que l'on aura $v > u$ ou $v < u$; et si u et v diffèrent notablement de $\frac{1}{2}$, ou $4uv$ de l'unité, on aura, aussi à très peu près,

$$\theta^2 = i\log\frac{1}{4uv}.$$

Alors, puisque i est un très grand nombre, la valeur de θ sera assez considérable pour rendre insensible, les intégrales et les exponentielles contenues dans les formules (11). La quantité U_i se réduira donc à l'unité ou à zéro, selon que u surpassera v ou sera moindre; et comme, dans le cas que nous examinons, la somme de U_i et V_i est l'unité, exactement ou à très peu près selon que i est impair ou pair, il s'ensuit que V_i sera zéro quand on aura $u > v$, et l'unité dans le cas de $u < v$. De là, on conclut que, si la probabilité k de la culpabilité de l'accusé avant le jugement, n'est pas une très petite fraction, il y aura une probabilité P_i très approchante de la certitude, pour sa culpabilité après qu'il aura été condamné par un jury composé d'un très grand nombre n de jurés, si la chance v de l'erreur de chaque juré est notablement moindre que la chance contraire u; résultat qui tient à ce que ce grand nombre n, rend alors très peu probable que le jugement soit prononcé à une faible majorité. Au contraire, cette probabilité P_i, de la bonté d'un jugement, sera une très petite fraction, et l'innocence de l'accusé, très probable, si c'est u qui est sensiblement moindre que v, et que, de plus, k ne soit pas une fraction très approchante de l'unité. Les probabilités c_i de la condamnation et d_i de l'acquittement, données par les formules (6), seront très peu différentes de k et $1-k$, quand u surpassera v, ou, au contraire, de $1-k$ et k lorsqu'on aura $v > u$.

Dans le cas de $u = v = \frac{1}{2}$, et en faisant $n = 2i + 1$ ou $n = 2i + 2$, selon que n sera impair ou pair, le rapport $\frac{i}{n+1-i}$ sera un peu moindre que $\frac{v}{u}$, ou que l'unité; il faudra donc employer la première formule (11); et comme la valeur de θ sera une très petite fraction, on aura, à très peu près,

$$U_i = \tfrac{1}{2} + \frac{1}{\sqrt{\pi i}} - \frac{\theta}{\sqrt{\pi}},$$

en négligeant le carré de θ, ainsi que les termes qui auraient i pour diviseur, et observant qu'on a alors

$$\int_\theta^\infty e^{-x^2}\,dx = \tfrac{1}{2}\sqrt{\pi} - \theta.$$

Si n est impair, que l'on fasse $n = 2i + 1$, et qu'on mette $\frac{1}{2}$ pour u et v, on aura

$$\theta^2 = -i \log\left(1 + \frac{1}{i}\right) - (i+2)\log\left(1 - \frac{1}{i+2}\right);$$

en développant les logarithmes en séries, on en déduit, au degré d'approximation où nous nous arrêtons

$$\theta = \frac{1}{\sqrt{i}}, \qquad U_i = \tfrac{1}{2};$$

la somme de V_i et U_i étant l'unité, V_i sera aussi $\frac{1}{2}$; et l'on aura $P_i = k$, comme cela doit être, quel que soit d'ailleurs le nombre des jurés, lorsque leur chance est égale pour se tromper et pour ne pas se tromper. Si n est un nombre pair, et qu'on fasse $n = 2i + 2$, $u = \frac{1}{2}$, $v = \frac{1}{2}$, on aura

$$\theta^2 = -i \log\left(1 + \frac{3}{2i}\right) - (i + 3)\log\left(1 - \frac{3}{2i+6}\right);$$

d'où l'on déduira

$$\theta = \frac{3}{2\sqrt{i}}, \qquad U_i = \tfrac{1}{2} - \frac{1}{2\sqrt{\pi i}},$$

mais d'après la valeur de H_i du n° 118, on a, dans ce cas,

$$U_i + V_i = 1 - \frac{1}{\sqrt{\pi i}};$$

on aura donc

$$V_i = \tfrac{1}{2} - \frac{1}{2\sqrt{\pi i}};$$

et ces valeurs de U_i et V_i étant égales, il en résultera $P_i = k$, comme dans le cas précédent. La probabilité c_i de la condamnation, que nous considérons, sera indépendante de k, et égale à U_i, ou un peu moindre que $\frac{1}{2}$.

(122). En supposant toujours que le jury soit composé d'un nombre quelconque n de jurés, concevons maintenant que pour chaque juré, la chance de ne pas se tromper puisse avoir un nombre ν de valeurs différentes et inégalement probables. Soient x_1, x_2, x_3, ... x_ν, les valeurs de ces chances pour un premier juré; x_1', x_2', x_3', ...x_ν', pour un second juré; x_1'', x_2'', x_3'', ... x_ν'', pour un troisième juré; etc. Désignons, en général, par X_i, $X_{i_{\prime}}'$, $X_{i_{\prime\prime}}''$, etc., les probabilités que les chances x_i, $x_{i_{\prime}}'$, $x_{i_{\prime\prime}}''$, etc., auront lieu, et qui seront aussi les probabilités des chances correspondantes $1 - x_i$, $1 - x_{i_{\prime}}'$, $1 - x_{i_{\prime\prime}}''$, etc. Comme une des chances x_1, x_2, x_3, ... x_ν, aura lieu certainement; qu'il en sera de même à l'égard de l'une des chances x_1', x_2', x_3', ... x_ν'; ainsi que pour l'une des chances x_1'', x_2'', x_3'', ... x_ν''; et ainsi de suite, on devra avoir

$$\begin{aligned}
&X_1 + X_2 + X_3 + \ldots + X_\nu = 1,\\
&X_1' + X_2' + X_3' + \ldots + X_\nu' = 1,\\
&X_1'' + X_2'' + X_3'' + \ldots + X_\nu'' = 1;\\
&\text{etc.}
\end{aligned}$$

Si donc, on fait

$$\begin{aligned}
&X_1 x_1 + X_2 x_2 + X_3 x_3 + \ldots + X_\nu x_\nu = u,\\
&X_1' x_1' + X_2' x_2' + X_3' x_3' + \ldots + X_\nu' x_\nu' = u',\\
&X_1'' x_1'' + X_2'' x_2'' + X_3'' x_3'' + \ldots + X_\nu'' x_\nu'' = u'',\\
&\text{etc.},
\end{aligned}$$

on aura, en même temps,

$$\begin{aligned}
&X_1 (1 - x_1) + X_2 (1 - x_2) + \ldots + X_\nu (1 - x_\nu) = 1 - u,\\
&X_1' (1 - x_1') + X_2' (1 - x_2') + \ldots + X_\nu' (1 - x_\nu') = 1 - u',\\
&X_1'' (1 - x_1'') + X_2'' (1 - x_2'') + \ldots + X_\nu'' (1 - x_\nu'') = 1 - u'',\\
&\text{etc.};
\end{aligned}$$

et u, u', u'', etc., seront les valeurs moyennes des chances de ne pas se tromper, pour le 1er, 2e, 3e,...juré, et $1-u$, $1-u'$, $1-u''$, etc., les valeurs moyennes de leurs chances de se tromper.

Cela posé, la probabilité qu'aucun des n jurés ne se trompera, correspondante aux chances x_i, $x'_{i'}$, $x''_{i''}$, etc., de ne pas se tromper, sera le produit de ces chances et de leurs probabilités respectives X_i, $X'_{i'}$, $X''_{i''}$, etc.; en la désignant par Π, on aura donc

$$\Pi = X_i X'_{i'} X''_{i''} \text{ etc.} \, x_i x'_{i'} x''_{i''} \text{ etc.}$$

Soit P la probabilité qu'aucun juré ne se trompera, quelle que soit celle de ses chances possibles de ne pas se tromper, qui aura lieu. Par la règle du n° 10, P sera la somme des $n\nu$ valeurs de Π que l'on obtiendra, en y mettant successivement chacun des nombres 1, 2, 3,....ν, à la place de chacun des n nombres i, i', i'', etc. Or, il est facile de voir que cette somme sera le produit des n moyennes u, u', u'', etc.;

en sorte que l'on aura

$$P = uu'u'' \text{ etc.},$$

quels que soient les nombres n et ν.

Relativement aux chances quelconques x_i, $x'_{i'}$, $x''_{i''}$, etc., de ne pas se tromper, la probabilité qu'un seul juré se trompera, se déduira de Π en y remplaçant x_i par $1 - x_i$ si c'est le premier juré, $x'_{i'}$ par $1 - x'_{i'}$ si c'est le second, etc. En appelant Π' la probabilité totale qu'un seul juré se trompera, correspondante à ces chances x_i, $x'_{i'}$, $x''_{i''}$, etc., on aura donc

$$\Pi' = X_i X'_{i'} X''_{i''} \text{ etc. } [(1 - x_i) x'_{i'} x''_{i''} \text{ etc.} + x_i (1 - x'_{i'}) x''_{i''} \text{ etc.} \\ + x_i x'_{i'} (1 - x''_{i''}) \text{ etc.} + \text{ etc.}].$$

Si l'on désigne ensuite par P' la probabilité qu'en ayant égard, pour chaque juré, à toutes les chances possibles de ne pas se tromper, il y aura un seul juré qui se trompera, P' sera la somme des $n\nu$ valeurs de Π' que l'on obtiendra en y mettant successivement pour chacun des n indices i, i', i'', etc., tous les nombres $1, 2, 3, \ldots \nu$; et il est facile de voir que cette somme ne dépendra que des moyennes u, u', u'', etc., et aura pour valeur

$$P' = (1 - u)u'u'' \text{ etc.} + u(1 - u')u'' \text{ etc.} + uu'(1 - u'') \text{ etc.} + \text{ etc.}$$

En continuant ainsi, on parviendra à cette proposition générale : La probabilité que parmi les n jurés, $n - i$ ne se tromperont pas, et i se tromperont, sera la même que si la chance de ne pas se tromper n'avait qu'une seule valeur possible pour chaque juré, savoir, u pour le premier juré, u' pour le second, u'' pour le troisième, etc. Par conséquent, si ces chances moyennes u, u', u'', etc., sont inégales, les diverses probabilités d'une condamnation à des majorités données, et celles de la culpabilité du condamné, se détermineront par les règles du n° 116, étendues à un nombre quelconque n de jurés. Si elles sont toutes égales entre elles, les probabilités dont il s'agit s'exprimeront au moyen des formules (4), (5), (6), (7), (8), (9), (10), en y mettant pour u la chance moyenne commune à tous les jurés.

On se représentera avec précision la possibilité pour chaque juré, de plusieurs chances inégalement probables de ne pas se tromper, en concevant que la liste sur laquelle chaque juré doit être pris, soit divisée en un nombre ν de classes de personnes, telles que toutes les personnes d'une même classe aient une même chance de ne pas se tromper : pour la liste sur laquelle le premier juré doit être pris, soient x_i cette chance correspondante à l'une des classes, et X_i le rapport du du nombre de personnes de cette classe au nombre de celles qui sont portées sur la liste entière; la chance que ce juré ne se trompera pas, sera x_i s'il appartient à cette classe, et X_i sera la probabilité que cela aura lieu, c'est-à-dire la probabilité de cette chance x_i. Si le second juré doit être pris sur une autre liste, et que $x'_{i'}$ soit la chance de ne pas se tromper, pour les personnes de l'une des classes de cette liste, et $X'_{i'}$ le rapport de leur nombre à celui des personnes portées sur la liste entière, $x'_{i'}$ sera la chance que le second juré ne se trompera pas s'il appartient à cette classe, et $X'_{i'}$ la probabilité qu'il en fera partie, ou la probabilité de cette chance $x'_{i'}$; et ainsi de suite, pour tous les autres jurés. Les jurés, d'une session de cour d'assises, étant pris au hasard sur une même liste, formée de toutes les personnes qui peuvent être jurés dans le ressort de cette cour, il s'ensuit qu'avant le tirage au sort, les chances moyennes u, u', u'', etc., sont égales entre elles. Leur valeur commune peut d'ailleurs n'être pas la même dans les ressorts des différentes cours; et cela étant, s'il y avait des affaires où le jury dût être composé d'un juré pris dans une partie déterminée du royaume, un second dans une autre partie, etc., ce serait le cas où les moyennes u, u', u'', etc., pourraient être différentes. Mais, dans tous les cas, on ne doit pas confondre ces chances moyennes qui ont lieu avant le tirage des jurés, avec les chances de ne pas se tromper, propres aux jurés que le sort aura désignés, quand le tirage sera effectué; nous reviendrons tout à l'heure sur cette distinction essentielle.

(123). Si le nombre ν des chances possibles x_1, x_2, x_3, etc., est infini, la probabilité de chacune d'elles sera infiniment petite. Soit alors Xdx la probabilité que la chance de ne pas se tromper, pour un juré pris au hasard sur une liste donnée, sera égale à x; soit aussi u la moyenne de toutes les chances possibles, en ayant égard à leurs probabilités respectives; la somme qui doit être égale à l'unité, et celle qui doit former la valeur de u, d'après ce qui précède, se changeront en des intégrales définies, prises depuis $x=0$ jusqu'à $x=1$; en sorte que l'on aura

$$\int_0^1 \mathrm{X}dx = 1, \qquad \int_0^1 x\mathrm{X}dx = u.$$

La quantité positive X pourra être une fonction continue ou discontinue de x, entièrement arbitraire, pourvu qu'elle satisfasse à la première de ces équations : pour chaque expression donnée de X, il y aura une valeur numérique de u, tout-à-fait déterminée ; mais à chaque valeur donnée de u, correspondront une infinité d'expressions différentes de X, ou de lois différentes de probabilités.

Lorsque toutes les valeurs de x, depuis zéro jusqu'à l'unité, seront également possibles, la quantité X sera indépendante de x, et devra être l'unité pour satisfaire à la première des deux équations précédentes ; en vertu de la seconde, on aura alors $u = \frac{1}{2}$. Si cette quantité X est croissante depuis $x = 0$ jusqu'à $x = 1$, de manière que la chance qu'un juré ne se trompera pas, soit elle-même d'autant plus probable qu'elle approchera davantage de la certitude ; si, de plus, X croît uniformément, on fera

$$\mathrm{X} = \alpha x + \mathcal{C};$$

α et $\mathcal{C}$ étant des constantes positives. On aura alors

$$\int_0^1 \mathrm{X}dx = \frac{1}{2}\alpha + \mathcal{C} = 1;$$

d'où l'on tire

$$\mathcal{C} = 1 - \frac{1}{2}\alpha, \quad \mathrm{X} = 1 - \frac{1}{2}\alpha + \alpha x;$$

ce qui exige que l'on n'ait pas $\alpha > 2$. Il en résultera

$$u = \frac{1}{2} + \frac{1}{12}\alpha;$$

en sorte que la chance moyenne ne pourra par excéder $\frac{2}{3}$, ni être moindre que $\frac{1}{2}$, qui répondent à $\alpha = 2$ et $\alpha = 0$.

Supposons encore que X varie en progression géométrique, pour des accroissements égaux de x ; et prenons

$$\mathrm{X} = \frac{\alpha}{e^{\alpha} - 1} e^{\alpha x};$$

valeur qui satisfait à la condition $\int_0^1 X dx = 1$, quelle que soit la constante α, et dans laquelle e est, à l'ordinaire, la base des logarithmes népériens. Nous aurons

$$u = \frac{1}{1 - e^{-\alpha}} - \frac{1}{\alpha};$$

d'où l'on conclut qu'en faisant croître α depuis $\alpha = -\infty$ jusqu'à $\alpha = \infty$, la chance moyenne u sera susceptible, dans ce cas, de toutes les valeurs possibles, depuis $u = 0$ jusqu'à $u = 1$: pour $\alpha = -\infty$, $\alpha = 0$, $\alpha = \infty$, on aura $u = 0$, $u = \frac{1}{2}$, $u = 1$.

Si les diverses chances de ne pas se tromper doivent être renfermées entre des limites plus étroites que zéro et l'unité; par exemple, si la chance x ne doit pas s'abaisser au-dessous de $\frac{1}{2}$, et, en outre, si au-dessus de $\frac{1}{2}$, toutes ses valeurs doivent être également possibles, on prendra pour X une fonction discontinue, que l'on déterminera de cette manière. Je désigne par ε une quantité positive et de grandeur finie, mais tout-à-fait insensible; soit fx une fonction qui varie très rapidement depuis $x = \frac{1}{2} - \varepsilon$ jusqu'à $x = \frac{1}{2}$, qui s'évanouisse pour toutes les valeurs de x, comprises depuis $x = 0$ jusqu'à $x = \frac{1}{2} - \varepsilon$, et qui ait pour valeur une constante donnée g, depuis $x = \frac{1}{2}$ jusqu'à $x = 1$; cela étant, je fais

$$X = fx.$$

Par la nature de cette fonction fx, on aura

$$\int_0^1 X dx = \frac{1}{2} g + \int_{\frac{1}{2}-\varepsilon}^{\frac{1}{2}} fx dx;$$

à cause de $\int_0^1 X dx = 1$, on aura donc

$$\int_{\frac{1}{2}-\varepsilon}^{\frac{1}{2}} fx dx = 1 - \frac{1}{2} g;$$

ce qui exigera que g ne surpasse pas 2, puisque fx ne peut avoir que des valeurs positives. Dans l'intégrale $\int_{\frac{1}{2}-\epsilon}^{\frac{1}{2}} xfxdx$, on pourra, en-dehors de fx, regarder x comme une constante égale à $\frac{1}{2}$; on aura donc aussi

$$\int_{\frac{1}{2}-\epsilon}^{\frac{1}{2}} xfxdx = \tfrac{1}{2} - \tfrac{1}{4}g;$$

et en observant qu'on a

$$\int_0^1 xfxdx = \int_0^{\frac{1}{2}-\epsilon} xfxdx + \int_{\frac{1}{2}-\epsilon}^{\frac{1}{2}} xfxdx + \int_{\frac{1}{2}}^1 xfxdx,$$

on en conclura

$$\int_0^1 xfxdx = \tfrac{1}{2} - \tfrac{1}{4}g + \tfrac{1}{2}g - \tfrac{1}{8},$$

ou bien, en réduisant,

$$u = \tfrac{1}{2} + \tfrac{1}{8}g.$$

Par conséquent, dans ce cas, la chance moyenne ne pourra pas excéder $u = \frac{3}{4}$, qui répond à $g = 2$, ni être moindre que $u = \frac{1}{2}$, qui répond à $g = 0$.

On pourrait faire ainsi une infinité d'hypothèses différentes sur la forme de la fonction X. Si l'une d'elles était certaine, la valeur correspondante de la chance moyenne u le serait aussi; si, au contraire, elles sont toutes possibles, leurs probabilités respectives seront infiniment petites, et il en sera de même à l'égard des diverses valeurs de la chance moyenne qui résulteront de ces hypothèses. Le dernier cas aura lieu, lorsque les valeurs différentes dont est susceptible la chance qu'un juré ne se trompera pas, nous seront inconnues, et que nous ne connaîtrons même pas la loi de leurs probabilités, de sorte que nous puissions faire sur cette loi toutes les suppositions possibles, qui donneront à la chance moyenne des valeurs inégalement probables. Alors en représentant par φudu la probabilité infiniment petite que cette chance sera égale à u précisément, φu sera une fonction continue ou discontinue, telle que l'on ait $\int_0^1 \varphi u du = 1$, et susceptible des mêmes remarques que l'on vient de faire relativement à X.

(124). Les formules précédentes donneraient les solutions complètes de toutes les questions relatives à l'objet de ce chapitre, si avant le jugement, la probabilité k de la culpabilité était connue, et que l'on connût aussi, pour chaque juré et dans chaque affaire, la probabilité qu'il ne se trompera pas; ou bien, si cette chance de ne pas se tromper a plusieurs valeurs possibles, il faudrait que toutes ces valeurs fussent données, ainsi que leurs probabilités respectives; ou bien encore, quand ces valeurs sont en nombre infini et ont chacune une probabilité infiniment petite, il serait nécessaire que nous connussions la fonction qui exprime la loi de leurs probabilités. Mais aucun de ces éléments indispensables ne nous est donné *à priori*. Avant que l'accusé paraisse devant le jury, sa mise en accusation et la procédure qui l'a déterminée, rendent sans doute sa culpabilité plus probable que son innocence; il y a donc lieu de croire que k surpasse $\frac{1}{2}$, mais de combien? Nous ne pouvons aucunement le savoir d'avance. Cela dépend de l'habileté et de la sévérité des magistrats chargés de l'instruction préliminaire, et peut varier dans les différents genres d'affaires. Nous ne pouvons pas non plus connaître, soit avant le tirage au sort sur la liste des citoyens qui peuvent être jurés, soit après ce tirage, la chance qu'un juré ne se trompera pas : elle dépend, pour chaque juré, de ses lumières, de l'opportunité qu'il attache à la répression de telle ou telle sorte de crimes, de la pitié que lui inspire l'âge ou le sexe de l'accusé, etc.; toutes circonstances qui nous sont inconnues, et dont nous ne pourrions pas d'ailleurs évaluer en nombres, l'influence sur les votes des jurés. Il est donc nécessaire, pour qu'on puisse faire usage des formules précédentes, d'en éliminer les éléments inconnus qu'elles renferment; c'est ce qui va maintenant nous occuper.

(125). Considérons le cas où la chance de ne pas se tromper est égale pour tous les jurés. On suppose qu'elle soit inconnue avant le jugement, et susceptible de toutes les valeurs possibles depuis zéro jusqu'à l'unité, et l'on représente par $\varphi u du$ la probabilité infiniment petite d'une valeur u de cette chance. Si cette valeur était certaine, c'est-à-dire si la chance de ne pas se tromper était certainement u pour chaque juré, la probabilité que l'accusé coupable ou innocent serait condamné par $n - i$ voix et absous par les i autres voix, aurait pour expression la formule (4); n étant le nombre total des jurés, et k la probabilité, avant le jugement, de la culpabilité de l'accusé. Par conséquent, la probabilité de ce partage de voix sera réellement égale à cette formule multipliée par $\varphi u du$; et quand ce partage aura eu lieu effectivement, la probabilité que la chance de ne pas se tromper, commune à tous les jurés, a été u, sera le produit de la formule (4) et de $\varphi u du$, divisé par la somme des valeurs de ce même produit qui répondent à toutes celles de u, depuis $u = 0$, jusqu'à $u = 1$ (n° 43); de sorte qu'en désignant par $\omega_i du$ cette probabilité infiniment petite, nous aurons

$$\omega_i = \frac{[ku^{n-i}(1-u)^i + (1-k)u^i(1-u)^{n-i}]\varphi u}{\int_0^1 [ku^{n-i}(1-u)^i + (1-k)u^i(1-u)^{n-i}]\varphi u du},$$

en supprimant le facteur N_i de la formule (4), indépendant de u et qui serait commun au numérateur et au dénominateur de ω_i. Si l'on représente par λ_i la probabilité que la chance u de ne pas se tromper a été comprise entre des limites données l et l', cette quantité sera l'intégrale de $\omega_i du$, prise depuis $u = l$ jusqu'à $u = l'$; on aura donc

$$\lambda_i = \frac{k\int_l^{l'} u^{n-i}(1-u)^i \varphi u du + (1-k)\int_l^{l'} u^i(1-u)^{n-i}\varphi u du}{k\int_0^1 u^{n-i}(1-u)^i \varphi u du + (1-k)\int_0^1 u^i(1-u)^{n-i}\varphi u du}. \qquad (12)$$

Dans le cas de n pair et d'un partage égal des voix, on a $n = 2i$, et, par conséquent,

$$\lambda_i = \frac{\int_l^{l'} u^i(1-u)^i \varphi u du}{\int_0^1 u^i(1-u)^i \varphi u du};$$

en sorte que la probabilité λ_i est alors indépendante de k, dont elle dépend, en général, quand les voix sont inégalement partagées. Lorsque deux valeurs quelconques de u également éloignées des extrêmes zéro et l'unité, ou de la moyenne $u = \frac{1}{2}$, sont également probables, de sorte qu'on ait $\varphi(1-u)=\varphi u$, il en résulte

$$\int_0^1 u^{n-i}(1-u)^i\varphi u du=\int_0^1 u^i(1-u)^{n-i}\varphi u du.$$

Si l'on a, de plus, $l<\frac{1}{2}$ et $l'=1-l$, on aura aussi

$$\int_l^{l'} u^{n-i}(1-u)^i\varphi u du=\int_l^{l'} u^i(1-u)^{n-i}\varphi u du;$$

la formule (12) deviendra donc

$$\lambda_i=\frac{\int_l^{1-l} u^{n-i}(1-u)^i\varphi u du}{\int_0^1 u^{n-i}(1-u)^i\varphi u du},$$

et sera encore indépendante de k, quels que soient les nombres $n-i$ et i suivant lesquels la totalité des voix se sera divisée.

En faisant $l=\frac{1}{2}$ et $l'=1$, dans la formule (12), et en désignant par λ'_i ce qu'elle devient, il en résulte

$$\lambda'_i=\frac{k\int_{\frac{1}{2}}^1 u^{n-i}(1-u)^i\varphi u du+(1-k)\int_{\frac{1}{2}}^1 u^i(1-u)^{n-i}\varphi u du}{k\int_0^1 u^{n-i}(1-u)^i\varphi u du+(1-k)\int_0^1 u^i(1-u)^{n-i}\varphi u du},$$

pour la probabilité que la chance u est comprise entre $\frac{1}{2}$ et 1, ou surpasse $\frac{1}{2}$. Si l'on fait de même $l=0$ et $l'=\frac{1}{2}$, et qu'on représente par λ''_i ce que devient la formule (12), on aura

$$\lambda''_i=\frac{k\int_0^{\frac{1}{2}} u^{n-i}(1-u)^i\varphi u du+(1-k)\int_0^{\frac{1}{2}} u^i(1-u)^{n-i}\varphi u du}{k\int_0^1 u^{n-i}(1-u)^i\varphi u du+(1-k)\int_0^1 u^i(1-u)^{n-i}\varphi u du},$$

pour la probabilité que u soit moindre que $\frac{1}{2}$. Or, la probabilité qu'on a précisément $u=\frac{1}{2}$ étant infiniment petite, la somme de ces deux quantités λ'_i et λ''_i doit être l'unité; ce qu'on vérifiera immédiatement en observant que leurs dénominateurs sont égaux, que la somme des intégrales multipliés par k à leurs numérateurs, est égale à l'intégrale multipliée par k au dénominateur, et qu'il en est de même à l'égard des intégrales multipliées par $1-k$.

(126) La probabilité que la chance de ne pas se tromper pour chaque juré a été égale à u dans un jugement où $n - i$ jurés ont condamné l'accusé et les i autres l'ont absous, étant exprimé par $\omega_i du$, et la probabilité que l'accusé soit coupable après le jugement, étant la quantité p_i du n° 119, si cette chance était certainement u; il suit des règles des n°s 5 et 10, que la probabilité de la culpabilité aura pour valeur complète l'intégrale du produit $p_i \omega_i du$, prise depuis $u = 0$ jusqu'à $u = 1$. Donc, en la désignant par ζ_i, et ayant égard aux expressions de ω_i et de p_i, nous aurons

$$\zeta_i = \frac{k\int_0^1 u^{n-i}(1-u)^i \varphi u du}{k\int_0^1 u^{n-i}(1-u)^i \varphi u du + (1-k)\int_0^1 u^i (1-u)^{n-i} \varphi u du}. \quad (13)$$

Cette probabilité ζ_i sera zéro ou l'unité en même temps que k. En mettant son expression sous la forme

$$\zeta_i = k + \frac{k(1-k)\left[\int_0^1 u^{n-i}(1-u)^i \varphi u du - \int_0^1 u^i (1-u)^{n-i} \varphi u du\right]}{k\int_0^1 u^{n-i}(1-u)^i \varphi u du + (1-k)\int_0^1 u^i (1-u)^{n-i} \varphi u du},$$

on voit que pour toute autre valeur de k, la probabilité que l'accusé est coupable, après le jugement, sera plus grande ou plus petite qu'auparavant, selon que la première des deux intégrales $\int_0^1 u^{n-i}(1-u)^i \varphi u du$ et $\int_0^1 u^i(1-u)^{n-i} \varphi u du$ sera plus grande ou plus petite que la seconde : quand elles seront égales, ce qui aura toujours lieu dans le cas de $n = 2i$ et dans celui de $\varphi(1-u) = \varphi u$, on aura $\zeta_i = k$; et, en effet, la probabilité que l'accusé est coupable ne peut être aucunement changée par un jugement dans lequel les voix se sont partagées également, non plus que par un jugement dans lequel les valeurs u et $1-u$, ou $\frac{1}{2} \pm \frac{1}{2}(1-2u)$, de la chance de ne pas se tromper, sont supposées également probables.

Dans tout autre cas, ζ_i ne dépendra pas seulement, comme p_i, de la majorité m ou $n - 2i$ à laquelle le jugement a été prononcé, et de la quantité k; la valeur de ζ_i dépendra aussi du nombre total n des jurés et de la loi de probabilité des chances de pas se tromper, exprimée par la fonction φu.

Ainsi, par exemple, si une condamnation est prononcée à une seule voix de majorité, par un jury composé de 201 jurés; ou bien, si l'accusé est condamné, dans un autre cas, par un seul juré, et qu'on soit certain que la chance de ne pas se tromper a été égale pour ce juré unique et pour chacun des 201 autres jurés, la bonté du jugement aura exactement la même probabilité dans les deux cas : seulement, dans le premier cas, si cette chance diffère notablement de $\frac{1}{2}$, l'événement observé sera un fait extraordinaire, ou dont la probabilité sera très faible, et qui arrivera très rarement; et si cette chance de ne pas se tromper est égale à $\frac{1}{2}$, la probabilité de ce premier cas sera un peu au-dessus de un neuvième, d'après l'expression de ϖ_i du n° 119. Mais si la chance que chaque juré ne se trompera point, ne nous est pas connue avant le jugement, et que nous la déduisions du jugement même qui a été prononcé, la culpabilité de l'accusé est beaucoup moins probable, lorsqu'il est condamné par 101 jurés et absous par 100 autres, que s'il n'y avait qu'un seul juré par lequel il eût aussi été condamné; non pas que le jugement de 101 personnes contre 100, soit moins bon en lui-même que celui d'une seule personne; mais parce que le partage de 201 voix en deux nombres qui ne diffèrent que d'une unité, rend très probable que la chance de ne pas se tromper a été peu différente de $\frac{1}{2}$, sans doute à raison de la difficulté que l'affaire présentait.

(127). Afin de se former une idée précise de la signification qu'on doit attacher aux formules (12) et (13), il faut supposer une personne qui ait, avant le jugement du jury, une certaine raison de croire l'accusé coupable, exprimée par la probabilité k; qui ne connaisse aucun des n jurés, ni l'affaire qu'ils ont eu à juger; et qui sache seulement qu'on les a pris au hasard sur la liste générale. Pour cette personne, la probabilité qu'un juré ne s'est pas trompé dans son vote, est égale pour tous les jurés (n° 122), mais inconnue; avant le jugement elle peut supposer à cette inconnue u, toutes les valeurs possibles depuis $u=0$ jusqu'à $u=1$: par des considérations quelconques que nous n'examinons point ici, la probabilité infiniment petite que la personne attribue à la variable u est exprimée par $\varphi u du$; et φu est une fonction donnée qui doit satisfaire à la condition $\int_0^1 \varphi u du = 1$, puisque la valeur de u est certainement contenue entre les limites de cette intégrale : après que le jugement est prononcé, et la personne sachant que l'accusé a été absous par i voix et condamné par les $n-i$ autres, cette connaissance est une nouvelle donnée d'après laquelle il y a, pour cette personne, la probabilité λ_i que la chance u de ne pas se tromper a été, dans ce jugement, comprise entre les limites l et l' pour tous les jurés. La raison de croire à la culpabilité de l'accusé a aussi augmenté ou diminué : la probabilité k qui l'exprimait avant le jugement est devenue ζ_i après qu'il est rendu; elle serait différente pour une autre personne qui aurait d'autres données sur la question, et l'on ne doit pas la confondre avec la chance même de la culpabilité. Celle-ci dépend de k, et de la chance de ne pas se tromper, propre à chacun des jurés qui ont concouru au jugement, différente pour les différents jurés, d'après leurs divers degrés de capacité et la nature de l'affaire soumise à leurs décisions. Si les valeurs numériques u, u', u'', etc., de cette chance, nous étaient données pour tous les jurés, ainsi que la valeur de k, la chance véritable de la culpabilité de l'accusé après le jugement, se calculerait par les règles du n° 116, étendues au cas de n jurés; mais l'impossibilité de connaître ces valeurs *à priori*, rend également impossible l'application de ces règles.

Si l'on sait seulement que l'accusé a été condamné à la majorité d'au moins m ou $n-2i$ voix, de sorte qu'elle ait pu être de $m+2$, $m+4, \ldots$ voix, jusqu'à l'unanimité; et si l'on représente, dans ce cas, par Y_i la probabilité que la chance de ne pas se tromper, commune à tous les jurés, a été comprise entre les limites l' et l, et par Z_i la probabilité que le condamné soit coupable, on obtiendra les expressions de Y_i et Z_i par le même raisonnement que celles de λ_i et ζ_i, mais en faisant usage des valeurs de c_i et P_i (n°s 118 et 120), au lieu d'employer, comme nous l'avons fait pour parvenir aux formules (12) et (13), les valeurs de γ_i et p_i. De cette manière, on aura

$$\left.\begin{aligned} Y_i &= \frac{k\int_0^1 U_i\varphi u du + (1-k)\int_l^{l'} V_i\varphi u du}{k\int_0^1 U_i\varphi u du + (1-k)\int_0^1 V_i\varphi u du}, \\ Z &= \frac{k\int_0^1 U_i\varphi u du}{k\int_0^1 U_i\varphi u du + (1-k)\int_0^1 V_i\varphi u du} \end{aligned}\right\} \quad (14)$$

On pourrait généraliser ces expressions, ainsi que les formules (12) et (13), et les étendre au cas où l'on saurait qu'une partie n' des n jurés a été prise au hasard sur une première liste, une autre partie n'' sur une autre liste, etc.; et où l'on supposerait que pour la première liste, une valeur u' de la chance moyenne de ne pas se tromper a une probabilité $\varphi'u'du'$; que pour la seconde liste, $\varphi''u''du''$ est la probabilité d'une valeur u'' de cette chance moyenne; et ainsi de suite. Mais cette extension ne présentant ni difficulté, ni application utile, nous nous dispenserons d'écrire les formules compliquées auxquelles elle donnerait lieu.

(128). Quand i et $n-i$ seront de très grands nombres, il faudra avoir recours à la méthode du n° 67 pour calculer les valeurs approchées des intégrales contenues dans les formules (12), (13), (14). Je considérerai d'abord celles que renferment les formules (12) et (13).

Depuis $u=0$ jusqu'à $u=1$, le produit $u^{n-i}(1-u)^i$ n'a qu'un seul *maximum;* je représenterai par $\mathfrak{C}$ sa valeur, et par α celle de u à laquelle il répond; on aura

$$\alpha=\frac{n-i}{n}, \quad \mathfrak{C}=\frac{i^i(n-i)^{n-i}}{n^n}.$$

Je fais ensuite

$$u^{n-i}(1-u)^i=\mathfrak{C}e^{-x^2},$$

ou bien, en passant aux logarithmes

$$x^2=\log\mathfrak{C}-(n-i)\log u-i\log(1-u).$$

La variable x croîtra continuellement depuis $x=-\infty$ jusqu'à $x=\infty$; les valeurs $x=-\infty$, $x=0$, $x=\infty$, répondront à $u=0$, $u=\alpha$, $u=1$; et les limites de l'intégrale relative à x seront $\pm\infty$, quand celles qui se rapportaient à u étaient zéro et l'unité. En général, si l'on appelle λ et λ' les limites relatives à x, correspondantes à des limites l et l' relatives à u, on aura

$$\lambda=\pm\sqrt{(n-i)\log\frac{n-i}{ln}+i\log\frac{i}{(1-l)n}},$$
$$\lambda'=\pm\sqrt{(n-i)\log\frac{n-i}{l'n}+i\log\frac{i}{(1-l')n}},$$

d'après les valeurs précédentes de β et de x^2. Lorsque l et l' surpasseront α, les valeurs de λ et λ' devant alors être positives, on prendra les signes supérieurs devant les radicaux; on prendra les signes inférieurs, quand l et l' seront moindres que α; et quand on aura $l < \alpha$ et $l' > \alpha$, on prendra le signe supérieur devant le second radical et le signe inférieur devant le premier, afin que la valeur de λ soit négative et que celle de λ' soit positive.

Pour exprimer u en série ordonnée suivant les puissances de x, soient γ, γ', γ'', etc., des coefficients constants, et faisons

$$u = \alpha + \gamma x + \gamma' x^2 + \gamma'' x^3 + \text{etc.};$$

en ayant égard aux valeurs de α, β, x^2, il en résultera

$$x^2 = \frac{n^3}{2i(n-i)}(\gamma x + \gamma' x^2 + \gamma'' x^3 + \text{etc.})^2$$
$$+ \frac{n^4(n-2i)}{3i^2(n-i)^2}(\gamma x + \gamma' x^2 + \gamma'' x^3 + \text{etc.})^3 + \text{etc.};$$

en égalant les coefficients des mêmes puissances de x dans les deux membres de cette équation, on en déduira les valeurs de γ, γ', γ'', etc., au moyen desquelles, on aura

$$u = \alpha + x\sqrt{\frac{2i(n-i)}{n^3}} - \frac{2x^2(n-2i)}{3n^2} + \text{etc.},$$

et, en même temps,

$$du = \sqrt{\frac{2i(n-i)}{n^3}}\,dx - \frac{4x(n-2i)}{3n^2} + \text{etc.}$$

Si la fonction φu ne décroît pas très rapidement de part ou d'autre de la valeur particulière α de u, on pourra, après y avoir substitué cette valeur de u en série, développer aussi φu suivant les puissances de $u-\alpha$, et par suite, suivant les puissances de x; on aura, de cette manière,

$$\varphi u = \varphi\alpha + \left[x\sqrt{\frac{2i(n-i)}{n^3}} - \text{etc.}\right]\frac{d\varphi\alpha}{d\alpha} + \frac{1}{2}\left[x\sqrt{\frac{2i(n-i)}{n^3}} - \text{etc.}\right]^2\frac{d^2\varphi\alpha}{d\alpha^2} + \text{etc}$$

Au moyen de ces diverses valeurs, l'expression en série de

$\int_0^1 u^{n-i}(1-u)^i\varphi u du$ renfermera les intégrales prises depuis $x=-\infty$ jusqu'à $x=\infty$, de la différentielle $e^{-x^2}dx$ multipliée par des puissances paires ou impaires de x; les intégrales relatives aux puissances paires auront des valeurs connues, les autres s'évanouiront; et les nombres i et $n-i$ étant du même ordre de grandeur que n, la série dont il s'agit se trouvera ordonnée suivant des quantités de l'ordre de petitesse de $\frac{1}{\sqrt{n}}$, $\frac{1}{n\sqrt{n}}$, $\frac{1}{n^2\sqrt{n}}$, etc. En nous arrêtant à son premier terme, et observant que l'intégrale $\int_{-\infty}^{\infty} e^{-x^2}dx$ est égale à $\sqrt{\pi}$, nous aurons,

$$\int_0^1 u^{n-i}(1-u)^i\varphi u du = \frac{i^i(n-i)^{n-i}\sqrt{2\pi i(n-i)}}{n^{n+1}\sqrt{n}}\varphi\left(\frac{n-i}{n}\right);$$

d'où l'on conclut aussi

$$\int_0^1 u^i(1-u)^{n-i}\varphi u du = \frac{i^i(n-i)^{n-i}\sqrt{2\pi i(n-i)}}{n^{n+1}\sqrt{n}}\varphi\left(\frac{i}{n}\right),$$

par la permutation des nombres i et $n-i$.

Si l'on désigne par δ une quantité positive et très petite par rapport à $\sqrt{n}$; que l'on fasse

$$l = \frac{n-i}{n} - \delta\sqrt{\frac{2i(n-i)}{n^3}}, \quad l' = \frac{n-i}{n} + \delta\sqrt{\frac{2i(n-i)}{n^3}};$$

et qu'on développe en séries les logarithmes contenus dans les expressions de λ et λ', on trouvera $\lambda=-\delta$ et $\lambda'=\delta$, en négligeant les termes de l'ordre de petitesse de $\frac{1}{\sqrt{n}}$. D'après cela, on aura

$$\int_l^{l'} u^{n-i}(1-u)^i\varphi u du = \frac{i^i(n-i)^{n-i}\sqrt{2i(n-i)}}{n^{n+1}\sqrt{n}}\varphi\left(\frac{n-i}{n}\right)\int_{-\delta}^{\delta} e^{-x^2}dx,$$

aux quantités près de l'ordre de $\frac{1}{n}$. A mesure que δ augmentera, cette intégrale relative à x s'approchera d'être égale à $\sqrt{\pi}$; pour qu'elle en diffère très peu, il suffira que δ soit un nombre tel que 2 ou 3.

Pour des limites l ou l' qui seront toutes deux notablement plus grandes ou plus petites que $\frac{n-i}{n}$, l'intégrale relative à u serait sensiblement nulle.

En désignant par ε une quantité positive et très petite par rapport à $\sqrt{n}$, et faisant

$$l = \frac{i}{n} - \varepsilon\sqrt{\frac{2i(n-i)}{n^3}}, \qquad l' = \frac{i}{n} + \varepsilon\sqrt{\frac{2i(n-i)}{n^3}},$$

nous aurons de même

$$\int_l^{l'} u^i(1-u)^{n-i}\varphi u du = \frac{i^i(n-i)^{n-i}\sqrt{2i(n-i)}}{n^{n+1}\sqrt{n}}\,\varphi\left(\frac{i}{n}\right)\int_{-\varepsilon}^{\varepsilon} e^{-x^2}dx.$$

Pour des limites l et l', toutes deux notablement plus grandes ou plus petites que $\frac{i}{n}$, la valeur de cette intégrale relative à u serait sensiblement zéro.

Si les fractions $\frac{n-i}{n}$ et $\frac{i}{n}$ diffèrent notablement l'une de l'autre, les premières des valeurs précédentes de l et l', différeront de même de la valeur $\frac{i}{n}$ de u qui répond au *maximum* de $u^i(1-u)^{n-i}$, ce qui rendra sensiblement nulle l'intégrale $\int_l^{l'} u^i(1-u)^{n-i}\varphi u du$ correspondante à ces limites, et, en même temps, les dernières de ces valeurs de l et l' différeront aussi notablement de la valeur $\frac{n-i}{n}$ de u relative au *maximum* de $u^{n-i}(1-u)^i$, ce qui rendra aussi à très peu près zéro l'intégrale $\int_l^{l'} u^{n-i}(1-u)^i\varphi u du$, qui répond aux autres limites.

(129). En substituant dans la formule (13) les valeurs approchées des intégrales qu'elle contient, et supprimant les facteurs communs au numérateur et au dénominateur, il vient

$$\zeta_i = \frac{k\varphi\left(\frac{n-i}{n}\right)}{k\varphi\left(\frac{n-i}{n}\right) + (1-k)\varphi\left(\frac{i}{n}\right)},$$

pour la probabilité qu'un accusé est coupable, quand il est condamné à la majorité de m ou $n-2i$ voix, par un jury composé d'un très grand nombre n de jurés. On voit qu'elle dépend du rapport de i à n, ou, si l'on veut du rapport de $n-i$ à i, et non pas de la différence de ces nombres, comme la probabilité p_i qui a lieu dans le cas où la chance u de ne pas se tromper est donnée *à priori* (n° 119). Par exemple, si l'accusé est condamné par 1000 voix et absous par 500 voix, dans un jury composé de 1500 jurés, ou bien s'il est condamné par 100 voix et acquitté par les 50 autres, quand il y a 150 jurés, la probabilité ζ_i est la même et la probabilité p_i très différente dans ces deux cas. Au contraire, le second jury et sa décision restant les mêmes, si le premier jury était composé de 1050 jurés, dont 550 eussent condamné l'accusé et 500 l'eussent absous, ce serait p_i qui ne changerait pas et ζ_i qui pourrait beaucoup changer.

L'accusé étant condamné, $\frac{n-i}{n}$ surpasse $\frac{1}{2}$ et $\frac{i}{n}$ est moindre; or, si l'on suppose qu'au-dessous de $u=\frac{1}{2}$, la fonction φu soit sensiblement nulle, c'est-à-dire si l'on regarde comme tout-à-fait invraisemblable, une chance moyenne de ne pas se tromper, qui tomberait au-dessous de $\frac{1}{2}$, ou serait moindre que celle de se tromper; et si, de plus, la fraction k n'est pas très approchante de zéro, on pourra négliger le second terme du dénominateur de ζ_i par rapport au premier; d'où il résultera $\zeta_i = 1$, ou, du moins, une probabilité ζ_i très approchante de la certitude.

Au moyen des valeurs approchées des intégrales contenues dans la formule (12), et en supposant que les fractions $\frac{n-i}{n}$ et $\frac{i}{n}$ ne soient pas très peu différentes l'une de l'autre, on aura

$$\lambda_i = \frac{\frac{1}{\sqrt{\pi}} k\varphi\left(\frac{n-i}{n}\right)\int_{-\delta}^{\delta} e^{-x^2}dx}{k\varphi\left(\frac{n-i}{n}\right) + (1-k)\,\varphi\left(\frac{i}{n}\right)},$$

pour la probabilité que dans le jugement rendu contre l'accusé, la chance u de ne pas se tromper, commune à tous les jurés, a été comprise entre les limites

$$\frac{n-i}{n} \mp \delta \sqrt{\frac{2i(n-i)}{n^3}}.$$

Dans la même hypothèse, qui rend nulle une des deux intégrales que renferme le numérateur de la formule (12), on aura

$$\lambda_1 = \frac{\frac{1}{\sqrt{\pi}} k \varphi\left(\frac{i}{n}\right) \int_{-\epsilon}^{\epsilon} e^{-x^2} dx}{k\varphi\left(\frac{n-i}{n}\right) + (1-k)\varphi\left(\frac{i}{n}\right)},$$

pour la probabilité que cette chance a été renfermée entre les limites

$$\frac{i}{n} \mp \epsilon \sqrt{\frac{2i(n-i)}{n^3}}.$$

On peut donner à δ et ϵ, des valeurs assez grandes sans être très considérables, pour que les intégrales relatives à x diffèrent très peu de $\sqrt{\pi}$; alors la somme de ces deux valeurs de λ_1 différera aussi très peu de l'unité; et il sera à très peu près certain que la chance moyenne u a été comprise, soit entre les premières limites, qui s'écartent peu de la fraction $\frac{n-i}{n}$ supérieure à $\frac{1}{2}$, soit entre les dernières, qui s'écartent peu de la fraction $\frac{i}{n}$ moindre que $\frac{1}{2}$. Si l'on suppose $\varphi\left(\frac{i}{n}\right)$ insensible ou négligeable par rapport à $\varphi\left(\frac{n-i}{n}\right)$, le second cas sera exclu, et l'on pourra regarder comme à peu près certain que la valeur de u s'est très peu écartée du rapport $\frac{n-i}{n}$, ou, autrement dit, que les chances u et $1-u$ de ne pas se tromper et de se tromper, ont été entre elles comme les nombres $n-i$ et i des voix de condamnation et d'acquittement.

Il semblerait, d'après cela, que la probabilité ζ_1 au lieu de se réduire sensiblement à l'unité, devrait différer très peu de la valeur de p_1 relative à $u = \frac{n-i}{n}$. Mais il faut remarquer que la probabilité p_1 répondant au cas où la chance u n'a certainement qu'une seule valeur possible; pour faire rentrer ce cas dans celui auquel répond l'expression de ζ_1, il faudrait supposer que φu n'a de valeurs autres que zéro, que dans une étendue infiniment petite de part et d'autre de la valeur possible de u, et qu'elle décroît très rapidement près de cette valeur; or, l'analyse du numéro précédent suppose essentiellement, comme on l'a vu, que φu ne varie point ainsi de part ou d'autre de la valeur $\frac{n-i}{n}$ de u; par conséquent l'expression de ζ_i, déduite de cette analyse, n'est point applicable au cas auquel répond l'expression de p_i du n° 119. On peut d'ailleurs observer que celle-ci est comprise dans la formule (13). En effet, si l'on représente, en général, par ν la seule valeur possible de u, et par η un infiniment petit positif; et si l'on prend pour φu une fonction qui soit nulle pour toutes les valeurs de u, non comprises entre $\nu \mp \eta$, les limites des intégrales que contient la formule (13) se réduiront à $\nu \mp \eta$; dans leur étendue, les facteurs $u^{n-i}(1-u)^i$ et $u^i(1-u)^{n-i}$ seront constants; en les faisant sortir hors des signes $\int$, et supprimant ensuite l'intégrale $\int_{\nu-\eta}^{\nu+\eta} \varphi u du$ qui se trouvera facteur commun au numérateur et au dénominateur de la formule (13), elle coïncidera avec la formule (7) appliquée à $u=\nu$.

Si les deux fractions $\frac{n-i}{n}$ et $\frac{i}{n}$ ne différaient pas sensiblement l'une de l'autre, et que l'on prît $\epsilon=\delta$, les valeurs précédentes de λ_i se rapporteraient aux mêmes limites de la chance u; mais leur valeur commune différerait des précédentes, et serait indépendante de k et égale à $\frac{1}{\sqrt{\pi}}\int_{-\delta}^{\delta} e^{-x^2}dx$, parce que, dans ce cas particulier, les deux intégrales contenues au numérateur de la formule (12) sont sensiblement égales, ainsi que celles qui se trouvent à son dénominateur.

(130). Pour déterminer les valeurs approchées des intégrales que renferment les formules (14), il faudra exprimer celles de U_i et V_i au moyen des formules (11).

La première de celles-ci ayant lieu quand $\frac{1-u}{u}$ surpasse $\frac{i}{n+1-i}$, et la seconde dans le cas contraire, il s'ensuit que la première subsistera depuis $u=0$ jusqu'à $u=\alpha$, et la seconde depuis $u=\alpha$ jusqu'à $u=1$, en prenant n pour $n+1$ et faisant $\frac{n-i}{n}=\alpha$. D'après l'équation qui détermine la quantité θ contenue dans ces formules (11), on aura

$$u^{n-i}(1-u)^i = \frac{i^i(n-i)^{n-i}}{n^n}e^{-\theta^2};$$

c'est-à-dire la même équation qu'on avait tout-à-l'heure entre u et x, et de laquelle on tirera

$$u = \alpha + \theta\sqrt{\frac{2i(n-i)}{n^3}} - \frac{2\theta^2(n-2i)}{3n^2} + \text{etc.}$$

Mais θ devant toujours être une quantité positive (nº 121), ses valeurs seront $\theta = \infty$, $\theta = 0$, $\theta = \infty$, pour $u = 0$, $u = \alpha$, $u = 1$: la variable u croissant depuis $u = 0$ jusqu'à $u = \alpha$, la variable θ décroîtra depuis $\theta = \infty$ jusqu'à $\theta = 0$; et u croissant de nouveau depuis $u = \alpha$ jusqu'à $u = 1$, cette même variable θ croîtra depuis $\theta = 0$ jusqu'à $\theta = \infty$.

Cela posé, nous aurons, d'après les formules (11),

$$\int_0^\alpha U_i\varphi u du = \frac{1}{\sqrt{\pi}}\int_\infty^0\left(\int_\theta^\infty e^{-x^2}dx\right)\varphi u\frac{du}{d\theta}d\theta + \frac{(n+i)\sqrt{2}}{3\sqrt{\pi ni(n-i)}}\int_\infty^0 e^{-\theta^2}\varphi u\frac{du}{d\theta}d\theta,$$

$$\int_\alpha^1 U_i\varphi u du = \int_\alpha^1\varphi u du - \frac{1}{\sqrt{\pi}}\int_0^\infty\left(\int_\theta^\infty e^{-x^2}dx\right)\varphi u\frac{du}{d\theta}d\theta + \frac{(n+i)\sqrt{2}}{3\sqrt{\pi ni(n-i)}}\int_0^\infty e^{-\theta^2}\varphi u\frac{du}{d\theta}$$

On obtiendra, en séries convergentes, les valeurs de ces intégrales, simples et doubles, relatives à θ, en substituant sous les signes $\int$ la série précédente à la place de u, son coefficient différentiel au lieu de $\frac{du}{d\theta}$, et développant aussi φu en série, ce qui suppose que cette fonction ne varie pas très rapidement de part ou d'autre de la valeur particulière α de u. Si l'on néglige les termes de l'ordre de petitesse de $\frac{1}{n}$, on fera simplement

$$u = \alpha + \theta\sqrt{\frac{2i(n-i)}{n^3}},\quad \frac{du}{d\theta} = \sqrt{\frac{2i(n-i)}{n^3}},\quad \varphi u = \varphi\alpha.$$

Le radical $\sqrt{\frac{2i(n-i)}{n^3}}$ sera susceptible du double signe $\pm$; on prendra le signe supérieur dans les intégrales où la variable θ est croissante, et le signe inférieur dans celle où elle est décroissante; en changeant ensuite le signe de ces dernières, et intervertissant l'ordre de leurs limites, nous aurons

$$\int_0^\alpha U_i \varphi u du = \varphi\alpha \sqrt{\frac{2i(n-i)}{\pi n^3}} \int_0^\infty \left(\int_\theta^\infty e^{-x^2} dx\right) d\theta,$$

$$\int_\alpha^1 U_i \varphi u du = \int_\alpha^1 \varphi u du - \varphi\alpha \sqrt{\frac{2i(n-i)}{\pi n^3}} \int_0^\infty \left(\int_\theta^\infty e^{-x^2} dx\right) d\theta;$$

et en ajoutant ces deux formules, il en résultera

$$\int_0^1 U_i \varphi u du = \int_\alpha^1 \varphi u du.$$

En général, si l'on désigne par a et $a_{,}$ deux valeurs de u telles que l'on ait $a < \alpha$ et $a_{,} > \alpha$, et que l'on représente par b et $b_{,}$ les valeurs positives de θ qui répondent à $u = a$ et $u = a_{,}$, on aura, au degré d'approximation où nous nous arrêtons,

$$\int_a^\alpha U_i \varphi u du = \varphi\alpha \sqrt{\frac{2i(n-i)}{\pi n^3}} \int_0^b \left(\int_\theta^\infty e^{-x^2} dx\right) d\theta,$$

$$\int_\alpha^{a_{,}} U_i \varphi u du = \int_\alpha^{a_{,}} \varphi u du - \varphi\alpha \sqrt{\frac{2i(n-i)}{\pi n^3}} \int_0^{b_{,}} \left(\int_\theta^\infty e^{-x^2} dx\right) d\theta.$$

Par le procédé de l'intégration par partie, on a d'ailleurs

$$\int_0^b \left(\int_\theta^\infty e^{-x^2} dx\right) d\theta = b\int_b^\infty e^{-x^2} dx + \frac{1}{2} - \frac{1}{2} e^{-b^2},$$

$$\int_0^{b_{,}} \left(\int_\theta^\infty e^{-x^2} dx\right) d\theta = b_{,}\int_{b_{,}}^\infty e^{-x^2} dx + \frac{1}{2} - \frac{1}{2} e^{-b_{,}^2},$$

et, par conséquent,

$$\int_a^\alpha U_i \varphi u du = \varphi\alpha \sqrt{\frac{2i(n-i)}{\pi n^3}} \left(b_{,}\int_b^\infty e^{-x^2} dx + \frac{1}{2} - \frac{1}{2} e^{-b^2}\right),$$

$$\int_\alpha^{a_{,}} U_i \varphi u du = \int_\alpha^{a_{,}} \varphi u du - \varphi\alpha \sqrt{\frac{2i(n-i)}{\pi n^3}} \left(b_{,}\int_{b_{,}}^\infty e^{-x^2} dx + \frac{1}{2} - \frac{1}{2} e^{-b_{,}^2}\right).$$

Je mets actuellement V_i à la place de U_i dans les formules (11), et j'y change, en conséquence, u en $1-u$ (n° 118). La première aura lieu quand $\frac{u}{1-u}$ surpassera $\frac{i}{n+1-i}$, c'est-à-dire depuis $u = 1 - \alpha$ jusqu'à $u = 1$, en prenant n pour $n+1$, et faisant toujours $\alpha = \frac{n-i}{n}$. La seconde subsistera depuis $u = 0$ jusqu'à $u = 1 - \alpha$. En représentant par θ' ce que devient θ par le changement de u en $1-u$, et continuant de négliger les termes de l'ordre de petitesse de $\frac{1}{n}$, nous aurons d'abord

$$\int_{1-\alpha}^{1} V_i \varphi u du = \varphi(1-\alpha)\sqrt{\frac{2i(n-i)}{\pi n^3}}\int_0^\infty\left(\int_{\theta'}^\infty e^{-x^2}dx\right)d\theta',$$

$$\int_0^{1-\alpha} V_i \varphi u du = \int_0^{1-\alpha}\varphi u du - \varphi(1-\alpha)\sqrt{\frac{2i(n-i)}{\pi n^3}}\int_0^\infty\left(\int_{\theta'}^\infty e^{-x^2}dx\right)d\theta',$$

et, par conséquent,

$$\int_0^1 V_i \varphi u du = \int_0^{1-\alpha}\varphi u du.$$

Ensuite, si a' et $a'_{\prime}$ sont deux valeurs de u telles que l'on ait $a' < 1-\alpha$ et $a'_{\prime} > 1-\alpha$, et si l'on désigne par b' et $b'_{\prime}$ les valeurs positives de θ', tirées de l'équation

$$(1-u)^{n-i}u^i = \frac{i^i(n-i)^{n-i}}{n^3}e^{-\theta'^2},$$

et qui répondent à $u = a'$ et $u = a'_{\prime}$, on aura aussi

$$\int_{1-\alpha}^{a'_{\prime}} V_i \varphi u du = \varphi(1-\alpha)\sqrt{\frac{2i(n-i)}{\pi n^3}}\left(b'_{\prime}\int_{b'_{\prime}}^\infty e^{-\theta'^2}d\theta' + \frac{1}{2} - \frac{1}{2}e^{-b'^2_{\prime}}\right),$$

$$\int_{a'}^{1-\alpha} V_i \varphi u du = \int_{a'}^{1-\alpha}\varphi u du - \varphi(1-\alpha)\sqrt{\frac{2i(n-i)}{\pi n^3}}\left(b'\int_{b'}^\infty e^{-\theta'^2}d\theta' + \frac{1}{2} - \frac{1}{2}e^{-b'^2}\right).$$

(131). Les valeurs approchées des intégrales contenues dans les formules (14) étant ainsi déterminées, nous aurons

$$Z_i = \frac{k\int_\alpha^1 \varphi u du}{k\int_\alpha^1 \varphi u du + (1-k)\int_0^{1-\alpha}\varphi u du},$$

pour la probabilité que l'accusé est coupable, après qu'il a été condamné par un nombre de voix au moins égal à $n-i$, dans un jury d'un très grand nombre n de jurés. Le rapport α ou $\frac{n-i}{n}$ étant alors plus grand que $\frac{1}{2}$, si l'on suppose la fonction φu insensible ou nulle pour les valeurs de u moindres que $\frac{1}{2}$, l'intégrale $\int_0^{1-\alpha}\varphi u du$ le sera aussi, et si

k n'est pas une très petite fraction, la valeur de Z_i sera sensiblement égale à l'unité. Dans le cas de $\varphi(1-u)=\varphi u$ pour toutes les valeurs de u, on aura

$$\int_0^{1-\alpha}\varphi u du = -\int_0^{\alpha}\varphi(1-u)du = \int_\alpha^1 \varphi u du;$$

ce qui réduira la valeur de Z_i à k, comme cela doit être.

Si l'on prend $a_i = 1-\alpha$ et $a'_i=\alpha$, les valeurs correspondantes b et b'_i de θ et θ' seront égales; en les désignant par c et ayant égard à ce que α représente, c sera la quantité positive déterminée par l'équation

$$(n-i)^i i^{n-i} = i^i (n-i)^{n-i} e^{-c^2};$$

on aura

$$\int_{1-\alpha}^{\alpha} U_i \varphi u du = \varphi\alpha \sqrt{\frac{2i(n-i)}{\pi n^3}}\left(c\int_c^\infty e^{-x^2}dx + \frac{1}{2} - e^{-c^2}\right),$$

$$\int_{1-\alpha}^{\alpha} V_i \varphi u du = \varphi(1-\alpha) \sqrt{\frac{2i(n-i)}{\pi n^3}}\left(c\int_c^\infty e^{-x^2}dx + \frac{1}{2} - e^{-c^2}\right);$$

d'où il résultera

$$Y_i = \frac{k\varphi\alpha + (1-k)\varphi(1-\alpha)}{k\int_\alpha^1 \varphi u du + (1-k)\int_0^{1-\alpha}\varphi u du}\left(c\int_c^\infty e^{-x^2}dx + \frac{1}{2} - e^{-c^2}\right)\sqrt{\frac{2i(n-i)}{\pi n^3}},$$

pour la probabilité, dans la condamnation dont il s'agit, que la chance u de ne pas se tromper, commune à tous les jurés, a été comprise entre $1-\alpha$ et α, c'est-à-dire entre $\frac{i}{n}$ et $\frac{n-i}{n}$. Cette probabilité est très faible à cause du facteur très petit $\sqrt{\frac{2i(n-i)}{\pi n^3}}$: il s'ensuit qu'il est au contraire très probable que la chance u a été, ou plus grande que α, ou plus petite que $1-\alpha$.

Pour le vérifier, je prends $a_i = 1$ et $a'_i = 1$, les valeurs correspondantes de θ et θ' sont $b_i=\infty$ et $b'_i=\infty$; il en résulte

$$\int_\alpha^1 U_i \varphi u du = \int_\alpha^1 \varphi u du - \frac{1}{2}\varphi\alpha\sqrt{\frac{2i(n-i)}{\pi n^3}},$$

$$\int_{1-\alpha}^1 V_i \varphi u du = \frac{1}{2}\varphi(1-\alpha)\sqrt{\frac{2i(n-i)}{\pi n^3}};$$

si, de cette dernière intégrale, on retranche la valeur précédente de $\int_{1-\alpha} V_i \varphi u du$, il vient

$$\int_\alpha^1 V_i \varphi u du = \varphi(1-\alpha)\sqrt{\frac{2i(n-i)}{\pi n^3}}\left(e^{-c^2} - c\int_c^\infty e^{-x^2}dx\right);$$

et, au moyen des valeurs de $\int_\alpha^1 U_i \varphi u du$ et $\int_\alpha^1 V_i \varphi u du$, on aura

$$Y_i = \frac{k\int_\alpha^1 \varphi u du - \left[\frac{1}{2}k\varphi\alpha - (1-k)\varphi(1-\alpha)\left(e^{-c^2} - c\int_c^\infty e^{-x^2}dx\right)\right]\sqrt{\frac{2i(n-i)}{\pi n^3}}}{k\int_\alpha^1 \varphi u du + (1-k)\int_0^{1-\alpha}\varphi u du},$$

pour la probabilité que la chance u était comprise entre $u = \alpha$ et $u = 1$, ou supérieure à α. Je prends aussi $a = 0$ et $a' = 0$; on aura $b = \infty$ et $b' = \infty$; il en résultera

$$\int_0^{1-\alpha} V_i \varphi u du = \int_0^{1-\alpha} \varphi u du - \frac{1}{2}\varphi(1-\alpha)\sqrt{\frac{2i(n-i)}{\pi n^3}},$$

$$\int_0^\alpha U_i \varphi u du = \frac{1}{2}\varphi\alpha\sqrt{\frac{2i(n-i)}{\pi n^3}};$$

de cette dernière intégrale, je retranche la valeur précédente de $\int_{1-\alpha}^\alpha U_i \varphi u du$, ce qui donne

$$\int_0^{1-\alpha} U_i \varphi u du = \varphi\alpha\sqrt{\frac{2i(n-i)}{\pi n^3}}\left(e^{-c^2} - c\int_c^\infty e^{-x^2}dx\right);$$

et des valeurs de $\int_0^{1-\alpha} U_i \varphi u du$ et $\int_0^{1-\alpha} V_i \varphi u du$, on conclut

$$Y_i = \frac{(1-k)\int_0^{1-\alpha}\varphi u du - \left[\frac{1}{2}(1-k)\varphi(1-\alpha) - k\varphi\alpha\left(e^{-c^2} - c\int_c^\infty e^{-x^2}dx\right)\right]\sqrt{\frac{2i(n-i)}{\pi n^3}}}{k\int_\alpha^1 \varphi u du + (1-k)\int_\alpha^{1-\alpha}\varphi u du}$$

pour la probabilité que la chance u a été comprise entre $u = 0$ et $u = 1-\alpha$, ou inférieure à $1-\alpha$. La somme des deux dernières valeurs de Y_i est à très peu près égale à l'unité; ce qu'il s'agissait de vérifier. Quand les valeurs de φu, relatives à $u < \frac{1}{2}$, sont nulles ou insensibles, la dernière valeur de Y_i est très petite, et la précédente très peu différente de la certitude. Dans tous les cas, la somme des trois valeurs de Y_i qu'on vient de calculer est, comme cela doit être, égale à un.

(132). Lors même que le nombre n des jurés est très grand, on est donc obligé, d'après ce qui précède, de faire une hypothèse sur la fonction φu, ou sur la loi de probabilité des chances de ne pas se tromper, pour pouvoir conclure la probabilité qu'un condamné est coupable, des nombres $n-i$ et i des jurés qui ont voté pour ou contre lui. A plus forte raison, cela est-il nécessaire, dans le cas ordinaire, où le nombre n n'est pas très considérable.

L'hypothèse que Laplace a faite pour cet objet, consiste à supposer que la fonction φu soit zéro pour toutes les valeurs de u moindres que $\frac{1}{2}$, et qu'elle ait une même valeur pour toutes celles de u qui surpassent $\frac{1}{2}$; ce qui revient à dire que toute chance de ne pas se tromper moindre que la chance de se tromper est regardée comme impossible, et que les chances de ne pas se tromper plus grandes que celles de se tromper sont toutes également problables. Elle est permise; car on satisfait à la condition $\int_0^1 \varphi u du = 1$, de la manière qu'on a expliquée précédemment (n° 123) : la moyenne des valeurs possibles de u, ou $\int_0^1 u\varphi u du$, serait alors comprise entre $\frac{1}{2}$ et $\frac{3}{4}$, et dépendrait de la valeur de φu, pour $u > \frac{1}{2}$.

Dans cette hypothèse, φu étant zéro pour $u < \frac{1}{2}$, et une quantité constante pour $u > \frac{1}{2}$, les limites des intégrales que renferme la formule (13) se réduiront à $u=0$ et $u=\frac{1}{2}$; on pourra faire sortir φu hors des signes $\int$; et comme on a

$$\int_{\frac{1}{2}}^{1} u^i(1-u)^{n-i}du = \int_0^{\frac{1}{2}} u^{n-i}(1-u)^i du,$$

cette formule deviendra

$$\zeta_i = \frac{k\int_{\frac{1}{2}}^{1} u^{n-i}(1-u)^i\,du}{k\int_{\frac{1}{2}}^{1} u^{n-i}(1-u)^i du + (1-k)\int_0^{\frac{1}{2}} u^{n-i}(1-u)^i\,du},$$

en supprimant le facteur constant φu, qui serait commun à son numérateur et à son dénominateur.

Laplace n'ayant point eu égard à la probabilité k de la culpabilité avant le jugement, il faut, pour faire coïncider cette formule avec la sienne, supposer que cette culpabilité ne soit ni plus ni moins probable que la non-culpabilité, et faire, en conséquence, $k = \frac{1}{2}$, ce qui donne

$$\zeta_i = \frac{\int_{\frac{1}{2}}^{1} u^{n-i}(1-u)^i du}{\int_0^1 u^{n-i}(1-u)^i du}.$$

On aurait donc aussi

$$1 - \zeta_i = \frac{\int_0^{\frac{1}{2}} u^{n-i}(1-u)^i du}{\int_0^1 u^{n-i}(1-u)^i du},$$

ou bien, en effectuant les intégrations,

$$1 - \zeta_i = \frac{1}{2^{n+1}}\left(1 + \frac{n+1.}{1} + \frac{n+1.n}{1.2} + \frac{n+1.n.n-1}{1.2.3} + \ldots\ldots \right.$$
$$\left. \ldots\ldots + \frac{n+1.n.n-1\ldots.n-i+2}{1.2.3\ldots\ldots i}\right), \quad (15)$$

pour la probabilité que l'accusé n'est pas coupable, lorsqu'il a été condamné à la majorité de $n-2i$ voix dans un jury de n jurés.

Cette dernière formule est, en effet, celle de Laplace (*). La quantité comprise entre les parenthèses, se compose de $i+1$

(*) Premier supplément à la *Théorie analytique des probabilités*, page 33.

termes, et se réduit à l'unité dans le cas de $i = 0$; d'où il résulte $\frac{1}{2^{n+1}}$ pour la probabilité de l'erreur d'une condamnation prononcée à l'unanimité. En ne prenant pas $k = \frac{1}{2}$, et faisant $i = 0$, on aurait

$$1 - \zeta_i = \frac{1-k}{k.2^{n+1}-(2k-1)} = \frac{1}{2^{n+1}}\left[1 - \frac{(2k-1)(2^{n+1}-1)}{k.2^{n+1}-(2k-1)}\right];$$

quantité plus petite ou plus grande que $\frac{1}{2^{n+1}}$, selon que k surpasse $\frac{1}{2}$ ou est moindre.

Dans le cas ordinaire de $n = 12$, si l'on fait successivement $i = 0, = 1, = 2, = 3, = 4, = 5$, la formule (15) donne les fractions

$$\frac{1}{8192}, \frac{14}{8192}, \frac{92}{8192}, \frac{378}{8192}, \frac{1093}{8192}, \frac{2380}{8192},$$

pour la probabilité de l'erreur des condamnations prononcées par les 12 jurés, par 11 contre 1, par 10 contre 2, par 9 contre 3, par 8 contre 4, par 7 contre 5. A la plus petite majorité, la probabilité de l'erreur serait presque égale à $\frac{2}{7}$; de sorte que sur un très grand nombre d'accusés, condamnés à la majorité de sept voix contre cinq, il serait très probable que les deux septièmes n'auraient pas dû l'être : ce serait à peu près un huitième à la majorité de huit voix contre quatre.

En appliquant l'hypothèse de Laplace à la formule (12); désignant par δ une quantité positive et qui n'excède pas $\frac{1}{2}$; et faisant $k = \frac{1}{2}$, $l = \frac{1}{2}$, $l' = \frac{1}{2} + \delta$, on trouve

$$\lambda_i = \frac{\int_{\frac{1}{2}-\delta}^{\frac{1}{2}+\delta} u^{n-i}(1-u)^i\,du}{\int_0^1 u^{n-i}(1-u)^i\,du},$$

pour la probabilité que la chance u de ne pas se tromper, qui n'a pas pu, suivant l'hypothèse, s'abaisser au-dessous de $\frac{1}{2}$, a été comprise entre $\frac{1}{2}$ et $\frac{1}{2} + \delta$, dans une condamnation prononcée par $n - i$ contre

i jurés. Les intégrations s'effectueront sans difficulté. Dans le cas de $i=0$, ou de l'unanimité, on aura

$$\lambda_i = \left(\frac{1}{2}+\delta\right)^{n+1} - \left(\frac{1}{2}-\delta\right)^{n+1}.$$

Si l'on prend, par exemple, $n=12$ et $\delta=0,448$, on trouve, à très peu près $\lambda_i=\frac{1}{2}$, de sorte qu'il y a un à parier contre un que la chance u a été comprise entre $0,5$, et $0,948$. En faisant $\delta=\frac{1}{4}$, et ne supposant pas $i=0$, on a

$$\lambda_i = \frac{1}{4^{n+1}}\Big[3^{n+1} - 1 + \frac{n+1}{1}(3^n-3) + \frac{n+1 . n}{1 . 2}(3^{n-1}-3^2) + \ldots .$$
$$\ldots . + \frac{n+1 . n \ldots\ldots\ldots n-i+2}{1 . 2 . 3 \ldots\ldots i}(3^{n-i+1}-3^i)\Big],$$

pour la probabilité que la chance u a été comprise entre $\frac{1}{2}$ et $\frac{3}{4}$, ou plus rapprochée de $\frac{1}{2}$ que de l'unité. Pour $n=12$ et $i=5$, la valeur de cette quantité est $0,915\ldots$; en sorte qu'il y a un peu plus de dix à parier contre un, que dans le cas de la plus petite majorité, cette chance u a été au-dessous de $\frac{3}{4}$.

(133). Puisque la formule (15) est déduite d'une autre dans laquelle la chance u de ne pas se tromper était la même pour tous les jurés, cette quantité ne saurait être, quoique Laplace ait omis de le dire, la chance propre à chacun des n jurés qui ont jugé l'accusé; elle doit représenter la chance moyenne relative à la liste générale sur laquelle ces n jurés ont été pris au hasard (n° 122). Sur cette liste, il y a sans doute des personnes pour lesquelles la chance de ne pas se tromper, au moins dans les affaires difficiles, est au-dessous de $\frac{1}{2}$, ou moindre que la chance de se tromper. L'hypothèse de Laplace exige donc que leur nombre soit assez peu considérable pour ne pas empêcher la chance moyenne d'être toujours plus grande que $\frac{1}{2}$. L'illustre géomètre suppose, en outre, qu'au-dessus de $\frac{1}{2}$, les valeurs de cette chance, depuis $u=\frac{1}{2}$ jusqu'à $u=1$, sont toutes également probables. La seule raison qu'il donne de cette double supposition est que *l'opinion du juge a plus de tendance à la vérité qu'à l'erreur*. Mais, en partant de ce principe, on en conclurait seulement que la fonction φu par laquelle nous avons exprimé la loi de probabilité des valeurs de la chance moyenne, doit être une plus grande quantité pour les valeurs de u qui sont au-dessus de $\frac{1}{2}$ que pour celles qui sont au-dessous; condition qui peut être remplie d'une infinité de manières différentes, sans qu'on soit obligé de supposer $\varphi u=0$ pour $u<\frac{1}{2}$, et cette fonction φu constante pour $u>\frac{1}{2}$. L'hypothèse que nous examinons n'est donc pas suffisamment motivée *à priori;* et, comme on va le voir, les conséquences qui s'en déduisent la rendent tout-à-fait inadmissible.

En effet, la formule (15), qui est une de ses conséquences nécessaires, ne renferme rien qui dépende de la capacité des personnes portées sur la liste générale des jurés; quelqu'un qui saurait, par exemple, que deux condamnations ont été prononcées à une même majorité, et par des jurys d'un même nombre de jurés, mais pris sur deux listes différentes, aurait donc la même raison de croire que ces deux jugements sont erronés, quoiqu'il sût que les personnes portées sur l'une des listes ont une capacité bien supérieure à celle des personnes portées sur l'autre; or, c'est déjà ce qu'il est impossible d'admettre.

La fraction $\frac{i}{n}$ étant plus petite que $\frac{1}{2}$, quand l'accusé est condamné à la majorité de $n-i$ voix contre i; la quantité $\varphi\left(\frac{i}{n}\right)$ est zéro ou insensible dans l'hypothèse que nous examinons, ce qui rend la probabilité ζ_i de la culpabilité du condamné très approchante de l'unité, lorsque le nombre n est très grand, et quel que soit l'excès de $n-i$ sur i (n° 129). Ainsi, par exemple, en supposant le jury composé de 1000 jurés, et l'accusé condamné par 520 jurés et acquitté par 480, on devrait regarder comme à peu près certain le fait de sa culpabilité, quoiqu'il soit nié par ces 480 jurés, pour lesquels on suppose que la chance de ne pas se tromper a été la même que pour les 520 autres; conséquence qui suffirait pour faire rejeter l'hypothèse d'où elle est déduite; car personne, évidemment, n'accorderait une grande confiance à un tel jugement, et surtout la même confiance qu'à celui qui serait prononcé à la presque unanimité par les 1000 jurés. Dans cette hypothèse, si la capacité des personnes portées sur la liste générale des jurés vient à changer, si elle est plus grande dans un pays que dans un autre, si elle est différente pour différentes sortes d'affaires, la probabilité des chances de ne pas se tromper augmente suivant le même rapport, pour celles qui se rapprochent le plus de l'unité et pour celles qui diffèrent le moins de $\frac{1}{2}$; or, tel n'est pas ce qui a lieu réellement : quand cette capacité augmente, par une cause quelconque, les chances de ne pas se tromper les plus voisines de la certitude acquièrent une probabilité plus grande que celle qu'elles avaient auparavant; et le contraire a lieu à l'égard de celles qui s'éloignent le plus de l'unité. En prenant pour φu une fonction qui puisse remplir ces conditions, et qui ne soit pas d'ailleurs absolument nulle ou insensible au-dessous de $u=\frac{1}{2}$, on fera disparaître les difficultés que nous venons d'indiquer; mais elles sont insuffisantes pour déterminer la fonction φu : une infinité de formes différentes de cette fonction continue ou discontinue, satisfont à ces conditions, et conduiraient à des valeurs très inégales de la probabilité ζ_i, exprimée par la formule (13), pour un même nombre n de jurés, et une même différence entre les nombres $n-i$ et i.

Ainsi, d'après la connaissance de ces nombres dans une condamnation isolée, et soit que l'on suppose la probabilité antérieure k égale à $\frac{1}{2}$ ou à toute autre fraction, on ne peut pas, comme nous l'avons déjà dit, déterminer la probabilité réelle de la bonté de ce jugement, qui dépend de la chance de ne pas se tromper, propre à chaque juré et que nous ne pouvons pas connaître; mais on doit aussi regarder comme impossible de calculer ce que serait cette probabilité, pour quelqu'un qui saurait seulement que les n jurés ont été pris au hasard sur la liste générale, et pour qui la raison de croire à la bonté du jugement ne dépendrait plus que de la chance moyenne de ne pas se tromper, relative à cette liste et commune aux n jurés (n° 122); car, pour ce calcul, on serait obligé de faire, sur la loi de probabilité des valeurs de la chance moyenne depuis zéro jusqu'à l'unité, une hypothèse particulière, qui ne serait ni celle de Laplace, ni aucune autre que l'on pût suffisamment motiver. Si donc, il n'avait été rendu qu'un seul jugement par des jurés pris sur cette liste, les formules précédentes ne seraient susceptibles d'aucune application utile; il en serait encore de même, s'il avait été rendu un nombre peu considérable de jugements; mais nous savons, au contraire, que de très grands nombres de condamnations et d'acquittements, dans des proportions connues, ont été prononcés par des jurys pris successivement au hasard sur une même liste générale; or, c'est sur cette considération qu'est fondée, comme on va le voir, l'application des formules (4), (5), (6), (7), (8), (9), (10), qui ne contiennent que deux constantes inconnues k et u, et n'exigeront, en conséquence, que deux données de l'observation. La détermination de ces données va d'abord nous occuper.

(134). La liste générale des citoyens qui peuvent être jurés contient un nombre quelconque de noms; chaque jury se compose de n jurés; on a tiré au sort sur la liste générale, les jurys d'une ou plusieurs années, qui ont jugé un très grand nombre μ d'accusés; et l'on représente par a_i, le nombre de ces accusés que ces jurys ont condamnés à la majorité d'au moins $n-i$ contre i voix; ce qui suppose que i soit zéro, ou un des nombres moindres que la moitié de n. La chance d'une telle condamnation, avant que l'accusé fût jugé, a dû varier d'un jugement à un autre; mais, quelle que soit cette variation, la moyenne des valeurs inconnues de cette chance qui ont eu lieu dans les μ jugements prononcés, a été très probablement et à très peu près égale au rapport $\frac{a_i}{\mu}$ (n° 95). De plus, les valeurs de cette chance moyenne et de ce rapport varieront très peu avec le nombre μ supposé très grand; et, si ce nombre augmente encore de plus en plus, elles convergeront indéfiniment vers une constante spéciale, qu'elles atteindraient si μ pouvait devenir infini, sans que les causes diverses d'une condamnation à la majorité dont il s'agit, vinssent à éprouver aucun changement. Cette quantité spéciale, que je représenterai par R_i, est la somme des chances que toutes les causes possibles de cette condamnation, ou de l'événement que nous considérons, donnent à son arrivée, multipliées par les probabilités respectives de ces mêmes causes (n° 104). Il serait impossible d'en faire l'énumération et de calculer *à priori* leur influence; mais ces causes ne nous sont pas nécessaires à connaître : il nous suffit de supposer qu'elles ne varient ni dans leurs probabilités respectives, ni dans les chances qu'elles donnent aux condamnations; et l'observation même nous fera connaître si cette supposition est conforme à la vérité. Dans ce cas, en désignant par a'_i, le nombre des condamnations à la majorité d'au moins $n-i$ contre i voix, qui ont eu lieu pour un autre très grand nombre μ' d'accusés, la différence $\frac{a'_i}{\mu'} - \frac{a_i}{\mu}$ sera très probablement une très petite fraction (n° 109); et si, au contraire, elle n'est pas très petite, on sera fondé à croire que, dans l'intervalle des deux séries de jugements, il est survenu quelque changement notable dans les causes des condamnations. Le calcul ne peut, au reste, que nous avertir de l'existence de ce changement, sans nous en faire connaître la nature.

Ce que nous disons à l'égard des condamnations prononcées à la majorité d'au moins $n-i$ contre i voix, convient également à celles qui ont eu lieu à cette majorité même de $n-i$ contre i. Si l'on désigne par b_i, le nombre de celles-ci pour le nombre μ d'accusés, il y aura aussi une constante spéciale que je représenterai par r_i, dont le rapport $\frac{b_i}{\mu}$ s'approchera indéfiniment à mesure que μ augmentera encore de plus en plus, et qu'il atteindrait si μ pouvait devenir infini, sans que les causes des condamnations éprouvassent aucun changement; et si b'_i est ce nombre de condamnations pour le nombre μ' d'accusés, la différence $\frac{b'_i}{\mu'} - \frac{b_i}{\mu}$ sera très probablement une fraction très petite. On aura évidemment

$$\begin{aligned} a_i &= b_i + b_{i-1} + b_{i-2} + \ldots\ldots + b_0, \\ a'_i &= b'_i + b'_{i-1} + b'_{i-2} + \ldots\ldots + b'_0, \\ R_i &= r_i + r_{i-1} + r_{i-2} + \ldots\ldots + r_0. \end{aligned}$$

Cela posé, prenons pour α une quantité positive très petite par rapport à $\sqrt{\mu}$ et $\sqrt{\mu'}$, et faisons

$$P = 1 - \frac{2}{\sqrt{\pi}} \int_\alpha^\infty e^{-x^2} dx.$$

D'après les formules du n° 112, cette quantité P sera la probabilité commune à certaines limites des deux inconnues R_i et r_i, et des différences $\frac{a_i'}{\mu'} - \frac{a_i}{\mu}$ et $\frac{b_i'}{\mu'} - \frac{b_i}{\mu}$, savoir :

$$\frac{a_i}{\mu} \mp \alpha \sqrt{\frac{2a_i(\mu - a_i)}{\mu^3}}, \qquad (a)$$

pour la première inconnue,

$$\frac{b_i}{\mu} \mp \alpha \sqrt{\frac{2b_i(\mu - b_i)}{\mu^3}}, \qquad (b)$$

pour la seconde inconnue;

$$\mp \alpha \sqrt{\frac{2a_i(\mu - a_i)}{\mu^3} + \frac{2a_i'(\mu' - a_i')}{\mu'^3}}, \qquad (c)$$

pour la première différence, et

$$\mp \alpha \sqrt{\frac{2b_i(\mu - b_i)}{\mu^3} + \frac{2b_i'(\mu' - b_i')}{\mu'^3}}, \qquad (d)$$

pour la deuxième.

Toutes choses d'ailleurs égales, à mesure que μ et μ' augmenteront, les amplitudes de ces limites décroîtront à peu près suivant la raison inverse des racines carrées de ces grands nombres, parce que a_i et b_i croîtront à peu près comme le nombre μ, et que a_i' et b_i' croîtront de même avec μ'. Elles auront aussi d'autant moins d'étendue que la quantité α sera plus petite; mais leur probabilité P diminuera en même temps que α.

(135). Toutes les données numériques dont je vais faire usage sont tirées, comme je l'ai dit dans le préambule de cet ouvrage, des *Comptes généraux de l'Administration de la justice criminelle*, publiés par le Gouvernement.

Depuis 1825 jusqu'à 1830 inclusivement, les nombres des affaires soumises annuellement aux jurys, dans la France entière, ont été

5121, 5301, 5287, 5721, 5506, 5068;

et les nombres des accusés, dans ces procès criminels, se sont élevés à

6652, 6988, 6929, 7396, 7373, 6962;

ce qui fait chaque année, à peu près sept accusés pour cinq affaires.

Les nombres des condamnés à la majorité d'au moins sept voix contre cinq, ont été, dans ces mêmes années,

$$4037,\quad 4348,\quad 4236,\quad 4551,\quad 4475,\quad 4130\,;$$

d'où il résulte, pour les rapports de ces derniers nombres aux précédents,

$$0{,}6068,\quad 0{,}6222,\quad 0{,}6113,\quad 0{,}6153,\quad 0{,}6069,\quad 0{,}5932\,;$$

où l'on voit déjà que ces rapports annuels ont très peu varié, dans cet intervalle de six années pendant lesquelles la législation criminelle n'a pas changé.

Je prends pour μ la somme des nombres des accusés pendant ces six années, et pour a_5 celle des nombres correspondants des condamnés. On aura

$$\mu = 42300, \quad a_5 = 25777\,;$$

au moyen de quoi les limites (a) deviendront

$$0{,}6094 \mp \alpha\,(0{,}00335)\,;$$

et si l'on fait $\alpha = 2$, par exemple, on aura aussi

$$\mathrm{P} = 0{,}9953,$$

pour la probabilité, très approchante de la certitude, que l'inconnue R_5 et la fraction 0,6094 ne diffèrent pas de 0,0067, l'une de l'autre.

Si l'on partage les six années que nous considérons en deux périodes égales, dont l'une comprenne les trois premières années et l'autre les trois dernières, on aura pour les nombres des accusés,

$$\mu = 20569, \quad \mu' = 21731\,;$$

et, en même temps, pour ceux des condamnés,

$$a_5 = 12621, \quad a'_5 = 13156\,;$$

d'où il résulte

$$\frac{a_5}{\mu} = 0{,}6136, \quad \frac{a'_5}{\mu'} = 0{,}6054. \quad \frac{a_5}{\mu} - \frac{a'_5}{\mu'} = 0{,}0082.$$

Or, les limites (c) de cette différence seront

$$\mp \alpha\,(0{,}00671)\,;$$

en prenant $\alpha = 1,2$, elles deviendront $\mp 0,00805$; et l'on aura

$$P = 0,9103, \quad 1 - P = 0,0897.$$

Il y aurait donc à très peu près dix à parier contre un que la différence des deux rapports $\frac{a_5}{\mu}$ et $\frac{a'_5}{\mu'}$ tomberait entre les limites $\mp 0,00805$; et quoique, abstraction faite du signe, la différence observée $\pm 0,0082$ s'en écarte un peu, l'écart et la probabilité P qu'il ne devrait pas avoir lieu, ne sont point assez considérables pour qu'on soit bien fondé à croire qu'il y ait eu quelque changement notable dans les causes.

Pendant l'année 1831, le nombre des individus jugés par les jurys s'est élevé à 7606, et celui des condamnés à 4098. La loi exigeait alors la majorité d'au moins huit voix contre quatre pour la condamnation; à cette majorité, on avait donc

$$\mu = 7606, \quad a_4 = 4098, \quad \frac{a_4}{\mu} = 0,5388.$$

Excepté la majorité exigée, si les autres causes qui influent sur les jugements des jurys ont été les mêmes dans cette année que dans les précédentes, on aura la valeur du rapport $\frac{b_5}{\mu}$ en retranchant de la valeur de $\frac{a_5}{\mu}$ celle de $\frac{a_4}{\mu}$, c'est-à-dire en retranchant 0,5388 de la fraction 0,6094, trouvée plus haut; ce qui donne

$$\frac{b_5}{\mu} = 0,0706.$$

Pour vérifier ce résultat, j'observe que depuis 1825 jusqu'à 1830, la loi prescrivait l'intervention des juges composant la cour d'assises, toutes les fois que la décision du jury était rendue à la plus petite majorité de sept voix contre cinq; or, on trouve, dans les *Comptes généraux*, que pendant les cinq dernières de ces six années, cette intervention a eu lieu des nombres de fois à peu près égaux, savoir :

$$398, \quad 373, \quad 373, \quad 395, \quad 372,$$

ou, au total, dans 1911 affaires; mais on ne fait pas connaître le nombre des accusés auxquels ces affaires se rapportent. C'est donc au nombre des affaires jugées pendant les mêmes années, et non pas à celui des individus mis en jugement, qu'il faut comparer ce nombre

donné 1911 : dans cet intervalle de cinq années, le nombre total des affaires criminelles s'est élevé à 26883; on a donc eu à la fois

$$\mu = 26883, \quad b_5 = 1911;$$

d'où il résulte

$$\frac{b_5}{\mu} = 0,0711;$$

ce qui diffère très peu du résultat précédent. Cet accord entre les deux valeurs de $\frac{b_5}{\mu}$, montre que dans l'année 1831, les probabilités u et k dont ce rapport dépend, sont restées à très peu près les mêmes que dans les années précédentes. Toutefois, on doit remarquer que le calcul de la dernière valeur est fondé sur l'hypothèse que le nombre des condamnés à la majorité de sept voix contre cinq, est au nombre total des accusés, comme le nombre des affaires où cette majorité a eu lieu, est au nombre total des affaires; proportion que l'on ne peut pas justifier *à priori*, faute de données qui ne se trouvent pas dans les *Comptes généraux*.

Dans les années 1832 et 1833, les nombres des accusés, défalcation faite des affaires politiques, ont été 7555 et 6964. La différence considérable qu'ils présentent provient d'une nouvelle disposition législative, d'après laquelle, en 1833, plusieurs genres d'affaires ont été enlevés aux cours d'assises et renvoyés à la police correctionnelle. Les nombres des condamnés, à la majorité d'au moins huit voix contre quatre comme en 1831, se sont élevés à 4448 et 4105; d'où il résulte pour ces deux années,

$$\frac{a_4}{\mu} = 0,5887, \quad \frac{a_4}{\mu} = 0,5895.$$

Ces rapports diffèrent, comme on voit, très peu l'un de l'autre; mais leur moyenne 0,5888 surpasse la valeur 0,5388 de $\frac{a'}{\mu}$, qui avait lieu en 1831, de 0,05, ou d'environ un dixième de cette valeur; ce qui serait hors de toute vraisemblance, d'après les limites (c) et leur probabilité P, s'il n'était survenu aucun changement dans les causes qui peuvent influer sur les votes des jurés. La législation criminelle a subi, en effet, un tel changement, qui consiste dans la question des *circonstances atténuantes*, posée aux jurys depuis 1832; question qui entraîne, dans le cas de l'affirmative, une diminution de pénalité; ce qui a rendu les condamnations plus faciles et plus nombreuses.

(136). Les différents rapports que nous venons de calculer pour la France entière, ne sont pas les mêmes pour toutes les parties du royaume; mais si l'on excepte le département de la Seine et quelques autres départements, les nombres des affaires criminelles qui ont été jugées en quelques années ne sont pas assez considérables pour que l'on en puisse déduire, avec une probabilité suffisante et pour chaque ressort de cours d'assises, la quantité constante vers laquelle doit converger le rapport du nombre des condamnés à celui des accusés. Voici les résultats relatifs à la cour d'assises de Paris.

De 1825 à 1830, les nombres d'individus qu'elle a jugés annuellement ont été

$$802, \quad 824, \quad 675, \quad 868, \quad 908, \quad 804;$$

et ceux des condamnés

$$567, \quad 527, \quad 436, \quad 559, \quad 604, \quad 484;$$

ce qui donne pour les rapports des uns aux autres

$$0{,}7070, \quad 0{,}6396, \quad 0{,}6459, \quad 0{,}6440, \quad 0{,}6652, \quad 0{,}6020.$$

En prenant pour μ la somme des six premiers nombres, et pour a_5 celle des six nombres suivants, on aura

$$\mu = 4881, \quad a_5 = 3177, \quad \frac{a_5}{\mu} = 0{,}6509.$$

D'après les nombres 42300 et 25779 d'accusés et de condamnés, relatifs à la France entière, pendant les mêmes années, nous avons trouvé que ce rapport doit différer très peu de 0,6094; fraction moindre que la précédente, de 0,0416, ou d'environ un quinzième de sa valeur; or les limites (c) et leur probabilité P rendraient un tel écart tout-à-fait invraisemblable, s'il n'y avait pas, pour le département de la Seine, une cause particulière qui rendît les condamnations plus faciles que dans le reste de la France. Quelle est cette cause? C'est ce que le calcul ne saurait nous apprendre. Toutefois, nous ferons remarquer que dans ce département, dont la population est à peine un trente-sixième de celle du royaume, le nombre des accusés surpasse un neuvième de celui qui a lieu, pour un même intervalle de temps, dans la France entière; en sorte qu'il est proportionnellement quatre fois aussi grand; circonstance qui rend la répression des crimes plus nécessaire, et qui, peut-être pour cette raison, est cause d'une plus grande sévérité des jurés.

Au moyen de ces valeurs de μ et a_5, les limites (a) deviennent

$$0,6509 \mp \alpha(0,00965);$$

et si l'on prend $\alpha = 2$, on aura

$$P = 0,99532, \quad 1 - P = 0,00468;$$

c'est-à-dire plus de 200 à parier contre un, que l'inconnue R_5 ne diffère de 0,6509, que de 0,0193, en plus ou en moins.

Le dernier 0,6020 des six rapports cités plus haut étant notablement moindre que la moyenne des cinq autres, il y a lieu d'examiner si cette différence indique suffisamment l'existence de quelque cause particulière qui aurait rendu les jurés moins sévères en 1830 que dans les années précédentes. Or, en prenant pour μ et a_5 les sommes des nombres d'accusés et de condamnés dans le département de la Seine, depuis 1825 jusqu'à 1829, et pour μ' et a'_5 les nombres relatifs à l'année 1830, on a

$$\mu = 4077, \quad a_5 = 2693, \quad \mu' = 804, \quad a'_5 = 484;$$

d'où il résulte

$$\frac{a_5}{\mu} = 0,6605, \quad \frac{a'_5}{\mu'} = 0,6019, \quad \frac{a_5}{\mu} - \frac{a'_5}{\mu'} = 0,0585.$$

Les limites (c) deviennent aussi

$$\mp \alpha(0,02657);$$

en sorte qu'en faisant $\alpha = 2$, il y aurait plus de 200 à parier contre un que la différence des rapports $\frac{a_5}{\mu}$ et $\frac{a'_5}{\mu'}$ n'aurait pas dû excéder 0,05314: elle a surpassé cette fraction, d'à peu près un 10ᵉ de sa valeur; on peut donc croire qu'il y a eu à cette époque quelque anomalie réelle dans les votes des jurés; et la cause de cette anomalie, qui les a rendus un peu moins sévères, a pu être la Révolution de 1830. Cette cause, quelle qu'elle soit, paraît avoir agi sur les jurés de la France entière; car, en 1830, le rapport du nombre des condamnés à celui des accusés dans tout le royaume, s'est abaissé à près de 0,59, tandis que sa valeur moyenne avait été 0,61 pour les cinq années précédentes.

Depuis 1826 jusqu'à 1830 inclusivement, le nombre des affaires criminelles s'est élevé, dans le département de la Seine, à 2963; et dans ce nombre il y a eu 194 affaires où la condamnation par le jury a été prononcée à la majorité de sept voix contre cinq, et où la cour a dû intervenir. En prenant le rapport de 194 à 2963 pour la valeur de $\frac{b_5}{\mu}$, on aura donc

$$\frac{b_5}{\mu} = 0,0655;$$

quantité un peu moindre que la valeur du même rapport pour la France entière.

(137). Si nous considérions séparément, comme dans les *Comptes généraux*, toutes les espèces de crimes dont les cours d'assises ont eu à s'occuper, les nombres d'accusés et de condamnés pour chaque espèce en particulier, ne seraient pas assez grands pour donner lieu à des rapports constants, et servir de base à nos calculs. Mais dans ces *Comptes*, on a aussi groupé toutes les affaires criminelles en deux classes, dont l'une renferme les *crimes contre les personnes*, et l'autre les *crimes contre les propriétés*; et ces deux grandes divisions ont présenté annuellement des rapports très différents l'un de l'autre, mais à peu près invariables pour chacune d'elles. Ce sont ces rapports que nous allons citer.

Pendant les six années comprises depuis 1825 jusqu'à 1830, les nombres des accusés de crimes contre les personnes, ont été, pour la France entière,

1897, 1907, 1911, 1844, 1791, 1666,

et contre les propriétés

4755, 5081, 5018, 5552, 5582, 5296;

les nombres correspondants des condamnés, sous l'empire d'une même législation criminelle, se sont élevés à

882, 967, 948, 871, 834, 766,

pour les crimes de la première espèce, et à

3155, 3381, 3288, 3680, 3641, 3364,

pour ceux de la seconde. De là, on déduit

0,4649, 0,5071, 0,4961, 0,4723, 0,4657, 0,4598,

pour les rapports des nombres de condamnés à ceux des accusés de crimes contre les personnes, et

0,6635, 0,6654, 0,6552, 0,6628, 0,6523, 0,6352,

pour les rapports des nombres de condamnés à ceux des accusés de crimes contre les propriétés; où l'on voit que les uns et les autres n'ont pas beaucoup varié d'une année à une autre, mais que les derniers excèdent notablement les premiers.

En prenant pour μ et a_5 les sommes des nombres d'accusés et de condamnés dans le cas des crimes contre les personnes, et pour μ' et a'_5 leurs sommes dans le cas des crimes contre les propriétés, nous aurons

$$\mu = 11016, \quad a_5 = 5268, \quad \mu' = 31284, \quad a'_5 = 20509;$$

d'où il résulte ces deux rapports :

$$\frac{a_5}{\mu} = 0,4782, \qquad \frac{a'_5}{\mu'} = 0,6556,$$

dont le second surpasse le premier d'un peu plus du tiers de celui-ci. Au moyen de ces nombres, on trouve

$$0,4782 \mp \alpha(0,00675)$$

pour les limites (a) de l'inconnue R_5, relative aux crimes contre les personnes, et

$$0,6556 \mp \alpha(0,00380),$$

pour ces limites relatives aux autres crimes. En faisant $\alpha = 2$, il y aura une probabilité très approchante de la certitude, que cette inconnue R_5 ne diffère pas de la fraction 0,4782, de plus de 0,0135, dans le premier cas, et de la fraction 0,6556, de plus de 0,0076, dans le second.

En 1831, où les condamnations ont été prononcées à la majorité d'au moins huit voix contre quatre, si l'on prend pour μ et pour a_4 les nombres d'accusés et de condamnés, relatifs aux crimes contre les personnes, et pour μ' et a'_4 ces nombres relatifs aux crimes contre les propriétés, on a

$$\mu = 2046, \quad a_4 = 743, \quad \mu' = 5560, \quad a'_4 = 3355;$$

d'où l'on tire

$$\frac{a_4}{\mu} = 0,3631, \qquad \frac{a'_4}{\mu'} = 0,6034;$$

et en retranchant ces rapports des précédents, il vient

$$\frac{b_5}{\mu} = 0,1151, \qquad \frac{b'_5}{\mu'} = 0,0522,$$

pour les rapports du nombre des condamnés à la plus petite majorité de sept voix contre cinq au nombre des accusés, dans les deux sortes de crimes. Il est remarquable que le rapport $\frac{b_5}{\mu}$, relatif aux crimes contre les personnes, soit à peu près double du rapport $\frac{b'_5}{\mu'}$, relatif aux crimes contre les propriétés, tandis qu'au contraire c'est le rapport $\frac{a'_5}{\mu'}$ relatif à ces derniers crimes, qui surpasse d'environ un tiers le rapport $\frac{a_5}{\mu}$ relatif aux premiers. Ainsi, non-seulement les condamnations prononcées par les jurys ont été proportionnellement plus nombreuses dans le cas des crimes contre les propriétés, mais elles ont aussi été prononcées à de plus grandes majorités.

Les rapports que nous considérons ne sont pas non plus tout-à-fait les mêmes pour les deux sexes. Chaque année, le nombre des femmes traduites aux cours d'assises est, à très peu près constamment, les dix-huit centièmes du nombre total des accusés des deux sexes. Dans les cinq années écoulées depuis 1826 jusqu'à 1830 inclusivement, si l'on appelle μ et μ' les nombres de femmes accusées de crimes contre les personnes et de crimes contre les propriétés, et que l'on désigne dans ces nombres, par a_5 et a'_5 ceux des femmes condamnées, on aura

$$\mu = 1305, \quad \mu' = 5465, \quad a_5 = 586, \quad a'_5 = 3312;$$

d'où l'on déduit

$$\frac{a_5}{\mu} = 0,4490, \qquad \frac{a'_5}{\mu'} = 0,6061;$$

et en comparant ces rapports aux valeurs précédentes de $\frac{a_5}{\mu}$ et $\frac{a'_5}{\mu'}$, on voit qu'ils sont moindres, mais seulement d'à peu près un 16e ou un 12e de ces valeurs.

Relativement aux années 1832 et 1833, pendant lesquelles les condamnations ont été prononcées à la majorité d'au moins huit voix contre quatre et avec la question des *circonstances atténuantes*, on a eu, pour les accusés et les condamnés des deux sexes,

$$\mu = 4108, \quad \mu' = 10421, \quad a_4 = 1889, \quad a'_4 = 6664,$$

et, par conséquent,

$$\frac{a_4}{\mu} = 0,4598, \qquad \frac{a'_4}{\mu'} = 0,6395;$$

les lettres accentuées répondant, comme plus haut, aux crimes contre les propriétés, et les lettres non accentuées aux crimes contre les personnes. En faisant $\alpha = 2$ dans l'expression des limites (a), on trouve qu'il y a une probabilité très approchante de la certitude que l'inconnue R_5 ne s'écarte pas de la fraction 0,4598, de plus de 0,022, ou de la fraction 0,6395, de plus de 0,0133, selon qu'il s'agit des crimes de la seconde ou de la première espèce. On peut remarquer que les valeurs de $\frac{a_4}{\mu}$ et $\frac{a'_4}{\mu'}$ ont conservé entre elles, à très peu près, le rapport qui existait entre celles de $\frac{a_5}{\mu}$ et $\frac{a'_5}{\mu'}$ qu'on a trouvées plus haut. En comparant ces quantités $\frac{a_4}{\mu}$ et $\frac{a'_4}{\mu'}$, à leurs analogues en 1831, on peut aussi observer que l'influence de la question des *circonstances atténuantes* a augmenté le rapport $\frac{a'_i}{\mu'}$ relatif aux crimes contre les propriétés, seulement d'un 15e, et le rapport $\frac{a_i}{\mu}$, relatif aux crimes contre les personnes, de près d'un tiers de sa valeur.

(138). Maintenant, d'après ce qu'on a vu dans le n° 122, la chance, pour un accusé, d'être condamné par un jury pris au hasard sur la liste générale d'un département ou du ressort d'une cour d'assises, est la même que si la chance de ne pas se tromper était égale pour tous les membres de ce jury; à la majorité d'au moins $n-i$ contre i voix, la chance de la condamnation est donc exprimée par la première formule (6), et à la majorité de $n-i$ voix contre i, par la formule (4); par conséquent, pour chaque département et pour chaque genre d'affaires criminelles, les quantités c_i et γ_i, exprimées par ces formules, sont celles dont les rapports $\frac{a_i}{\mu}$ et $\frac{b_i}{\mu}$ approchent indéfiniment à mesure que le nombre μ, supposé très grand, augmente encore davantage; ou, autrement dit, les quantités c_i et γ_i coïncident avec les inconnues R_i et r_i du n° 134, lorsque l'on considère des affaires d'un même genre, dans un même département, et même pour chaque sexe des accusés séparément. Nous rangerons en deux classes distinctes tous les genres d'affaires criminelles : l'une de ces classes comprenant, comme plus haut, les crimes contre les personnes, et l'autre les crimes contre les propriétés. Mais, pour ne pas trop compliquer les calculs, nous n'aurons point égard au sexe des accusés, dont l'influence sur la proportion des condamnations peut être négligée, si l'on considère que, dans le nombre total des prévenus, le nombre des femmes n'est pas un cinquième de celui des hommes. Les lettres μ, a_i, b_i, c_i, γ_i, répondant aux affaires de la première espèce, et les mêmes lettres accentuées désignant les quantités analogues relativement aux affaires de la seconde espèce, nous aurons, pour chaque département en particulier,

$$\frac{a_i}{\mu}=c_i, \quad \frac{b_i}{\mu}=\gamma_i, \quad \frac{a'_i}{\mu'}=c'_i, \quad \frac{b'_i}{\mu'}=\gamma'_i, \qquad (16)$$

avec d'autant plus d'approximation et de probabilité que les nombres μ et μ' seront plus considérables.

Si les rapports qui forment les premiers membres de ces équations étaient donnés pour les différents départements, ces quatre équations suffiraient pour déterminer les inconnues k et u contenues dans c_i et γ_i, et leurs analogues dans c'_i et γ'_i que je désignerai par k' et u'; mais la nécessité de très grands nombres μ et μ' rend impossible, quant à présent, l'application des équations (16) à chaque département isolément, et pour s'en servir, on sera obligé de supposer que les inconnues u, u', k, k', ne varient pas beaucoup, en général, d'un département à un autre; ce qui permettra d'employer dans leurs premiers membres, les rapports relatifs à la France entière. Les quantités u et u' que l'on déterminera de cette manière seront exactement les chances de ne pas se tromper qui auraient lieu si les listes de jurés de tous les départements étaient réunies en une seule, et que chaque juré fût pris au hasard sur cette liste totale. Dans cette hypothèse, les quantités k et k', en ce qu'elles dépendent de l'habileté des magistrats qui dirigent l'instruction préliminaire, pourraient encore n'être pas les mêmes dans les différents départements; mais les équations (16) étant linéaires par rapport à ces inconnues, leurs valeurs que l'on obtiendra, seraient alors les moyennes de celles qui ont réellement lieu pour tous les départements. Au reste, on doit observer que si l'on est obligé de se contenter de ces valeurs générales de u, u', k, k', c'est seulement faute de données complètes de l'observation, et non pas par quelque imperfection de la théorie que nous exposons.

Les expressions de c_i et γ_i ne changent pas lorsqu'on y met $1-k$ et $1-u$ au lieu de k et u (n°s 117 et 118); pour des valeurs données de $\frac{a_i}{\mu}$ et $\frac{b_i}{\mu}$, s'il y a un couple de valeurs de k et u plus grandes que $\frac{1}{2}$, qui satisfassent aux deux premières équations (16), il y aura donc aussi un couple de valeurs de k et de u plus petites que $\frac{1}{2}$ qui satisferont également à ces équations. Or, on doit supposer que la probabilité moyenne de la culpabilité des accusés avant le jugement, surpasse celle de leur innocence, et que, chez les jurés, la chance moyenne de ne pas se tromper est plus grande que celle de l'erreur; ce sont donc les valeurs de k et u plus grandes que $\frac{1}{2}$ qu'il faudra employer;

et l'on devra rejeter les autres comme étrangères à la question. La même remarque convient aux deux dernières équations (16), et aux valeurs de k' et μ' qui s'en déduiront. Toutefois, si l'on appliquait ces équations aux jugements en matière politique, rendus en grand nombre dans les temps malheureux de la Révolution, on pourrait employer, ainsi qu'on l'a expliqué dans le préambule de cet ouvrage, leurs racines moindres que $\frac{1}{2}$; car alors l'innocence légale des accusés avant le jugement pouvait être plus probable que leur culpabilité; et pour les jurés, la probabilité qu'ils se tromperaient volontairement pouvait surpasser leur chance de ne pas se tromper.

(139). Je fais $n = 12$ et $i = 5$, dans les formules (4) et (6); les coefficients qu'elles contiennent auront pour valeurs

$$N_0 = 1,\ N_1 = 12,\ N_2 = 66,\ N_3 = 220,\ N_4 = 495,\ N_5 = 792.$$

Je fais aussi

$$\frac{a_5}{\mu} = c,\quad \frac{b_5}{\mu} = 792.\gamma,\quad u = \frac{t}{1+t},\quad 1 - u = \frac{1}{1+t};$$

la seconde équation (16) devient

$$\gamma = \frac{(t^2+1)t^5}{2(1+t)^{12}} + \frac{(2k-1)(t^2-1)t^5}{2(1+t)^{12}}; \qquad (17)$$

et, en observant qu'on a

$$U_5 = 1 - 924.u^6(1-u)^6 - V_5,$$

la première équation (16) pourra s'écrire sous cette forme :

$$= k\left[1 - \frac{924.t^6}{(1+t)^{12}}\right] - \frac{(2k-1)}{(1+t)^{12}}\left[1 + 12.t + 66.t^2 + 220.t^3 + 495.t^5 + 792t^5\right]. \qquad (18)$$

Ces équations (17) et (18) répondent aux crimes contre les personnes; celles qui se rapportent aux crimes contre les propriétés s'en déduiront en y changeant les quantités c, γ, k, t, dans leurs anologues, que je représenterai par c', γ', k', t'.

L'inconnue t est susceptible de toutes les valeurs, depuis $t=0$ qui répond à $u=0$, jusqu'à $t=\infty$ qui répond à $u=1$; mais ses valeurs plus grandes que l'unité étant celles qui se rapportent aux valeurs de u

supérieures à $\frac{1}{2}$, ce sont les seules qu'il faudra considérer. De plus, l'inconnue k devant être comprise entre $\frac{1}{2}$ et l'unité, il suit de l'équation (17) que la valeur de t devra être telle que l'on ait

$$\frac{(1+t^2)t^5}{2(1+t)^{12}} < \gamma, \qquad \frac{t^7}{(1+t)^{12}} > \gamma;$$

ce qui servira à en déterminer des limites. On remarquera, à cet effet, que la première de ces deux fonctions de t, décroît continuellement depuis $t=0$ jusqu'à $t=\infty$, et que la seconde augmente d'abord depuis $t=1$ jusqu'à $t=\frac{7}{5}$, pour décroître ensuite jusqu'à $t=\infty$.

En éliminant k entre les équations (17) et (18) on parviendrait à une équation du 24e degré par rapport à t, du genre des équations réciproques, et réductible, parconséquent, à une équation du 12e degré; mais il sera beaucoup plus facile de calculer directement par des essais successifs, les valeurs simultanées de k et u qui satisfont au système des équations (17) et (18).

(140). Relativement aux six années comprises depuis 1825 jusqu'à 1830, on a

$$c=0{,}4782, \quad \gamma=\frac{0{,}1151}{792}=0{,}0001453.$$

Pour $t=2$, la quantité $\frac{(1+t^2)^5}{2(1+t)^{12}}$ surpasserait cette valeur de γ; pour $t=3$, ce serait cette valeur qui surpasserait l'autre quantité $\frac{t^7}{(1+t)^{12}}$; la valeur de t doit donc être plus grande que deux et plus petite que trois; limites entre lesquelles il est facile de s'assurer que cette inconnue n'a qu'une seule valeur possible. Après quelques essais, j'ai pris 2,112 pour cette valeur; l'équation (17) donne alors 0,5354 pour celle de k; et en substituant ces valeurs dans le second membre de l'équation (18), on le trouve égal à 0,4783, ce qui ne diffère du premier membre que de 0,0001; on a donc, avec une très grande approximation,

$$k=0{,}5354, \qquad t=2{,}112.$$

Pour les mêmes années, on a

$$c' = 0{,}6556, \quad \gamma' = \frac{0{,}0523}{79^2} = 0{,}00006604.$$

Je substitue ces valeurs à la place de c et γ dans les équations (17) et (18), et j'y mets aussi t' et k' au lieu de t et k; en les résolvant ensuite, comme dans le cas précédent, je trouve, au même degré d'approximation,

$$k' = 0{,}6744, \quad t' = 3{,}4865.$$

De ces valeurs de t et t', on déduit

$$u = \frac{t}{1+t} = 0{,}6786, \quad u' = \frac{t'}{1+t'} = 0{,}7771,$$

pour les chances qu'un juré quelconque ne se tromperait pas, qui ont eu lieu dans les années que nous considérons; la première répondant au cas des crimes contre les personnes, et la seconde à celui des crimes contre les propriétés.

Avant qu'un jugement fût prononcé, une personne qui n'aurait connu ni les jurés dont le jury serait composé, ni même le lieu où l'affaire serait jugée, aurait pu parier, à cette époque, un peu plus de deux contre un, que chaque juré ne se tromperait pas dans son vote, s'il s'agissait d'un crime de la première espèce, et près de sept contre deux, dans le cas du second genre de crimes. On emploie ici l'expression vulgaire *parier tant contre tant*, afin de rendre plus sensible la signification qu'on doit attacher aux valeurs de u et u', et quoique le pari qu'on suppose soit illusoire, puisqu'on ne saurait jamais qui aurait gagné. Cette personne aurait pu aussi parier, d'après les valeurs précédentes de k et k', un peu moins de sept contre six pour la culpabilité de l'accusé dans le cas de la première sorte de crimes, et un peu plus de deux contre un, dans le cas de la seconde. Nous verrons plus loin ce que devient la probabilité que l'accusé est coupable, après que le jugement est prononcé.

Si nous considérons les nombres des accusés et des condamnés, sans distinction des genres de crimes contre les personnes et contre les propriétés, il faudra prendre, toujours pour les mêmes années et pour la France entière,

$$c = 0,6094, \quad \gamma = \frac{0,0706}{79^2} = 0,00008914.$$

En résolvant les équations (17) et (18), on trouve alors

$$k = 0,6391, \quad t = 2,99, \quad u = 0,7494.$$

Si l'on considérait le département de la Seine isolément, les valeurs de c et γ qu'on devrait employer seraient (n° 136)

$$c = 0,6509, \quad \gamma = \frac{0,0655}{79^2} = 0,00008267,$$

et l'on trouverait

$$k = 0,678, \quad t = 3,168, \quad u = 0,7778.$$

A l'époque que nous considérons, et abstraction faite de l'espèce de crimes, les probabilités k et u étaient donc un peu plus grandes dans le ressort de la cour d'assises de Paris que dans le reste du royaume : dans le département de la Seine, elles surpassaient un peu $\frac{2}{3}$ et $\frac{3}{4}$, tandis que dans la France entière elles étaient un peu inférieures à ces fractions. Toutefois, les différences entre les deux valeurs de k et entre celles de u, n'étant pas considérables, c'est une raison de penser qu'il en est de même d'une partie quelconque de la France à une autre; ce qui justifie, autant qu'il est possible, l'hypothèse de l'égalité de chacune de ces deux quantités dans tout le royaume, que nous avons faite, afin de pouvoir calculer maintenant leurs valeurs approchées, au moyen de nombres suffisamment grands d'observations.

Ainsi que nous l'avons dit plus haut, les valeurs de k et u ou de k' et u', sont restées les mêmes en 1831; mais elles ont dû changer dans les années suivantes avec les rapports dont elles se déduisent; et comme nous connaissons seulement pour 1832 et 1833, les rapports $\frac{a'}{\mu}$ ou $\frac{a''}{\mu'}$, cette donnée ne suffit pas pour déterminer les deux inconnues u et k, ou u' et k'. Observons d'ailleurs que ces quantités ont peut-être changé une seconde fois, et ne sont plus les mêmes, depuis la dernière loi, qui, en maintenant la question des *circonstances atténuantes*, a prescrit le secret du vote des jurés, ce qui a pu influer sur leur chance de ne pas se tromper. Nous ne pouvons donc pas connaître les valeurs de u et k, u' et k', qui ont eu lieu depuis 1831. Mais cette loi, en fixant à sept voix contre cinq, la majorité suffisante pour la condamnation, exige que les jurés fassent connaître si leur décision a été rendue à la majorité *minima*. Si donc on donne dorénavant, dans les *Comptes généraux*, les nombres des condamnés, et non pas seulement celui des affaires pour lesquelles cette plus petite majorité aura eu lieu; de plus, si l'on fait connaître ces mêmes nombres, pour les accusés des deux sexes séparément, et pour les deux classes de crimes que l'on a distinguées, il sera possible, dans quelques années, de déterminer avec une grande précision les deux éléments k et u, pour les différentes parties du royaume, pour les hommes et pour les femmes, pour les crimes contre les personnes et pour les crimes contre les propriétés.

(141). Au moyen de chaque couple de valeurs de u et k, les formules (4), (5), (6), feront connaître les probabilités correspondantes qu'une condamnation ou un acquittement a eu lieu à une majorité donnée, ou à une majorité au moins égale à celle-là.

En faisant $n=12$ et $i=0$, on aura

$$\gamma_0 = ku^{12} + (1-k)(1-u)^{12}, \quad \delta_0 = (1-k)u^{12} + k(1-u)^{12},$$

pour les probabilités qu'un accusé condamné ou acquitté, l'a été à l'unanimité, et, par conséquent,

$$\gamma_0 + \delta_0 = u^{12} + (1-u)^{12},$$

pour la probabilité d'un jugement unanime, soit qu'il condamne, soit qu'il absolve. On aura aussi

$$\gamma_0 - \delta_0 = (2k-1)\left[u^{12} - (1-u)^{12}\right];$$

quantité positive à cause de $k > \frac{1}{2}$ et $u > 1-u$, en sorte que l'unanimité est moins probable dans le cas de l'acquittement que dans celui de la condamnation. On voit que ces diverses probabilités sont très faibles, dès que la chance u de ne pas se tromper diffère sensiblement de zéro et de l'unité. Si l'on prend, par exemple, les valeurs de u et k qui se rapportent à la France entière, sans distinction de l'espèce de crimes, c'est-à-dire si l'on fait $k = 0{,}6391$ et $u = 0{,}7494$, il en résultera

$$\gamma_0 = 0{,}0201, \quad \delta_0 = 0{,}0113, \quad \gamma_0 + \delta_0 = 0{,}0314;$$

ce qui suffit pour montrer combien doit être rare une décision unanime de douze jurés. Si l'on exigeait que le *verdict* du jury fût prononcé à l'unanimité, soit qu'il condamne, soit qu'il absolve, il y aurait, d'après cette valeur de $\gamma_0 + \delta_0$, près de trente-deux à parier contre un qu'aucun jugement ne serait rendu; et cela arriverait 32 fois sur 33 environ, si les jurés ne communiquaient pas entre eux, et ne convenaient pas, pour en finir, de s'arrêter à une simple majorité.

En appelant M la probabilité que dans un nombre μ de jugements, il n'y en a eu ou il n'y en aura aucun qui soit unanime, on aura

$$M = (1 - \gamma_0 - \delta_0)^{\mu};$$

et si l'on veut que M soit $\frac{1}{2}$, il faudra qu'on ait

$$\mu = \frac{-\log 2}{\log(1 - \gamma_0 - \delta_0)} = 21{,}73,$$

en employant toujours la valeur précédente de $\gamma_0 + \delta_0$. Par conséquent, ce ne serait que dans 22 affaires qu'on pourrait parier un peu plus de un contre un, qu'un jugement au moins serait rendu à l'unanimité. Il y aurait du désavantage à faire ce pari pour un nombre d'affaires moindre d'une unité.

(142). Avant d'aller plus loin, il est nécessaire de rappeler ce qui a été dit au commencement de cet ouvrage, sur le sens que nous attachons au mot *coupable* dans les jugements des jurys, et d'en déduire quelques conséquences importantes.

Lorsqu'un juré prononce qu'un accusé est coupable, il affirme qu'à ses yeux, il y a preuve suffisante pour que l'accusé soit condamné; s'il prononce que l'accusé n'est pas coupable, il entend par-là que la probabilité de la culpabilité n'est pas assez grande pour la condamnation; mais son vote négatif ne signifie pas qu'il croit l'accusé innocent; et, sans doute, il arrive plus souvent qu'il le croit plutôt coupable. Il aura jugé que la probabilité que l'accusé soit coupable, pouvait surpasser $\frac{1}{2}$, mais qu'elle était cependant inférieure à celle que sa conscience et la sécurité publique exigeaient pour que l'accusé fût condamné. Le sens réel du vote affirmatif ou négatif d'un juré, est donc que l'accusé est ou n'est pas *condamnable*; par conséquent, les probabilités P_i et Q_i de la bonté d'un jugement de condamnation ou d'acquittement (n° 120), expriment aussi les raisons que nous avons de croire que l'accusé était condamnable, lorsqu'il a été condamné, et qu'il n'était pas condamnable quand il a été acquitté : P_i est sans doute moindre que la probabilité réelle de la culpabilité d'un condamné, et, au contraire, Q_i surpasse la probabilité de l'innocence d'un accusé absous; mais ces autres probabilités ne pourraient être aucunement déterminées par le calcul, qui ne s'applique qu'aux probabilités P_i et Q_i, ainsi définies et considérées dans de très grands nombres de jugements de la même nature. On ne doit pas croire non plus que ces quantités P_i et Q_i soient l'expression de l'opinion générale, en ce sens qu'elles exprimeraient les probabilités d'une condamnation ou d'un acquittement par un jury composé de tous les citoyens qui sont compris sur la liste générale où les jurés, au nombre de douze, ont été pris au hasard; car la chance c_i d'une condamnation, par un jury d'un nombre quelconque de personnes, est inférieure à la fraction que nous avons désignée par k (n° 118), laquelle est beaucoup moindre, en général, que la valeur de P_i; et de même la chance d_i d'un acquittement est toujours inférieure à la fraction $1 - k$, beaucoup moindre, elle-même, que la valeur de Q_i.

Pour les jurés du ressort de chaque cour d'assises, et pour chacun des deux genres de crimes que nous avons distingués, on doit donc concevoir qu'il y a une certaine probabilité z, jugée suffisante et nécessaire pour la condamnation. Cela étant, la chance u, qu'un juré pris au hasard sur la liste de ce département ne se trompera pas dans son vote, est la probabilité qu'il jugera celle de la culpabilité de l'accusé égale ou supérieure à z, si elle l'est effectivement, ou bien, inférieure à z, si, en effet, elle n'atteint pas cette limite. Cette probabilité u dépend principalement du degré d'instruction de la classe des personnes portées sur la liste générale des jurés, et la probabilité z, de l'opinion qu'elles se forment sur la nécessité d'une répression plus ou moins forte des différents genres de crimes. Ces deux probabilités distinctes peuvent varier, par conséquent, avec le temps et d'un département à un autre. On a vu comment la valeur de u peut se déduire des données de l'observation; quant à celle de z, nous n'avons aucun moyen de la connaître; et nous pouvons seulement conclure qu'elle augmente ou diminue, toutes choses d'ailleurs égales, lorsque nous voyons le rapport du nombre des condamnés à celui des accusés, diminuer ou augmenter notablement. Ainsi, lorsque la question des *circonstances atténuantes* a été posée aux jurés et qu'on a vu ce rapport augmenter et passer de 0,54 à 0,59 (n° 135), on a dû en conclure qu'ils se sont arrêtés, pour la condamnation, à une probabilité z moindre que celle qu'ils exigeaient auparavant, sauf à décider affirmativement la question dont il s'agit, afin d'abaisser d'un degré la peine qui serait prononcée contre les condamnés.

Avant le jugement, la probabilité que l'accusé est coupable surpasse de beaucoup, sans aucun doute, celle que nous avons désignée par k : la plus grande valeur que nous avons trouvée pour celle-ci est à peu près $\frac{3}{4}$; et personne cependant n'hésiterait à parier bien plus de trois contre un, qu'un individu quelconque est réellement coupable quand il est traduit devant une cour d'assises. Mais ce qu'on a dit à l'égard de P_i convient également à k : il faut aussi entendre que k exprime seulement la probabilité, antérieure au jugement, que l'accusé soit *condamnable;* probabilité qui peut dépendre, en conséquence, de celle que les jurés exigent pour la condamnation, mais qui est indépendante, par sa nature, de la probabilité u qu'un juré ne se trompera pas. Il s'ensuit donc que la valeur de k peut varier avec la probabilité z, lors même que les formes de l'instruction préliminaire et l'habileté des juges chargés de la diriger, sont restées les mêmes, et quelle que soit d'ailleurs la probabilité u. Voici un exemple de cette variation.

Depuis 1814 jusqu'à 1830, les procès criminels étaient jugés, dans la Belgique, par des tribunaux composés de cinq juges, et la majorité de trois voix contre deux suffisait pour les condamnations. En 1830, la composition de ces tribunaux a changé. Dans le courant de 1831, on a rétabli le jury tel qu'il existait sous le domination française, et la majorité suffisante pour les condamnations a été celle de sept voix contre cinq. Les formes de l'instruction préliminaire sont toujours restées les mêmes. Or, il résulte des *Comptes de l'administration de la justice criminelle* dans ce royaume, récemment publiés par le Gouvernement, qu'en 1832, 1833, 1834, les rapports des nombres de condamnés à ceux des accusés ont été $\frac{59}{100}$, $\frac{60}{100}$, $\frac{61}{100}$, où l'on voit qu'ils ont très peu varié d'une année à une autre, et que leur valeur moyenne est sensiblement égale à celle qui avait lieu en France avant 1830. Comme on ne donne point dans ces *Comptes*, le nombre de fois que les condamnations ont été prononcées à la plus petite majorité de sept voix contre cinq, ni à aucune autre majorité déterminée, le rapport que nous citons ne suffit pas pour en conclure les valeurs de u et k qui se rapportent à la Belgique; mais puisque ce rapport total, c'est-à-dire le rapport que nous avons désigné par $\frac{a_5}{\mu}$, diffère si peu pour la Belgique et pour la France, il y a lieu de croire que le rapport partiel $\frac{b_5}{\mu}$ est aussi très peu différent pour ces deux pays, et que, par conséquent, les valeurs de u et k y sont à très peu près les mêmes. On peut donc admettre que pour la Belgique, la valeur de k ne s'écarte pas beaucoup de la fraction $\frac{64}{100}$, que l'on a obtenue précédemment pour la France entière, et sans distinction du genre de crimes. Cela étant, on trouve dans les mêmes *Comptes*, que dans les années 1826, 1827, 1828, 1829, les rapports du nombre des condamnés à celui des accusés, se sont élevés à $\frac{84}{100}$, $\frac{85}{100}$, $\frac{83}{100}$, $\frac{81}{100}$; fractions à peu près égales, et dont la moyenne est un peu supérieure à $\frac{83}{100}$. Mais, d'après ce qu'on a vu dans le n° 118, la probabilité dont cette moyenne est la valeur approchée, doit toujours être moindre que la valeur de k; il s'ensuit donc que dans ces quatre dernières années, cette quantité k a dû être beaucoup plus grande que dans les années 1832 et 1833; ce qu'on ne peut attribuer qu'à une inégalité de la quantité inconnue z, à ces deux époques, qui a été telle que les jurés ont exigé pour la condamnation, une probabilité que l'accusé fût coupable, supérieure à celle que les juges trouvaient suffisante. Cette conclusion est, au reste, indépendante de la chance u de ne pas se tromper, qui a pu être égale ou inégale à ces deux époques, c'est-à-dire plus grande pour les juges que pour les jurés, ou *vice versâ*; question qui reste indécise, faute de données nécessaires de l'observation.

La quantité k dépendant de la probabilité z, il s'ensuit que l'inégalité de ses valeurs pour les deux genres de crimes que nous avons considérés, peut tenir à deux causes différentes : à ce que la présomption de la culpabilité avant le jugement est plus difficile à établir à l'égard des crimes contre les personnes, qu'en ce qui concerne les crimes contre les propriétés; ou bien, à ce que les jurés exigent pour la condamnation une plus grande probabilité z, dans le premier cas que dans le second; et il y a lieu de croire que ces deux causes distinctes ont concouru à produire l'inégalité dont il s'agit.

Il suit de cette dépendance entre z et k, que si la question des *circonstances atténuantes* a produit pour les années 1832 et 1833 une diminution notable dans la probabilité que les jurés ont jugée suffisante pour la condamnation, la probabilité k a dû au contraire augmenter, et ces variations inverses de u et de k ont dû aussi produire une augmentation dans la valeur de u; car on peut supposer qu'il y a, pour les jurés, une moindre chance de ne pas se tromper, lorsque, d'une part, ils exigent une moindre probabilité pour la condamnation, et que, d'une autre, il existe, avant le jugement, une plus grande probabilité que l'accusé soit condamnable.

(143). Il nous reste actuellement à calculer, au moyen des formules (9) et (10), et des couples de valeurs trouvées pour u et k, ou pour u' et k', les probabilités qu'un condamné était coupable et qu'un accusé absous était innocent, ou, pour parler plus exactement, les probabilités que le premier était condamnable et que le second ne l'était pas. Mais auparavant nous changerons ces formules en des équations plus commodes pour le calcul, et nous y ajouterons d'autres formules dont les valeurs numériques seront aussi très importantes à connaître.

En vertu de la première équation (6), la formule (9) pourra être remplacée par cette équation

$$P_i c_i = k U_i,$$

dans laquelle on prendra le rapport $\frac{a_i}{\mu}$ donné par l'observation, pour la valeur approchée de c_i.

La quantité $1 - P_i$ est la probabilité qu'un condamné à la majorité d'au moins $n - i$ contre i voix n'est pas coupable; c_i est la probabilité qu'un accusé coupable ou non, sera condamné à cette majorité; le produit de c_i et de $1 - P_i$ exprime donc la chance pour un accusé non coupable d'être néanmoins condamné. En la désignant par D_i, et ayant égard à l'équation précédente et à la première équation (6), on aura donc

$$D_i = (1 - k)V_i;$$

résultat qui se déduit aussi du raisonnement que l'on a fait dans le n° 120, pour obtenir l'expression de P_i.

Le nombre de voix nécessaire pour la condamnation étant au moins $n - i$, soit Π_i la probabilité qu'un accusé absous est innocent; sa valeur se déduira de celle de Q_i ou de la formule (10), en y mettant $n - i - 1$ au lieu de i; et si l'on a égard à la seconde équation (6), on en conclura

$$\Pi_i d_{n-i-1} = (1 - k)U_{n-i-1},$$

ou ce qui est la même chose, d'après ce qu'on a vu dans le n° 118,

$$\Pi_i(1 - c_i) = (1 - k)(1 - V_i).$$

La probabilité qu'un accusé absous est coupable sera $1 - \Pi_i$; la probabilité qu'un accusé quelconque ne sera pas condamné étant $1 - c_i$, il s'ensuit que le produit $(1 - \Pi_i)(1 - c_i)$ exprimera la chance pour un accusé coupable d'être cependant acquitté. En la désignant par Δ_i, on aura donc

$$\Delta_i = 1 - c_i - (1 - k)(1 - V_i),$$

ou bien, en vertu de la première équation (6),

$$\Delta_i = k(1 - U_i).$$

Les chances D_i et Δ_i sont, pour ainsi dire, les mesures du danger que court un accusé non condamnable d'être condamné, et la société, de voir acquitter un accusé condamnable. Relativement à la culpabilité ou à l'innocence réelles des accusés, on ne devra pas oublier que D_i n'est, comme P_i, qu'une limite supérieure, et que Δ_i n'est, ainsi que Q_i, qu'une limite inférieure. Quand les valeurs de P_i et Π_i auront été calculées, on en déduira immédiatement celles de D_i et Δ_i; car, en vertu des équations précédentes, on aura

$$D_i = 1 - k - \Pi_i(1 - c_i), \quad \Delta_i = k - P_i c_i;$$

où l'on voit que les chances Δ_i et D_i seront toujours moindres, respectivement, que les probabilités k et $1-k$ de la culpabilité et de la non-culpabilité avant le jugement. Pour un très grand nombre μ d'accusés, les nombres des condamnations et des acquittements donnés par l'observation, étant a_i et $\mu - a_i$; ceux des condamnés non coupables et des acquittés coupables, seront à très peu près et très probablement égaux aux produits $D_i a_i$ et $\Delta_i(\mu - a_i)$.

En faisant $n = 12$ et successivement $i = 5$ et $i = 4$, prenant $\frac{a_5}{\mu}$ et $\frac{a_4}{\mu}$ pour les valeurs approchées de c_5 et c_4, et mettant, comme précédemment $\frac{t}{1+t}$ et $\frac{1}{1+t}$ au lieu de u et $1-u$, nous conclurons des équations précédentes

$$\frac{a_5}{\mu}P_5 = k\left[1 - \frac{1 + 12.t + 66.t^2 + 220.t^3 + 495.t^4 + 792.t^5 + 924.t^6}{(1+t)^{12}}\right],$$

$$\frac{a_4}{\mu}P_4 = k\left[1 - \frac{1 + 12.t + 66.t^2 + 220.t^3 + 495.t^4 + 792.t^5 + 924.t^6 + 792.t^7}{(1+t)^{12}}\right],$$

$$\left(1 - \frac{a_5}{\mu}\right)\Pi_5 = (1-k)\left[1 - \frac{1 + 12.t + 66.t^2 + 220.t^3 + 495.t^4 + 792.t^5}{(1+t)^{12}}\right],$$

$$\left(1 - \frac{a^4}{\mu}\right)\Pi_4 = (1-k)\left[1 - \frac{1 + 12.t + 66.t^2 + 220.t^3 + 495.t^4}{(1+t)^{12}}\right].$$

Nous aurons en même temps

$$D_5 = 1 - k - \left(1 - \frac{a_5}{\mu}\right)\Pi_5, \quad \Delta_5 = k - \frac{a_5}{\mu}P_5,$$

$$D_4 = 1 - k - \left(1 - \frac{a_4}{\mu}\right)\Pi_4, \quad \Delta_4 = k - \frac{a_4}{\mu}P_4.$$

Telles sont donc les diverses formules qu'il s'agira de réduire en nombres : les quantités qu'elles renferment se rapporteront au cas des crimes contre les personnes; on désignera par les mêmes lettres, avec des accents, les quantités analogues qui répondent aux cas des crimes contre les propriétés.

(144). Pendant l'année 1831, la majorité nécessaire pour la condamnation était celle de huit voix au moins contre quatre, et la question des *circonstances atténuantes* n'avait pas lieu. On avait

$$\frac{a_4}{\mu} = 0{,}3632, \quad t = 2{,}112, \quad k = 0{,}5354;$$

d'où l'on déduit

$$P_4 = 0{,}9811, \quad \Pi_4 = 0{,}7186, \quad D_4 = 0{,}00689, \quad \Delta_4 = 0{,}1791.$$

Sur les 743 condamnés dans cette année, à peu près cinq n'auraient pas dû l'être, d'après cette valeur de D_4; et d'après celle de Δ_4, environ 233 accusés n'auraient pas dû être acquittés, sur les 1303 qui l'ont été. La chance d'être condamné quoique non condamnable surpassait très peu un 150e, et celle d'être acquitté, quoique condamnable, était comprise entre un sixième et un cinquième. Enfin, la probabilité de la culpabilité d'un condamné ne différait pas d'un 50e, de la certitude, et celle de l'innocence d'un accusé absous, c'est-à-dire la probabilité qu'il n'était pas suffisamment prouvé qu'il fût coupable, ne surpassait pas beaucoup la fraction $\frac{2}{3}$.

Ces résultats se rapportent aux crimes contre les personnes. Dans la même année, on avait, relativement aux crimes contre les propriétés,

$$\frac{a'_4}{\mu'} = 0{,}6034, \quad t' = 3{,}4865, \quad k' = 0{,}6744;$$

d'où l'on conclut

$$P'_4 = 0{,}9981, \quad \Pi'_4 = 0{,}8199, \quad D'_4 = 0{,}0004, \quad \Delta'_4 = 0{,}0721.$$

Pour ce genre de crimes, la proportion des condamnés qui n'auraient pas dû l'être, n'a donc été que de quatre sur dix mille; ce qui ne fait pas deux sur les 3355 de ces condamnations qui ont été prononcées. La proportion des individus acquittés qui étaient condamnables, a surpassé sept centièmes; et leur nombre a dû être environ 159, sur les

50..

2205 acquittements qui ont eu lieu. La probabilité qu'un condamné était coupable ne différait pas de deux millièmes de la certitude, et celle de l'innocence d'un individu acquitté était un peu supérieure à la fraction $\frac{4}{5}$. Ces résultats sont, comme on voit, plus satisfaisants que ceux qui se rapportent aux crimes contre les personnes; ce qui tient à ce que les condamnations pour des crimes contre les propriétés, quoiqu'elles aient été proportionnellement plus nombreuses, ont aussi eu lieu très probablement à de plus fortes majorités (n° 141).

Les huit probabilités P_4, P'_4, etc., que nous venons de calculer, sont fondées sur les rapports $\frac{a_4}{\mu}$, $\frac{a'_4}{\mu'}$, $\frac{b_4}{\mu}$, $\frac{b'_4}{\mu'}$, donnés par l'observation et qui nous ont servi précédemment à déterminer les valeurs de t, t', k, k'. Elles sont toutes les huit des fractions moindres que l'unité; ce qui fournit une confirmation d'autant plus remarquable de la théorie, qu'il n'en serait plus de même généralement, si l'on prenait des valeurs arbitraires de t et k, t' et k', lors même qu'elles ne différeraient pas beaucoup de celles qui résultent de l'observation.

Dans les années qui ont précédé 1831, la majorité suffisante pour la condamnation était celle de sept voix contre cinq; mais dans le cas de la majorité *minima*, la cour intervenait et la condamnation n'était définitive que si la majorité des cinq juges dont elle se composait alors, se joignait à la majorité du jury. Il sera donc nécessaire de considérer séparément les condamnations prononcées à cette plus petite majorité, et celles qui ont eu lieu aux majorités d'au moins huit voix contre quatre. Pour celles-ci, les valeurs numériques des probabilités P_4 et P'_4, Π_4 et Π'_4, D_4 et D'_4, Δ_4 et Δ'_4, seront celles que l'on vient de calculer, puisque dans les années antérieures à 1831, les valeurs de t et k, t' et k' étaient les mêmes que dans cette année (n° 137). Ainsi, depuis 1825 jusqu'à 1830, sur environ 5000 individus condamnés à cette majorité d'au moins huit voix contre quatre, pour des crimes contre les personnes, et près de 20000 pour des crimes contre les propriétés, il y en a eu très probablement, d'après les valeurs précédentes de D_4 et de D'_4, environ 35 d'une part et 8 de l'autre qui n'étaient pas condamnables; ce qui serait sans doute beaucoup trop, si cela voulait dire qu'ils fussent réellement innocents.

Relativement aux autres condamnations prononcées à la majorité *minima* de sept voix contre cinq, on aura, pour la probabilité que le condamné était coupable,

$$p_5 = \frac{kt^2}{kt^2+1-k},$$

en faisant dans la formule (7),

$$n=12,\ i=5,\ u=\frac{t}{1+t},\ 1-u=\frac{1}{1+t}.$$

S'il s'agit des crimes contre les personnes, on aura, comme plus haut,

$$t=2,112,\quad k=0,5354;$$

et il en résultera

$$p_5=0,8372.$$

Dans le cas des crimes contre les propriétés, on changera p_5, k, t, en p'_5, k', t', et l'on fera, aussi comme précédemment,

$$t'=3,4865,\quad k'=0,6744;$$

ce qui donne

$$p'_5=0,9618.$$

Enfin, si l'on considère les deux sortes de crimes indistinctement et toujours pour la France entière, on devra prendre 0,6391 et 2,99, pour les valeurs de k et t (n° 140); et en désignant par ϖ_5 la valeur correspondante de p_5, ou la probabilité que le condamné est coupable, on aura

$$\varpi_5=0,9406.$$

En retranchant ces valeurs de p_5, p'_5, ϖ_5, de l'unité, nous aurons, à très peu près, $\frac{16}{100}$, $\frac{4}{100}$, $\frac{6}{100}$, pour la probabilité de l'erreur du jury dans les trois cas que nous venons de considérer. D'après la formule de Laplace (n° 132), cette probabilité serait la même dans ces trois cas, et égale à 0,29; c'est-à-dire presque double de la valeur de $1-p_5$, et quintuple de celle de $1-\varpi_5$: on verra dans le numéro suivant à quoi se réduit cette probabilité $1-\varpi_5$ de la non-culpabilité de l'accusé, quand la condamnation a été confirmée par la cour d'assises à la majorité d'au moins trois voix contre deux.

Lorsqu'on aura réuni les données suffisantes pour calculer, ainsi qu'on l'a dit plus haut (n° 140), les valeurs de k et de u, ou de k' et de u', qui ont lieu à l'époque actuelle, on en conclura, par un calcul semblable au précédent, les probabilités correspondantes P_5, Π_5, D_5, Δ_5, ou P'_5, Π'_5, D'_5, Δ'_5; et, en les comparant aux probabilités P_4, Π_4, D_4, Δ_4, ou P'_4, Π'_4, D'_4, Δ'_4, que nous avons trouvées pour l'époque de 1831, par exemple, on pourra connaître, sans aucune illusion, les avantages relatifs de la législation criminelle à ces deux époques, sous le double rapport de la sécurité publique et de la garantie que l'on doit aux accusés.

Les données de l'observation restant les mêmes, on y satisfait, d'après la remarque du n° 138, par deux couples différents de valeurs de k et u, ou de k' et u', c'est-à-dire par des valeurs de ces quantités plus grandes que $\frac{1}{2}$, et par d'autres valeurs plus petites que $\frac{1}{2}$ et égales au complément des premières à l'unité. Nous avons trouvé, par exemple, pour l'année 1831 et pour les crimes contre les propriétés,

$$k' = 0,6744, \quad u' = 0,7771;$$

en employant les données de l'observation dont nous avons fait usage, nous aurions donc pu en déduire également

$$k' = 1 - 0,6744 = 0,3256, \quad u' = 1 - 0,7771 = 0,2229;$$

la valeur de u' se changeant en $1 - u'$, celle de t' se change, en même temps, en $\frac{1}{t'}$; on aurait donc aussi

$$t' = \frac{1}{3,4865} = 0,2868;$$

et en prenant toujours, comme plus haut,

$$\frac{a'_4}{u'} = 0,6034,$$

on trouverait

$$P'_4 = 0,000675;$$

en sorte que la condamnation, au lieu d'augmenter la probabilité que l'accusé soit coupable, l'aurait, au contraire, diminuée et rendue presque nulle. Mais, ainsi que nous l'avons déjà dit dans le numéro cité, on doit rejeter, en général, ces valeurs des inconnues k et u, ou k' et u', moindres que celles des probabilités contraires, que le calcul devait donner, néanmoins, pour comprendre le cas où dans de très grands nombres de jugements extraordinaires, la culpabilité légale des condamnés serait moins probable que leur innocence.

(145). Si nous faisons

$$n = 5, \quad i = 2, \quad u = \frac{t}{1+t}, \quad 1 - u = \frac{1}{1+t},$$

dans la première formule (6), nous aurons

$$c_2 = k - \frac{(2k-1)(1+5t+10t^2)}{(1+t)^5},$$

pour la probabilité qu'un accusé sera condamné par un tribunal de cinq juges à la majorité d'au moins trois voix contre deux; k désignant toujours la probabilité, avant le jugement, de la culpabilité de cet accusé, et u la chance que chacun des juges ne se trompera pas. En vertu de la formule (9), nous aurons, en même temps,

$$c_2 P_2 = k\left[1 - \frac{1+5t+10t^2}{(1+t)^5}\right],$$

ou simplement, d'après l'équation précédente,

$$(2k-1)c_2 P_2 = k(k-1+c_2),$$

pour déterminer la probabilité P_2 de la culpabilité après que la condamnation aura eu lieu.

Dans l'application qu'on fera de ces équations au cas d'un accusé déjà condamné par le jury à la majorité *minima* de sept voix contre cinq, et soumis ensuite au jugement de la cour d'assises, comme cela avait lieu antérieurement à 1831, on prendra pour k la probabilité que l'accusé est coupable, résultante de la décision du jury; la valeur approchée et très probable de c_2 se déduira de l'observation, et sera égale au nombre des condamnations que la cour d'assises aura prononcées dans un très grand nombre d'affaires, divisé par ce très grand nombre. Or, on voit par les *Comptes généraux* que dans les cinq années écoulées depuis 1826 jusqu'à 1830, il y a eu 1911 affaires soumises aux cours d'assises du royaume, après que les jurys avaient condamné à la majorité de sept voix contre cinq, et que, dans ce nombre d'affaires, les cours ont confirmé 1597 fois les condamnations. Mais ces *Comptes* ne nous font pas connaître suivant quelle proportion les nombres 1911 et 1597 se sont partagés entre les crimes contre les personnes et les crimes contre les propriétés; nous serons donc obligés de déterminer la probabilité P_2 et l'inconnue t, sans distinction de ces deux genres de crimes : pour cela nous ferons

$$c_2 = \frac{1597}{1911} = 0,8357;$$

et nous prendrons pour k la valeur de ϖ_5 du numéro précédent, savoir :

$$k = 0,9406;$$

quantité qui surpasse, comme cela devait être (n° 118), la proportion c_2 des condamnations.

Au moyen de ces valeurs, on trouve

$$P_2 = 0,9916,$$

pour la probabilité qu'un individu était coupable, lorsqu'il avait été condamné successivement par le jury à la majorité *minima* de sept voix contre cinq, et par les juges à la majorité d'au moins trois voix contre deux. La probabilité qu'il n'était pas coupable différait donc très peu d'un 100e; en sorte que sur les 1597 individus condamnés, il est très probable qu'il y en a eu à peu près quinze qui n'étaient pas condamnables.

Les mêmes valeurs de k et de c_2 donnent

$$\frac{k - c_2}{2k - 1} = 0,1188;$$

au moyen de quoi l'équation qui doit servir à déterminer l'inconnue t, devient

$$1 + 5t + 10t^2 = (0,1188)(1 + t)^5.$$

On en déduit

$$t = 2,789, \quad u = 0,7361;$$

ce qui montre que la chance u de ne pas se tromper a été peu différente, pour les juges, de celle que l'on a trouvée pour les jurés (n° 140), sans distinction de l'espèce de crimes, et qui est égale à 0,7494.

(146). Les formules dont nous venons de faire diverses applications à des jugements en matière criminelle, conviennent également à toutes les autres espèces de jugements, rendus en très grand nombre, tels que ceux de la police correctionnelle et ceux de la justice militaire. Mais, pour s'en servir, il faut que dans chaque espèce, l'observation fournisse les données nécessaires à la détermination des éléments que ces formules renferment.

Les *Comptes généraux de l'administration de la justice criminelle* contiennent aussi les résultats de la police correctionnelle. Pendant les neuf années écoulées depuis 1825 jusqu'à 1833, le nombre des individus traduits à cette police dans la France entière, s'est élevé à 1710174, et dans ce nombre il y a eu 1464500 condamnés, ce qui donne 0,8563 pour le rapport du nombre des condamnés à celui des accusés. D'une année à une autre, ce rapport n'a pas beaucoup varié; il a toujours été compris entre 0,84 et 0,87. Le nombre des juges dans les tribunaux de police correctionnelle n'est pas invariable : il doit être au moins égal à 3; et le plus souvent il se réduit à ce *minimum*. La majorité de deux voix contre une suffit alors pour la condamnation; on obtiendra donc la probabilité c_1 qu'un accusé sera condamné en police correctionnelle, en faisant $n=3$ et $i=1$ dans la première équation (6); ce qui donne

$$c_1 = \frac{k(t^3 + 3t^2) + (1-k)(3t+1)}{(1+t)^3},$$

en y mettant aussi $\frac{t}{1+t}$ au lieu de u. On prendra pour la valeur approchée et très probable de c_1, fournie par l'observation, le rapport 0,8563; mais cette donnée est insuffisante pour déterminer les deux inconnues k et t; il faudrait savoir, en outre, parmi les 1464500 condamnations, le nombre de celles qui ont été prononcées, soit à l'unanimité, soit à la simple majorité de deux voix contre une; ce que les *Comptes généraux* ne nous font pas connaître. Si l'on supposait que la chance de ne pas se tromper fût $\frac{3}{4}$ pour les juges de la police correctionnelle, comme elle l'est généralement pour les jurés, et qu'on fît, dans l'équation précédente, $c_1 = 0,8563$ et $t = 3$, on en déduirait pour k une valeur plus grande que l'unité; ce qui rend cette hypothèse inadmissible. Il y a lieu de croire que cette chance est plus grande pour les juges que pour les jurés, sans que nous puissions dire de combien l'une est surpassée par l'autre, faute de données nécessaires de l'observation.

Les conseils de guerre sont composés de sept juges, et la loi exige, pour la condamnation, la majorité d'au moins cinq voix contre deux. La probabilité c_2 qu'un accusé sera condamné se déduira donc de la première équation (6), en y faisant $n = 7$ et $i = 2$; et si l'on y met aussi $\frac{t}{1+t}$ au lieu de u, il en résultera

$$c_2 = \frac{k(t^7 + 7t^6 + 21t^5) + (1-k)(1 + 7t + 21t^2)}{(1+t)^7}.$$

Dans les *Comptes généraux de l'administration de la justice militaire*, publiés par le ministre de la Guerre, on évalue le nombre des condamnés aux deux tiers de celui des accusés; ce rapport étant conclu d'un grand nombre de jugements, on pourra donc prendre la fraction $\frac{2}{3}$ pour la valeur approchée et très probable de c_2; mais cette donnée ne suffit pas pour la détermination des deux inconnues que renferme l'équation précédente. En supposant que la chance de ne pas se tromper soit très peu différente pour les juges militaires et pour les jurés des cours d'assises, et la faisant en conséquence égale à $\frac{3}{4}$, on aurait $t = 3$ et $c_2 = \frac{2}{3}$, et l'on déduirait de cette équation

$$k = 0,8793, \quad 1 - k = 0,1207;$$

en sorte qu'il y aurait un peu plus de sept à parier contre un, qu'un militaire est coupable quand il est traduit devant un conseil de guerre. En vertu de la formule (9) et de la première équation (6), on a

$$(1+t)^7 c_2 P_2 = k(t^7 + 7t^6 + 21t^5),$$

pour déterminer la probabilité P_2 que l'accusé est coupable, après qu'il a été condamné; et, au moyen des valeurs précédentes de c_2, t, k, il en résulterait

$$P_2 = 0,9976;$$

ce qui montre combien cette probabilité différerait peu de la certitude. Mais ce résultat est fondé sur une valeur hypothétique de t ou de u, dont nous ignorons le degré d'exactitude. Cependant, il serait intéressant de pouvoir comparer, d'une manière certaine, la justice militaire à celle des cours d'assises, sous le rapport de la probabilité des jugements. Pour cela, parmi les condamnés militaires, outre le rapport $\frac{2}{3}$ de leur nombre total à celui des accusés, il faudrait encore connaître le rapport du nombre des condamnés, soit à l'unanimité, soit à l'une des deux majorités de six voix contre une ou de cinq voix contre deux, à ce même nombre des accusés. Malheureusement cette seconde donnée ne nous est pas fournie par l'observation, et nous ne pouvons y suppléer par aucune hypothèse qui ait quelque probabilité.

(147). Il nous reste, pour terminer cet ouvrage, à considérer la probabilité des jugements des tribunaux en matière civile.

Dans un procès civil, il s'agit de juger entre deux parties qui plaident l'une contre l'autre, laquelle a le bon droit de son côté. Cela serait décidé avec certitude par des juges qui n'auraient aucune chance de se tromper; et quel que fût leur nombre, le jugement serait toujours prononcé à l'unanimité. Mais il n'en est point ainsi. Il arrive souvent que deux juges également éclairés, qui ont examiné un même procès avec toute leur attention, portent néanmoins des jugements contraires, l'un donnant gain de cause à la partie que l'autre condamne. On doit donc admettre qu'il y a pour chaque juge, une chance de se tromper dans son vote, ou de ne pas juger comme aurait fait un juge idéal pour lequel toute cause d'erreur serait impossible. Elle dépend du degré d'instruction et de l'intégrité du juge : on ne la connaît pas *à priori;* et sa valeur devra être déduite de l'observation, s'il est possible, par les moyens que l'on va indiquer. Lorsque cette chance, ou la chance contraire, aura été déterminée pour tous les juges d'un tribunal, on en conclura la probabilité de la bonté de leur jugement, c'est-à-dire, de sa conformité avec celui qui serait prononcé par des juges infaillibles. On en conclura aussi la probabilité que d'autres juges, pour lesquels la chance de ne pas se tromper serait également donnée, confirmeront le jugement des premiers. Ce second problème est semblable à celui que nous ont présenté les jugements en matière criminelle : la quantité que nous avons précédemment désignée par k sera maintenant remplacée par la probabilité du bon droit de l'une des deux parties, résultante du premier jugement rendu en sa faveur ; mais quand un procès est soumis pour la première fois aux tribunaux civils, il n'y a aucune probabilité antérieure au jugement, qui soit favorable à l'une ou l'autre partie ; on n'a donc point à considérer une probabilité analogue à k ; et les seules inconnues à déterminer par l'observation seront les probabilités que les juges ne se tromperont pas.

(148). Considérons d'abord un tribunal de première instance, composé de trois juges que nous appellerons A, A′, A″. Soient u, u', u'', leurs probabilités respectives de ne pas se tromper. Désignons par c la probabilité que leur jugement sera unanime. Cela aura lieu, si aucun des juges ne se trompe, ou s'ils se trompent tous les trois. La probabilité du premier cas sera le produit $uu'u''$, et celle du second, le produit $(1-u)(1-u')(1-u'')$; on aura donc

$$c = uu'u'' + (1-u)(1-u')(1-u''),$$

pour la valeur complète de c. Le jugement unanime étant rendu, on pourra faire deux hypothèses : on pourra supposer que l'affaire est bien jugée ou qu'elle est mal jugée. Dans la première hypothèse il faudra qu'aucun des trois juges ne se soit trompé, et dans la seconde, qu'ils se soient trompés tous les trois. La probabilité de l'événement observé, qui est ici le jugement rendu à l'unanimité, sera donc $uu'u''$, si la première hypothèse est vraie, et $(1-u)(1-u')(1-u'')$, si elle est fausse. Donc, en appliquant à ces hypothèses la règle de la probabilité des causes (nº 28), et appelant p la probabilité de la première cause, ou de la bonté du jugement, on aura

$$p = \frac{uu'u''}{uu'u'' + (1-u)(1-u')(1-u'')},$$

ou, ce qui est la même chose,

$$cp = uu'u''.$$

Si le jugement n'est point unanime, un des trois juges aura voté pour l'une des parties, et ses deux collègues pour l'autre partie; désignant par a, a', a'', les probabilités qu'un pareil jugement sera rendu, qui répondent respectivement aux cas où c'est le juge A, ou A', ou A'', qui vote différemment des deux autres, on aura

$$\begin{aligned} a &= (1 - u)u'u'' + u(1 - u')(1 - u''), \\ a' &= (1 - u')uu'' + u'(1 - u)(1 - u''), \\ a'' &= (1 - u'')uu' + u''(1 - u)(1 - u'); \end{aligned}$$

car le premier cas, par exemple, arrivera, soit que A' et A'' ne se trompent pas et que A se trompe, soit que A' et A'' se trompent et que A ne se trompe pas; et de même pour les deux autres cas. En appelant b la probabilité d'un jugement non unanime, rendu d'une manière quelconque, on aura

$$b = a + a' + a'';$$

et comme il faudra que cela ait eu lieu, ou que le jugement ait été unanime, on devra avoir $b + c = 1$; ce qu'il est facile de vérifier. Il en résulte simplement

$$b = 1 - uu'u'' - (1 - u)(1 - u')(1 - u'').$$

Pour que le jugement soit bon, il faudra que les deux juges qui ont formé la majorité en votant de la même manière, ne se soient pas trompés; et, pour qu'il soit mauvais, il faudra qu'ils se soient trompés; si donc l'on désigne par q la probabilité de la bonté d'un jugement non unanime, on aura aussi, d'après la règle de la probabilité des causes ou des hypothèses,

$$bq = (1 - u)u'u'' + (1 - u')uu'' + (1 - u'')uu'.$$

Maintenant, dans un très grand nombre μ de jugements rendus par les trois mêmes juges A, A', A'', soient γ le nombre des jugements unanimes, β celui des jugements non-unanimes, et, parmi ceux-ci, $\alpha, \alpha', \alpha''$, les nombres des jugements où c'est le juge A, ou A', ou A'', qui n'a pas voté comme les deux autres. On aura, avec une très grande approximation et très probablement,

$$\frac{\gamma}{\mu}=c,\quad \frac{\mathcal{C}}{\mu}=b,\quad \frac{\alpha}{\mu}=a,\quad \frac{\alpha'}{\mu}=a',\quad \frac{\alpha''}{\mu}=a''.$$

Le nombre $\mathcal{C}$ étant la somme de $\alpha, \alpha', \alpha''$, et b la somme de a, a', a''; la seconde de ces équations est une suite des trois dernières, et les cinq équations se réduisent à quatre. Si les nombres α, α', α'', étaient donnés par l'observation; en substituant dans les trois dernières équations, les expressions précédentes de a, a', a'', on en pourrait déduire les valeurs de u, u', u'', et en mettant dans la première équation l'expression de c, on en conclurait la valeur de γ; de sorte que si ce nombre γ était aussi donné par l'observation, la comparaison du nombre donné au nombre calculé servirait à vérifier la théorie. Les valeurs de u, u', u'', étant ainsi déterminées, on en déduirait sans difficulté, au moyen des formules précédentes, les probabilités p et q de la bonté d'un jugement unanime et d'un jugement non unanime. Mais l'observation n'a fait connaître, pour aucun tribunal, les nombres γ, α, α', α''; toutefois, afin de donner un exemple de l'usage de ces formules, je choisirai arbitrairement les valeurs des probabilités u, u', u''.

Je prends donc, par exemple,

$$u=\frac{4}{5},\quad u'=\frac{3}{5},\quad u''=\frac{3}{5}.$$

Pour chacun des trois juges, la chance de ne pas se tromper est plus grande que celle de l'erreur; A' et A'' sont également instruits, et ont la même chance de ne pas se tromper; A est plus instruit, et sa chance d'erreur est moindre. On aura

$$c=\frac{8}{25},\quad b=\frac{17}{25};$$

de sorte qu'on pourra parier 17 contre 8, ou un peu plus de deux contre un, que les trois juges ne rendront pas un jugement unanime. On aura aussi

$$p=\frac{9}{10},\quad q=\frac{57}{85};$$

il y aurait donc 9 à parier contre un pour la bonté d'un jugement unanime, et seulement 57 contre 28, ou, à très peu près, deux contre un pour la bonté d'un jugement non unanime. Pour ces trois juges, la chance moyenne de ne pas se tromper serait

$$\frac{1}{3}(u+u'+u'')=\frac{2}{3};$$

en les supposant également instruits et prenant cette fraction $\frac{2}{3}$, pour la valeur commune de u, u', u'', on trouverait

$$c=\frac{1}{3},\quad b=\frac{2}{3},\quad p=\frac{8}{9},\quad q=\frac{2}{3}.$$

Ces valeurs de p et q étant un peu moindres que les précédentes, il s'ensuit que, dans notre exemple, une égale répartition entre les trois juges, de leur somme d'instruction, diminuerait la probabilité que le jugement est bon, soit qu'il ait eu lieu ou non à l'unanimité; mais, d'un autre côté, la dernière valeur de c étant plus grande que la première, et la première valeur de b surpassant la dernière, cette répartition égale de l'instruction augmente la probabilité que le jugement des trois juges sera unanime, et diminue, en conséquence, la probabilité qu'il ne le sera pas.

Lorsque nous ignorons si un jugement rendu par les trois juges a été ou n'a pas été unanime, la raison que nous avons de croire que ce jugement soit bon diffère de p et de q. Si l'on désigne, dans ce cas, la probabilité de la bonté de ce jugement par r, on aura

$$r=uu'u''+(1-u)u'u''+(1-u')uu''+(1-u'')uu';$$

car, dans l'hypothèse que le jugement est bon, le jugement rendu, ou l'événement observé, peut avoir eu lieu dans quatre cas différents dont les probabilités sont les quatre termes de cette formule; dans l'hypothèse contraire, la probabilité de cet événement serait

$$(1-u)(1-u')(1-u'')+u(1-u')(1-u'')+u'(1-u)(1-u''+u''(1-u)(1-u');$$

et la somme des probabilités de l'événement, dans les deux hypothèses, étant la certitude, ou l'unité, le diviseur de l'expression de r, résultant de la règle du n° 28, est aussi l'unité. On peut remarquer qu'on a

$$r = cp + bq;$$

résultat qu'on pourrait aussi démontrer directement.

En prenant les valeurs précédentes de u, u', u'', on trouve

$$r = \frac{93}{125};$$

en les supposant égales entre elles et à $\frac{2}{3}$, il vient

$$r = \frac{20}{27};$$

et cette seconde valeur de r étant un peu moindre que la première, il s'ensuit que la bonté du jugement est la moins probable, comme précédemment, dans le cas de l'égal degré d'instruction des trois juges.

(149). On étendra sans difficulté ces formules aux jugements d'un tribunal composé d'un nombre quelconque de juges; mais on n'en pourra faire aucune application, faute de données de l'observation, nécessaires pour déterminer les chances de ne pas se tromper des différents juges. Si l'on suppose ces chances égales, et le nombre des juges toujours égal à trois, on aura, en conservant les notations précédentes,

$$c = u^3 + (1 - u)^3, \quad b = 1 - u^3 - (1 - u)^3,$$
$$cp = u^3, \quad bq = 3(1 - u)u^2, \quad r = u^3 + 3(1 - u)u^2.$$

En prenant d'ailleurs pour c ou pour b, la valeur approchée et très probable $\frac{\gamma}{\mu}$ ou $\frac{\delta}{\mu}$, l'une ou l'autre des deux premières équations déterminera la valeur de u; en sorte que, pour cette détermination, il suffirait de connaître, dans un très grand nombre μ de jugements rendus par les trois juges, le nombre γ de ceux qui ont été unanimes, ou δ de ceux qui ne l'ont pas été; mais cette donnée ne nous est pas non plus fournie par l'observation. Si l'on supposait, par exemple, les nombres β et γ égaux entre eux, on aurait

$$u^3 + (1 - u)^3 = 1 - 3u + 3u^2 = \frac{1}{2};$$

d'où l'on tire

$$u = \frac{1}{2}\left(1 \pm \frac{1}{3}\sqrt{3}\right);$$

c'est-à-dire deux valeurs de u dont une surpasse $\frac{1}{2}$ et l'autre est moindre ; et comme on doit admettre que la chance qu'un juge ne se trompera pas est plus grande que la chance contraire, on aurait, en prenant la première de ces deux valeurs,

$$u = 0,7888;$$

d'où il résulterait

$$p = 0,9815, \quad q = 0,7885, \quad r = 0,8850.$$

Si le jugement des trois juges, unanime ou non, est soumis à un tribunal d'appel, composé, par exemple, de sept autres juges, et que, pour chacun de ceux-ci, la chance de ne pas se tromper soit représentée par v; et si l'on désigne par C la probabilité que ce jugement sera confirmé par le second tribunal, à la majorité d'au moins quatre voix contre trois, la valeur de C sera donnée par la première formule (6), en y mettant r et v au lieu de k et u, et faisant, en outre, $n = 7$ et $i = 3$; ce qui donne

$$\begin{aligned} C = r[v^7 + 7v^6(1 - v) + 21v^5(1 - v)^2 + 35v^4(1 - v)] \\ + (1 - r)[(1 - v)^7 + 7(1 - v)^6 v + 21(1 - v)^5 v^2 + 35(1 - v)^4 v^3)]. \end{aligned}$$

Et en effet, si le premier jugement est bon, pour qu'il soit confirmé par le second tribunal, il faudra qu'aucun des sept juges d'appel ne se trompe ou qu'un seul se trompe, ou que deux se trompent, ou que trois se trompent. Or, les probabilités de ces quatre cas sont les quatre termes compris entre les premiers crochets; par conséquent, leur somme, multipliée par r, est la probabilité que le jugement est bon et sera confirmé; on verra de même que la partie de cette expression de C qui a $1 - r$ pour facteur, exprime la probabilité que le premier jugement est mauvais et sera néanmoins confirmé; d'où il résulte que la somme des deux parties de C est son expression complète. On verra également qu'en appelant C′ la probabilité que le second tribunal cassera le jugement du premier, on aura

$$C' = (1-r)[v^7 + 7v^6(1-v) + 21v^5(1-v)^2 + 35v^4(1-v)^3]$$
$$+ r[(1-v)^7 + 7(1-v)^6v + 21(1-v)^5v^2 + 35(1-v)^4v^3];$$

et comme il sera nécessaire que ce jugement soit ou confirmé, ou cassé, on devra avoir $C + C' = 1$; ce qu'on vérifie en observant que

$$[v^7 + 7v^6(1-v) + 21v^5(1-v)^2 + 35v^4(1-v)^3]$$
$$+ [(1-v)^7 + 7(1-v)^6v + 21(1-v)^5v^2 + 35(1-v)^4v^3] = [v + (1-v)]^7 = 1.$$

On aura $C = C' = \frac{1}{2}$, soit dans le cas de $r = \frac{1}{2}$, et pour une valeur quelconque de v, soit dans le cas de $v = \frac{1}{2}$, et pour une valeur quelconque de r; résultats qui sont d'ailleurs évidents en eux-mêmes.

En considérant séparément les deux parties de l'expression de chacune des quantités C et C′, on peut aussi dire que la première partie de C est la probabilité que les deux tribunaux successifs jugeront bien l'un et l'autre; que la seconde partie est la probabilité qu'ils jugeront mal tous les deux; que la première partie de C′ exprime la probabilité que le premier tribunal jugera mal et le second bien; et que, enfin, la seconde partie de C′ sera la probabilité que le premier tribunal jugera bien, et le second mal. Si donc, on appelle ρ la probabilité que la cour d'appel jugera bien, soit que le tribunal de première instance juge bien ou mal; ρ sera la somme des deux premières parties de C et C′, $1-\rho$ la somme de leurs secondes parties, et l'on aura

$$\rho = v^7 + 7v^6(1-v) + 21v^5(1-v)^2 + 35v^4(1-v)^3,$$
$$1 - \rho = (1-v)^7 + 7(1-v)^6v + 21(1-v)^5v^2 + 35(1-v)^4v^3,$$

ainsi qu'on le trouverait directement. En désignant par Γ la probabilité que l'arrêt de cette cour sera confirmé par une seconde cour royale, composée également de sept juges, et par Γ′ la probabilité qu'il ne le sera pas; et en appelant w, pour chacun de ces sept juges, la chance de ne pas se tromper, Γ et Γ′ se déduiront de C et C′ en y mettant ρ et w au lieu de r et v; par conséquent, si l'on suppose qu'on ait $w = v$, il en résultera

$$\Gamma = \rho^2 + (1 - \rho)^2, \quad \Gamma' = 2\rho(1 - \rho);$$

valeurs qui satisfont à la condition $\Gamma + \Gamma' = 1$. D'après les expressions de C et C', celles de ρ et ρ' pourront d'ailleurs s'écrire ainsi

$$\rho = \frac{r - C'}{2r - 1}, \quad 1 - \rho = \frac{r - C}{2r - 1}.$$

Désignons encore par P la probabilité de la bonté de l'arrêt rendu par une première cour d'appel, lorsqu'il est conforme au jugement de première instance, et par P' quand il est contraire. Dans le premier cas, en supposant successivement que l'arrêt soit bon et qu'il soit mauvais, la probabilité de l'événement observé, qui est ici la conformité des deux jugements, sera la première partie de C dans la première hypothèse, et la deuxième partie dans la seconde; la probabilité P de la première hypothèse, aura donc pour valeur cette première partie de C divisée par la somme de ses deux parties; nous aurons, en conséquence,

$$CP = r[v^7 + 7v^6(1 - v) + 21v^5(1 - v)^2 + 35v^4(1 - v)^3];$$

et, l'on trouvera de même,

$$C'P' = (1 - r)[v^7 + 7v^6(1 - v) + 21v^5(1 - v)^2 + 35v^4(1 - v)^3];$$

résultats qui se déduisent aussi, comme cela doit être, des formules (9) et (10), en y faisant $k = r$, $n = 7$, $i = 3$. Ces équations pourront être remplacées par celles-ci

$$CP = r\rho, \quad C'P' = (1 - r)\rho,$$

en ayant égard à ce que ρ représente.

(150). Il faut au moins trois juges pour prononcer un jugement de première instance, et sept pour un arrêt de cour d'appel; généralement ces moindres nombres ne sont pas dépassés; c'est pourquoi, j'ai pris trois et sept pour les nombres de juges des deux tribunaux successifs que je viens de considérer. En substituant pour r sa valeur en fonction de u, dans les formules que j'ai obtenues, elles renfermeront les deux chances u

et v, qui ne peuvent se déduire que de l'observation; malheureusement, elle ne nous fournit pour cela qu'une seule donnée, savoir, le rapport du nombre des jugements de première instance, confirmés par les cours royales, au nombre total des jugements qui leur sont soumis. Pour faire usage de ces formules, il est donc nécessaire de réduire à une seule, au moyen d'une hypothèse particulière, les deux inconnues u et v; celle qui m'a paru la plus naturelle a été de supposer qu'on ait $v=u$, c'est-à-dire, de regarder les juges du premier tribunal et ceux du second, comme ayant la même chance de ne pas se tromper.

Cela posé, dans un très grand nombre μ de jugements de première instance, soit m le nombre de ceux qui ont été confirmés, et, par conséquent, $\mu-m$ celui des jugements non-confirmés. On pourra prendre le rapport $\frac{m}{\mu}$ pour la valeur approchée et très probable de la probabilité que nous avons désignée par C; et si l'on fait

$$C=\frac{m}{\mu}, \quad v=u, \quad u=\frac{t}{1+t}, \quad 1-u=\frac{1}{1+t},$$

il en résultera

$$\frac{m}{\mu}=r-\frac{(2r-1)(1+7t+21t^2+35t^3)}{(1+t)^7}.$$

On aura, en même temps,

$$r=1-\frac{1+3t}{(1+t)^3}, \quad 2r-1=1-\frac{2(1+3t)}{(1+t)^3};$$

et en substituant ces valeurs dans celle de $\frac{m}{\mu}$, on obtiendra une équation du 10e degré pour déterminer la valeur de t, et, par suite, celle de u. Dans le cas de $v=u$, l'expression de C demeure la même, quand on y change u et r en $1-u$ et $1-r$; ce qui répond au changement de t en $\frac{1}{t}$. Il s'ensuit que si l'on satisfait à la valeur donnée de $\frac{m}{\mu}$, par une valeur de t plus petite que l'unité, on y satisfera également par une valeur de t plus grande que un; et, en effet, l'équation d'où dépend l'inconnue t est du genre des *équations réciproques*, et reste la même, quand on y met $\frac{1}{t}$ au lieu de t. Ce sera la valeur de t plus grande que l'unité, qu'il faudra prendre; car c'est celle qui répond à la valeur de u plus grande que $\frac{1}{2}$, c'est-à-dire, à une chance de ne pas se tromper plus grande que celle de se tromper, ce qu'on doit admettre dans le cas de magistrats intègres et instruits.

(151). Le *Compte général de l'administration de la justice civile*, publié par le gouvernement, donne, pour le ressort de chaque cour royale, les nombres m et $\mu - m$ de jugements confirmés et de jugements non confirmés, pendant les trois derniers mois de 1831, et pendant les années entières 1832 et 1833. Mais il n'y a guère que le ressort de la cour royale de Paris, dans lequel le nombre total μ soit assez grand pour servir isolément à la détermination de t; nous serons donc obligés, quant à présent, de supposer, comme nous l'avons fait pour les jurés, que la chance u de ne pas se tromper est sensiblement égale pour tous les juges du royaume; ce qui permettra d'employer à la détermination de t, les valeurs de m et de $m - \mu$ relatives à la totalité des cours royales. Or, on a eu dans le dernier trimestre de 1831, en 1832 et en 1833, et pour la France entière

$$m = 976,\quad m = 5301,\quad m = 5470;$$
$$\mu - m = 388,\quad \mu - m = 2405,\quad \mu - m = 2617,$$

d'où l'on déduit, pour ces trois périodes,

$$\frac{m}{\mu} = 0,7155,\quad \frac{m}{\mu} = 0,6879,\quad \frac{m}{\mu} = 0,6764.$$

Les deux derniers rapports, qui répondent à des années entières, ne diffèrent pas l'un de l'autre, d'un 70ᵉ de leur moyenne; ce qui présente un exemple bien remarquable de la loi des grands nombres (*). En prenant pour m et μ les sommes des nombres relatifs aux trois périodes, on aura

---

(*) Cette loi a été de nouveau confirmée par la valeur du rapport $\frac{m}{\mu}$, qui a eu lieu en 1834, et qui s'est élevée 0,6958, d'après le *Compte* relatif à cette année, que le gouvernement a publié, il y a peu de temps.

$$m = 11747, \quad \mu = 17157, \quad \frac{m}{\mu} = 0,6847.$$

Si l'on considérait séparément les nombres relatifs à la cour royale de Paris, on aurait

$$m = 2510, \quad \mu = 3297, \quad \frac{m}{\mu} = 0,7613;$$

en sorte que dans le ressort de cette cour, le rapport $\frac{m}{\mu}$ surpasse sa valeur moyenne pour la France entière, d'à peu près un 9e de sa valeur.

En employant sa valeur 0,6847 relative à la France entière, on trouve

$$t = 2,157, \quad u = 0,6832, \quad r = 0,7626.$$

D'après cette valeur de r, il y a donc un peu plus de trois contre un à parier pour la bonté d'un jugement de première instance, lorsqu'on ne connaît, ni le tribunal qui a jugé, ni la nature du procès. On voit aussi que la chance u de ne pas se tromper surpasse fort peu, pour les juges en matière civile, la fraction 0,6788 qui exprimait cette chance, pour les jurés avant 1832, c'est-à-dire, avant la loi qui a prescrit la question des *circonstances atténuantes*.

Au moyen de cette valeur de r, et en prenant les rapports $\frac{m}{\mu}$ et $\frac{\mu - m}{\mu}$ pour les valeurs de C et C', on déduit des formules du numéro précédent,

$$P = 0,9479, \quad P' = 0,6409, \quad \Gamma = 0,7466;$$

ce qui montre que l'on peut parier à très peu près 19 contre un pour la bonté d'un arrêt d'appel conforme au jugement de première instance, et moins de deux contre un dans le cas d'un arrêt contraire. On voit aussi que quand on ignore si l'arrêt est conforme ou contraire, la probabilité Γ qu'il sera confirmé par une seconde cour royale, jugeant sur les mêmes données que la première, est un peu moindre que $\frac{3}{4}$. Les quatre parties qui composent les expressions données de C et C', ont pour valeurs

$$r\rho=0,6495,\ (1-r)\rho=0,2022,\ r(1-\rho)=0,1131,\ (1-r)(1-\rho)=0,0352;$$

et ces fractions, dont la somme est l'unité, expriment les probabilités que les deux tribunaux successifs de première instance et d'appel, jugeront bien, que le premier jugera mal et le second bien, que le premier jugera bien et le second mal, que tous les deux jugeront mal.

FIN.

www.ingramcontent.com/pod-product-compliance
Lightning Source LLC
Chambersburg PA
CBHW060952220326
41599CB00023B/3683